기술과 사회

2012
문화체육관광부
최우수학술도서

홍현필 · 이용환

도서출판 GS인터비전

머 리 말

인간이 지구상에 나타난 지 얼마 안 된 때부터 현재 개념으로는 '기술'이라고 말하기 어렵지만 여러 가지 기술을 사용해 왔다. 이러한 공학기술은 인류의 역사와 함께 꾸준히 발전하고 진화해 왔다. 그리고 2차 세계대전 후 그 기술의 발전은 상상하기 어려울 정도로 속도가 빨라지며 기술의 발전이 한 국가의 경쟁력을 결정짓는 요소가 되었다. 이 기술의 발전은 인간의 생활을 더 없이 편하게 만들었으며 인류에게 번영과 무한한 가능성과 잠재력에 대한 희망을 주게 되었지만 시간이 지남에 따라 긍정적인 면과 함께 파멸과 절망을 가져다주는 부정적 면이 나타나게 되었다. 그러나 새로운 공학기술의 새로운 개발과 사용은 많은 사람의 관심을 끌게 하면서도 걱정과 우려하는 마음을 갖게 하였다.

이 책은 과학과 공학이 접목하여 만들어진 공학기술의 중요한 주제들을 모아 설명하면서 그러한 기술들이 우리 사회에 어떤 영향을 주었으며 그러한 기술의 발전이 향 후 우리에게 어떠한 영향을 줄 것인가에 대해 생각해 본다. 우리는 이 책을 공부하면서 기술적인 기초 이론과 함께 기술에 대한 논쟁, 문제점, 실패한 기술 그리고 실패한 이유 등을 공부하고 경제, 정치, 교육 등을 포함한 사회요소와의 상호작용에 대해 검토하면서 이해할 것이다.

따라서 이렇게 기술이 사회에 주는 영향이 커지면서 새로운 기술을 개발하고 이용하려는 많은 사람들과 이 기술에 영향을 받는 집단, 나아가 국가가 이해해야 되는 측면들에 대해 공개적으로 검토, 논의해야 될 필요성이 커졌다. 이러한 상황에서 이 책은 공과대학에서 공학을 전공으로 하는 학생들의 공학소양 과목의 한 과목의 교재로서, 공대생이 아니더라도 공학기술에 관심이 있는 독자들로 하여금 공학기술의 인문사회학적 이해를 위해 집필되었다.

이 책은 크게 11개의 주제(장)으로 편성되어 있다. 1장에서는 과학, 공학, 기술의 관계에 대해 설명하였고 2장에서는 인류의 역사를 통해 만들어진 공학기술의 역사, 3장은 현대에 이르기까지의 기술과 사회의 관계에 대한 많은 학자들의 이론을 검토하고, 4장에서는 현대에 들어오면서 많은 관심을 가지게 된 공학기술의 윤리문제를 다루었으며 5장은 기술에 대한 특허문제, 6장은 근대이전의 세계에 커다란 영향을 주었던 기술과 발명 중 저자가 주관에 따라 몇 가지를 선정, 기술의 개념과 사회와의 관계에 대해 설명하며 7장에서는 우리 앞에 놓인 21세기를 이끌어갈 중요 기술에 대한 개요와 긍정적면, 부정적면에 대해 논의하며, 8장에서 11장까지는 21세기를 이끌어갈 중요 기술 중 환경기술, 신에너지 기술, 생명공학기술, 나노기술 등 4가지 기술에 대한 설명과 사회와의 관계에 대해 검토한 내용이다.

이 책의 모든 장은 '서언(론)'으로 시작하여 '결론'으로 끝난다. 서언은 각 장의 주제에 대한 개요이며 결론은 아마도 기술에 대한 새로운 인식과 검토에 대한 것이다. 또한 각 장마다 많은 각주로서 중요한 단어에 대한 설명을 달았다.

저자는 이 책을 읽고 공부하는 독자들에게 가능하면 홍미를 갖도록 하기 위해 노력했다. 이 책은 공학기술의 기초교재로 사용할 수 있으며 이 책을 공부하면서 기술의 발전과 미래를 조망할 수 있도록 하였다.

이 책은 독자들에게 오랜 동안 발전되어 온 기술에 대한 각자의 다양한 시각과 기술과 인간과의 관계에 대해 생각해 볼 거리를 제공할 것이다.

2011년 7월
무더움 속에서
홍현필

차 례

1
CHAPTER

과학과 기술

1.1 서언

인간이 이 지구상에 오래 동안 편안한 삶을 누리기 위해서는 계속 과학과 기술을 발전시켜 나가야만 한다. 그런데 과학과 기술을 발전시키기 위해서는 둘이 어떻게 다른지 또 둘 사이의 관계 즉, 과학이 전반적으로 기술에 어떤 영향을 주었고 또한 기술은 과학에 어떤 영향을 주었는지 이해할 필요가 있다. 이 관계를 자세히 알기 위해서는 기술과 과학이 각각 무엇이며 어떻게 다른지를 알아야 할 것이다.

과학과 기술의 기원은 인간의 본질과 관계가 있다. 인간은 '*생각하는 존재(Homo Sapiens)*'인 동시에 '*만드는 존재(Homo Faber)*'이기도 하다. 동물은 유치한 사고를 하지만 개념적 사고는 인간의 전유물이며 간단한 도구를 만드는 동물은 있지만 기계는 인간만이 만들 수 있다.

고대부터 자연을 이해하고 정복하려는 욕구가 각각 과학과 기술을 낳았다고 할 수 있나. 이 욕구는 두 가지 다른 동기, 하나는 호기심 또 하나는 실질적 필요에서 나온 것이다. 사색과 공작이 서로 떨어질 수 없는 인간의 두 측면인 것처럼, 현재의 개념 및 특성의 기술과는 다르지만 사실은 이 둘의 산물인 과학과 기술은 명확히는 구별하기는 어렵다.

과학은 긴 문명사에서 볼 때 비교적 늦게 나온 것이다. 자연에 대한 체계적인 지식으로서의 과학이 발생한 것도 3,000년이 안되며 근대적인 의미의 과학은 불과 300년 정도 밖에 안됐다. 인간이 지구상에 나타났을 때의 원시인들은 자연의 위대함이 나타났을 때 자연에 대해 공포와 경외심만을 가졌을 뿐이다. 시간이 지나 이런 자연의 경이로움과 함께 호기심을 가졌지만 이로부터 자연을 이해하려는 노력은 감히 하지 못했고 생존을 위해 자연을 극복하는 것이 급선무였다. 따라서 본질적으로는 인간은 과학 보다는 기술을 먼저 생각한 것이다. 즉, 수백만 년 전 부터 인간은 자연에 맞서기 위해 도구를 만들어 쓰기 시작한 것이다. 불을 발견하고부터 금속을 다룰 수 있게 되고 시간이 지나면서 이를 이용, 농사 도구를 만들어 식물을 재배했고 이어 전쟁 무기, 지렛대, 바퀴, 돛단배 등 많은 도구들을 만들 수 있었다. 또 이런 도구를 이용해 축력을 이용했으며 로를 이용, 도기를 만들며 벽돌을 만들어서는 건축물을 만들었다. 또 각종 측량 기구를 만들었고 결국 이러한 과정을 통해 인간은 문명을 발전시켰다. 이와 같이 과학 보다는 인간은 기술이 먼저였다.

이렇게 고대의 개념에서는 기술이 무엇인가를 만드는 의미로 본다면 기술은 인간이 태어나면서부터 생겨났다고 볼 수 있지만 우리가 사는 현세의 개념에서 과학과 기술의 관계를 알기 위해서는 근현대의 기술의 개념을 아는 것이 중요하고, 근대 이후에 개념이 잡힌 과학의 개념과 과학과 기술, 둘 사이의 관계를 아는 것이 중요하다고 생각한다. 따라서 먼저 근현대의 개념의 기술, 또한 기술과 직접 관련 있는 엔지니어가 무엇이며 무슨 일을 하는가에 대해 알아본 후, 기술과 과학의 차이점, 그리고 상호관계, 그것들이 과연 지금까지 어떻게 발전해왔나 순으로 알아보기로 한다.

1.2 기술

1.2.1 기술이란

기술이란 영어 어휘는 여러 가지가 있다. 즉, *skill, technique, technology* 등이다.

*skill*은 기량, 또는 기술을 의미하며 *technique*은 (예술이나 운동상의) 기술, 또는 기량이란 의미, (예술 작품의) 수법, 기법, 화법 등의 의미, 일련의 처리 방식(방법)의 의미 등 3가지의 의미를 갖는다. 마지막으로 *technology*는 그리스어의 *techne(기예, 숙련)*과 *logia(학문)*의 합성어로 과학(공업) 기술 , 응용과학, 공업, 과학 기술상의 과정(방법) 또는 인간이 만든 대상, 물건이나 그것을 만드는 과정의 의미를 갖는다. 이 세 가지를 비교하면 *skill*과 *technique*는 어느 정도 비슷한 의미를 지닌다.

한편 사전적 의미를 살펴보면 건축기술처럼 과학 이론을 실제로 적용하여, 자연의 사물을 인간 생활에 유용하도록 가공하는 수단이나 운전기술처럼 사물을 잘 다룰 수 있는 방법이나 능력을 의미한다. 그러나 일반적으로, 과학이나 산업에서 다루는 기술의 의미는 전자를 의미한다. 즉, 영어 어휘의 *technology*이며 사람의 필요에 따라 도구나 기계, 재료 등을 개발하고 사용하는 과정이나 제품을 생산하는 방식을 의미한다. 그런데 이것을 다시 해석해 보면 '사람의 필요에 따라' 라는 의미는 인간의 이익을 위미한다. 따라서 기술은 인간의 이익이나 편리함을 위해 순수과학이나 응용과학 지식을 이용하여 도구나 기계, 재료 등을 개발하고 사용하는 과정이나 제품을 생산하는 방식을 뜻하게 된다.

그런데 앞에서 위의 의미의 기술 개발을 위해서는 대표적 응용과학인 공학이 매우 중요하다 하였다. 이 말은 공학 역시 기술과 밀접한 관계가 있다는 것을 의미한다.

그러면 또 공학에 대해 알아보기로 하자.

공학은 영어로 *Engineering*이다. 그리고 그 어원은 *Engineer*이다. *Engineer*는 라틴어 *Ingeniatorem*(무엇을 만드는 데 재주가 있음)이 어원이며 영어의 *Engine*(엔진)과 *Ingenuity*

(창의성)도 이와 어원을 같이 한다. 그런 의미에서 엔지니어는 무엇을 만드는데 재주가 있는 사람과 엔진(Engine)을 다루는 사람을 동시에 의미한다. 즉, 엔지니어는 창의성을 가지고 엔진(기술에 의해 만들어진 인공물)을 다루며 개발하는 사람을 의미, 오늘날에 기술자를 의미한다. 엔지니어에 대해서는 다음 절에 자세히 설명하기로 한다.

엔지니어링이라는 단어 자체는 오래된 단어이지만 19세기 이후에는 트레드골드(Thomas Tredgold)[1]의 정의처럼 '물질과 에너지를 이용해서 인간에게 유용한 구조, 기계, 상품을 만드는 과학'으로 인식되기 시작 했으며, 기술에 과학적 지식을 접목시키는 공과대학이 19세기 후반부터 생겨나면서 공학이 지금과 같은 의미로 쓰이게 되었다. 이를 근대 공학이라 칭할 수 있다. 한편 현대에 와서 미국의 공학교육분과위원회(ABET)에서 정의한 **공학**의 의미를 보면 기업, 정부, 대학 또는 개인의 노력에 의해 수학 및 자연과학을 이용하여 연구, 개발, 설계, 생산, 시스템공학 또는 기술 활동을 통하여 우리가 편리하게 사용할 수 있는 기술적인 시스템, 제품, 공정 또는 서비스를 창출하거나 공급하는 학문으로 정의하였다. 또한 **공학자**는 교육과 경험으로 얻어진 그들의 특수한 지식과 수학, 물리학 그리고 공학 과학과 공학 해석 및 설계의 원리와 방법의 사용에 의하여 실제 공학에 대하여 자격이 주어진 사람으로 정의하였다.

기술이라는 단어도 처음에는 앞에서 정의한 것처럼 과학과 분리된 기예로서의 의미로 사용되었으나 공과대학을 졸업한 엔지니어들이 주로 기술을 다루기 시작하면서 차츰 근대 공학과 결부된 ***공학기술(공학 또는 과학지식을 이용한 행위)***을 의미하게 되었다. 따라서 이제는 기술이라고 하면 주로 ***공학기술***을 뜻한다.

또한 현대에 와서는 공학의 개념이 '기업, 정부, 대학 또는 개인의 노력에 의해 수학 및 자연과학을 이용하여 연구, 개발, 설계, 생산, 또는 기술 활동을 통해 우리가 편리하게 사용할 수 있는 기술적 시스템, 제품, 공정 또는 서비스를 창출하거나 공급하는 학문'으로 확대되었다. 공학이나 과학과 연관시키지 않은 다른 의미로서의 기술에 대한 정의는 19세기 독일의 철학자 에른스트 캅(Ernst Kapp)가 말한 것을 살펴보면 알 수 있다. 카프는 "기술은 인간 몸의 연장(延長)이다"라고 주장했다. 1877년 출판된 『 기술 철학의 기초 』에서 그는 기술을 포함한 인간이 만든 모든 것은 인간의 육체적 기관의 연장이며, 이러한 의미에서 인간은 본질적으로 ***'기술적인 종족***'이라 하였다. **캅**은 1850~1860년 경 미국에서 살 때 광활한 자연을 개조하는 기술의 위용을 목격하고 기술이 시간과 공간의 소멸을 가져 온다고 생각했으며 가까운 장래에 전 세계적으로 대화와 지식을 소통시키는 보편적 통신기술이 만들어 질 것을 예측하였다.

---

1) 'Engineering in History' 란 책에서 '공학이란 자연이 가지고 있는 무한한 힘을 인간이 편리하게 활용할 수 있도록 해 주는 일종의 기예' 라 기술했다.

그에 따르면 갈고리, 그릇, 칼, 창, 노, 삽, 괭이 등은 인간 손, 이, 팔이 연장된 것이고 철도는 인간 순환계의 연장이고 , 전신과 같은 통신기술은 인간 신경계의 연장이라 주장하였다. 또 유명한 미디어 학자인 **마샬 맥루언**(Marshall McLuhan)도 TV와 컴퓨터 같은 미디어는 대뇌와 신경계의 연장이라고 보았다.

그러나 모든 기술을 인간 몸의 연장이라 볼 수는 없다. 즉, 기술 중에는 해시계나 철조망같이 자연을(즉 해시계의 경우 자연적 시간의 흐름이) 구체화하거나 자연을(즉 철조망의 경우 가시넝쿨의) 모방한 것도 있다. 그러나 이러한 캅이나 맥루언의 기술관은 도구(tool)와 기계(machine)의 차이를 무시하는 결과를 낳는다는 것이다. 즉, 도구와 같은 전 근대적인 기술은 화살처럼 인간의 육체를 대체하고, 망치처럼 인간을 강화시키고, 바퀴처럼 인간을 편안하게 하는 역할이 대부분이지만, 기계와 같은 근대 기술은 제련기술의 경우와 같이 자연적인 물질을 인공적인 물질로 대체하거나 증기기관의 경우와 같이 자연적인 힘을 사람이 만든 힘으로 대체하는 결과를 가져오기 때문이다. 간단히 말해 근대기술은 인간 몸의 연자이라기보다는 자연을 대체하는 것이라 볼 수 있다. 전 근대적 기술이 인간의 숙련 노동을 보완하는 '도구'였다면 근대기술은 인간 노동을 종속시키는 '기계'인 것이다.[2)]

앞의 예에서 보듯이 공학을 배제하고 기술을 정의하는 것은 타당하지가 않다. 이제 공학을 포함하는 기술에 대해서 알아보자.

기술철학자 **칼 미첨**(Carl Mitcham)은 기술을 우선 인간 외부의(external) 것과 내부의(internal) 것으로 구분하고, 전자를 ***대상으로서의 기술(technology-as-object)***과 ***과정으로서의 기술(technology-as-process)***로, 후자를 인간이 소유한 ***지식으로서의 기술(techno- logy-as-knowledge)***과 ***의지로서의 기술(technology-as-volition)***로 구분했다. 특히 미첨은 기술이 세상을 특정한 방식으로 변형시키는 의지를 포함하고 있음에 강조했다. 기술이 대상, 과정, 지식, 의지라는 네 가지 다른 차원에서 존재한다는 사실은 기술을 과학으로부터 구별 짓는 특징이 될 수 있다. 이 중 ***과정으로서의 기술***과 ***지식으로서의 기술***에는 공학이 그 대부분을 차지한다.

또 다른 기술철학자 맥긴(R. E. McGinn)은 기술이 다음의 8가지 특성을 가진다고 제시했는데, 이때에도 기술은 공학적 기술 또는 공학 기술을 의미하게 된다.

1) 기술은 물리적 생산에 관련되어 있다.

2) 기술은 자연이 아니라 인공적으로 무엇을 만든다.

---

2) 이상욱 외, 욕망하는 테크놀러지(도서출판 동아시아, 2009) pp.19~pp.20

3) 기술은 인간의 가능성과 목적하는 바를 확장한다.

4) 기술은 자원(resource)에 기초하며 자원을 확장한다.

5) 기술은 응용과학은 아니지만 나름대로의 지식에 근거한다.

6) 기술지식은 시행착오에서 복잡한 실험적 기법에까지 걸쳐있다.

7) 기술적 결정에는 경제적, 정치적, 문화적 고려가 개입한다.

8) 이러한 경제적, 정치적, 문화적 요소는 기술에 의해 다시 조건 지워진다.

이러한 내용들은 약간의 단순화의 문제가 있음에도 불구하고 공학 기술의 여러 특성을 잘 드러내주고 있다.[3] 엔지니어에 대해 알아보기 위해 먼저 앞에서 엔지니어와 관계가 아주 깊은 기술 즉, 공학기술에 대해 알아보았다. 이젠 본격적으로 엔지니어에 대해 알아보기로 한다.

1.2.2 엔지니어(Engineer)란

앞 절에서 기술과 공학에 대해 설명했다. 그리고 잠깐 엔지니어에 대해 언급했는데 여기서는 엔지니어가 과연 무엇인가? 라는 질문에 대해 이야기 해보기로 한다.

Engineer위 의미는 위키 백과사전에서 설명하는 바로는 '공학의 일에 전문적이거나 훈련받은 사람으로 기술, 수학, 과학지식을 사용하여 실용적인 문제를 해결하며, 엔지니어로 일하는 사람들은 보통 공학 분야에서 학위를 가지고 있다'고 되어있다. 그런데 앞에서 설명했듯이 라틴어 "ingeniatorem"에서 비롯되었으며, 이 뜻은 '무엇을 만드는 재주가 있음'의 뜻을 지녔으며 AD 200년경부터 사용되었다. 영어의 엔진(engine)과 창의성(ingenuity)도 이와 어원을 같이 하는 것으로 보아 초기의 의미는 엔지니어는 '창의성을 가지고 엔진(기술에 의해 만들어진 인공물)을 다루며 개발하는 사람'의 의미를 갖는다. 그러나 세월이 흘러 근대의 의미는 18세기 후반에 나타났는데 초기의 단순기술을 다루는 존재가 아닌 '4년제 공과 대학을 졸업하고 기술직에 종사하는 사람이거나 국가자격시험에 합격하여 자격이 주어진 사람'을 이르게 되었다. 한편 현대에 와서는 그 의미와 범위가 더 넓어져 다음 4 가지 중 적어도 1가지를 충족시키는 사람을 칭하게 되었다.[4] 즉, ① 공학인증[5]을 받은 대학에서 학사 이상의 학위를 받은

3) 이장규 외, 공학기술과 사회(지호, 2006), pp56~pp57

4) 미국국립연구협의회(National Research Council)의 교육 분과위원회에서의 정의

5) 공학인증제도는 공학이나 기술교육기관이 배출시키는 학생들이 일정한 자격 요건을 만족시키는지 정기적으로(5~10년) 검증하여 교육기관을 인정해 주는 제도로 미국의 ABET와 우리나라의 ABEEK 등에서

사람, ② 전문공학학회의 정회원 자격을 가진 사람, ③ 정부기관에서 인정하는 기술자격증을 소지한 사람, ④ 직업 분류상 공학과 관련된 전문직에서 활동하고 있는 사람 중 1가지 이상을 충족하면 엔지니어로 인정하고 있다. 그어나 이것은 의미라기보다는 엔지니어의 자격을 강조한 정의라 볼 수 있고 현재의 실제적 의미는 과학지식을 이용하여 연구, 개발, 설계를 하거나 공학기술을 다루어 우리가 편리하게 사용할 수 있는 기술적 시스템, 제품, 공정 또는 서비스를 창출하거나 만들어 내는 사람을 의미한다. 앞에서 현대에서는 일반적으로 기술이 공학기술을 의미한다고 했는데, 그런 의미로 공학자를 엔지니어라고 보통 말한다. 보통 우리가 말하는 '기술자'는 엔지니어(Engineer)라기보다는 테크니션(Technician)을 의미한다.

한편 엔지니어(Engineer)의 분야를 살펴보면, 엔지니어의 분야는 공학의 전공 분야를 의미하는데 공학이란 직업은 특수성 때문에 분야의 수가 많고 다양하다. 즉, 컴퓨터의 집적회로 설계 등의 극히 미세한 세계로부터 댐, 교량 또는 도시 전체와 같이 거대한 토목구조물에 이르기까지 범위가 광범위하다. 전통적인 공학 분야를 보면 토목공학(Civil Engineering), 기계공학(Mechanical Engineering), 화학공학(Chemical Engineering), 전기공학(Electrical Engineering) 등을 들 수 있다. 기타 공학 분야를 살펴보면 표 1.1과 같다.

또 공학자가 하는 공학 관련 업무를 살펴보면, 담당하는 업무 분야도 꽤 많다. 표 1.2는 사회적 수요에 맞게 전향적으로 요구되는 활동의 변화를 고려하여 공학자들의 역할과 기능을 분류한 것으로 공학자들은 아래와 같은 영역에 종사한다.

한편 공학자(엔지니어)들은 위와 같은 업무에 종사하면서 사회의 요구를 만족시켜 주기 위하여 과학과 기술을 적용하여 관련된 문제들을 해결해야 하는데 현대에 와서는 사회문제들이 점점 복잡해지고, 기술 도구가 고급화, 정교화 되면서 한사람 단독으로 이들을 숙달할 수 없기 때문에, 문제 해결을 위한 업무를 혼자 수행하는 것이 아니라 팀을 이뤄 수행하게 된다. 즉 공학은 팀을 이루어 활동하게 된다. 그런데 사실 현대 공학에서 팀을 이뤄 업무 활동을 할 때 그 팀에는 공학자만 있는 것은 아니다. 팀에는 과학자(Scientist), 공학자(Engineer), 공학기술자(Engineering Technologist), 공학기능자(Technician), 기능자(Craftsman)[6]를 포함한다.

각각의 직업에 대한 사항을 좀 더 자세히 알아보면, ***과학자***는 기초적 연구를 목적으로 하며, 실제적 경향을 가진 활동(기기와 프로세스의 설계와 개발 등)에도 종사한다. 주된 관심사는 ***과학적 연구***이며, 과학의 기본개념과 수학의 기초지식을 요구한다. 고도의 훈련과 교육,

시행하고 있다.

6) Craftsman은 장인(匠人)(artisan), 숙련공의 의미이며 기예가, 공예가, 명공, 명장(名匠) 등이 여기에 속한다.

<표 1.1 산업발전, 과학적 발견에 따라 추가적인 공학 분야>

건축공학(Architectural Engineering)	석유공학(Petroleum Engr.)
공업화학(Chemical Technology)	수자원공학(Water Resources Engr.)
공산공학(Mining Engr.)	시스템공학(Systems Engr.)
기계설계학(Mechanical Design and Production Engr.)	선박해양공학(Naval Architecture & Ocean Engr.)
교통공학(Transportation Engr.)	자동차공학(Automotive Engr.)
금속공학(Metallurgical Engr.)	재료공학(Materials Engr.)
농공학(Agricultural Engr.)	제조공학(Manufacturing Engr.)
대기공학(Atmospheric Engr.)	위생공학(Sanirary Engr.)
무기재료공학(Inorganic Materials Engr.)	컴퓨터공학(Computer Engr.)
산업공학(Industrial Engr.)	항공우주공학(Aerospace Engr.)
섬유고분자공학(Textile & Polymer Engr.)	해사공학(Marine Engr.)
생체공학(Bioengineering)	환경공학(Environmental Engr.)
생의학공학(Biomedical Engr.)	원자핵공학(Nuclear Engr.)

<표 1.2 공학자들의 공학 관련 담당업무>

연구(Research)	시험(Testing)
개발(Development)	판매 및 마케팅(Sales & Marketing)
설계(Design)	관리(Management)
생산(Production)	자문(Consulting)
건설(Construction)	학구(Academe)
조작(Operation)	기타

박사학위 소지가 요구된다. 또 **공학자**는 기본적인 과학적 원리와 관련하며, 원리의 발견보다는 적용을 지향한다. ***기기나 프로세스를 종합하기 위하여 과학지식을 이용하고 문제 해결을 위한 설계(Design)가 주된 활동***이다. 공학자도 기초과학, 수학에 관한 지식을 지녀야 하며, 응용을 위하여 공학 및 과학에 대해 훈련받아야 한다. 복잡한 문제 해결을 위해 인문학/사회과학 지식과 의사전달/팀워크 기법도 필요하며, 4년제 공학사 또는 공학석사/박사급의 학업이 요구된다. **공학기술자**는 과학적, 공학적 원리를 개발하기 보다는 ***이미 확립된 원리들을 적용하는 게 주된 활동***이다. 공학적 활동을 유지하는데 있어 기술적 기교와 과학적, 공학적 지식 및 방법의 적용을 요구하는 분야에 종사하며, 공학 프로젝트의 조직과 관리, 공학설비의 계획,

건설 및 조작에 관여한다. 교육면에서 공학자의 교육과 유사하며, 4년제 공학사와 과학, 수학 등의 공학응용에 대한 훈련이 요구된다. 공학기능자는 *응용에 있어 상세한 지식과 솜씨가 요구되는 활동에 종사*하며, 공학자가 설계한 기기의 실제 제작에 참여한다. 다른 활동으로 회로 조립, 서비스 활동 및 보수 활동 등이 있으며, 실제 기능과 그에 관련된 직무훈련을 강조하는 2년제 교육과정을 통해 얻게 된다. 종이 위의 아이디어와 실제로의 실현 사이에 연계 역할을 담당한다. 기능자는 공학자가 지시한 *부품생산에 필요한 손 솜씨를 가지고 있으며, 설계에 포함된 기초적 과학 원리에 관여할 필요는 없다.* 훈련은 보통 작업을 통해 얻어진다.

그러나 위에 열거된 직업의 정의는 공학에서의 경력에 대한 교육적 요구 사항일 뿐.(미국공학기술인정협회)실제 활동에서는 상당한 부분이 중첩되기도 한다. 즉, 공학자들이 기초 연구에 종사하기도 하고, 공학기술자와 숙련 기능자들이 설계 활동에 참여 하기도 한다.

앞의 정의에 따른 우리나라의 엔지니어는 2004년 현재 대략 60만 명이 되며 2004년도 공과대학 졸업생의 출신 학과별 분포를 보면 컴퓨터/통신〉 전기/전자〉 기계/금속 등의 순이다(그림1.1, 1.2 참조). 표를 보면 전공 영역이 매우 다양하다는 것을 알 수 있다. 또한 2004년

"과학자는 무엇인가를 탐구하고 공학자는 없었던 것을 창조한다." (폰 카르만)

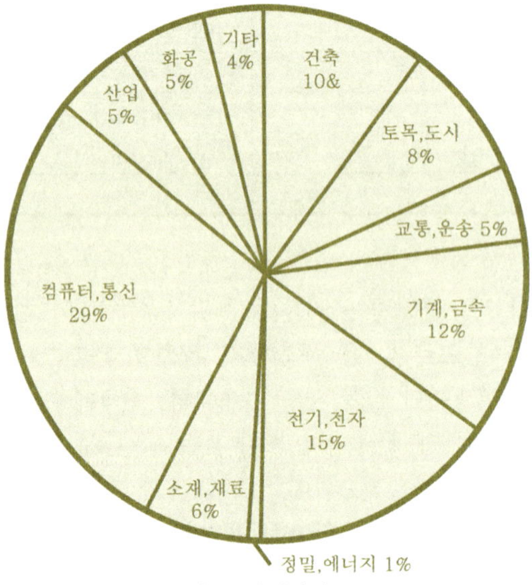

출처: 교육통계연보 2004(한국교육개발원)

<그림 1.1 2004년 공학 계열 졸업자의 학과별 분류>

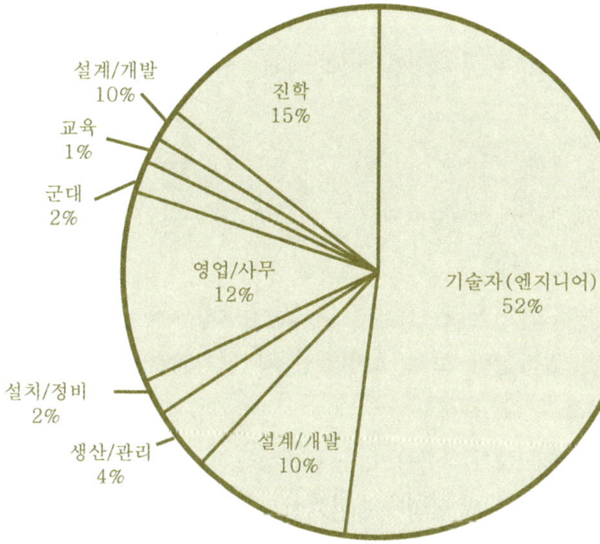

출처: 교육통계연보 2004(한국교육개발원) 취업통계분석자료집 2004(교육인적자원부, 한국교육개발원)

<그림 1.2 2004년 공학계열 졸업자의 졸업 후, 담당 업무별 분류>

공학계열 졸업자의 졸업 후 담당 업무별 분류를 보면 엔지니어〉 진학〉 영업/사무 등의 순이다. 하는 일(담당 업무) 역시 다양하다는 것을 알 수 있다.

◈ 분야별 전공

건축 ; 건축 · 설비공학, 건축학, 조경학

토목 · 도시 ; 토목공학, 도시공학

교통 · 운송 ; 지상교통학, 항공학, 해양공학

기계 · 금속 ; 기계공학, 금속공학, 자동차공학

전기 · 전자 ; 전기공학, 전자공학, 제어계측공학

정밀 · 에너지 ; 광학공학, 에너지공학

소재 · 재료 ; 반도체 · 세라믹공학, 섬유공학, 신소재공학, 재료공학

컴퓨터 · 통신 ; 전산컴퓨터공학, 응용소프트웨어공학, 정보통신공학

산업 ; 산업공학

화공 ; 화학공학

기타 ; 기전공학, 응용공학, 교양공학

◆ 담당업무

기술자 ; 건축, 토목, 지질, 전기, 전자, 기계, 재료, 화학, 섬유, 컴퓨터, 통신공학기술자, 조경기술자

설계 및 개발 ; 도시계획, 인테리어디자인, 응용소프트웨어 개발, 시스템소프트웨어 개발, 웹개발, 웹 및 멀티미디어 디자인, 컴퓨터 시스템 설계 및 분석, 네트워크 시스템 개발 및 분석

생산 및 관리 ; 섬유제조, 화학 관련 약품 제조, 냉난방 관련설비 조작, 전기제품 제조장치 조작, 전기설비 조작, 산업안전 및 위험관리, 시스템 운영 및 관리, 데이터베이스 관리

설치 및 정비 ; 기계장치 설치 및 정비, 냉동냉장장치 설치 및 정비, 자동차 정비, 전기전자장치 설치 및 정비, 통신설비 절치 및 정비

영업 및 사무 ; 총무, 행정, 생산관리사무, 일반 및 기술 영업, 사무보조

군대 ; 육해공 기술 장교

교육 ; 컴퓨터학원 강사, 문리어학학원 강사

기타 ; 안경사, 금형, 조경, 원예, 선원

지금까지는 엔지니어가 하는 일을 중심으로 그 특성을 살펴보았다. 이제 이러한 엔지니어가 어떤 과정을 통해 태어나게 되고 그들을 위한 교육이 20세기 이전까지 어떻게 발전했나에 대해 알아보자.

1.2.3 근대의 공학 및 공학교육의 발전과정

그러면 근대에 들어오면서 공학과 공학 교육은 어떻게 발전해 갔나? 이제 근대 공학과 공학 교육에 대해서 알아보자. 근대 공학과 공학 교육은 18세기 중반부터 시작되었다고 볼 수 있다. 그 시초는 1747년에 설립된 프랑스의 토목학교(*Ecole des Ponts et Chaussess*, 여기서 Ponts와 Chaussess는 다리와 도로를 의미)였다. 이어서 1794년에 혁명정부의 명에 의해 프랑스에 *에콜 폴리테크니크*[7]가 설립되었다. *에콜 폴리테크니크*는 엔지니어 **라자르 카르노**(Lazare

Carnot)와 수학자 **가스파르 몽주**(Gaspard Monge)에 의해 설립되었고, 학생들에게 수학, 물리학, 화학과 같은 과학 교육을 강조했다. 그런데 1802년에 *국립포병학교*를 병합했다. 처음에는 내무부의 감독을 받았으나 1804년 나폴레옹이 군사학교로 전환시켰고 졸업생들 거의가 군대의 기술 장교가 되었다. 이렇게 18세기에 프랑스에서 교육받은 엔지니어들은 주로 전쟁과 관련된 공병들이었다. 영국에서도 18세기 동안 엔지니어를 왕립 군사 아카데미에서 배출하였다.

이렇게 19세기 전반 동안 유럽의 엔지니어들은 교육을 받은 후 주로 군사적 작업만 하게 되었는데 이것이 일반 사람들로 하여금 엔지니어를 곱지 않은 시선으로 보는 이유가 되었다. 그래서 후 세대의 엔지니어들은 자신을 공병과 반대되는 의미에서 *민간 엔지니어*라고 부르기 시작했다. 지금은 *civil engineering*이 *"(도시)토목공학'*이라고 번역되지만 원래 의미는 *'공병학'* 과 반대되는 의미의 *'시민 공학'*이라는 뜻이었다.

영국의 공학기술 발전은 프랑스와 사뭇 달랐다. 프랑스가 교육기관을 세우고 정부가 조직적으로 공학을 육성시킨 것과 달리 영국에서는 개인의 발명과 창업으로부터 기술이 발전되고 확산되었으며, 특허 제도를 통하여 이를 보호하였다. 영국에서도 18세기 동안 엔지니어를 왕립 군사 아카데미에서 배출하기도 했지만 많은 엔지니어들은 개인적으로 기술을 이끌어냈다. 일찍이 1698년에 **세이버리**는 물 펌프를 발명하여 특허를 내었다. 1712년에 **뉴커먼**은 광산에서 사용 가능한 엔진을 발명하였고 이보다 50여 년 뒤인 1768년에 **와트**가 증기기관을 발명하면서 영국이 산업혁명을 주도하게 되었다. 이 산업혁명은 영국의 공학기술의 발전을 가속화시켰다. 산업 혁명 중에 기계가 무수히 많이 발명되었다. 방적기만 해도 수력 방적기, 자동 뮬정방기 등이 개발되었으며, 역직기 등도 발명되었으며 나중에는 정밀도가 높은 자동선반과 공작기계가 제작되고, 1830년 이후에는 기계에 의한 기계의 대량생산체제가 확립되었다. 이때부터 기계는 생산을 지탱하는 중요한 역할을 하게 된다. 철도도 산업 혁명 때 등장했는데 **조지 스티븐슨**이 증기 기관차를 발명함으로써 1825년 석탄을 갱도에서 뱃길까지 운반하는 목적으로 스톡턴과 달링턴을 오가는 철도가, 1830년에는 맨체스터와 리버풀을 오가는 철도가 개통되어 엄청난 성공을 거두었다. 그 후 이 성공에 자극받아 철길은 영국 전역에 설치되기에 이르렀으며, 국내 시장의 확보는 물론 영국 산업 자본의 대동맥 역할을 하게 되었다.

한편 조직적인 교육을 바탕으로 탄생한 엔지니어들은 아니지만 개인 기술자들은 집단을 이루어 단체를 만들기 시작했다. 1771년에 **스미턴**은 처음으로 *민간엔지니어협회*를 조직하였으며, 이때부터 기술자 집단이 전문 분야별로 협회를 만들어 서로 정보를 교환하고 또한 정부에 대하여 압력단체로서 활동을 시작하였다. 1805년에는 *철강인 협회(Society of Millwrights)*가

7) 18세기 에콜 폴리테크니크 학생들은 나폴레옹의 이집트 정복에 동참하기도 했다.

결정되었고, 스미턴이 조직한 민간엔지니어협회는 1818년에 *토목공학자협회(Institution of Civil Engineers)*로 탈바꿈했다. 이 협회의 첫 회장은 당시 도로와 운하 건설로 명망이 높았던 **토머스 텔포드**(Thomas Telford)였다.

19세기 초엽에 증기기관과 증기열차가 발달하면서 증기계를 다루는 엔지니어들은 1847년 *기계공학자협회(Institution of Mechanical Engineers)*를 결성했고, 초대 회장에 증기기관차를 발명한 **조지 스티븐슨**(George Stephenson)을 임명했다. 1871년에는 *전신공학자협회(Institution of Telegraph Engineers)*가 결성되고, 이는 1889년에 그 이름을 *전신기술자협회*로 바꾸었다. 이와 같이 영국에서는 조직적인 교육에 의존하여 기술을 발전시킨 것이 아니라 개인의 발명과 창업, 그리고 그들의 모임을 통하여 기술을 발전시켜나갔다. 1890년에 이르러 *공학(engineering science)*이 등장한 것만 보더라도 이러한 특징을 알 수 있다.

나중에 건국한 미국은 프랑스와 영국의 장점만을 따서 공학과 기술을 발전시켰다. 1776년 미국이 독립될 당시만 해도 엔지니어란 존재하지 않았으며, 수로와 다리, 댐 등을 건설하기 위해서는 유럽의 엔지니어에 의존할 수밖에 없었다. 1817년 *이어리 운하(Erie Canal)* 건설을 시작할 무렵 미국의 엔지니어 총 숫자는 30명이었다고 한다. 그러나 1802년 육군사관학교인 *웨스트포인트*를 설립하여 프랑스의 **에콜 폴리테크니크**의 교육 과정을 따라 공학 교육을 시작하였으며, 후에 *렌슬러 공과대학(Rensselaer Polytechnic Institute)*이 된 *렌슬러 학교*를 1823년에 세웠다. 1847년 *미시간 대학*에 공과대학이 개설되었고, 역시 같은 해에 *하버드*와 *예일 대학에 응용과학대학(School of Applied Science)*이 설치되었으며 1865년에 MIT(Massachusetts Institure of Technology)가 문을 열었다. 특기할 만한 일은 남북전쟁 중이던 1862년에 *토지양여법(Land Grants Act)*이라고도 불리는 *모릴법(Morrill Act)*[8)]이 국회를 통과함으로써 공학 교육이 획기적으로 발전할 수 있는 기반이 형성된 것이다. 이 법률이 통과된 후 1870년에 17개이던 공과대학이 1872년에는 무려 70개로 늘어나게 되었다.

미국은 이와 같이 프랑스를 좇아 공학 교육기관을 설립해서 신생국가가 필요로 하는 엔지니어를 배출하는 한편 영국의 특허 제도를 도입하여 개인의 발명과 창업을 적극 장려하였다. 그리하여 **에디슨, 웨스팅하우스, 벨, 이스트먼, 라이트 형제** 등과 같은 저명한 발명가 겸 사업가들이 이즈음부터 활동을 시작함으로써 영국에서 시작된 산업혁명이 미국에서 꽃을 피우게 된 것이다.

---

8) 모릴법(Morrill Act); 미국의 정치가 J.S.모릴(1810~1898)이 하원의원이었을 때 기초하여 가결된 2개의 법률 중 하나로 여기서 말하는 것은 1862년에 제정된 대학설립에 대한 토지허여법(土地許與法)으로서 농학 및 공학대학을 설립할 경우, 정부가 소유하고 있는 토지를 무상으로 증여해주는 법률을 말한다. 이 법률에 의하여 설립된 주립대학의 수는 모두 69개교이다.

이제 우리나라 공학기술의 태동을 살펴보자. 유학의 강한 전통으로 기술자가 제대로 대접을 받지 못하던 우리나라에서 근대 공학 교육이 시작된 것은 1899년 6월 서울 명동 중국대사관 뒤편에 *상공학교*를 설립하면서이다. 상공학교는 상업과와 공업과의 양 과로 구분되어 각 과별로 십여 명씩 선발하여 교육했으며 수업 연한은 예과 1년과 본과 3년을 합해 모두 4년이었다. *상공학교*는 1904년 농업과를 증설해 *농상공학교*로 확대되었다가 1906년에 각 과별로 분리해 각각 *농림학교, 상업학교, 관립공업전습소*로 독립되었다.

그러나 한일합방 이후 일제는 고급과학기술 인력은 본국으로부터 공급받도록 하고 조선인은 과학기술 고등교육의 기회를 주지 않는 방향으로 식민지 과학기술 교육정책을 취하였다.

그래서 일제하에서 한동안 대학은 설립되지 못했고, 일본 유학을 통한 이공계 대학의 졸업자 배출도 1920년대 중반까지는 대체로 차단되었다. 이러한 대표적 인물로 1905년 2월 교육행정을 담당하는 학부 고문으로 부임한 **시데하라 단(幣原但)**과 그와 함께 조선 교육구조를 재편하는데 주도적으로 참여하였던 **유게 코타로(弓 削幸太郞)**란 인물들은 공공연하게 "조선에는 고등교육이 필요하지 않다"는 주장을 되풀이했고 "조선의 식민지 교육은 우선 본국어 보급을 주로 하며, 고등교육을 피하고 실업교육만을 실행해야 한다"고 주장한 것을 보면 그 당시 조선의 이공계 고등교육의 실상을 알 수 있다.

그로 인해 1907년 3월 한성(지금의 서울) 동서(東署) 이화동에 설립된 *관립공업전습소*에서는 이름 그대로 염직과(染織科), 도기과(陶器科), 금공과(金工科), 목공과(木工科), 응용화학과, 토목과 등 6개 과에 13개의 *전습 과정*이 설치되었다. 즉 이론적 고등 교육이 아닌 실기를 위한 실업교육이 주가 되었다.

1915년에 이르러서야 총독부는 조선인들의 불만을 완화시키고 대외적인 이미지 개선을 위해서 1916년 4월, 일본인과 조선인의 공학(共學) 형태를 띤 *경성공업전문학교*를 설립하였으며 *관립공업전습소*는 여러 차례의 개편 과정을 거쳐 설립된 *경성공업전문학교*의 부속 *공업전습소*로 개편되었다가, 1922년 3월 *경성공업전문학교*가 *경성고등공업학교*로 개편 될 당시에 *경성공업학교*라는 명칭으로 분리 독립했다.

1916년 대학은 아니지만 경성부 동숭동에 설립된 *경성공업전문학교*는 조선교육령에 기초한 공학 전문 교육기관으로서 조선의 공업 발전에 필요한 기술자 또는 경영자를 양성할 목적으로 설립되었다. *경성공업전문학교*는 수업 연한 3년의 염직과, 응용화학과, 요업과, 토목과, 건축과로 시작되었으며, 이듬해인 1917년에 광산과가 추가되었고, 1938년에는 기계공학과 및 전기공학과가 신설되었다. 이공계 학교는 아니지만 1915년 선교사들이 세운 *연희전문학교*에 *수리과(수학 및 물리과)*가 있었다.

중일 전쟁 발발 이후 총독부는 조선인들이 공업학교를 설립하는 것에 대한 규제를 완화해 주었고, 이에 따라 몇몇 공업전문학교들이 설립되었다. 그중 사립 이공계 학교로 1938년에 조선인이 평양에 설립된 *대동공업전문학교*가 그 대표적인 예이며, 1939년에는 일본인 광업가의 기부금으로 *경성공업전문학교의* 광산과를 분리, 관립 형태인 경성광산전문학교도 설립되었다. 1939년에 *경성광산전문학교*가 분리 설립되었다.

1941년이 되어서야 *경성제국대학*에 *이공학부*가 설치되어 진정한 우리나라의 이공계 고등교육이 시작되었지만 조선인은 은밀히 적용된 내부 규정에 따라 전체의 3분의 1 정도만 선발했고 나머지는 일본인이었다.

해방 이후 미군정 아래 이들 *경성제국대학* 이공학부 공학계와 *경성공업전문*학교 및 *경성광산전문학교*가 *서울대학교 공과대학*으로 통합 발족하게 되었다. 이즈음 사립 *동아공과학원*이 *한양공과대학*으로 발전해 개편되었고, 1960년대 후반부터 우리나라 산업이 급속도로 발전되면서 각 대학이 공과대학을 설립하기 시작 하여 이제는 백여 개가 넘는 공과대학이 우리나라에 설립되기에 이르렀다.

우리나라의 이러한 공과 교육 발전 과정을 살펴보면 앞서 알아본 산업 선진국과는 다르다는 것을 알 수 있다. 근대 산업기술이나 공학이 뒤처졌던 우리나라는 그것을 따라 잡기 위하여 실용적인 교육에 치중하지 않을 수 없었으며, 그 내용은 주로 이미 산업화에 성공한 미국이나 일본의 교육 과정도 제도를 답습하는 것이었다.

그런데 과연 공학에서 가장 중요한 것이 현장에서의 경험이나 숙련인가 아니면 과학적 훈련인가라는 논쟁을 살펴보자. 이러한 논쟁의 씨앗은 앞서 여러 나라의 공학이 어떻게 발전되어 나왔는가를 살펴보면서 오래 전부터 시작되었음을 짐작할 수 있을 것이다. 19세기 동안에는(그리고 영국과 같은 나라에서는 20세기에도) 유명한 엔지니어들이 대학에서 공학 교육을 받았던 사람이 아니었다. 오히려 이들은 작업장(workshop)과 필드(field)에서 훈련을 받았고, 나중에 자신의 작업장을 세워 후대 엔지니어들은 교육시켰다. 이런 엔지니어들은 과학적 지식보다는 현장에서의 경험과 숙련을 강조했다. 과학으로는 알 수 없는 '마음의 눈(숙련에 근거한 직관)'이 중요하다는 것이었다. 반면에 19세기 중엽 이후 공학은 대학에 서서히 자리를 잡았고, 대학에서 공학을 가르치던 교수는 주로 이론에 근거한 과학적 훈련과 실험실 교육을 강조했다. 이러한 차이는 격렬한 논쟁을 불러 일으켰고 결국 많은 경우에 대학 교육은 과학(이론)과 현장 교육을 반반씩 섞는 형태로 타협점을 찾게 되었다.

엔지니어링 교육에서 과학이 우위를 점하기 시작한 것은 제2차 세계대전 이후였다. 제2차 세계대전이 레이더, 원자탄, 암호 해독, 컴퓨터와 같은 과학을 강조했다. 제2차 대전 이전까지만 해도 대부분의 공대는 학사와 석사학위 과정밖에 없었지만, 과학 교육과 훈련을 강조하면서 공학이 박사(ph. D.)과정까지 확장되었다. 또 공과대학의 교수들도 현장 경험이 많은 사람이 아니라, 공학 박사학위 취득자들 중에서 이론적 기여가 많은 사람이 채용되기 시작했다. 그러나 최근에 들어 점차 공학 교육을 받은 엔지니어들이 실제 생산 현장에서의 문제를 해결할 수 있는 능력을 갖추지 못하고 배출된다는 사회적 비판이 많고, 대학은 이러한 비판을 수용해서 공학 교육에서 추상적인 과학적 문제 해결 능력보다는 소통, 경영, 협동, 팀워크와 같은 능력을 강조하는 경향을 보이고 있다.

이제까지 엔지니어를 육성하기 위해 근대이후 각 나라의 교육 및 공학이 어떠한 과정을 통해 발전해 왔나 알아보았다.

그러면 과연 현재에도 엔지니어가 되기 위해서는 이런 교육만 받으면 될 것인가? 지금 부터는 21세기에 엔지니어는 어떤 사람이고 어떻게 해야 현대의 진정한 엔지니어가 되는지 알아본다.

1.2.4 엔지니어가 되려면

그러면 엔지니어가 되기 위하여 어떻게 준비하여야 하는가? 근대 이전(공학자라기보다는 직공, 기능공의 의미가 더 큼)에는 만드는 지식은 시행착오적 실험을 통해 얻고, 구전으로 다음 세대에 기술이 전해졌다. 근대 공학대학이 설립되어 공학교육이 궤도에 올라가기도 하였지만(이미 앞 절에서 설명), 숙련된 기능자의 충고와 경험도 상당한 가치를 지니고 있었다. 그러나 현대에 와서는 공학문제의 복잡성에 따라 더 많은 교육이 필요하게 되었으며 문제 해결을 위한 고도의 훈련과 철저한 접근 방법이 필요하며, 공학문제 해결의 방법론과 활동을 지원하는 기본적인 과학지식을 결합한 교육이 필요하게 되었다. 또한 기초적인 과학적 원리 이해뿐만아니라, 사회과학과 인문학/경제학에 대한 배경 등의 효과적인 상호작용이 필요하게 되었다.

그러면 현재 일반적인 엔지니어가 되려면 어떻게 교육을 받아야 하나 알아보자.

먼저 고등학교에서는 고등학교 이공계열 과정의 모든 수학, 과학 과목(물리, 화학, 생물 등)을 이수하는 것이 기본이며 다음에 공학 기능자를 양성하기 위한 공학기술 교육과정(주로 공학지식과 방법의 개발보다는 적용을 강조하는 기능 위주의 교육프로그램; 보통은 2년제 전문대학의 영태를 취함)을 이수하거나 학사과정으로 공학 교과과정 전문인으로서의 공통 교양, 공학계열 기초영역(기본소양), 공학인증을 위한 과정, 분야별 전공과목들의 이수 및 설계 활동 등을 거쳐야 한다. 마지막으로 대학원 교육으로 석사 및 박사과정을 통해 기초과학, 공학과학에 대한 추가적인 교육을 받게 되는데 대학원 교육은 필수적이지는 않다. 그러나 진정한 엔지니어가 되기 위한 공학교육은 평생에 걸친 교육이다.

그런데 엔지니어가 된다는 것은 공학 관련 직업을 가진다는 건데 그러기 위해서는 단순히 위의 여러 과정의 교육만으로는 부족하다. 공학 관련 직업을 가지려면, 정식 교육과 경험 양자를 통하여 공학적 능력을 습득하여야 한다. 왜냐하면 공학자는 특정 지식과 재능을 사회의 이익을 위하여 적용할 의무가 있기 때문이다. 엔지니어가 공공의 신뢰와 공학자로서의 존경심을 얻으려면 사회적으로 몇 가지 장치를 가지고 있어야 한다. 그것은 첫째 직업윤리이다. 그러기 위해서는 공학자집단은 윤리 강령의 제정이 필요하다. 두 번째 로 공학자의 능력을 인정받기위한 정부의 기술자격시험을 통과해야 한다. 또 공학자들의 활동을 수행하는데 도움이 되는 기관 또는 단체(학회)를 형성하여 활동해야 한다.

한편 아직까지도 사회에서 일반적으로 받아들여지지 않고 있지만 엔지니어들은 *전문직*[9]인 것이다. 왜냐하면 공학을 전공하고 대학 이상의 학력을 가지거나 기술자격증을 가져야한다는 점에서 엔지니어는 자격시험을 거쳐 자격증을 따기 때문에 의사협회(또는 변호사협회)에 속하는 의사/변호사와 같이 전문직에 속한다고 볼 수 있다. 전문인은 그에 부응하는 *사회적 의무와 책임*[10]을 가져야 하는데 그러기 위해서는 전문인들은 윤리강령을 따라야 하고 자기가 속한 사회와 자기의 고객을 보호할 책무를 지닌다. 따라서 엔지니어도 사회적 의무와 책임을 가져야 한다. 의사의 고객은 환자이고 변호사의 고객은 의뢰인이다. 따라서 그들은 자기의 고객을 보호하기 위한 책임과 의무를 다해야 한다. 그런데 엔지니어의 고객은 과연 누구일까? 누구라고 꼭 집어 말할 수 없다. 의사/변호사는 의사/변호사는 단독으로 개업하는 경우가 더 많기 때문에 고객인 환자/의뢰인을 직접적으로 접촉하지만(그렇지 않더라도 그들은 환자와 의뢰인을 직접 접한다.) 엔지니어의 경우 회사나 연구소와 같은 커다란 조직에 속하는 경우가 많다. 즉, 대규모 직장에서 피고용인으로 일하는 경우가 대부분이다. 따라서 고객에 대해, 간접적인 접촉을 갖기 때문에 엔지니어의 고객을 직접적으로 지적할 수 없다.

그러면 공학자의 전문인으로서의 *사회적 의무와 책임*을 갖기 위해 윤리강령을 따라야 하는데 윤리강령은 바로 직업윤리를 위한 것이다. 공학자의 직업윤리는 일단 공학자와 사회사이의

---

9) 전문직 ; 미국 브라운대학 John Ladd는 전문인은 명예로운 직업을 가진 사람이며, 일반인보다 높은 수준의 봉급을 받고 사회로부터 존경을 받으며, 사회적 지위가 높은 사람' 이라고 했다.

10) Noblesse Oblige (가진 자의 의무)

관계가 존경, 신뢰와 성실에 기반을 두어야 하며 공학자는 고객, 고용주, 일반인보다 높은 전문지식을 가지고 있는데, 이러한 지식이 사회에 공헌할 수도 또는 사회에 유해한 영향을 미칠 수도 있기 때문에 가능한 사회에 유해한 영향을 미치지 않게 하기 위해서 공학관련 직업을 가지는 사람들은 그 집단이 만든 ***윤리강령***을 준수하여 신뢰를 받고, 과학기술 발전을 통하여 국가발진에 기여하어야 한다. 우리나라는 1980년에 한국과학기술단체총연합회에서 "과학기술인의 신조"를 제정하였다.

과학기술인의신조

- *우리과학 기술인은 과학기술의 창달과 진흥을 통하여 국가발전과 인류복지사회가 이룩될 수 있음을 확신하고 다음과 같이 다짐한다.*
- *우리는 창조의 정신으로 진리를 탐구하고 기술을 혁심함으로써 국가발전에 적극 기여한다.*
- *우리는 봉사하는 자세로 과학기술진흥의 풍토를 조성함으로써 온 국민의 과학정신을 진작한다.*
- *우리는 높은 이상을 지향하고 자아를 확립하고 상호 협력함으로써 우리의 사회적 지위와 권익을 신장한다.*
- *우리는 인간의 존엄성이 숭상되고 그 가치가 보장되는 복지사회의 구현에 헌신한다.*
- *우리는 과학기술을 선용함으로써 인류의 번영과 세계의 평화에 공헌한다.*

[한국과학기술단체총연합회가제창한"과학기술인의신조"]

그러면 공학자의 능력을 인정 받기위한 ***기술자격***을 무엇인가? 일반적으로 실제 공학에 요구되는 자질과 사회적 지위 향상을 다루기 위한 인정과 규제에 대해 국가가 법을 제정하고 있다. 또한 많은 경우에 공학관련 직업에 종사하려면 공학에 관한 증명이 요구된다. 우리나라에서는 "국가기술자격법"을 제정하여 기술자격에 관한 기준과 명칭을 통일하고 적정한 자격제도를 확립하고 관리, 운영하고 있다. 국가기술자격법 시행령이 규정한 기술 분야와 이 법이 규정한 기술자격은 표1.3, 1.4와 같다.

<표 1.3 국가기술자격법 시행령이 규정한 기술 분야>

기술계	기계, 금속, 화공 및 요업, 전기, 전자, 통신, 토목, 건축 등 22개 분야
기능계	기계, 금속, 화공 및 요업, 전기, 전자, 통신, 토목, 건축 등 22개 분야
서비스계	부기, 주산, 타자, 속기, 비서, 워드프로세서

<표 1.4 국가기술자격법 시행령이 규정한 기술 자격>

기술계	기술사, 기사 1급, 기사 2급
기능계	기능장, 기능사 1급, 기능사 2급, 기능사보
서비스계	1급 ~ xx급

한편 공학자들은 ***단체(보통 학회)를 형성***하여 그들의 활동을 수행하는데 그것에 대해 알아본다. 보통 공학교육에서도 강조하지만 공학은 팀으로 일할 때 가장 성공적인 경우가 많다. 공학자들은 서로 협력자가 되어야 한다. 학회 등을 통해 협력 체제를 구축하며, 공학에 관한 정보를 보급하고 기술적 논의를 개최하기도 한다. 학회지, 학술논문지, 학술대회논문집 등을 발행하고 학술대회, 워크샵 등을 개최하여 관련 기술에 대한 능력과 정보를 넓혀간다. 우리나라에도 많은 공학관련학회가 존재하며 1950년 초까지 대한건축학회, 대한금속학회, 대한기계학회, 대한전기학회, 대한전자공학회, 대한토목학회 등 주요 공학 분야 학회가 설립되었으며, 그 후에도 한국화공학회, 한국섬유공학회, 한국공업화학회 등 많은 공학 전공 학회가 생겨났으며 그 외에도 공학 발전과 특수성에 따라 많은 학회들이 설립되었다.

그러나 훌륭한 엔지니어가 되기 위해 가져야 할 제일 중요한 덕목은 바로 올바른 가치관이다. 즉, ***엔지니어적 가치관***이다. 그러면 엔지니어적 가치관이 무엇인지 알아보자.

먼저 과학을 잘 할 수 있어야한다. 공학교육기관에 입학하기 위해서 지원자는 반드시 과학을 공부해야 하며, 입학 후에도 졸업을 위해서 과학에 많은 시간을 할애해야 한다. 과학의 기본(수학을 포함)에 많은 시간을 투자해야 한다. 그런데 근래에 와서 공학을 전공하는 학생들이 이러한 기본 과학을 등한 시하는 경향이 커졌다.

둘째, 과학적 진리에 대한 믿음이 있어야 한다. 과학적 진리, 실험에 의해 확인될 수 있는 진리를 끊임없이 탐구해야 한다. 이 경우 가능한 한 개인적 가치관을 개입시키지 않아야 한다. 그러나 독창성과 독립성 등이 필요하다.

셋째, 완벽한 진리 추구 대신에 응용을 위한 실제적인 요인들을 염두에 두어야한다.

추구하는 목표를 진리 탐구보다는 기능을 수행하는 제품 제작에 두어야 한다. 무엇인가 제작한다는 것은 항상 시간과 비용의 제약이 따른다. 완벽함보다는 실제적인 작업 결과 도출이 중요하다. 즉, 완벽한 컴퓨터를 만들려는 시도보다는 필요한 시점에 좋은 제품을 제작하여 출시하는 것이 보다 중요하다.

넷째, 자기가 설계하고 생산한 제품의 위험에 대해 책임을 감수하는 강한 도덕심이 있어야 한다. 완벽한 제품이 아닌 이상, 실패의 위험(사고의 위험)이 존재한다. 자신이 설계하거나 생산한 제품에 보이지 않는 위험요소가 내재되어 있다는 것을 항상 염두에 두어야 한다. 제품이 사용되는 동안 문제가 발생하여 원하지 않는 사고가 일어날 수도 있다. 완벽하고 확실한 안전장치를 고안하여 제품 구성에 반영하는 것이 불가능한 것은 아니지만, 그럴 경우 가격이 많이 상승한다. 실제로 안전을 원하는 사용자 일지라도, 안전을 위한 대가로는 최소한의 금액만을 지불하려 한다.(보통 사람들은 보이지 않는 위험에 대해서는 최소한의 안전 보장만을 요구하고, 대체로 이를 감수하려는 태도를 취하면서도 발생되는 위험에 대해서는 책임을 지려하지 않는다)

다섯째, 일반인들에게 최선을 다하는 신뢰감을 주어야 한다. 무엇인가 책임을 져야하는 위치에 있는 사람은 다른 사람들에게 스스로가 "신뢰할 만한"사람이라고 인식시키는 것이 매우 중요하다. 의사의 경우, 환자로 하여금 자신의 신체를 믿고 맡길만한 확신을 줘야한다. 엔지니어 역시 위험에 대해 책임감을 가져야하는 사람이며, 일반사용자에게 신뢰감을 줘야 한다.

마지막으로 깊은 사려, 신중한 검토의 자세를 가지고 창조적인 작업을 미래지향적으로 해야 한다. 위험 요소 제거를 위한 신중함도 필요하지만, 상상력과 창의성을 통한 도약(변화)도 필요하다. 엔지니어는 새로운 발견/발명을 추구하지만, 무조건적인 변화를 추구하는 것은 아니다. 새로운 것을 찾아감에 있어, 깊이 생각하고 신중하게 검토하는 자세를 갖고 변화를 추구해야 한다.

지금까지 기술과 근현대의 기술 개념에 맞는 일에 직접적으로 종사하는 엔지니어에 대해 알아보았다. 앞에서 잠깐 언급했지만 근대 이후의 기술은 과학과 아주 밀접한 관계에 있다. 지금부터는 과학이 무엇인가? 과학의 개념에 대해 알아보고 마지막으로 둘 사이의 관계 및 발전 과정에 대해 알아본다.

1.3 과학

1.3.1 과학이란

그러면 근현대적 의미에 따른 과학을 이야기 해 보자.

먼저 과학의 어원부터 알아보면, 과학을 뜻하는 영어 단어 *science*는 지식이라는 뜻의 라틴어 *scientia*에서 왔으며, 이는 '안다'(I know)는 뜻의 접두사 scio-에서 나왔다. 이는 또다시 '분별하다' 혹은 '구분하다'라는 뜻의 인도-유럽 어근에서 나왔으며, 그가 잘라낸다(he cuts off)는 뜻의 산스크리트어 *chyati*, 찢다(to split)라는 뜻의 그리스어 *schizein*, 같은 뜻의 라틴어 *scindere*와 관계되어 있다. 중세로부터 계몽주의 시대까지, *science*나 *scientia*는 ***모든 종류의 체계적이거나 정확하게 기록된 지식***을 가리켰으며, 따라서 그 무렵에 과학과 철학이라는 단어는 넓은 의미로 구별되지 않았다. 프랑스어, 스페인어, 포르투갈어 및 이탈리아어 등의 몇몇 언어에서는 현재까지도 이 구별이 명확히 이루어지지 않고 있다.

고대로부터 근대까지, 철학은 자연 철학과 윤리 철학으로 나뉘어 있었다. 1800년대에 자연 철학(natural philosophy)이라는 명칭은 서서히 자연 과학(natural science)이라는 명칭으로 대체되었다. 자연과학은 점차 물리학과 생물학 등의 현재 존재하는 분야들로 세분화되었다. 사회 과학은 한때 윤리 철학에 포함되던 부분 중 일부를 포함하며, 이 부분에 대해 가능한 한도까지 경험적 방법론을 적용시키고 있다. 그러나 20세기 이후 일반적으로 좁은 의미의 과학은 자연과학을 지칭하게 되었다.

어원이나 근대에서 정의한 것에 의하면 자연에 대해 체계적으로 무엇인가를 알아내는 인간 활동, 즉 체계적으로 자연법칙을 찾아내는 인간 활동인 것이다.

현대에 들어와서는 더욱 의미가 압축되어, 확고한 경험적 사실을 근거로 한 자연에 대한 보편성과 객관성이 요청되는 지식의 체계를 의미한다. 즉, 인류가 ***경험주의와 방법론적 자연주의에 근거하여 실험(검증 가능한 방법)을 통해 얻어낸 자연계에 대한 지식들을 다루는 학문***을 뜻한다.

또한 현대에는 과학을 분야에 따라 자연과학과 사회과학으로 나누며 목적에 따라 순수과학(기초과학)과 응용과학으로 분류된다.

이 네 가지 과학의 의미를 알아보면, ***자연과학***은 인간에 의해 나타나지 않은 모든 자연 현상을 다루는 학문이며, ***사회과학***은 인간들의 행동과 그들이 이루는 사회를 과학적인 방법으로 연구하는 학문이고 ***순수과학***[11]은 영리 활동을 목적에 두지 않은 순수한 지적 호기심에서 나오는 학문의 추구를 목적으로 하는 학문이고 마지막으로 *응용과학*은 실제 문제를 해결하기 위해 하나 또는 그 이상의 자연과학 지식을 응용하는 학문이다. 여러 가지 응용과학이 있으나 *공학*이 기술 개발을 위해 필요한 매우 중요한 응용과학이다.

과학의 기원을 따져 볼 때 고대 이전에는 과학과 기술은 명확하지 않지만 현대에 와서는 둘이 밀접한 관계는 있지만 둘 사이에는 차이가 있으며 다만 근래에 과학과 기술에 대한 관계에 대해서는 학자들 마다 의견이 다르다.

특히 현대과학은 기술을 통해 인간 생활에 깊숙이 관여하고 있다.

1.3.2 기술과 과학은 어떻게 다른가?

앞에서도 언급했지만 기술과 과학의 관계와 차이에 대해서는 지금까지 수많은 논의가 있었다. 20세기 중엽 이후 1970년대까지 상식적으로 받아들여지던 생각은 기술이 과학의 응용이라는 것이었다. 즉 과학이라는 지식이 인공물(人工物. artifacts)에 응용되면 기술을 낳는다고 보는 것이었다. 이러한 *'응용과학 테제(기술=응용과학)'*에 의하면 과학은 지식이자 정신노동의 산물이고, 기술은 물건이자 육체노동의 산물이었다. 기술이 과학의 응용이라고 간주했던 사람들은 과학을 발전시키는 것이 자동적으로 기술 발전을 낳는다고 믿었다. 제2차 세계대전 동안 미국의 군사 연구를 총괄 지휘했던 **바니바 부시**(Vannevar Bush)는 1944년에 쓴 『과학, 그 끝없는 프론티어(Science, the Endless Frontier)』에서 과학이 기술을 낳고, 기술이 산업을 발전시킨다고 주장했다. 경제학자들은 이러한 생각에 바탕 해서 연구(R:reserch)가 개발(D: development)을 낳고, 개발이 생산(P: production)을 가져오며, 생산이 확산(D: diffusion)과 마케팅(M: marketing)을 낳는다고 이론을 발전시켰다. 즉,

> 과학 ⇨ 기술 ⇨ 산업발전(생산 및 경제 발전)
> 연구 ⇨ 개발 ⇨ 생산 ⇨ 확산과 마케팅

11) 고대에는 이러한 인문학과 자연과학의 구분도 명확하지 않아서, 많은 고대 학자들은 이런 여러 분야에 대해 기초 지식들을 두루두루 가지고 있는 경우가 많았으나, 문명 발달과 더불어 점차 각각의 학문 분야의 지식 축적이 많아지면서 자연스럽게 개별 분야들이 분화되어 각각의 이름을 가지게 되었다. 그러나 여전히 많은 순수학문 분야는 소위 말하는 응용과학 분야에 비해서 역사가 오래된 것이 많고, 또한 이러한 응용과학의 기초가 되는 학문인만큼, 많은 교육과정에서는 이러한 순수학문의 교육을 강조하는 경향이 강하다.

이런 모델을 ***'선형 모델(linear model)'*** 혹은 ***'어셈블리 라인 모델(assembly-line model)'*** 이라고 한다. 이 모델에 따르면 무엇인가 새로움(혁신)을 추구하는 사회는 위의 일련의 과정에서 맨 앞에 위치하고 있는 (순수)과학에 투자해야 하는데, 이 초기의 투자는 결국 혁신적 기술이라는 완제품을 생산해낼 것이기 때문이었다. 어셈블리 라인 이론의 옹호자들은 1945년 제2차 세계대전이 끝난 후 미국에서 과학 정책을 새롭게 재구성하려 시도했던 과학 정책자들과 이러한 시도에 협조를 아끼지 않았던 과학자 집단의 리더들이었으며, 이들의 주도로 2차 대전 후 미국에서는 국립과학재단(National Science Foundation. NSF)이 설립되고 순수과학에 막대한 연구비가 투자되었다.

프로젝트 힌드사이트(Project Hindsight)

부시의 어셈블리 라인 모델을 받아들여, 미국 국방성에서는 1945년부터 1966년까지 투자한 연구비 100억 달러 중 25%에 해당하는 25억 달러를 기초과학 연구에 할애했다.

그러나 그 결과에 대해 강한 불만과 비판이 제기됨에 따라, 국방성에서는 "프로젝트 힌드사이트"라는 감사를 실시하게 된다.

국방성에서는 분야별로 13개의 과학기술자 팀을 구성하여 미국에서 1945년 이후 연구개발된 20개 핵심 무기 체계를 조사했는데, 1966년에 발표한 중간보고서에 따르면, 20개의 핵심 무기 체계 중 ***91%가 기술적 연구 개발****에 기인했고 9%만이 과학적 연구 활동으로 분류될 수 있음이 밝혀졌다. 특히 이 9% 중에서도 8.7%가 응용과학이고* ***순수과학은 0.3%*** *밖에 되지 않았다.*

즉, <u>과학 연구가 자동적으로 무기 기술의 개발로 연결되지 않는다는 것을 보여준 것이다.</u>

보고서는 과학과 기술은 서로 다른 집단에 의해 서로 다른 가치 기준으로 연구개발이 진행되었으며, ***과학은 또 다른 과학을, 기술은 또 다른 기술을 낳는 독립된 개체라고 결론지었다.*** *이 보고서는 순수과학 연구를 강조했던 진영에 떨어진 폭탄과 같은 것이었다.*

이와 같이 어셈블리 라인은 과학과 기술을 일직선상에 놓고 원인과 결과라는 매우 밀접한 연관성을 가진 영역으로 파악하고 있다. 그러나 이러한 어셈블리 라인에 입각한 과학과 기술에 대한 접근은 실제로 그 모델이 작동되지 않는다는 사실이 드러나게 되면서 점차 의심을 받는 상황에 이르게 되었다. 실제로 미국 국방부는 1945년부터 1966년까지 과학 부문에 투자한 총 100억 달러의 연구비 중 4분의 1정도인 25억 달러를 순수과학에 할애했지만, 그 결과는 실망적 이라는 비판이 제기되었다. 즉 순수과학에 많은 투자를 해도 그만큼의 기술적인 성과가 산출되지 않는다는 사실이 인식되면서 어셈블리 라인 이론은 점차 설득력을 잃게 된 것이다. 이를 뒷받침해준 것이 *프로젝트 힌드사이트(Project Hindsight)*이다.

1970년대에 들어 북미의 기술사학자들과 기술철학자들은 '기술이 과학과 어떻게 다른가?' 라는 문제를 집중적으로 분석함으로써 기술의 독특한 특성을 조망했다. 이 당시 미국의 저명한 기술학자 **에드윈 레이턴(Edwin Layton)**은 『지식으로서의 기술(Technology as Knowledge), 1974』이라는 책에서 '기술이 응용과학이다.' 라는 명제를 비판했는데, 그가 이를 비판하기 위해서 주상한 것은 "과학과 마찬가지로 기술의 핵심도 '지식(knowledge)'이다"라는 것이었다. 즉 과학과 기술의 상호 작용은 지식이 사물에 응용되는 것이 아니라, 지식과 지식 사이의 상호 침투라는 것이 레이턴의 생각이었다.

그런데 기술이 지식이면 그 지식은 과학과는 어떻게 다른가? 이에 대한 한 가지 해답이 역시 레이턴에 의해 제시되었다. 그는 기술 지식에서는 추상적인 이론보다는 실용성, 효용, 디자인을 강조하고 과학지식에서는 역으로 추상적 이론, 지식을 위한 지식, 본질에 대한 이해를 강조한다고 보았다. 즉 기술과 과학은 정반대의 가치 체계를 가진 지식이었던 것이다. 레이턴은 이를 '거울에 비친 쌍둥이'라고 명명했다. 즉 과학과 기술이 쌍둥이처럼 비슷해 보이기는 하지만 각각은 분명히 다른 존재라는 것이다. 그렇다면 왜 하필 거울 이미지일까? 과학과 기술은 쌍둥이처럼 비슷해 보이지만 자세히 살펴보면 마치 거울에 비친 상처럼 여러 가지 측면에서 좌우가 바뀐 듯이 상반되는 특징들을 보이고 있다는 것이다.

또한 과학자들과 엔지니어들은 많은 면에서 가치들을 공유하고 있지만 그 중요도의 부여에서는 서로 상반된 면을 보여준다. 과학. 특히 그중에서도 물리과학의 경우 뉴턴과 아이슈타인을 최고의 과학자로 꼽는데서 알 수 있듯이 수학적 이론가에게 가장 높은 가치를 부여한다. 과학자들에게 기구와 지식의 응용이라는 가치는 수학적 이론에 비해 중요도가 떨어지는 것으로 간주된다. 하지만 기술자들의 커뮤니티에서는 성공적인 설계가나 제작자가 '단순한' 이론가에 비해 훨씬 중요하게 여겨진다. 그렇다면 과학자와 기술자 커뮤니티에서 나타나는 이러한 가치 부여의 차이는 어떠한 이유로 생긴 것일까? 그것은 두 커뮤니티가 추구하는 목표가 다르다는 점에서, 즉 과학자들은 앎(to-know)을 추구하지만 기술자들은 실행(to-do)을 추구한다는 점에서 기인한다. 바로 이러한 기본적인 작업의 목표 차이가 과학자와 기술자가 어떠한 종류의 전문가를 더 높게 평가하는가에 대한 차이를 만들어 낼 뿐만 아니라, 그들이 수행하는 작업의 성격 그리고 때로는 그 작업의 내용을 표현하는 구체적인 언어 및 용어의 차이까지 만들어내는 것이다.

기술의 발전에 대한 최근 연구는 "과학이 기술의 발전을 낳는다."는 상식과 부합하지 않는다. 오히려 20세기 기술철학자 중에는 "기술이 과학을 낳는다."며 과학에 대한 기술의 역사적, 존재론적 우위를 내세운 사람들이 있다. 그중 대표적인 인물이 미국의 실용주의 철학자 **존 듀이**(John Dewey)와 독일의 철학자 **마르틴 하이데거**(Martin Heidegger)이다. 듀이는 과학적 이론과 개념을 인간이 만든 '기술적인 인공물' 로 간주하면서, 기술이 역사적으로 과학에 앞서며 기능적으로 과학을 포함하는 것으로 간주했다. 듀이의 철학에서는 합목적적이고 합리적인 것은 모두 기술로 볼 수 있었다. 하이데거는 『존재와 시간』에서 실천에 대한 이론의 우위, 행위에 대한 지식의 우위 같이 2천 년 이상 지속된 서구의 형이상학적 위계를 뒤집는 철학적 직업을 수행했는데, 과학에 비해 기술의 우위를 주장한 것은 이러한 역전의 연속선상에 있었다. 듀이와 하이데거의 관점은 과학과 기술의 관계를 보는 신선한 시각을 제공하지만, 자칫 잘못하다가는 "이 세상의 모든 것이 기술이다."라는 '*범기술주의(pantechnologism)*'로 귀결된 위험이 있다.

듀이나 하이데거와는 조금 다른 맥락에서 미국의 기술철학자 **조셉 피트**(Joseph Pitt)는 '*과학의 기술적 하부구조(technological infrastructure of science)*'라는 개념을 도입해서 과학에 대한 기술의 우위를 주장한다. 태양계에 대한 근대적 설명을 처음으로 제시한 갈릴레오는 무엇 때문에 그러한 업적을 이룰 수 있었는가? 피트의 답은 망원경인데, 여기서 갈릴레오의 망원경은 바로 그의 과학을 가능케 한 기술적 하부구조에 다름 아니다. 화성 탐사와 같은 우주과학의 발전은 어떻게 가능하게 되었는가? 바로 미국 항주우주국(NASA)이 구축한 컨트롤 룸(control room), 통신 시스템, 로켓, 컴퓨터 등이 있었기 때문이었는데, 이것들이 바로 20세기 우주과학의 기술적 하부구조가 현대 과학을 발전시키는 데 중요한 역할을 수행하고 있음을 잘 보여준다. 그렇지만 과학이 먼저인가 기술이 먼저인가를 논의하는 것은 생산적이지 못한 경우가 많다. 과학과 기술의 상호 작용은 과학이 먼저인가 아니면 기술이 먼저인가 라는 단순한 질문으로 환원될 수 없을 정도로 복잡한 것이며, 역사적 시기, 지역, 분야에 따라서 각각 다른 형태로 나타나는 양상을 보이기 때문이다.

그러면 과연 과학과 기술은 어떤 관계에 있을까? 앞에서 언급했듯이 어느 것이 먼저냐를 따지는 소모적 일 보다는 둘 사이의 관계를 정립하는 것이 둘 다 발전시키는데 도움이 될 것이다. 결론적으로 말하면 과학과 기술은 공생적인 관계라고 봐야할 것이다. 즉, 과학과 기술은 상호 이익 추구가 목적이며 과학의 발전은 기술의 발전에 의존하고 기술적 진보는 과학적 발견(발명)에 의존한다.

1.4 발견, 발명과 혁신

근대의 시작은 보통 16~17세기부터 시작되었다고 본다. 17세기는 '과학의 시대'였다. 코페르니쿠스(N. Copernicus)를 시작으로 천문학, 우주구조론, 호이겐스(C. Huygens)를 시작으로 뉴턴(I. Newton)이 완성한 고전역학, 베살리우스(A. Vesalius)부터 발전한 해부학, 하비(W. Harvey)가 발전시킨 생리학, 데카르트(R. Descartes), 뉴턴, 라이프니츠(G. W. Leibniz)등이 발전시킨 수학 등, 기존의 철학과는 다른 새로운 학문, 즉 과학이 태어난 것이다. 이후 과학이 학문의 중심이 되었다. 이러한 과학의 발전은 근대에 새로운 세계관을 확립시켰다. 즉, 신적 세계관에서 인간 중심의 세계관으로 바뀌었다. 이 부분에 대해서는 후에 기술과 사회에서 다시 언급하겠다. 그런데 여기서 눈여겨 볼 것은 과학의 발전이 중요한 과학적 발견과 발명, 특히 발견에 의해서 이루어졌다는 것이다.(〈표 1.5〉 참조) 결국 지금의 과학과 기술은 발견과 발명에 의해 이루어졌다고 볼 수 있겠다.

우선 발견은 자연에 있는 것을 찾아내는 과정임에 반해서 발명은 새로운 것을 사람이 만드는 과정이라는 점에서 차이가 있다. 그렇기 때문에 주로 과학은 발견에 관여하고 기술은 발명에 관여한다. 그러면 지금까지 우리가 논의한 기술 또는 공학기술은 어떤 과정을 거쳐 발전되는가? 앞에서 기술이 발명에 관여한다고 해서 그러면 발명에 의해서만 생성되고 발전한 것일까? 그러나 우리는 현대의 기술이 단순히 옛날 의미의 기술이 아닌 공학기술을 의미한다고 하였고 과학과 기술의 역사를 통해서도 역시 발견도 기술의 발전에 기여했다는 것을 알 수 있을 것이다. 그리고 발견과 발명을 통하여 생성되고 발전된다고 볼 때 각각의 개념을 구분하여 분명히 정리할 필요가 있다.

우리는 "1888년 독일의 물리학자 헤르츠(Heinrich Hertz)가 실험에 의해 1873년 영국의 물리학자 맥스웰(James C. Maxwell)의 『전자기학』에서 예언한 전자기파를 발견했다"고 하지 "헤르츠가 전자기파를 발명했다"고 하지 않는다. 반대로 에디슨은 축음기를 '발명'했지 '발견'한 것은 아니다.

그렇지만 이렇게 과학적 발전과 기술적 발명을 칼로 무 베듯이 단칼에 구분하는 것은 문제가 없지 않다. 헤르츠에 의한 전자기파의 발견을 살펴보아도, 헤르츠의 업적은 자연에 존재하던 전자기파를 찾아 낸 것이 아니라 실험실에서 고전압 전기 에너지의 방전을 사용해서 전자기파를 '만들어낸' 것이기 때문이다. 실험 과학자들의 작업은 자연에 존재하는 것을 발견하는 일을 넘어서 일상적인 자연에는 존재하지 않는 '*효과(effect)*'를 만들어내는 경우가 많다. 과학은 자연을 관찰하는 일을 넘어서 '제2의 자연(second nature)', 즉 '자연에는 존재하지 않는 자연'

<표 1.5. 근대의 중요한 과학 업적들>

발견(발명)자	주요 내용	비 고
코레르니쿠스	- 1543년 지동설 주장	
베살리우스	- 1543년 직접 해부를 통한 해부도 작성	〈인체의 구조에 대해〉
젠센 뢰벤후크	- 1590년 최초로 현미경 발명 - 1660년 최초로 현비경 사용, 박테리아 관찰	
한스 리퍼세 갈릴레이	- 1608년 망원경 발명 - 1609년 개량 망원경으로 천체 관찰	
케플러	- 케플러 법칙 발견(행성의 타원궤도에 대한)	
갈릴레이	- 1633년 지동설 옹호	〈두개의 우주체계에 관한 대화〉
토리첼리	- 진공 발견, 대기압 실험	
파스칼	- 1632년 파스칼의 원리 발견	
라이프니츠	- 1675년 미적분법 발견	
로버트 훅	- 현미경으로 세포 발견	
뉴튼	- 1687년 마유인력을 중심으로한 고전역학 체계성립	〈자연철학의 수학적 원리〉
뉴커맨 제임스 와트	- 1712년 최초의 증기기관 발명 - 증기기관 개량, 산업혁명의 기폭제가 됨	
셸레, 리스틀리에 라부아지에	- 1717~1772년 최초로 산소 발견 - 1783년 산소의 역할 발견, 연소 원리 규명	
갈바니	- 1791년 동물전기현상 발견	
쿨롱	- 1785년 쿨롱의 법칙 발견	
제너	- 1796년 최초로 천연두 예방법 발견, 종두법 시행	
볼타	- 1800년 최초로 전지(볼타 전지) 발명	

을 창조하는 것이다. 이렇게 실험에서 만들어진 '효과' 는 종종 새로운 기술의 모태가 된다. 발명에 대해서도 잘못된 관념이 지배적이다. 많은 사람들이 발명은 천재적 발명가가 영감을 받아서 이루어 낸다고 생각한다. 한편 발명가의 천재성을 부정하는 사람들은 발명이 과학적 원리를 응용해서 이루어진다고 생각한다. 하지만 이 두 견해는 모두 발명의 본질을 왜곡하고 있다.

제임스 와트는 증기기관을 처음으로 발명한 것이 아니라 이미 만들어진 증기기관을 혁신적으로 개량한 유명한 발명가였다. 그가 만든 증기기관은 기관의 열효율을 획기적으로 높임으로써 공장의 동력원으로 사용되었고, 이는 영국의 산업혁명을 발전시키는 기폭제가 되었다. 와트가 증기기관을 어떻게 발명했는가에 대해서는 두 가지 극단적인 설명이 있다. 그 중 하나는 그가 어릴 적에 끓는 물의 증기가 주전자의 무거운 뚜껑을 밀어내는 것을 보고 증기기관의 가능성을 인식했다는 것이고, 두 번째 설명은 화학자 조셉 블랙(Joseph Black)의 잠열 이론을 기존의 증기기관에 응용해서 혁신적인 개량을 낳았다는 것이다.

여기에서 볼 수 있듯이 발명은 영감에 의한 것이거나 혹은 과학을 응용한 결과하고 간주된다. 그렇지만 와트는 기존의 뉴커먼 증기기관이 무척 낮은 열효율을 가지고 있다는 점을 인식하고, 이를 해결하기 위해 오랫동안 노력했으며, 이런 노력의 과정에서 '분리 콘덴서'라는 자신만의 새로운 발명을 이루었고 그것이 실용적인 증기기관의 핵심이 되었다. 또 분리 콘덴서를 만든 이후에도 계속해서 와트는 기관의 피스톤 로드와 연접봉을 같은 구동 방향으로 결합시켜 기어 장치를 통해 피스톤의 상하 운동을 회전 운동으로 변환시키는 평행운동장치를 고안하고, 피스톤 운동의 속도를 자동으로 조절하는 조석기를 만들고, 복동식 기관을 만드는 등 완벽한 증기기관을 만들었다. 이러한 과정은 단순한 천재적 영감에 의한 것도, 과학의 응용도 아니었던 것이다. 이렇게 발명은 오랜 과정의 훈련, 노력의 기반 위에, 문제점의 인식, 새로운 해결책의 모색, 해법의 발견과 그것의 구현이 복잡하게 얽혀 있는 긴 과정이라고 볼 수 있다.

그런데 현대에 올수록 이 두 가지 요소가 별로 작용하지 않고도 기술의 발전이 이루어지는 경우들이 나타나게 되었다. 그것은 혁신(innovation)이다. 그렇지만 발명과는 달리 혁신에 대해서는 학자들 사이에 합의된 바가 더 적다. 우선 혁신이 무엇인가에 대해서 수많은 정의가 존재한다. 한 학자는 혁신에 대해서 40여 개의 서로 다른 정의가 존재한다고 주장하기도 했다. 그러나 우리가 여기서 언급하는 것은 기술적 혁신이다. 즉, 보통 기업이 도모하는 혁신, 새로운 경영, 마케팅, 조직 개편 등을 통해서도 기업이 발전하는 혁신이 아니라 기술과 밀접하게 관련된 혁신을 의미하며 그러한 혁신에는 몇 가지 특성을 찾을 수가 있다.

우선 모든 기술적 혁신이 과학적 연구에 근거한 것은 아님을 인식 하는 것이 중요하다. 발전·송전 시스템의 예를 들어보자. 발전·송전 시스템은 1910년에 이미 발전과 송전에 필요한 보일러, 엔진, 발전기 변압기, 고압송전선 등 중요한 기술적 요소가 다 개발되었다. 이후 50년간 이러한 핵심 기술에는 두드러진 발전이 없었다. 그렇지만 1 kWh를 생산하기 위한 석탄양은 같은 50년 동안에 7파운드에서 0.9파운드로 줄였다. 즉 50년간 전력효율이 700% 증가했는데, 그 이유는 터빈이나 보일러 같은 기술에서 점진적이고 연속적인 효율의 증가가 누적되었기 때문이다. 이러한 ***점진적인 혁신***[12]은 대부분 기술의 내적인 전통(보통 경험 및 know-how))에 기반한 것이다. 그러나 기술적 혁신의 대부분은 기업과 떼어서 생각할 수 없으며, 기업의 기술혁신을 생각할 때 꼭 고려해야 할 사항이 시장의 역할이다. 그런데 여기서 시장이란 현재 형성되어 있는 시장만이 아니라 미래의 시장(잠재적 시장)도 포함해야 한다. 기술이 현재의 시장의 요구에 의해서만 발달된다고 생각하는 것은 무척 단순하고 또 왜곡된 생각이다. 기업에서 일어나는 기술혁신의 경우에는 아직 형성되어 있지 않았음에도 불구하고 어떤 새로운 것이 기술적으로 가능하다는 비전만으로 신기술이 추진되는 경우는 드물지 않다. 예를 들면 에디슨의 전등은 가스등 기술이 최고로 발달했고 또 가스가 무척 싼값에 공급되던 시기에 개발되어 가정에 보급되기 시작했다. 전기와 전등은 처음에는 등대, 극장, 단독 주택과 같은 틈새시장에서 시작했지만, 곧바로 거리와 가정을 공략했고, 이는 전기와 가스의 충돌을 불러왔다. 에디슨과 같은 기술자는 전기를 현대 사회의 새로운 상징으로 만들었다. 경제적 요구에 따라 전기가 개발된 것이 아니라, 전기가 새로운 경제적 필요와 역할을 창조했던 것이다. 앞으로의 시장은 전기가 훨씬 쓸모가 있고 편리한 것을 사람들이 깨닫기 시작한 것이다. 이러한 잠재적 시장을 보는 기술적 혁신은 현대로 올수록, ***급진적인 기술혁신***[13)]의 경우에 더 중요한 역할을 한다.

이러한 점을 고려해서 기업에서 기술혁신이 일어나는 일반적인 메커니즘을 상정하면 다음과 같다. 우선 기술혁신의 핵심은 기술 디자인 과정이다. 이 기술 디자인 과정은 '단순한 디자인'에서 출발해서 '테스팅과 재디자인'을 거쳐서 '복잡한 디자인과 생산'에 이른다. 물론 이 세 과정은 기계적으로 단선적인 것이 아니라 피드백으로 얽혀 있다. 디자인 과정을 둘러싼 배경에는 두 가지 힘이 작용한다. 그 중 하나가 과학적이고, 다른 하나가 시장이다. 앞에서 언급했듯이 디자인 과정의 초기에는 시장이 잠재적 시장으로 기능하는 경우가 많고, 후기에는 시장의 수요가 보다 분명하게 정의된다. 과학이 디자인 과정에 개입하는 것은 세 가지 서로 다른 층위에서 일어난다. 전자기학이나 열역학과 같이 사람들이 공유한 지식이 기술 디자인에 개입하는 정도가 가장 직접적이며, 이보다 조금 간접적으로는 훈련받은 과학자의 숙련(경험)이나 암묵적 지식(know-how)이 디자인 과정에 개입할 수 있다. 이를 그림으로 도식화하면 그림 1.3과 같다.

그림 1.3의 내용을 정리하면 기술혁신에는 다음과 같은 다섯 가지 특성이 있음을 알 수 있다.

① 획기적인 발명이 개별 발명가에 의해서 이루어지는 경우가 많은 데 비해 혁신은 주로 그룹의 협동에 의해 이루어진다. ② 혁신은 발명을 포함한다. 그렇지만 혁신에는 개별 발명보다 수많은 발명의 집합적 총체가 더 중요하다. ③ 혁신 과정은 급격하기보다는 연속적이고 점

12) 점진적 혁신 ; 기존의 생산에서 필요한 기술을 조금씩 개량, 개선해 나가는 부류의 혁신
13) 점집적 혁신 ; 새로운 기술을 개발하여 이를 통해 새로운 산업 영역을 만드는 부류의 혁신

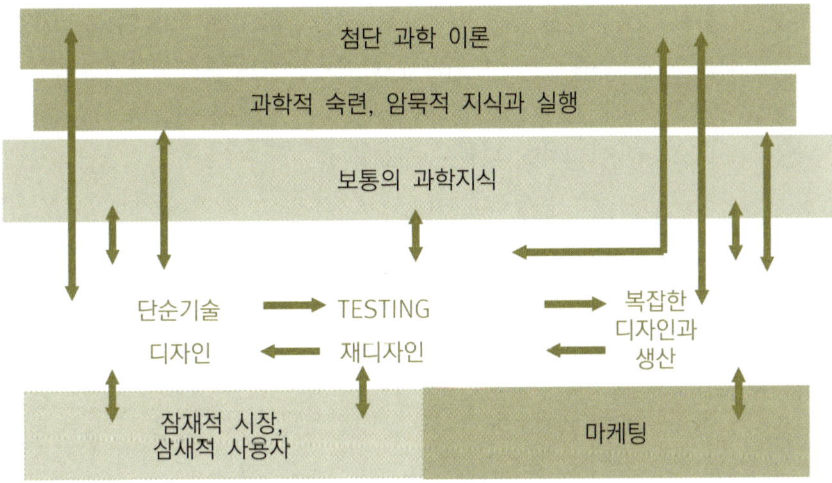

<그림 1.3 기업에서의 기술혁신 과정>

진적인 경우가 많다. ④ 그럼에도 불구하고 혁신을 급진적 혁신(radical innovation)과 점진적 혁신(incremental innovation)으로 구별할 수 있다. 급진적 혁신은 새로운 기술을 개발해서 이를 통해 새로운 산업 영역을 만드는 종류의 것이며, 점진적 혁신은 기존의 생산에서 필요한 기술을 조금씩 개량·개선해 나가는 종류이다. ⑤ 혁신은 그 정의상 생산이나 마케팅과 더 밀접히 연결되어 있기 때문에 그 주체는 많은 경우에 기업이다.

결론적으로 말하면 기술, 공학기술의 생성과 발전은 발견, 발명, 그리고 혁신에 의해 이루어지며 발명은 단순히 천재적인 영감이나 과학지식의 응용으로는 설명되기 힘든 오랜 훈련과 노력의 기반 위에서 문제점의 인식, 해결책의 모색, 해법의 구현이 복잡하게 얽혀 있는 긴 과정을 통해 얻어지며 기술혁신은 주로 여러 발명을 포괄하여 그룹의 협동에 의해 점진적으로 이루어지며, 발명과는 달리 기업, 생산, 마케팅과도 깊게 연결되어 있다는 특징을 가지고 있다고 말할 수 있다.

그런데 최근에 특허와 표준화 등이 기술혁신을 위한 핵심 분야로 부상되고 있다. 기업의 성공 여부는 자신들이 보유하고 있는 지적재산권을 어떻게 표준화하고 활용하여 수익을 창출하느냐에 달려있다. 즉, 기업이 보유한 기술이 산업화로 연결되어 성공을 거두기 위해서는 기술개발과 특허, 표준화 전략이 체계화되어야 한다. 기업이 새로운 혁신 기술개발에 성공해도 특허로 보호받지 못하면, 산업화에서 어려움을 받을 수 있으며 특허를 받아도 표준으로 채택되지 못하면, 시장을 확보하기 어려울 수 있다. 또한 최근 기업들의 특허 침해를 문제 삼아 거액의 소송을 낸 후, 협상을 통해 많은 합의금을 받아가는 경우(특허괴물기업)가 발생하고 있다. 따라서 자기 기업의 기술혁신이 상업성과 연결이 되기 위해서는 그의 특허 보호와 표준화에 힘쓰며 특허 침해의 논란을 피하는 노력이 필요하다.

참고자료

1. 공학기술과 사회(이장규 외, 지호출판사)
2. 2020 엔지니어, 미래 공학인에 대한 비젼(주우석 외, 시그마프레스)
3. 공학과 공학자 그리고 기술(이택식 외, 서울대학교출판부)
4. 과학기술과 사회(박해광 외, 전남대학교출판부)
5. 과학과 사회(오진곤 편, 전파과학사)
6. 우리에게 기술이란 무엇인가(송성수 편, 녹두)
7. http://en.wikipedia.org

2
CHAPTER

공학기술의 역사

2.1 시대에 따른 기술 발전
2.2 동력 구분에 따른 기술 발전
2.3 결론

엔지니어들은 일반적으로 과거의 일보다는 현재 상황에 보다 집중하며, 현재의 상태 또는 가까운 미래의 사용자 요구에 몰입하여 문제를 정의하고, 이를 해결하기 위해 노력하며 여러 해결안을 제시하고 개발하기를 원한다. 그렇기 때문에 기술의 역사를 다루는 것이 엔지니어에게는 무의미할 수도 있겠지만, 기술의 역사적 변화 과정을 살펴봄으로써, 기술 활동을 총체적으로 파악할 수 있는 시각을 가지며, 이를 통하여 미래의 발전 방향성을 찾아보는 것도 좋은 공부중의 하나가 될 것이다.

본 장에서는 과거 기술(技術)이 어떻게 진화(進化)되었는지에 대하여 시대(時代)에 따른 발전 과정과 기계를 움직이는 동력(動力) 활용에 따른 기술 발전 과정을 살펴본다.

2.1 시대에 따른 기술 발전

인류의 생활을 편리하게 하는 기술은 언제부터 시작되었으며, 어떠한 과정을 거쳐 발전되어 현재까지 이르게 되었는가? 이에 대한 답변은 인류의 기원에서 찾을 수 있다.

기술의 근원은 인류의 시작인 원시 시대부터 시작되었다. 인간은 다른 동물들에 비해 신체적으로 우월하지 못하였으나 동물들보다 뛰어난 두뇌를 가지고 있으며, 생존을 위해서 우수한 지능, 호기심과 적용 능력을 활용하여 초보적인 기술들을 사용하기 시작했다. 자연에 존재하는 물체들을 도구로 사용하였으며, 식량을 구하기 위하여 사냥에서 또는 동물의 가죽이나 털을 얻는 과정에서 동물의 뼈, 날카로운 돌 등을 사용하였다.

출처 : 구글검색

<그림 2.1 구석기 시대에 원시인들이 사용하였던 석기와 원시생활 모습>

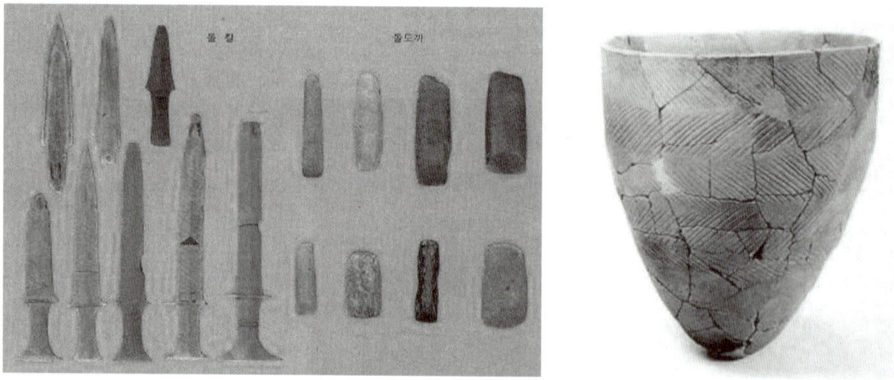

<그림 2.2 석기 시대에 인류가 사용하였던 도구들과 빗살무늬토기>

이러한 도구들은 주위의 사물들을 직접적으로 사용되기도 하였으며, 필요한 상황에 맞게 도구를 변형시키면서 석기를 제작, 사용하였다. 변형 제작되는 도구들을 통하여 구석기 시대에서도 인간의 창조적 디자인 활동이 행하여 졌음을 알 수 있다. 1차적으로 도구의 변형이 시작되면서 기술은 점차 진화하게 되며, 풍요로운 식사와 추운 날씨를 극복하고 위험한 동물로부터 자신을 보호하기 위한 기술들로 발전시켜 나갔다.

사냥과 채집으로 생활을 하던 초기 인류의 생활양식은 석기 시대 후반으로 가면서 한 곳에 정착하는 방식으로 생활양식이 변하게 된다. 인류 역사에서 가장 혁명적인 변화로 불리는 정착(定着) 생활이 시작되면서 가축을 사육하고 식물을 재배하는 농경 사회가 시작되는 것이다. 농경 사회가 시작되면서 인류의 기술은 급속한 속도로 발전하게 된다. 비록 초보적인 기술이기는 하지만, 작물을 재배하고 수확하기 위하여 쟁기나 낫 등의 새로운 형태의 도구들이 제작되기 시작하며, 이러한 과정에서 금속을 다루는 기술로 발전하게 된다.

한편, 도구를 제작하는 기술이 향상되면서 다른 하나의 창조적인 활동이 더해지게 된다. 도구 개선 작업과 더불어, 인류는 유용성과 편리성을 증가시키는 한편, 미적 아름다움을 추구하기 시작하였다. 석기 시대의 토기에서 무늬를 추가함으로써 아름다움을 추구하였다는 증거를 찾아 볼 수 있다.

이후 농경사회를 형성하면서 농경을 위하여 물을 통제하는 기술이 나타나기 시작한다. 4대 문명지의 하나인 나일 강 유역에 거주하였던 고대 이집트인들은 범람하는 강물을 제어하고, 농사에 필요한 물을 위해 수로를 개척하기 시작하였다. 먼 거리로부터 물을 끌어오기 위해 수십 킬로미터가 넘는 거리의 수로 건설이 필요하게 되었고, 이러한 대규모 공사는 많은 인적 자원으로 필요로 하였다. 따라서 새로운 형태의 집단을 구성하고 건설 과정에서 공사를 관리하고 통제할 필요성이 생기면서 국가나 정부와 같은 커다란 조직이 탄생하게 되었다. 고대 국가로 성립되면서 국가 경영을 위한 사제, 율법사와 같이 각 분야별 전문가들이 필요할 뿐 아니라 대규모 건설을 관리 통제하는 기술자도 필요하게 되었으며, 이러한 관리 기술자는 전문가로써 대접을 받게 되었다. 또한 국가라는 커다란 조직이 생기면서 전쟁과 관련된 기술을 보유하고 있던 기술자도 국가적으로 중요한 역할을 담당하였던 것으로 알려져 있다.

2.1.1 로마, 그리스 시대

도시 국가들이 문명의 중심지로 발전한 기원전 600년경 서양에서는 뛰어난 기술을 바탕으로 그리스가 부각되기 시작하였다. 고대 그리스인들은 철을 다루는 기술이 다른 지역보다 발전하였으며, 항구와 터널을 건설하는 등 도목과 건설 분야의 기술에서 놀라운 발전이 이뤄냈다. 이러한 기술력을 바탕으로 발전하였기에 초기 그리스인들은 기술에 대한 가치를 높게 평가하였다. 한 예로, 초기 아테네의 지도자였던 솔론(Solon)은 안정적이고 번영하는 사회와 국가를 건설하기 위하여 명예로운 기술에 투자해야 한다고 강조하였다.

그러나 플라톤(Platon)이 활동했던 기원전 400년경이 되면서 기술에 대한 평가는 급작스럽게 변화하게 되었다[14]. 도시 국가의 이상적인 시민으로써 갖춰야할 덕목으로 집회 토론, 진리 탐구, 체력 단련 등으로 구분하여 중요성을 강조하는 반면에 기술적 활동에 대한 사고는 평가절하되기 시작하였다. 이 시대에 기술적 작업은 노예들이 행하는 일로 분류되었으며 기술 투자는 비천한 활동으로 여겨지며, 실제적으로 대부분의 기술자(엔지니어)는 노예 계층에 속해 있었다. 플라톤 시대에 변화된 기술의 낮은 평가는 오랫동안 지속되며, 아리스토텔레스(Aristoteles) 시대까지 이어졌다. 그는 스승인 플라톤의 철학적인 사상을 비판하고 자연에 대한 지식을 탐구하는 과학적 지식은 매우 가치 있고 중요한 것을 평가하였지만, 기술에 대한 평가는 플라톤과 마찬가지로 노예 계층에 속하는 사람이 하는 작업이라고 주장하였다.

14) 고대 사회에서 기술의 가치를 폄하하였다는 사실은 당시에 발간된 여러 저서에서 확인되고 있다. 플라톤의 "고르기아스"에서는 다음과 같은 문구가 나왔다. "당신은 기계 제작공과 그의 기술을 경멸할 것입니다. 당신은 그의 아들에게 당신의 딸을 주지 않을 것이고, 그의 딸을 당신 아들의 며느리로 삼지 않으려 할 것입니다." 또한, 세네카(Seneca)의 편지에는 다음과 같은 문구가 있었다. "이러한 발명들이 활발하고 영민한 정신을 증거이기는 하지만, 위대하고 고귀한 정신을 증거하지는 않는다. 지혜는 높은 보좌에 앉아 있다. 지혜는 손에 의한 제작을 가르치지 않는다." 이는 기술과 지혜에 본질적인 차이가 있다는 것을 강조하고 있는 것이다. [출처: 공학기술과 인간사회, 한국공학교육학회]

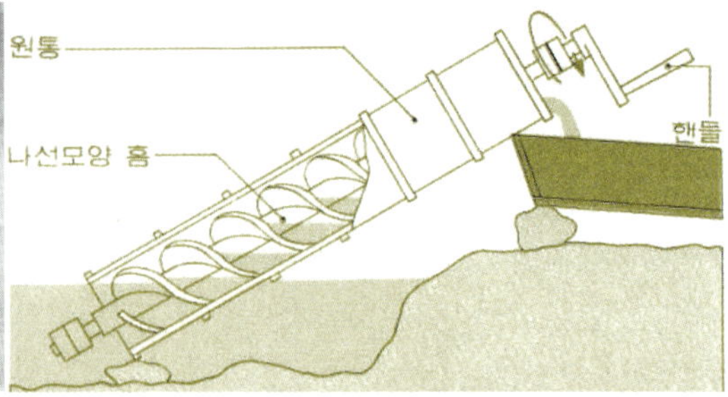

<그림 2.3 아르키메데스의 기술: 오목거울을 이용하여 로마의 배를 불태우는 장면과 스크류 동작원리>

이렇듯 지식 탐구를 보다 가치 있는 활동으로 평가하면서 순수 수학과 역학(力學) 분야에서 많은 학문적 업적을 이뤄냈다. 아르키메데스(Archimedes)는 수학에 계량적 요소를 도입하거나 수학의 실제적인 응용을 고려한 역학(또는 기계학)이라는 새로운 분야를 개척하면서 과학을 통한 기술의 세계를 싹트게 하였다. 특히 펌프, 수차, 투석기는 당시에 크게 평가되지 않았으나, 수차 및 펌프의 원리는 아직까지도 그대로 이용되고 있다.

한편 그리스가 쇠퇴하고 새롭게 로마 제국이 부상하면서 기술에 대한 평가는 재고되기 시작하였다. 로마 시대에서는 사회 기반 시설의 중요성을 인지하고 이를 구축하기 위해 많은 노력을 기울였으며, 건축과 토목 기술 분야에서 눈부신 발전을 이룩하였다. 로마인들은 제국 건설을 위하여 도로망을 건설하고, 로마에 물을 공급하기 위하여 수로를 건설하였으며, 많은 신전들을 건축하였다. 오늘날까지도 로마의 건축물은 놀라움을 금치 못할 정도로 경이로우며, 세계 최고의 관광자원으로 보존되고 있는 것이다.

이렇듯 많은 건축물과 수로 건설 등으로 뛰어난 기술적 성과를 보였지만, 로마 시대에서도 기술적 작업은 여전히 미천한 작업으로 분류되었고 대부분의 공사는 노예 또는 이와 유사한 신분의 장인들에 의해 수행되었다.

로마 제국이 멸망한 후 서양에서는 기독교 중심의 중세시대가 시작되었다. 이 시대에는 기사 계급이 사회를 지배하였으며, 경제적으로는 농업을 기초로 장원제가 유지되었다. 농업 사회였기에 기술적으로는 농업 기술 분야에서 눈부신 발전을 가져왔다. 경작지를 나누어 작물을 재배하는 삼포제와 같은 새로운 경작법이 도입되었으며, 철제 농기구들이 제작되어 생산성이 크게 증대되었다. 또한, 본격적으로 가축을 농업에 이용하게 되며, 이를 위해 마구(馬具)와 같은 여러 도구들이 개발되었다. 그러나 농업 이외에 다른 분야에서는 큰 발전을 찾아보기 힘들다. 이는 농업 기술의 변화와 발전에 따라 사회적으로 안정됨에 따라 기술에 대한 투자가 없

<그림 2.4 로마 시대 대표적인 건축물들: 콜로세움 투기장과 제우스신전>

었기 때문이다. 그리스도교가 보편화되면서 신앙적 문제와 인간적 문제에 관한 논쟁이 주를 이루며 과학 기술의 발전은 결여되었다.

2.1.2 아시아 기술 시대

이렇듯 중세 서양에서 기술이 상대적으로 침체기에 있을 동안 기술 발전의 중심지는 동쪽으로 이동하며, 8세기부터 12세기까지는 아시아 기술의 시대라고 말할 수 있을 정도로 동양에서는 기술적으로 눈부신 발전이 이루어 졌다. 이 시기에 이슬람 제국과 중국에서는 농업, 금속 가공, 인쇄, 화약 등 많은 분야에서 기술적 발명과 발전을 하였다. 비록 서로간의 정치적, 문화적, 종교적인 차이는 존재하였지만, 실크로드와 바닷길을 이용하여 교류가 이뤄졌다. 이러한 교류를 통하여 서로의 기술을 습득하고 이를 다시 자신들의 실정에 맞는 기술로 발전시켰다.

이 시기에 발전되었던 여러 기술들 중에서도 눈부신 성과를 얻었던 분야는 금속 가공 기술, 야금 기술과 토목기술, 수상 교통 관련 기술로 중국이 가장 앞서 있었다. 이 시기에 중국에서는 철의 사용량이 높아지며 철 산업이 급격히 팽창하였고 철광석에서 철을 추출하는 야금 기술이 크게 발전하였다. 중국의 야금 기술은 황하 주변으로 하북과 하남 지역에서 크게 발전하였다. 이 지역은 철광석이 많이 생산되었으며 용광로에 사용되는 연료인 나무와 목탄이 충분하여 위치적으로나 자원 측면에서 좋은 조건을 갖췄기 때문이다. 그러나 철 생산이 많아지며 점차 목재가 고갈되어 석탄, 무연탄을 사용하는 방식을 도입하였고 이는 작업 생산량을 크게 증대시키는 결과를 낳았다. 철 생산량이 높아지고 이렇게 생산된 철은 주로 창과 방패, 화살

촉 등 군사용으로 사용되기도 하였으며, 건축물이나 불교 사찰의 거대한 종을 만들었다. 또한 낫과 쟁기 같은 농기구 제작에 사용되어 농업 생산량을 크게 증가시켰다.

이 시기에 발전했던 기술 중에 댐이나 운하 건설과 관련된 토목기술도 주목할 수 있다. 송나라의 수도였던 개봉(開封)에서 황하를 연결하는 운하를 건설하였으며 원나라 시대에서는 도읍을 북경으로 옮기고 북경과 남부를 잇는 대운하를 건설하기도 하였다. 또한 이 시대에 중국에서는 다리 건설, 섬유 생산, 인쇄 등의 분야에서 기술적으로 다른 지역보다 발달되었다는 기록이 전해지고 있다.

서양의 기술적 발전이 침체기에 있는 동안 중국과 함께 기술 발전을 선도하였던 지역으로 이슬람 제국을 꼽을 수 있다. 아라비아 반도가 통일된 후 이슬람 세력은 지배 영역을 계속적으로 확장해 인도에서 아프리카 북부와 스페인까지 이르게 된다. 대제국을 건설하면서 인도, 중국의 동양 학문과 서양 학문에 대한 번역 작업을 수행하고 이를 자신들의 전통과 융화시키는 작업을 통하여 다양한 분야에서 많은 발전을 이룩했다.

기술적인 분야에서 중국과 마찬가지로 운하 관련 토목 기술이 크게 발전했다. 이슬람 제국과 중국의 공통점은 넓은 영토를 가지고 있었다는 것이다. 육상 교통이 발달되지 않은 과거에 광활한 영토를 가로지르는 강을 이용한 물자 운송과 인구 이동은 매우 효과적인 방법이었다. 따라서 지역적으로 거대했던 중국과 이슬람 제국에서는 공통적으로 수상 교통 관련 기술이 발전했던 것이다. 중국의 경우 쌀의 생산은 주로 남부 지역에서 이뤄졌으나 수도는 북부 지역에 위치하고 있었기 때문에 곡물을 수송하는 방법으로 수상 운송이 효과적 이였으며 운하를 건설하는 배경이 되었다. 이슬람 제국의 경우 대부분의 영토가 건조하였기 때문에 농업을 위해 물을 끌어와야 했다는 점에서 수로 및 운하 건설의 필요성이 있었던 것이다. 수도 바그다드를 중심으로 유프라테스 강과 티그리스 강을 연결하는 여러 개의 운하를 건설하였고 경작지에 물을 끌어오기 위한 수로, 강물을 저장하기 위한 댐을 건설하였다. 한편 이슬람 지역에서는 동력을 얻기 위해 물레방아와 같은 시설물들을 댐 주위에 집중적으로 건축하였고 물을 이용할 수 없었던 지역에서는 풍차를 만들었다.

이슬람 제국이 서양에 비해 기술적으로 우위를 가졌던 또 다른 분야는 조선 기술이었다. 이슬람 인들은 인도양을 횡단해 아시아 지역까지 진출하여 교류가 이루며 무역을 행하였다. 동남아시아 지역의 풍부한 목재를 이용하여 조선소에서 배를 건조하였고 여기서 제조되었던 배들은 이전과 비교하여 규모도 매우 컸을 뿐 아니라 내구성을 갖추어 대양(大洋)을 항해하는데도 적합하였다.

인도는 중국과 이슬람 지역의 중간 위치에서 두 지역의 기술적 교류를 가능하게 하였다. 중국의 경우 불교 전파를 위해 많은 사람들이 인도 지역을 방문하였고 이러한 과정에서 지식과 기술의 교류가 이뤄졌다. 이슬람의 경우 인도까지 상인들이 진출하며 무역이 이뤄지면서 지식과 기술이 전달되었다. 인도가 아시아에서 기술을 전파하는 교량 역할을 담당하였다면 이슬람 제국은 동양의 기술을 서양으로 전파하는데 중요한 역할을 담당한다. 서양이 중세 시대에 기술을 포함하여 전반적인 지식수준이 정체기에 머무는 동안에 눈부신 발전을 거듭하였던 동양의 기술과 지식은 이슬람 제국을 통해 유럽으로 전파되었던 것이다.

2.1.3 동양에서 서양으로 전파된 기술

동양에서 서양으로 전파된 기술들은 매우 다양했다. 그 중에서 화약 제조 기술, 베틀과 종이가 대표적이라 할 수 있다. 발로 페달을 밟아 양손을 자유롭게 함으로써 주어진 시간에 더 많은 천을 짤 수 있는 베틀은 이슬람 지역에서 사용되고 있었는데 이것이 이슬람의 지배를 받고 있던 스페인 지역을 통해 유럽에 진달되었다. 종이를 만드는 기술은 이슬람 지역으로 전파되면서 지역의 특성에 맞게 변형된 대표적인 기술로 꼽을 수 있다. 이슬람과 중국과의 전쟁 과정에서 이슬람 인들에게 포로로 잡힌 중국의 제지 기술자들은 티무르 왕국의 수도인 사마르칸트 지역에 작업장을 만들고 제지 기술을 전파시켰다. 그러나 중국의 종이는 바로 이슬람 인들에게 수용되지 못하고 변형된 제지 기술로 수용되어 스페인 지역을 통해 유럽으로 전파되었다. 중국의 제지 기술로 만들어진 종이는 부드러운 붓 글쓰기에는 적합하였지만 뾰족한 펜으로 글을 쓰기에는 부적합하였기에 중국의 제지 기술을 다시 변형시켜 보다 질긴 형태의 종이를 제조하게 되었다.

역사 기록을 살펴보면, 화약은 900년 이전부터 중국에서 사용되었던 것으로 보인다. 중국에서 발명된 화약 기술은 이슬람 지역으로 전파되어 “중국의 눈”으로 불렸다. 화약 기술이 서양으로 전파되는 과정은 두 가지 경로를 통해 전해졌다. 하나는 십자군 전쟁을 통해 이슬람 인들이 사용했던 화약과 대포에 대한 기술이 서양으로 전파되었다고 한다. 다른 하나는 몽고에 의한 전파이다. 13세기 칭기즈 칸이 중국에서 유럽에 이르는 광활한 영토를 정복했던 시기에 중국의 화약 제조 기술을 동유럽으로 전파시켰던 것이다.

그러나 기술 발전을 주도하던 동양은 14세기 전후로 해서 이슬람 제국은 서양과의 전쟁에서 패배하고 몽고가 이슬람 지역과 중국 일대를 정복하면서 발전 속도가 급격히 저하된다. 유목민 이였던 몽고인들은 중국과 이슬람의 선진 기술을 수용해 나갔지만 그것을 더 발전시키지는 못하였다. 이를 통하여 기술적 발전은 기본적으로 사회의 안정과 지속적인 투자가 이뤄지는 사회적 조건이 필요하다는 것을 다시 한 번 확인할 수 있다.

2.1.4 근대 르네상스 시대

중국과 이슬람으로부터 전파된 지식과 기술을 바탕으로 서양에서는 다시 기술 발전을 이룩하게 된다. 서양의 근대 사회는 르네상스, 종교개혁과 대항해 등을 거치면서 사회적 개혁이 일어났는데 그러한 변화 중에 기술에 대한 믿음이 강해졌다는 점도 영향을 끼친다. 플라톤과 아리스토텔레스 이후로도 계속되었던 기술에 대한 천대가 종식되고 기술의 가치를 높게 평가하게 되는 것이다. 대표적 인물인 프랜시스 베이컨(Francis Bacon)은 저서 “새로운 아틀란티스 (New Atlantis, 1627)"에서 이상적인 사회의 모델을 제시하면서 공동체의 번영을 위해 각 분야의 전문가들이 서로 돕는 협동 작업을 통하여 과학적 진리 탐구와 유용한 발명을 추구해야 한다고 주장하였다. 이러한 주장을 통하여 베이컨은 발명을 통한 기술적인 진보가 사회 발전에 필수적인 요소임을 강조함으로써 과학은 고상하고 기술은 비천하다는 편견을 없애는데 노력하였다. 이러한 베이컨의 주장은 실제로 1660년 영국에 왕립학회(Royal Society)를 설립하는 과정에 크게 영향을 미쳤으며, 여러 과학자들의 제안에 따라 찰스 2세의 허가를 받아 국가 발전을 위한 과학기술을 연구하는 최초의 국립 과학단체 설립에 밑거름이 되었다. 그러나 왕립학회는 설립자들이 처음에 요구했던 충분한 지원을 국가로부터 받지 못하여 당시의 기술 발전에 큰 역할을 담당하지는 못하였다.

오히려 영국과 경쟁하였던 프랑스에서 영국의 왕립학회 설립에 자극을 받아, 루이 14세의 허가로 1666년에 설립된 과학 아카데미(Acade des Sciences)는 국가의 전폭적인 지원을 받으며 과학과 기술 발전을 선도해 나갔다. 과학 아카데미에서는 단순히 이론적인 과학 연구에만 치중하지 않고 과학적 연구 결과를 기술적 문제에 적용하기 위해 많은 노력을 기울였다. 과학자들은 항상 응용 분야에 염두를 두며 연구 활동을 진행하도록 요구되었고 기술자들은 과학적 개념을 적절하게 이용하도록 요구되었다.

프랑스에서는 1675년에 주로 군사 시설을 건설하는 전문 엔지니어 부대를 창설하였다. 초창기 군사 시설을 담당하였으나 점차 시간이 지나면서 다리, 도로, 수로 건설과 같은 민간인을 위한 건설 사업도 담당하면서 활동 영역을 점차 넓혀갔고, 1747년에는 이 부대에서 활동하는 장교와 병사를 대상으로 과학과 기술을 전문적으로 교육시키는 공병 학교(工兵 學校)를 설립하기도 하였나. 프랑스 정부의 엔지니어링에 대한 지원은 대혁명기(大革命期)에도 지속되었고 이 시기에 설립된 기술 교육 기관인 에콜 폴리테크니크(Ecole Polytechnique)는 일류 과학자들을 교수진으로 확보하고 강도 높은 과학과 공학 교육을 통하여 전문적인 고급 기술 관료들을 많이 양성했었다.

2.1.5 산업혁명으로 시작된 근대 기술사회

기술의 역사에서 가장 큰 변화 중에 하나가 산업혁명15)이다. 기술 발전과정에서 프랑스는 정부의 지원과 관료제에 크게 의지하였던 반면에 영국은 정부의 지원이 충분하지 못하고 주로 개인의 창조적 발명 또는 기업가의 의지에서 비롯되었다. 산업 혁명 과정에서 중요한 역할

<그림 2.5 산업혁명 당시 영국의 방직공장(좌)과 영국의 역 부근 모습(우)>

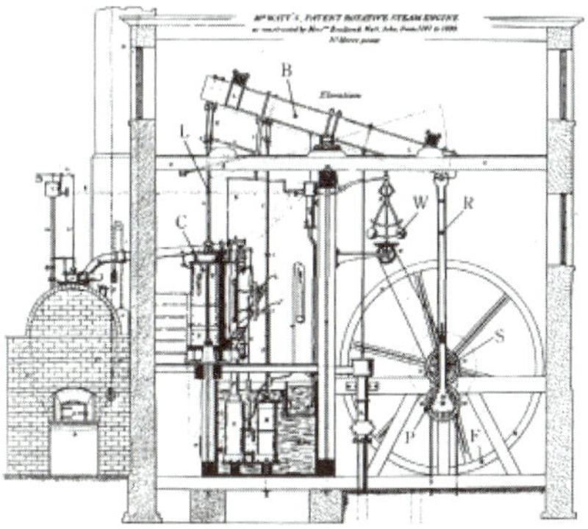

<그림 2.6 제임스 와트의 증기기관>

15) 사회개혁가인 아놀드 토인비(Arnold Toynbee)가 1884년에 "18세기 영국 산업혁명 강의"를 출간하면서 산업혁명이라는 용어가 사용되기 시작하였다. 산업혁명은 18세기에서 19세기에 이르는 동안 영국을 중심으로 발생한 기술적, 조직적, 경제적, 사회적 변화를 지칭하는 용어이다. 기술적인 측면에서는 도구에서 기계로의 전환이 본격화되었고, 조직적인 측면에서는 기존의 가내 공업제를 대신하여 공장제가 정착되었다. 경제적인 측면에서는 국내 시장과 해외 식민지를 바탕으로 광범위한 자본 축적이 이루어졌고, 사회적인 측면에서는 산업자본가와 임금노동자를 중심으로 한 계급 사회가 형성되었다. [출처: 공학기술과 인간사회]

을 담당했던 기술 발전 사례로 철강 산업, 면방직 공업과 증기 기관의 혁신적 개량을 손꼽을 수 있다. 철강 분야의 발전은 기업가들의 활약이 두드러졌으며, 크라울리(Crowley) 가(家)와 다비(Darby) 가(家)와 같은 스코틀랜드 출신 가문이 대표적이다. 이들은 가업으로 계승된 철강 산업에 종사하며 새로운 기법들을 발명하고 발전시키면서 기술의 역사에 이름을 남기게 된다.

산업혁명의 가장 큰 기술 변화는 증기 기관의 혁신적인 개량이다. 증기 기관은 1698년 영

산업혁명이 발생하는 시점에서의 영국의 사회적 배경

18세기 영국의 사회적 배경으로 살펴봄으로써, 기술혁명과 사회의 관계를 알아보는 것도 좋은 사례가 될 것이다. 산업혁명이 발생했던 영국에서의 사회적 특징은 여러 가지가 있었다.

첫 번째로, 영국은 정치적으로 안정되어 있었다. 영국은 이미 17세기에 청교도혁명과 명예혁명을 거치면서 국왕 중심의 통치체제가 무너지고, 시민 중심의 입헌 공화정치가 이루어지면서 정치적인 불안이 해소되었다. 따라서 정치보다는 경제 분야에 신경 쓸 수 있는 사회적인 분위기가 만들어져 있었다.

두 번째, 지하자원이 매우 풍부하였다. 산업혁명은 기계가 사람의 손을 대신하는 것으로, 기계를 만들기 위해서는 다량의 철과 이러한 철을 녹일 수 있는 석탄이 필요하였다. 당시 영국에는 철의 원료인 철광석과 석탄이 많이 매장되어 있어서 철을 녹여 기계를 만드는 일이 자연스럽게 이우어질 수 있었다.

세 번째, 공장에서 일할 수 있는 노동자들이 많았다. 당시 영국은 인클로저운동이라 하여 농촌의 토지를 대규모로 정리하는 정책을 시행하였는데, 이 과정에서 적은 토지를 가지고 있던 농민들은 토지를 강제로 빼앗기거나 적은 보상을 받고 국가에 토지를 내어주었다. 이런 농민들은 일자리를 위해 도시로 몰리게 되었고, 고용주들은 적은 임금으로 노동자들을 고용하여 대량의 물건을 생산하여 큰 이익을 얻게 되었다.

네 번째, 영국은 많은 식민지를 가지고 있었다. 17세기 엘리자베스여왕 이후 유럽의 최강국가로 발전하면서 많은 식민지를 건설하여 경제적으로 부유하였다. 식민지는 원자재를 값싸게 공급해 줄 뿐만 아니라 값싼 원료로 만든 물건을 비싸게 팔 수 있는 수요처이기 때문에 영국에게 많은 이익을 가져다주었다.

결국 영국은 빠른 정치적 안정, 값싸고 풍부한 노동력과 지하자원, 많은 해외 식민지 등으로 다른 나라보다 먼저 산업혁명을 통해 경제적 발전을 이룰 수 있었다. 당시, 프랑스는 프랑스 혁명과 나폴레옹 전쟁이 공업의 발전을 억제하였으며, 독일은 여러 공화국으로 분할돼 있었던 상황에서 통일되기까지의 혼란으로 인하여 늦게 시작되었다.

국의 토머스 세이버리(Thomas Savery)에 의해 최초로 개발되었으나 낮은 효율성 때문에 산업 활용에 문제점을 가지고 있었다. 1712년에는 토머스 뉴코멘(Thomas Newcomen)이 열효율을

개선하는 새로운 형태를 개발하면서 증기 기관이 일부 사용되기 시작하였으며, 뉴코멘의 증기기관은 광산에서 지하수를 끌어 올리는 작업에 주로 사용되었지만, 효율성에서는 낮은 수준에 머무르고 있었다. 뉴코멘의 증기기관은 한번 사용한 후에 실린더 안에 냉수를 넣어 수증기를 냉각시키는 구조를 가지고 있었기 때문에 실린더를 다시 가열하기 위해서 그만큼 많은 석탄이 소비되었다. 이러한 낮은 효율성을 획기적으로 개선하며 새로운 증기기관 형태로 변형시킨 사람이 제임스 와트(James Watt)이다. 와트는 관을 통해 실린더 안의 수증기를 뽑아낸 후 실린더 바깥에서 수증기를 냉각시키는 방법을 사용하여 실린더를 고온의 상태로 유지시킬 수 있는 분리형 콘덴서(Separate Condenser) 방식으로 변형함으로써 증기기관의 열효율을 크게 증대시켰다.

이러한 와트의 증기기관은 1768년부터 사용되기 시작하여 1790년에는 공장의 기계 가동에 적용되어 본격적인 산업화 시대를 열게 되는 계기가 되었고, 산업혁명을 통하여 인류는 자본주의의 발전에 필요한 물적 토대를 구축하며 농업사회에서 공업사회로 재편되기 시작하였다.

산업혁명 과정을 거치며, 기술과 엔지니어의 중요성은 사회적으로 부각되기 시작하였다. 또한 공장 공업의 보편화와 기계에 의한 대량 생산 체제가 확립되면서 농업 인구는 급격히 줄어들면서 공업 인구의 증가와 대도시화가 이뤄진다. 이러한 기술 인식과 인구 변화는 엔지니어들로 하여금 스스로를 전문가로 여기게 하는 계기가 된다. 1750년경 영국에서 다리, 항구, 등대 등을 건설하여 유명해진 존 스미톤(John Smeaton)은 스스로를 민간 엔지니어(Civil Engineer)라는 명칭을 사용하면서 공병(工兵) 기술자(Military Engineer)가 아닌 일반적인 공사 담당 기술 전문가임을 강조하였다. 또한 스미톤은 1771년에 동료들과 함께 민간 엔지니어 협회(Society of Civil Engineer)를 창설하였고, 이후 다른 분야의 엔지니어들도 전문 협회 또는 학회 등을 만들면서 엔지니어링(Engineering)은 전문적인 지식 영역의 하나로 인정받게 되었다.

그러나 19세기 중반까지도 많은 엔지니어들은 전문적이고 체계적인 공학 교육을 받지 못한 상태로 엔지니어링 활동을 하였고, 이러한 문제를 해결하기 위해 각 나라에서는 새로운 공학 교육기관을 설립하고 공학 교육 과정을 대학에 도입하게 되었다. 이 시기에 설립된 대표적인 대학은 미국의 매사추세츠 공과대학(Massachusetts Institute of Technology, MIT)이 있으며, 독일의 경우 공학 교육의 전문화를 위해 정부, 기업, 교육가들이 협력하여 우수 인력 양상 기관을 설립하였고 프랑스는 기존에 있던 에콜 폴리테크니크를 중심으로 세분화된 공학 교육 학교들을 설립하였다. 영국에서는 케임브리지 대학교(University of Cambridge)에서 공학 교육을 전담하는 교수들을 초빙하였다.

2.1.6 기술의 고도화, 대규모화

18세기와 19세기를 지나면서 사회적으로 기술에 대한 중요성과 전문성을 인정받게 되었고, 20세기에서는 기술에 대한 커다란 변화가 생기게 된다. 이전까지의 공학적 작업들은 대부분 개인의 작업장에서 소수의 인원에 의해 수행되었던 것이 일반적 이였으나, 20세기에서는 토목, 건축, 기계공학과 같은 전통적인 공학 분야들이 고도(高度)의 과학화(科學化)가 진행되었다. 또한 화학, 전기공학과 같은 새로운 공학 분야들이 출현하면서 더 이상은 한 명 또는 소수의 엔지니어가 모든 분야에 정통할 수 없게 되었고 전문가로서 개별적으로 작업을 수행할 수가 없는 상황이 되었다. 따라서 엔지니어링은 개인적인 엔지니어링 활동에서 여러 명의 분야별 전문 엔지니어들이 협력하여 작업을 수행하는 활동으로 변화되었다.

20세기 초반에도 에디슨, 벨, 라이트 형제와 같이 개인적인 창조적 활동을 통하여 많은 발명품들이 개발되기도 하였다. 그러나 그들의 개인적 활동은 발명의 과정에 국한된 것이었으며, 실제로 그 발명품들이 제작되는 과정에서는 다른 엔지니어들이 함께 작업을 수행하게 되었다. 여러 분야의 전문가들이 협력하여 작업하는 형태로 변모되면서 기술은 점차적으로 복합기술로 발전하였고 기술에 대한 주체가 개인보다는 조직으로 나타나게 되었다.

이렇듯 엔지니어링 작업이 집단화, 대규모화가 되면서 나타난 20세기 이후의 기술에서 찾아 볼 수 있는 다른 특징은 최종 산출물에 엔지니어의 이름이 사라졌다는 것이다. 과거의 엔

출처: www.sec.co.kr, www.apple.com/kr/, www.sony.co.kr

<그림 2.7 삼성전자 애니콜 핸드폰, 애플 아이폰, 소니 바이오노트북>

출처: www.sydneyoperahouse.com, www.empirestatebuildingnewyork.com

<그림 2.8 호주 시드니 오페라하우스, 미국 뉴욕 엠파이어스테이트 빌딩>

지니어링 산출물에서는 엔지니어의 이름이 함께 기록되기도 하였다. 실례로, 와트의 증기기관, 에디슨의 전구 또는 벨의 전화와 같이 제작자의 이름이 결과물과 함께 기억되었던 것이다. 그러나 오늘날의 엔지니어링 결과물에는 엔지니어의 이름이 기억되지 않고 오히려 기업체의 이름 또는 지역의 이름이 기억될 뿐이다.

이러한 예로는 삼성전자 애니콜, 소니 바이오(Vaio) 노트북, 애플 아이폰(iPhone) 등을 들 수 있다. 지역의 이름으로 알려진 엔지니어링 결과물의 예로는 대표적으로 시드니 오페라하우스(Sydney Opera House), 뉴욕 엠파이어스테이트 빌딩(New York Empire State Building) 등의 건축물 등이 있다. 물론 개발에 직접 참여하였던 그룹이나 내부 조직에서는 담당했던 엔지니어들을 알 수 있겠지만, 일반 사용자들에게는 알려지지 않는 상황이 된 것이다.

지금까지 기술과 엔지니어링의 역사를 설명하였다. 기술은 사회 발전을 주도하는 활동으로 여겨졌던 시기도 있었으며, 반대로 사회적으로 신분이 낮은 계급에서 수행하였던 활동으로 천시(賤視) 받았던 시기도 있었다. 이러한 기술은 과학과 무관하게 발전했던 시기도 있었고 밀접한 연관성을 가지고 변화했던 시기도 있었다. 또한 기술은 여러 단계와 지역을 거쳐서 전파되고 수용되면서 많은 변화를 겪으며 발전하였다.

최근 기술에 대해서 미래를 열어줄 희망이라는 낙관론과 인간성 말살 또는 환경 파괴의 주범이라는 비관론도 동시에 존재하고 있다. 또한 엔지니어는 고도로 전문화된 활동을 수행하는 사람이라는 입장과 기업에 종속적인 고용자에 불과하다는 입장이 함께 존재하고 있다. 이렇듯 오늘날 기술의 가치와 엔지니어의 위치에 대한 사회적 시각이 서로 다른 입장에서 나타나고 있다. 따라서 엔지니어 스스로가 이에 대한 사고(思考)를 재정립할 필요가 있다.

2.2 동력 구분에 따른 기술 발전

기계공학(Mechanical Engineering)[16]은 인간의 삶을 편리하게 하고 물질적으로 풍요롭게 하기 위해 힘과 에너지에 대해 연구하는 학문이다. 기계공학의 시작은 인류가 유용한 도구를 만들어 사용하기 시작한 때로 거슬러 올라가 과학기술의 역사와 함께 논의될 수 있다.[17] 기계공학은 동력을 기준으로 5단계로 구분하여 설명할 수 있다.

사람의 힘(인력, 人力)에 의존하였던 원시 동력시대(原始 動力時代)에는 인력의 집중화를 위하여 사람들이 군집을 이루며 촌락사회(村落社會)를 이루었다. 자연의 힘을 이용하는 수력(水力)과 풍력(風力)에 의존했던 자연 동력시대(自然 動力時代)에는 봉건사회(封建社會)를 형성하였다. 증기 동력시대(蒸氣 動力時代)에는 초기 자본주의 시대(資本主義 時代)를 개화하는 역할을 담당하였으며, 전기 동력시대(電氣 動力時代)가 시작되면서 고도화된 자본주의 시대로 발전하였다. 현대에 와서는 원자력(原子力)을 이용하여 기계를 움직이고, 기계가 다른 기계를 통제하는 원자력/오토메이션(Automation)시대라 부를 수 있으며, 급속도로 발전하는 정보화 기술과 맞물려 정보시대(情報時代)라는 새로운 사회적 구조 변화를 만들어 가고 있다.

역사적으로 볼 때, 과학과 기술의 산물(産物) 중에 동력(動力)이 사회 발전이나 사회적 변화에 많은 영향을 미쳤다고 할 수 있다. 이러한 관점에서 사용되는 동력을 기준으로 기술적 발전에 대해 살펴보도록 한다.

2.2.1 사람의 힘이 유일한 동력

원시 동력시대에는 인간이 도구를 사용하고 생활을 영위하는 원동력으로 인력과 동물의 힘을 활용한 축력(畜力)을 이용하던 시대를 의미한다. 인간이 직립보행(直立步行)을 하면서 자연스럽게 두 손을 활용하여 여러 형태의 도구들을 사용하기 시작하였다. 구석기 시대의 주먹도

16) 보통 기계공학이 기계와 관련된 부분으로만 국한된 학문으로 이해하여 기계나 그외 관련된 장치와 설비의 설계, 제작, 성능의 구현 및 운전에 환한 학문인 것으로 일반 사람들은 생각하기도 한다. 이런 오해는 서양 문물이 동양으로 전파되던 초기에 일본에서 영어 'Mechanical Engineering' 을 한자어 '기계공학' 으로 번역하여 발생된 것이다. 'mechanical'은 역학(力學, 힘에 대한 학문)의 의미를 갖는 ' mechanics'의 형용사이므로, 기계를 의미하는 'machine '의 형용사인 ' machinery'와는 그 뜻이 완전히 다르다고 할 수 있다.

17) 본격적인 의미의 기계공학은 증기기관이 나타난 시기에서 시작되었다고 보는 견해도 다수 있다.

<그림 2.9 타격석기로서의 돌도끼>

끼 등에서 알 수 있듯이, 자연석을 이용하여 생활도구로 사용면서 동물을 사냥하고 불을 이용하여 동물을 익혀 먹기 시삭하였다. 구석기 시대에는 기술의 발전 단계가 낮았지만, 자연에 대한 적응과 추위를 피한 동굴생활을 통하여 군집을 이루었던 것에 큰 의미를 부여할 수 있다. 신석기 시대를 맞으면서 자연석을 필요한 모양으로 가공하여 사용하는 지혜를 발휘하기 시작하였다. 나무나 돌로 만든 손칼, 도끼, 망치 등을 만들어 사용하였고, 손잡이가 달린 석기를 만들면서 타격을 함으로써 인간의 힘을 보다 효율적으로 집중시킬 수 있었다. 이는 동일한 힘으로 동물 사냥과 땅파기 등을 보다 쉽고 능률적으로 행할 수 있음을 의미하며, 일의 능률 향상을 통하여 인간의 활동 분야를 넓혔을 뿐 아니라 취득의 증대를 도모하게 되었다.

또한, 여러 도구들을 만들어 사용하는 과정에서 인간은 손 기술과 사고의 발달이 촉진되었고, 이에 따라 인간의 생활이 다른 동물들에서는 찾아볼 수 없는 독특한 창조적 생활로 점차 발전해 나갔다. 인간이 농경과 목축을 시작되면서 생활 형태와 사용하는 도구에서도 많은 변화가 생기기 시작하였다. 땅을 갈고 그곳에 종자를 뿌려 농작을 하기 위한 여러 가지 도구들을 고안하여 사용하였고 대표적인 도구들로 괭이, 낫, 홀치(일종의 탈곡기), 손 맷돌과 지렛대 등이 있었다. 지렛대는 원시시대 부족의 묘인 고인돌을 만들 때 무거운 돌을 이동하고 이것을 높은 곳에 올려놓는 방법으로 사용하였다. 그러나 이러한 지렛대의 원동력은 인간 자신의 근력에 의존하였다. 원시시대에 사용된 직기(織機), 회전을 이용한 수구(手臼)[18], 구멍을 뚫은 추치 등에 있어서 기구의 동력은 모두 인간의 힘이라 할 수 있다.

18) 기술 발달사에서 수구(手臼)는 최초의 순환적 주기 운동을 반복하는 기계적 장치이며, 이것을 사용하는 과정에서 인간 자신의 원동력에 대신할 능률적이고 지속적인 원동력의 이용을 촉구하는 계기가 되었을 것으로 생각된다. 물건을 운반하기 위한 수레는 기원전 3,500년 전으로 추정되며, 사람들은 이 수레를 축력(畜力)과 결부시켜 물건을 운반하는데 사용하였다. 이러한 원시적 운반도구는 청동시대 말기 씨족제도의 붕괴 과정에 있어서 다른 지역으로 이동하는 사람들의 이동 수단으로 큰 역할을 하였다. [출처: 과학기술의 사회사]

<그림 2.10 고인돌과 제작 과정>

공동체 사회의 구성원이 많아지고 생활에 필요한 욕구가 커지고 많아짐에 따라, 보다 가공하기 쉽고 새로운 재료에 대한 관심을 가지게 되었다. 이러한 관심 속에서 처음 발견되어 사용된 금속이 자연동(自然銅)이였다. 이때부터 생산력이 증대하기 시작하여 남자의 역할이 점차 커져 종래와 같이 여자를 중심으로 하는 모계씨족제도는 없어지고 부계씨족제도로 옮겨갔으며, 특히 동제(銅製)를 활용한 무기 발달은 이러한 씨족의 세력을 크게 증대시켰다. 동기문화에서 특기할 기술적 발달은 단조(鍛造)와 주조(鑄造)에 관한 기술이었다.[19] 이때 계속적인 노력과 개선으로 강한 저항력을 가진 것을 만든 결과가 청동(靑銅)[20]으로 나타나게 되며, 경작의 효율성을 크게 높일 수 있게 되었다. 이러한 과정에서 용도에 따라 금속의 합금 량을 조절

19) 동은 고온에서 망치 등으로 두드려서 가공하면 쉽게 목적하는 형상으로 만들 수 있는 동시에 난난하게 곤어지는 가공경화 형상이 나타나며, 동은 매우 연약해진다. 그러나 이것을 높은 온도 속에 일정시간 동안 넣어두면 취약한 성질이 없어지는 현상이 나타나는데, 이것이 오늘날의 어니얼링이라는 작업이다. 이 두 현상을 적절히 조절한 것이 오늘날의 단조라는 기술이다. [출처: 과학기술의 사회사]

20) 청동은 구리(銅)와 주석의 합금으로 만들어지며, 구리의 비율이 높으면 그 연약성이 증가하고 주석의 비율이 높으면 견고성이 증대한다. 이러한 청동기가 어떻게 발명되었는가? 하는 것은 분명하지 않지만, 자연동을 녹이는 과정에서 우연히 합금을 알게 되었을 것이라고 많은 연구가들이 추정한다.

함으로써 여러 가지 성질의 합금을 만들 수 있다는 것을 알게 된 것은 청동 문화의 귀중한 기술적 성과라 할 수 있다.

당시에 청동기는 귀중한 자원이었기 때문에 일반인은 가질 수 없었고 단지 씨족 중에서도 권력층 사람들에게만 한정되었다. 그래서 그들은 농작물의 증가에 따른 여분의 생산물들을 축적하고 많은 가축을 사육할 수 있게 되어 씨족사회 내부에서 빈부의 차이가 나타났다. 이를 계기로 가난한 사람들은 다른 지역으로 이동하는 일이 많아졌으며, 수레[21]와 가축은 이러한 인구 이동을 쉽게 하여 점차 씨족제도는 붕괴되기 시작하였다. 또한 유력한 종족은 다른 종족들을 정복하여 초기의 고대 종족국가를 형성하였고 그 종족 가운데서 가장 유력한 사람이 왕이 되어 신성한 존재로 숭배되었다. 이때 피정복자들은 노예가 되어 생산 활동의 주체가 되었고, 고대국가는 이러한 노예들의 노동력을 기반으로 유지 발전되었으며, 거대한 건조물도 이러한 노예의 노동력에 의해 이루어졌다.

출처: 사이언스타임즈 www.sciencetimes.co.kr

<그림 2.11 피라미드 완성 추정도 및 거중 방법 : 많은 학자들이 피라미드 상부로 돌을 올리는 방법으로 현재도 사용되고 있는 샤두투의 원리를 용했다고 주장하고 있다.>

21) 수레는 일종의 회전운동을 이용하며, 이러한 회전운동은 힘을 가장 합리적으로 이용하는 방법으로써, 기계문명의 모체가 된다.

2.2.2 자연의 힘을 이용

르네상스 시대가 지나면서 인류는 사람과 가축의 힘 이외에 수력(水力)과 풍력(風力) 등 자연력에 의존하게 된다. 이 시기의 기계들은 동력기관의 부재로 인하여 큰 힘을 내기 위해서는 여전히 사람의 힘을 필요로 하였고 인간은 중요한 동력원의 하나였다. 그러나 물의 낙차(落差)와 바람의 힘을 이용한 수차나 풍차의 출현은 기술에 근본적인 변화를 유발시켰고, 인간의 노동을 현저히 줄여주고 급격한 생산 효율의 상승을 초래하였다.

로마시대에 국정의 혼란에 빠지면서 노예의 공급이 곤란하게 되면서 이에 대신할 동력으로 수차(水車)가 발명되었지만 일반화되지는 않았다. 유럽에서 수차가 널리 사용된 것은 10세기경 봉건사회에서 생산력이 일정하게 발전하고 시계 및 기계장치의 기술이 발전하고 있었을 때이다. 초기에는 차량의 하부가 물속으로 들어가서 물이 흐르는 힘에 따라 회전하는 하사식 수차(下射式 水車)가 사용되었으며, 차량의 중간에서 물을 흐르게 하는 중사식 수차와 차량의 위에서 물을 흘러내리는 상사식 수차가 사용되었다. 이러한 수차는 제분이나 양수, 배수뿐만 아니라 제지, 광물 분쇄, 야금, 철의 압연, 중량물체의 인양 등에서 다양하게 동력으로 사용되었다. 이러한 수차는 로마시대부터 18세기에 증기기관이 실용화될 때까지 대표적인 동력기관으로 널리 보급되었다.

중세시대에 자연 동력인 수차는 양수 장치와 시추 장치의 동력으로 사용되기도 하였으며, 직물공장에서 모직 압축용, 벨트 압축용 동력으로도 사용되었다. 또한 금속가공공장과 제지공장, 화학공장에서도 수차를 이용한 기계장치가 사용되면서 인간이 노동에서 해방되고 생산효율이 급격히 증대하기도 하였다.

수차의 이용에서 제기되는 문제가 제방, 저수지, 운하, 방수로 등의 수공기술이었으며, 동시에 인력을 대신할 새로운 동력원에 대해 연구하고 개선하는 노력으로 나타난 것이 풍력의 이용이다.

풍차를 이용하기 시작한 것은 기원전 3500년경에 이집트인이 배에 돛을 이용하면서 부터이다. 이 때 풍력은 노예들이 노를 젓고 배를 운항하면서 보조적으로 이용되었다. 풍차는 그리스의 알렉산드리아 시대에 헤론에 의해 고안된 오르간에 송풍장치를 사용하였고, 7세기경에 페르시아에서 수직으로 된 회전축을 이용하는 풍차가 사용되었다. 14세기경에 수해를 막고 토지를 간척하기 위해 물을 길어 올려야 했던 네덜란드에서 풍차에 대한 많은 기술개량이 이루어졌다. 풍력은 수력과 비교하여 불규칙적이기 때문에 풍력을 일정하게 이용할 수 있는 장치는 수차보다 복잡하고 만들기도 어려웠다. 또한 사용하는 장소의 조건도 제한적 이였다.

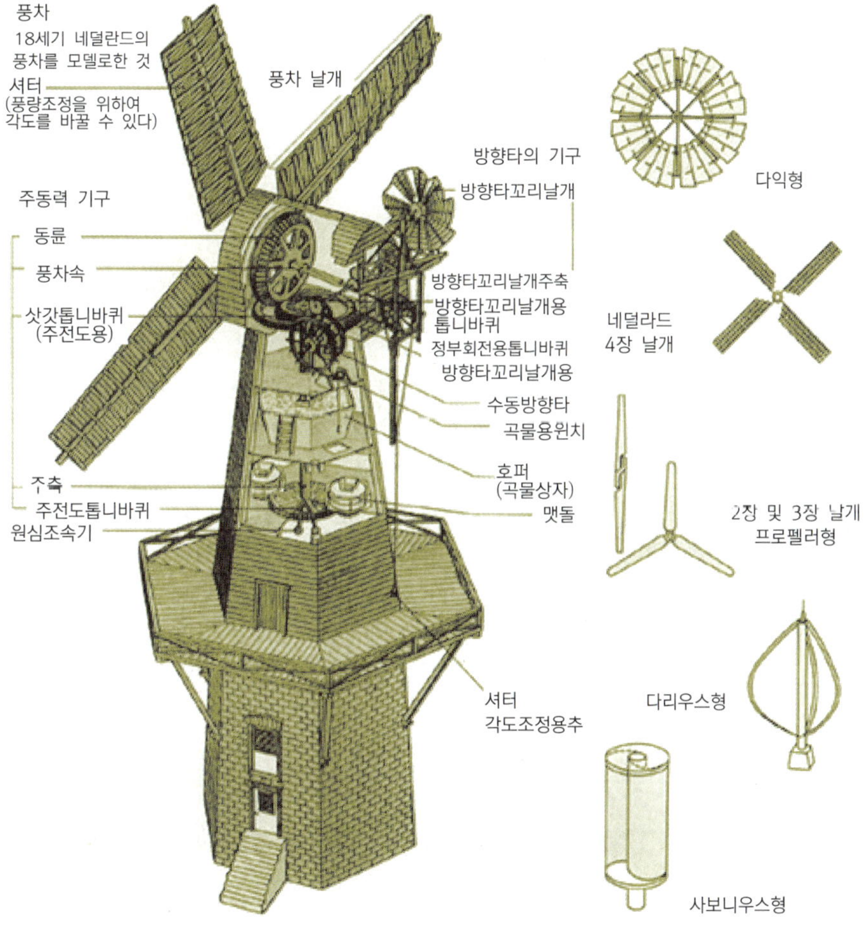

<그림 2.12 18세기 네덜란드의 풍차 모델>

수차와 풍차에 의한 자연 동력의 이용은 그만큼 인력과 축력의 노동력을 대신할 수 있었으며, 중세에 노예제도가 되살아 날 수 없었던 것도 이 때문이기도 했다.

여러 형태의 기계운동을 하는 복잡한 구조의 기계를 개발하고 개선하여 농업, 광업뿐만 아니라 수공업의 동력으로도 이용되어 작업의 능률이 높아가고 제품의 생산도 크게 증대되었다. 이에 따라 잉여 생산물이 생기고 이를 소비하기 위하여 매매(賣買)가 성행하고, 물품 교환 장소로 시장이 형성되었다. 이에 따라 시장 주변에 많은 사람들이 모이면서 시장을 중심으로 하나의 도시가 이루어져 갔다.

2.2.3 증기기관의 발명

16세기부터 18세기에 이르는 동안, 공장과 광산 등에 다양하게 사용된 수차는 기계들이 점차 대형화됨에 따라 요구되는 수력에 제한되고, 물을 끌어 들여야 하는 위치상의 제한이 커다란 단점으로 나타났다. 그러나 자본주의적 생산의 성립 시기에는 기계를 움직이게 하는 강력한 원동기가 요구되었고, 이러한 요구를 충족시킨 것이 증기기관이었다. 1700년경부터 이용이 가능해진 증기기관의 산업으로의 파급효과는 1780년대에 이르러 산업혁명을 주도하게 된다.[22)]

초창기 증기기관은 탄광용 펌프로 사용되었다. 17세기부터 연료가 목탄에서 석탄으로 대체되면서 많은 탄광이 개발되기 시작하였고, 석탄 탄광의 갱도 깊이가 점차 깊어져 갔다[23)]. 이에 따라 통풍과 배수의 문제가 발생하였고 이를 해결하기 위한 방법으로 증기기관이 출현하였다. 토마스 세이버리(Thomas Savery)가 1698년에 증기 양수 장치를, 토마스 뉴코멘(Thomas Newcomen)이 1712년에 대기압 증기기관을 개발하였고, 제임스 와트(James Watt)가 1768년에 분리형 응축기를 발명하였다. 이러한 와트의 증기기관은 매트류 볼톤(Matthew Boulton)의 경제적 지원을 받아 1775년에 상업용 증기기관으로 완성되며 탄광에서 활용되었다.

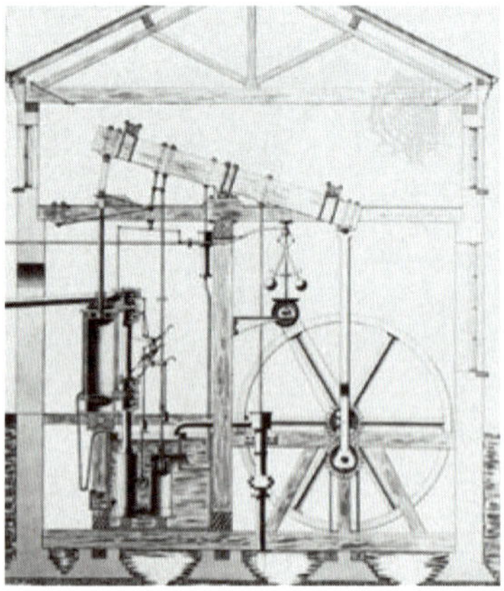

<그림 2.13 뉴코멘의 증기기관(좌)과 와트의 증기기관(우)>

22) 증기력(蒸氣力)을 처음으로 동력기관에 이용했던 것은 1695년 데니스 파팽(Denis Papin)이 양수 장치(揚手裝置)에 이용한 피스톤 증기기관 이였다. 그러나 제임스 와트가 증기기관을 방적기(紡績機)에 결합시키면서 본격적인 산업혁명의 도화선이 되었다.

23) 영국에서의 석탄 탄광의 갱도 깊이는 1700년에 120m 정도였지만, 1750년에는 180m까지 깊어졌다. 1702년 어떤 광산에서는 양수펌프를 동작시키기 위하여 500마리의 말이 동원되었다는 기록이 있다. [출처: 과학기술의 사회사]

이후 와트와 볼톤은 탄광용 펌프뿐만 아니라 당시 수요가 많았던 제분기와 방적기에도 사용할 수 있는 증기기관을 개발하기 시작하였다. 처음 개발하였던 증기기관은 상하 수직의 왕복운동만을 수행하였고, 이는 광산의 물을 퍼내는 분야에서는 적합하였지만 공장에서는 사용될 수 없었다. 이러한 문제를 해결하기 위해 회전운동을 할 수 있는 유성식(遊星式) 기어를 1782년에 발명하였고, 피스톤이 올라갈 때와 내려갈 때 모두 작동시키는 복동식(Double-acting) 증기기관, 피스톤이 원활하게 운동할 수 있게 하는 수평운동장치와 피스톤 운동의 속도를 자동으로 조절하는 조속기(調速機)를 지속적으로 개발하였다.

제임스 와트와 매트류 볼톤, 그리고 증기기관에 대한 특허

제임스 와트는 그의 아버지가 측량 기사였기 때문에 어릴 적부터 작업장에서 기계 다루는 일이 친숙한 환경에서 자랐다. 스코틀랜드의 대도시에서 과학 기기를 제작하는 일을 시작하였고 20대 초반에 자신의 가게를 열었다. 증기기관인 뉴코멘 엔진을 수리할 기회가 생겼고, 냉각과 가열의 문제로 인해 열효율이 낮다는 것은 인식하였다. 그는 수 개월간의 연구 끝에, 피스톤이 운동하는 실린더를 항상 덥게 유지하고 공기를 냉각시켜주는 콘덴서를 따로 분리해서 항상 차갑게 유지하는 "분리 콘덴서(Separate Condenser)"를 발명하여, 문제를 해결하였다[24]. 와트는 분리 콘덴서를 가진 증기기관에 대해 1769년에 특허를 취득하였다. 그러나 와트는 부유하지 않았기 때문에 돈 문제가 존재하였다. 초기 철광업자 존 로벅(John Roebuck)의 재정 후원이 있었지만, 사업가 매트류 볼톤과 동업을 하면서 성공을 거두게 된다. 금속세공과 도자기 공업을 운영하던 볼톤은 자신의 공장에서 와트의 증기기관을 제작하였고 뉴코멘 증기기관보다 4배 이상의 높은 효율을 얻게 됨으로써, 와트는 1775년에 자신의 기관에 대한 포괄적 특허를 취득하였다.

와트의 성공은 뉴코멘 엔진의 낮은 열효율에 대한 원인을 정확하게 파악하고 이를 해결하려는 많은 노력에서 출발하였다. 여기에 매트류 볼톤이라는 유능한 사업가와 파트너쉽을 만들었던 것이 성공의 중요한 요인이라 할 수 있다. 와트는 연구와 발명에 능했고 볼톤은 사업에 능했다. 이러한 상호보완성으로 와트-볼톤 회사가 성장하였으며, 또한 기계공 출신의 윌리엄 머독(William Murdoch)과 같은 능력있고 충직한 조수가 있었고, 지속적인 기술 혁신에 매진하면서 당시 영국의 특허법을 잘 이용하여 자신의 발명을 25년간 독점할 수 있었다.

24) 가장 잘못 알려진 사실은 "와트가 최초로 증기기관을 발명하였다" 는 얘기다. 와트는 증기기관을 발명한 것이 아니고, 기존에 존재하였던 뉴코멘 증기기관의 문제를 해결하면서 개량을 하였다. 그리고

와트는 지속적으로 기술혁신에 매진하며 상업화에 성공함으로써, 증기는 용도에 제한을 받지 않는 동력원으로 사용되었다. 이러한 증기기관은 탄광에 이어 방적공장, 제련소 등에서 널리 활용되었으며, 소비재공업과 생산재공업 등 다른 산업과 기술 발전에 막대한 영향을 미치게 된다. 산업혁명 초창기 높은 성장률을 보였던 면공업[25]은 화학공업에 많은 영향을 미쳤다. 면제품에 대한 수요가 급증하면서 다양한 표백제가 요구되었고 이는 화학공업의 성장을 촉진하는 결과가 되었다. 또한, 산업혁명 초기에는 기계를 해당 공장에서 직접 제작하였지만, 점차적으로 기계를 제작하는 산업으로 발전하였다. 이는 기계를 만드는 기계를 생산하는 것을 의미하며, 공작기계산업(Machine Tool Industry)라고 불린다. 존 윌킨슨(John Wilkinson)이 1774년에 우수한 천공기(Boring Machine)를 개발함으로써, 본격적인 공작기계가 출현하였다. 이전의 기계들은 정밀도가 많이 떨어졌지만, 윌킨슨의 천공기에 의해 정밀도가 높아지면서 대량으로 기계를 생산할 수 있는 계기가 되었으며, 대량 제조 과정에서 표준화된 부품 생산의 필요성이 인식되기 시작하였다.

그러나 그 당시에 증기력이 수력을 완전하게 대체하지는 못하였다. 수력을 개발하기에 유리한 지리적 여건을 갖추었던 프랑스와 미국은 증기기관의 채택이 늦었다.

19세기에 들어, 저압력(低壓力)에서 고압력(高壓力, High Pressure) 엔진[26]으로 발전하면서 증기기관차에까지 활용되었다. 처음에 철도는 탄광 내부에서 사용되다가 점차 광산지역과 공업지역을 연결하는 교통수단으로 자리 잡게 되었다. 1814년에 조지 스티븐슨(George Stephenson)은 상업적으로 활용할 수 있는 증기기관차를 개발하였고, 당시 세계 최고의 장거리 철도라 할 수 있는 리버풀-맨체스터 철도가 1830년에 개통되면서 철도의 붐을 일으켰다. 이러한 철도는 석탄, 철광석, 목재와 같이 부피가 크고 무거운 물자를 수송하는데 효과적인 수단이었던 것이다. 철도 개통이전까지 교통수단으로써 지배적 이였던 마차와 운하는 자연 조

와트의 발명이 주전자에서 물이 끓는 것을 보고 영감을 얻었다는 얘기와 조셉 블랙(Joseph Black)의 잠열(Latent Heat) 이론을 공부한 후에 증기기관을 발명하였다는 얘기는 근거 없는 신화이다.

25) 영국은 면화를 재배하지 않았기 때문에 수입에 의존하였다. 영국의 원면 수입은 18세기 초에 500톤에 불과했지만, 1770년에는 2,500톤으로 증가하였고 1800년에는 25,000톤을 넘었다는 기록이 있다. 이는 방적기와 방직기가 본격적으로 보급되면서 1770년대 이후 면공업이 크게 발전했다는 통계적 지표가 된다. [출처: 공학기술과 인간사회]

26) 와트가 발명하여 특허를 낸 증기기관은 저압력(Low Pressure) 증기기관 이였으며, 다른 형태의 증기기관에는 무관심하거나 적대적 이였다고 한다. 와트는 증기기관차를 만들려는 여러 시도에 반대를 했는데 그 이유는 증기기관차를 만들기 위해서는 고압력이 필요했기 때문이었다. 실제로, 와트의 조수인 머독은 고압력 증기기관을 개발하였으나, 와트의 반대로 인하여 특허를 내지 못했을 뿐 아니라 연구 자체도 포기하게 된다. 이후, 와트의 특허가 말소된 1800년 후에서야 고압력 기관이 발명되었고, 결국 와트의 저압력 기관을 대체하면서 증기기관차에 적용되었다. [출처: 공학기술과 사회]

<그림 2.14 현재 런던과학박물관에 전시중인 스티븐슨의 로켓호(좌)와 19세기 로켓호의 삽화(우)>

건에 제약을 받지 않는 철도로 점차적으로 대체되면서 철도산업은 엄청난 파급효과를 낳게 된다. 철도 건설은 금속, 연료, 기계 등이 대량으로 필요했기 때문에 다른 산업에 경제적 파급효과가 컸을 뿐 아니라, 건설과 운영에 막대한 자본이 필요했기 때문에 오늘날과 같은 근대적 대기업이 형성되었던 것이다. 철도산업이 확대되면서 기업 간에 통합이 이루어졌고 대기업이 지배하는 체제에서 독점의 횡포를 방지하기 위한 정부 규제 법안도 제정되었으며, 원활한 운영을 위한 표준화 작업에도 많은 노력이 이루어졌다.

2.2.4 전기 사용의 길이 열리면서 근대적 의미의 기계공학이 태동되었다[27]

전기기술은 19세기에 들어와서 등장한 근대적인 기술의 하나로써, 근대 물리, 화학에서 물질의 전자기적 성질을 이용해 전기에너지를 만드는 장치가 개발되었고, 전기의 운동법칙을 기술에 응용하는 기술이 생기면서 많은 발전을 이루게 된다. 전자기 현상에 대한 과학적 연구는 17세기 이후에 성행하였다. 영국 길버트의 지구자기설 주장, 독일 게리케의 마찰기전기 발명, 프랑스 쿨롬(Charles Augustin Coulomb)의 정전기력, 자기력에서의 역제곱 법칙 발견, 이탈리아 볼타(Count Alessandro Volta)의 금속전기현상 발견, 볼타 전퇴(電堆)[28] 발명, 패러데이

27) 1800년대 초부터 1900년대 초까지의 시기는 증기선의 진보된 발전, 철도산업의 성장, 섬유공업의 기계화 완성 및 수력터빈, 증기터빈, 내연기관 등의 원동기 발달, 자동차와 비행기의 출현, 전력과 전신/전화, 라디오 발명 등 과학기술의 시대라 할 수 있다.

의 전기화학 현상 연구, 저항에 대한 옴 법칙 발견 등이 계속적으로 이어지면서 연구과정에서 개발된 장치들은 전기기술의 이론적, 기술적 출발점이 되었다. 1822년에 픽시(H. Pixii)는 전자유도 원리를 이용하여 전류를 얻는 장치를 제작하면서 전기자와 정류자의 원형을 고안하였고, 1866년에 독일 지멘스(E. Wermer von Siemens)는 스스로 자석화되는 발전기를 발표하고 실용화하는데 성공하면서 발전기의 발전에 초석이 되었다. 벨기에 그람(Z.T. Gramme)은 균일한 전류를 얻기 위한 동근 모양의 철심 위에 코일을 감은 전기자를 발명하고 직류 발전기의 원형을 고안하였다.

여기서 언급한 발전기는 기계적 에너지를 전기적 에너지로 변환하는 장치이며, 발전기에는 기계적 동력을 주는 원동기가 필요하다. 초창기에는 이러한 원동기 역할을 증기기관이 수행하였다. 그러나 프랑스 퐁텐(H. Fontaine)에 의해 전기 발생기와 전동기능을 함께 수행할 수 있는 전동기(Motor)를 개발함으로써, 증기기관을 대체할 수 있는 기계의 원동력으로 전동기를 사용할 수 있었다.

증기기관을 공장 동력으로 사용할 당시에는 동력을 전달하는 벨트 등의 전도체계가 공장 내에 종횡으로 연결되어 있었기 때문에 말단의 기계에 전달되는 동력의 정확성과 효율성이 결여되었다. 그러나 하나하나의 말단 기계에 각각의 전동기를 부착할 수 있게 됨에 따라, 기

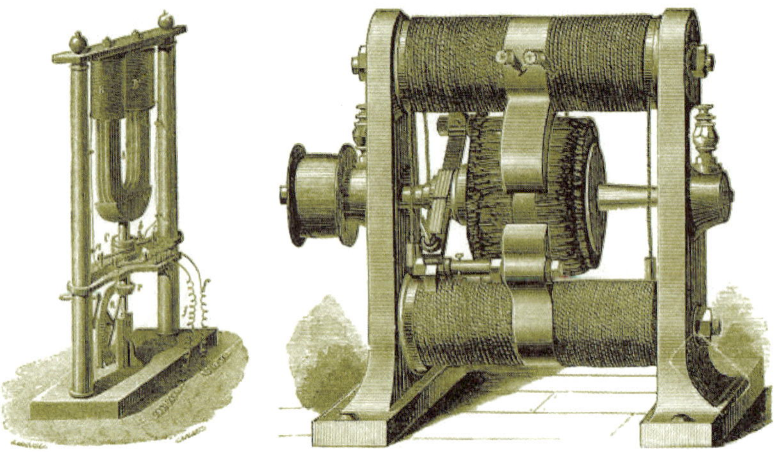

출처 : http://www.sparkmuseum.com]

<그림 2.15 픽시가 고안한 Dynamo(발전기, 좌)와 그람이 발명한 발전기(우)>

28) 흔히 볼타 전지라고 하는 볼타 전퇴는 원반 모양의 아연판과 은판을 쌍으로 쌓아 올리고, 그 사이에 소금물에 적신 종이를 끼워 넣은 구조로 화학 전퇴를 만든 것이다. (+)극인 은판 주위에 수소 기체가 둘러싸여 전자의 흐름을 방해하여 전압이 떨어지므로 실용적인 면에서는 가치가 적다.

<그림 2.16 지멘스에서 처음 만든 발전기>

<그림 2.17 에디슨의 뉴욕펄가 발전소의 대형발전기(좌측)와 주변의 배전선로 공사(우측, 1882년)>

계의 조작이 간편해졌다. 증기기관은 공장 내에 넓은 면적을 차지하고 있었으나, 전동기가 부착된 말단 기계는 공장 내 배치도 훨씬 자유스러워졌다. 또한 기계와 원동기의 결합으로 기계의 안정성과 가공 정밀도가 크게 향상되었다.

이로써 증기기관은 동력장치로써의 역사적 역할을 끝마치게 되었고, 전기기술은 19세기 후반에 전력생산과 백열전등을 중심으로 발전하여, 이후의 모든 기술은 전기혁명의 기초 위에 발전된다.

가정에 전등을 사용할 수 있게 한 최고의 공로자인 에디슨(Thomas Alva Edison)은 수많은 발명의 업적을 이룩하였으며, 그가 1878년에 발명한 백열전등이 보급되면서 뉴욕과 런던 등의 도시에 화력에 의한 중앙발전소가 건설되어, 본격적인 전력생산과 배전 체제의 구축과 동시에 대규모의 전기에너지 시대의 발전을 촉구하였다.

2.2.5 동력기계의 혁신 - 터빈과 내연기관 개발, 자동차 등장

19세기 후반에는 유럽의 각지에서 기술 발명이 이루어졌으며, 새로운 동력원으로 수력 터빈, 증기터빈과 내연기관이 등장하였다. 1860년 벨기에 르노아르가 전기 점화장치를 이용한 내연기관을 발명하여 실용화가 진행되었고, 증기의 낭비를 줄이고 출력을 높일 수 있는 터빈(Turbine)이 제작되었다.

이전까지 사용되었던 증기기관은 우수한 동력으로 대단한 위력을 발휘하였으나, 크기가 크고 석탄을 연료로 사용하였기 때문에 석탄 운반에 불편함이 있었다. 이에 수차가 활용되기도 하였으며, 여러 기술자들에 의해 수차의 개량이 진행되었고 프랑스 부르단(Claude Burdin)에 의해 새로운 모양의 수차에 "터빈(Turbine)"이라는 용어를 사용하기 시작하였다.

물의 운동에너지와 압력에너지를 이용하는 수력 터빈은 물의 속도변화에 따른 운동량 변화를 동력으로 바꾸는 것이다. 최초의 수력 터빈은 저수지에 설치하여 방적공장에서 실제로 사용되었으며, 1849년 미국 프랜시스(James Bicheno Francis)가 발명한 수력 터빈은 아직까지도 수력발전소에서 발전기를 회전시키는데 활용되고 있다. 1891년 미국 나이아가라 폭포를 이용하여 세계 최초의 대규모 수력발전소가 건설되었다.

<그림 2.18나이아가라 수력발전소>

<그림 2.19 파슨스가 제작한 최초의 증기터빈(좌,1887)과 1MW 증기터빈 발전기(우,1889)>

증기터빈은 1882년 스웨덴 패트릭 드 라발(Carl Gustaf Patrik de Laval)에 의해 발명되었고, 1884년 파슨스(Charles Algernon Parsons)가 발전기를 회전시키는 용도로 터빈을 제작하였다. 당시 제작된 증기터빈은 분당 8000회 수준의 고속회전이 가능하였으며, 실제 발전소에서 사용되었다. 1894년에는 선박용 증기터빈을 고안하여 1897년 세계 최초의 터빈을 동력으로 하는 선박[29]을 건조하여 시운전에 성공하였다. 20세기에 와서는 군함, 상선에 티빈이 이용됨으로써 그 활용도가 넓혀졌다.

공업이 성행하면서 강력한 동력원의 필요성이 증가되었고 증기기관이 18세기 중반부터 실용화되었다. 이보다 발전적인 형태로, 1833년에 영국 라이트는 실린더 안에 가연성 가스를 넣어 폭발시켜 피스톤을 움직이는 구조를 실험하였고, 1838년에 영국 바네트(William Barnett)가 실린더 내에 가스를 점화시키는 방법을 고안하였다. 이후 1860년 프랑스 르누아르(Jean Joseph Etienne Lenoir)가 전기점화 정치를 부착시킨 내연기관을 만들면서 실용화되었다. 이는 증기기관과 대체적으로 비슷하였으나, 증기 대신에 밸브에서 가스와 공기를 혼합하여 흡입시키고 전기불꽃으로 점화시켜 배기하는 구조였다.

1862년 프랑스 로셰(B. de Roches)는 내연기관의 작동방식으로 혼합기의 흡입, 압축, 점화 폭발과 배기[30]를 피스톤의 2번 왕복으로 완료하는 4-행정 방식을 제안하였고, 독일 니콜라스 오토(Nikolaus August Otto)가 이러한 방식을 실현시켰다. 1872년 오토는 독일 가스 발동기 회사를 설립하여 내연기관을 제조하기 시작하였고, 1876년 다임러(Gottlieb Daimler)가 오늘

29) 1894년 세계 최초의 터빈형 증기선인 '터비니아' 호가 출항하였다. 그 당시에는 매우 빠른 34.5노트의 속력을 낼 수 있었다.

30) 흡입: 흡기 밸브가 열리고 가솔린과 공기의 혼합기가 실린더 내에 흡입된다.
압축: 흡기밸브와 배기밸브가 모두 닫히며, 피스톤이 크랭크샤프트에 의해 상승하게 된다. 실린더 내의 혼합기는 압축되어 고압, 고온의 상태가 된다.
폭발: 압축이 끝날 때쯤 전기불꽃이 발생해 혼합가스가 폭발하며, 피스톤을 하강 행정 시켜 크랭크축을 회전시킨다.
배기: 흡기밸브는 닫고, 배기밸브를 열어 피스톤의 상승에 의해 연소가스를 배기시킨다.

<그림 2.20 오토의 내연기관(좌)과 르누아르의 내연기관(우)>

출처: 메르세데스-벤츠 홈페이지 www2.mercedes-benz.co.uk

<그림 2.21 다임러 자동차(좌, 1886)와 벤츠 자동차(우, 1886)>

날 내연기관의 원조라 할 수 있는 4-행정 기관을 완성[31]하였다. 이후 다임러는 가솔린기관을 연구하여 1883년에 고속 가솔린기관을 제작하는데 성공하였다.

이러한 고속 가솔린기관을 4륜차에 부착시키는 소형화 연구가 진행되어 1887년 다임러는 시속 18km가 가능한 최초의 4륜 화물자동차를 제작하였고, 비슷한 시기에 독일 벤츠(Karl Friedrich Benz)도 내연기관을 사용하는 자동차를 제조하였다.

독일 디젤(Rudolf Diesel)은 공기를 압축하는 장치 등을 고안하여 1897년에 실용적인 기관을 완성시켰고 25마력의 출력이 가능한 기관을 개발하였다. 이 기관은 피스톤으로 실린더 내

31) 많은 사람들이 이 엔진을 오토의 이름을 따서 "오토 엔진"이라고 불렀고, 4-행정 기관의 기본 원리를 오토사이클이라 명명하였다.

의 공기를 고압으로 압축하고, 그 온도가 높게 된 곳에 연료를 분사하여 점화정치를 사용하지 않고 연료를 폭발시키는 방식의 구조였다. 디젤 기관은 연료비가 싸고, 기화기와 점화장치가 필요 없으며, 열효율이 높다는 장점으로 여러 나라에서 연구되어 발전기를 움직이는 것을 포함하여 많은 곳에서 활용되었다. 프랑스 보슈는 선박용 디젤기관을 개발하였고 1903년 러시아 노벨社는 디젤기관 여객선을 만들었으며, 1913년 디젤기관차를 제작하였다.

이 시대에 대표적인 기술혁신으로 전기 동력과 철강, 새로운 원동기의 개발을 꼽을 수 있다. 이러한 기술혁신으로 인하여 생산력은 비약적으로 발전하고, 주식회사의 보급화와 2차례(1873년과 1900년)의 공황으로 인하여 독점체제가 형성하게 되고 대기업이 많이 생겨났다. 록펠러(John Davion Rockefeller)가 창업한 '스탠더드' 석유회사는 1882년에 미국 내 정유소의 95%를 지배하게 되었고, 1901년에 모건(Lewis Henry Morgan)은 미국의 철강회사 9개사를 연합하여 세계 최대의 'US 스틸'을 설립하여 한 회사가 영국 전체의 철강생산에 대항하는 거대 기업을 탄생시켰다. 독일에서는 1873년 공황과 더불어 보호관세 정책으로 인하여 독점 형성의 계기가 되었다. 1893년에 라인 베스트팔렌 석탄 신디케이트(Syndicate)는 루르 지방 석탄 생산량의 87%를 지배하였고, 1896년에는 같은 지역의 제철 신디케이트가 형성되어 독일 선철 생산고의 73%를 독점하였다. 이 시기에 'BASF社'를 중심으로 세계 최대의 화학공업 트러스트인 IG 염료회사가 발족하였고, 영국에서는 1926년에 화학공업 6개 회사가 합동으로 '임페리얼 케미컬 인더스트리社'를, 1929년에는 철강의 '빅커스社'가 설립된 것을 포함하여 사회적으로 다수의 독점적 대기업이 나타났다.

2.2.6 강력한 과학기술의 힘으로 새로운 원자력시대를 열어간다

아이슈타인의 광양자설(1905) 및 상대성이론(1915), 슈뢰딩게르의 파동역학(1926), 하이젠베르그의 양자역학(1927) 등 원자핵 물리학의 기초가 확립되면서 20세기 초는 동력사적(動力史的)으로 원자동력시대의 출발이라 볼 수 있다. '핵물리학의 아버지'로 불리는 어니스트 러더퍼드(Ernest Rutherford)로 시작된 원자핵 파괴실험(1919)을 계기로 핵물리학의 성과가 '원자력 발전'으로 나타나면서 획기적인 에너지 혁명의 원자력 시대를 열었고, 일렉트로닉스의 발달은 '전자두뇌(컴퓨터)'의 제작과 생산관리의 체계화로 연결되어 기업과 경영의 합리화를 촉진시키는 결과를 얻었다.

과학은 "선(善)"을 행하여 인류문명을 향상시켰으나, 원자력은 불행히도 전쟁에서의 활용으로 "악(惡)"에서 시작되었다. 이러한 악의 형태는 원자폭탄을 최초로 만든 미국 맨해튼 프로젝트(Manhattan Project)에서 시작하여 2차 세계대전 원자폭탄 투하를 통하여 여러 재앙의 원인과 인류를 위협하는 무기에까지 이르렀다[32]. 이러한 공포의 해소를 위해 1953년 미국 아이젠하워 대통령은 평화적 이용을 목적으로 원자력 국제풀안을 제창하고, 이를 계기로 세계는 평화를 지향하는 원자력의 새로운 방향을 갖게 되었다.

초기 원자력 발전을 추진한 목적은 군사 목적 전용을 고려한 것이 많았으며, 과학자와 시민의 반대운동을 일으켰다. 그러나 1951년 일리노이 주 아르곤 국립연구소 과학자들은 아이다호 주 아이다호폴스 국립 원자로시험장에서 소형의 고속증식실험로(EBR-1: 전기출력 100 kW)를 완성시켰고, 비록 소규모이기는 하지만 원자력 발전에 성공하여 원자력의 평화적 이용으로 중심을 잡는 계기를 마련하였다. 1954년에 미국은 콜로라도의 덴버에서 원격장치로 펜실베니아 주의 시핑포트 원자력발전용 부지의 불도저를 움직이는 미국 최초의 원자력발전소(전기출력 100 MW)의 기공식을 거행하였다. 당시 웨스팅하우스社가 원자로의 제작을 담당하였고, 3

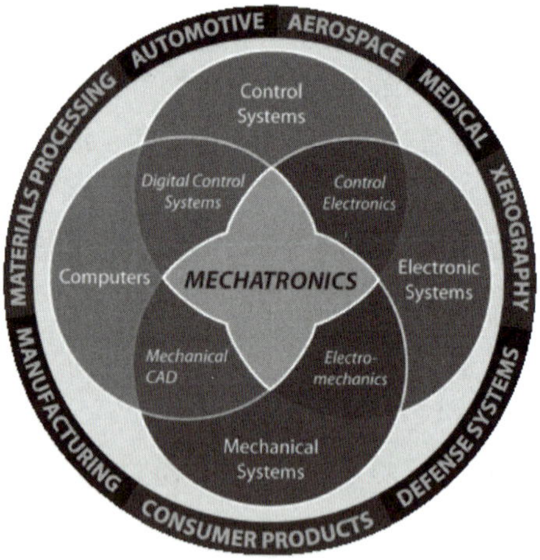

출처: 위키백과사전

<그림 2.22 메카트로닉스를 구성하는 여러 분야의 기술 구성도>

---

32) 핵분열에 의한 거대한 에너지 파괴를 목적으로 하는 원자폭탄은 초기에 독일 나치의 핵병기 개발에 위협을 느낀 과학자들이 미국에서의 원자폭탄 제조를 권하고 개발에 직접 참여하기도 하였다. 그러나 독일의 항복 이후에 일부 과학자들은 원자폭탄의 사용을 강력히 반대하였다. 당시 일본의 항복도 이미 예측되었고, 당면한 전쟁 종결이라는 과제에는 원자폭탄 투하가 필요하지 않다는 내용의 보고도 있었다. 그러나 미국 지배층은 전쟁 후 세계에서 미국의 정치적 우월성을 과시하기 위해 원자폭탄을 투하를 결정하였고 1945년 8월 3일에는 나가사키에, 8월 6일에는 히로시마에 투하되어 수십만 명의 희생자를 내기에 이르렀다.

년 후 발전소를 가동했으며, 펜실베니아 피츠버그의 전력회사 듀케인라이트社는 원자로로부터의 전력을 자사의 전력망으로 송전하기 시작하였다.

1960년대 후반부터 미국, 소련, 영국, 프랑스 등의 선진 공업국들은 고속증식로(高速增殖爐)의 개발에 초점을 맞추고 있으며, 대표적인 상업용 발전로는 경농축 우라늄 연료, 경수감속 냉각 형식의 경수로이다. 우리나라는 1979년 처음으로 원자로 발전을 시작하였다[33].

산업혁명으로 불리는 1차 기계혁명은 계속적인 발전과 확장으로 새로운 2차 기계혁명을 맞게 된다. 기술적인 측면에서 볼 때, 산업혁명은 석탄을 새로운 에너지원으로 하는 동력혁명과 작업기계의 발명을 통한 기계혁명으로 특징지을 수 있다. 이러한 1차 기계혁명은 인력(人力)으로는 불가능할 정도의 커다란 동력(動力)을 필요로 하는 작업, 인간이 직접 하기에 귀찮은 단순 반복 작업이 필요한 분야를 중심으로 사용되어 왔다. 20세기의 급속한 공업화를 통하여 빠른 발전을 이룩한 전자공학이 기계공학과 융합되면서 근대 문명을 상징하는 메카트로닉스[34](Mechatronics)가 새롭게 등장하고 2차 기계혁명인 로보틱스(Robotics) 혁명을 일으킨다. 로보틱스 혁명은 공장뿐만 아니라 우주나 심해(深海) 등의 극한(極限) 상황, 건설 현장이나 사무실은 물론 지역사회나 가정에까지 광범위하게 영향을 미치게 되었다.

21세기 기계공학은 공학의 기본적인 바탕을 근간으로 여러 과학, 공학 분야와 결합을 시도하고 있다. "유용한 물건"을 설계하고 만들어 내기 위해 광범위한 분야에서 기계공학이 응용되어 복합 공학 형태를 띠고 있다. 최근에 초미세 기계의 개발, 정보 기기 분야 응용 시스템 및 환경 문제 해결을 위한 새로운 시스템 개발과 항공 우주 산업 등에서 많은 각광을 받고 있다.

2.3 결론

본 장에서는 기술과 엔지니어링이 어떠한 과정을 거쳐 현재까지 이르게 되었는가? 라는 측면에서 기술(技術)의 역사(歷史)를 살펴보았다. 딱딱하게 느껴지는 역사를 보다 쉽게 접근하기

33) 출처: 원자력지식정보관문국(KAERI) http://www.atomic.or.kr

34) 메카트로닉스(Mechatronics)는 기계(Mechanics)와 전자(Electronics)의 융합기술로서, 지능형 로봇, 반도체/디스플레이 제조장비, 각종 자동화 장비 산업의 기반이 되는 기술이며, 국가의 제조 산업 경쟁력을 결정짓는 핵심 기술이다. 요소 기술로는 기계 설계(Mechanical Design), 제어(Control), 임베디드 시스템(Embedded System), 시스템 통합(System Integration) 기술 등이 있다. [출처: 위키백과사전]

위해 많은 그림을 삽입하고, 시대에 따른 상황을 설명하며 기술에 대해 언급하였다. 공학기술은 과학과의 연관성을 가질 뿐만 아니라 사회와도 밀접한 관계를 맺으면서 변화, 발전해왔다. 역사적으로 기술적 활동과 사회적 조건에 따른 여러 교훈들에서와 같이, 지속적이고 꾸준한 기술 개발과 연구 투자가 절실히 필요하다고 할 수 있다.

ꕥ 토론 주제 ꕥ

1. 기술 개발과 발전은 우리의 삶에 크고 작은 영향을 미치고 있다. 20세기의 대표적인 기술로 텔레비전과 자동차 중 어느 기술이 우리 삶에 더 큰 변화를 불러왔는가? 에 대해 논의하시오. 또한 이러한 기술의 발전만이 사회 변화의 원인 되었는지, 혹은 다른 변화와 원인이 상호 작용하여 영향을 미쳤는지에 대해 토론하시오.

2. 전쟁이 과학 기술의 진보를 가져온다고 주장하는 사회학자들이 있다. 기술의 발전과 주요한 역사적 충돌들을 살펴볼 때 이러한 주장이 맞는다고 생각되는지에 대해 논의하시오. 만약에 맞는다고 주장을 한다면, 그 이유는 무엇인지에 대해 토론하시오.

ꕥ 참고 자료 ꕥ

1. 공학기술과 사회 (이장규 외, 지호출판사)
2. 과학기술의 사회사 - 동력사적 입장에서 (박익수, 도서출판 진한도서)
3. 공학기술과 인간사회 (안국공학교육학회, 지호출판사)
4. 인류와 과학, 기술의 역사 (장병주 외, 동명사)
5. 공학과 공학자 그리고 기술 (이택식 외, 서울대학교출판부)
6. 위키백과사전 웹사이트 http://en.wikipedia.org/wiki/Main_Page

3
CHAPTER

기술과 사회

3.1 서언

현대 사회에서 기술이 사회와 가지는 복잡한 관계를 제대로 이해하기 위해서 기술과 사회의 상호 작용에 대한 다양한 고찰과 함께 기술과 사회와의 관계를 개념화 또는 이론화할 필요가 있다.

지금까지 기술자, 기술사가, 기술철학자들과 같은 기술을 연구하려는 많은 학자들은 나름대로 기술과 사회의 관계를 개념화하기 위해 여러 가지 이론들을 제공하였다. 그중 대표적인 것이 '기술결정론(technological determinism)'과 이를 비판하면서 '기술의 사회적구성론(social construction of technology)'이다.

기술결정론은 기술이 그 자체의 고유한 발전 논리, 즉 공학적 논리를 가지고 있기 때문에, 기술의 발전은 구체적인 시간과 공간에 관계없이 동일한 경로를 밟는다고 가정하며, 사회에 일방적으로 영향을 미친다고 주장하는 이론이다. 반면 기술의 사회적구성론은 기술 변화의 사회적 성격을 강조하면서 기술적 인공물은 사회 집단들의 상호 작용이나 협상에 의해 구성된다고 주장한다.

기술결정론이나 기술의 사회적구성론과 함께 현대 사회 형성에 지대한 영향을 끼친 카를 마르크스의 기술관과 앞의 두 이론의 문제점을 인식, 그 대안으로 제시된 이론들에 대해서도 알아보기로 한다.

먼저 기술과 사회의 관계를 설명할 때 필연적으로 등장하는 기술의 가치중립성이라는 문제를 먼저 살펴본 후 여러 기술과 사회의 관계를 설명하는 이론들의 장점과 문제점을 알아보고 끝으로 이들의 문제점과 한계를 보완하면서 기술과 사회를 이해할 수 있는 이론적 틀을 제시해 본다.

3.2 기술의 가치중립성

기술과 사회의 관계를 개념화, 이론화하기 위해 먼저 논의해야 할 것은 오래 전부터 많은 논란을 일으킨 기술에 대한 토론 주제인 '기술의 가치중립성'에 대한 논의이다.

'가치중립성'이란 말은 독일의 사회학자 막스 베버(Max Weber)가 처음으로 사용한 용어로써, 기본적으로 어떤 사물에 대해 주관적인 가치에 대한 판단을 배제하는 것을 말한다.

따라서 기술의 가치중립성이란 기술 자체는 아무런 정치성이나 이념을 가지고 있지 않으며 그것을 사용하는 사람의 정치성이나 이념에 따라 기술이 이용된다고 보는 것이다. 따라서 이로부터 기술의 오용은 그것을 만들고 개량한 엔지니어의 책임이 아니라 정치인이나 기업가와 같이 기술의 사용을 결정하는 사람의 책임이라는 주장이 나온다. 이 주장은 ***로버트 오펜하이머(Julius Robert Oppenheimer)***로부터 나왔다고 보는 사람들이 많다.

*로버트 오펜하이머*는 태평양전쟁 중 원폭 제조를 책임 맡았던 미국의 핵물리학자다. 오펜하이머는 어떤 과학자도 자신의 연구와 실험 결과가 인류의 복지에 얼마나 기여할 것인가 또는 유해할 것인가를 측정할 수 없다고 생각한다. 과학기술자는 자신의 연구를 통해 발견한 진리를 공표할 책임만을 진다는 것이다. 그 학문적 성과가 인류 복지에 이용될 것인가, 그렇지 않으면 인류의 절멸과 범죄 행위에 악용될 것인가의 문제는 이미 과학기술이나 과학자의 영역이 아니라는 것이다.

그에 따르면 모든 과학적 발견이나 기술은 인류의 복지 증진에 긍정성과 부정성의 양면을 지닌다. 즉, 야누스처럼 두 얼굴을 가지는 양면성을 지닌다는 것이다. 그것은 밝은 약속을 하기도 하고, 어두운 그림자를 드러내기도 한다. 그런데 이러한 과학적 기술을 실제 생활에 적용하는 데 있어서 가장 강력한 권한을 행사하는 집단은 정치인들이다. 원자 폭탄을 제조하는 행위는 과학자와 기술자들의 행위이며, 그러한 행위자체는 가치중립적이나 원자 폭탄을 제조하도록 정책을 입안하고 그 연구 결과를 전쟁 수행에 이용하는 것은 정치인들이라는 것이다. 과학기술자들은 이러한 정책이 없다면 원자 폭탄을 제조하지 않는다는 것이다. 따라서 핵물리학의 성과를 실제적으로 이용하는 정치인들에게 사회적 책임이 있다는 것이다.

그는 자신의 핵물리학 연구 행위가 정치인의 히로시마 원폭 투하 결정과 아무런 관계도 없으며, 그에 대한 도덕적 책임이 없다는 점을 강조하고 있다. 비록 그가 자신이 제조한 원자 폭탄의 가공할 만한 파괴력에 커다란 충격을 받았고 객관적 사태가 자신의 주관적 의도와 다르게 진행되었음에도 불구하고, 과학기술의 가치중립성에 대한 신념을 버리지 않았다.

과학기술의 가치중립성은 간단히 말해 두 가지 명제에 의존해 있다. 첫째, 과학적 지식은 종교, 계급, 국적에 관계없이 자연현상을 있는 그대로 설명하는 객관적인 지식이다. 둘째, 따라서 과학의 기술적 오용, 악용에 대한 궁극적 책임은 과학자나 기술자에게 있는 것이 아니라 과학적 성과를 활용하는 특정 인간집단이나 사회에 있나는 섬이다.

그런데 과연 기술은 가치중립적인가? 엔지니어는 기술에 대한 책임이 없는가?

결론부터 말하자면, 기술은 과연 가치중립적이지 않으며 21세기를 사는 엔지니어는 자신이 만들거나 디자인한 기술의 발전을 주시하고 이에 대해서는 더 많은 책임을 져야 한다는 것이다. 이에는 크게 다음과 같은 세 가지 이유가 있다.

첫 번째는 기술의 초기 디자인에는 엔지니어가 의도적으로 그러했던 혹은 자기도 모르는 상태에서 그렇게 되었건 사회적 가치가 각인되는 경우가 많기 때문이다. *로버트 모제스(Robert Moses)*는 1930년대에서 1950년대에 이르기까지 뉴욕 시의 지형을 디자인했던 유명한 건축가였다. 그가 야심적으로 추진했던 프로젝트 중에는 로드아일랜드에 조성한 존스 비치(Jones Beach)공원이 있었다. 그는 이 과정에서 기존의 도로를 진입로로 사용하는 대신에 새로 포장된 공원도로를 만들면서 이 길 위를 지나가는 교각을 버스의 높이보다 낮게 만들어서 흑인들이 주로 타는 버스가 공원에 접근하지 못하도록 했다. 결과적으로 존스 비치는 자가용을 가진 중산층 이상 백인들의 공원이 되었던 것이다. 공원의 디자인에 당시 미국 사회의 인종차별주의가 각인되어 있었다고 볼 수 있다.

이 예는 기술이 사회의 요구나 가치로부터 자유로울 수 없음을 보여주고 있다. 일반적으로 과학기술이 계속 발달하지만 기술이 그 자체로서 발전하는 것이 아니라 정치, 경제 등 사회적인 요인들과 결합하여 발전하면서 또 내용적 제약을 받는다고 할 수 있을 것이다. 특히 현대의 막대한 자본을 필요로 하는 기술 분야의 연구는 이윤을 남기려는 자본가의 의도에 따를 수밖에 없다. 왜냐하면 이윤이 남을 가능성이 없다면 자본가는 투자하지 않을 것이고 그러면 기술이 발전하기 어려울 것이다. 따라서 기술자들은 자본가에게 가능한 많은 이윤이 남을 수 있도록 기술을 디자인 할 것이다.

두 번째 이유는 기술이나 디자인이 기술 시스템의 일부가 되면, 그것을 바꾸기가 무척 힘들다는 것이다. 발전한 시스템은 개별 기술에는 결여된 거대한 관성을 가지며, 여기에 이해관계를 가진 사람들과 집단이 늘어난다. 인간복제 기술은 지금은 법으로 금지시킬 수 있지만, 일단 그것이 시행되고 이에 이해관계를 가진 의사, 병원, 제약회사, 시민들이 늘어나면 그 다음에는 이를 막기가 무척 힘들다. 원자폭탄 연구도 1939년에 연쇄반응이 발견되었을 당시에는 중지시킬 수도 있었지만, 일단 원자폭탄이 성공적으로 개발된 1945년 이후에 강대국들 사이의 경제적 이해관계가 이에 집중된 다음에는 그 연구와 개발을 중단하는 것이 무척 힘들어졌다. 그렇기 때문에 기술을 담당하는 엔지니어들은 기술의 초기 발전 단계에서부터 이것이 나중에 어떤 사회적 영향을 미칠 것인지를 고찰하고, 혹시 가능할 수도 있는 나쁜 영향에 대해서 다양하게 평가해보아야 하는 것이다.

마지막으로 20세기 이후에는 기술이 가진 파괴력이 그 어느 때보다도 증가했다는 사실을 생각해야 한다. 냉전이 종식되었지만 아직도 많은 과학기술 연구가 전쟁과 관련해서 이루어지고 있어 전투적인 파괴력을 증가시키고 있다. 또한 기술의 환경에 대한 파괴력도 증대했다. 대규모 댐 건설, 방조제 건설, 간척 사업, 자연을 관통하는 도로와 철도, 원자력 발전소, 난파

유조선은 20세기 기술이 생태계와 환경은 물론 인간 사회에 미치는 영향이 그 어느 시기보다도 증대했음을 잘 보여준다. 인간과 환경에 대한 파괴는 한번 일어나면 돌이키기 힘들다.

한편 이러한 이유 외에도 기술 그 자체에 대해 자연스럽게 가치가 부여되는 경우가 있다. 예를 들면 막대한 연구비가 들어가는 기술 개발에 대해 국가나 어떤 연구 단체에서 연구비를 지원한다고 할 때 이미 지원과제를 선정하는 문제에서부터 벌써 가치판단이 개입된다. 어떤 기술이 다른 기술보다 부가가치가 높기 때문에 더 많은 연구비를 우선 지원한다는 것은 이미 가치 판단을 내리고 있다는 것이다.

이처럼 과학기술은 가치중립적일 수도 없으며 가치와 무관할 수도 없다. 따라서 기술을 개발하고 시스템을 만드는 기술자들은 자신의 기술에 대해서 진정한 책임감을 가져야 하는 것이다.

역사적으로 볼 때 기술의 경우 기술자의 사회적인 책임을 회피하는 데 많이 사용되는 주장이 "기술은 가치중립적이다" 혹은 "기술은 양날의 칼이다"라는 것이다. 이러한 명제들은 기술이 선한 방향으로도 혹은 악한 방향으로도 사용될 수 있으며, 따라서 기술의 오용은 이를 오용한 사람의 잘못이지 기술을 디자인한 엔지니어의 책임이 아니라는 의미를 함축한다. 그러나 이것은 어디까지나 책임을 회피하려는 기술자들의 핑계일 뿐이다. 비록 어떤 기술은 양날의 칼로 볼 수 있는 경우도 있지만 또 어떤 기술은 분명히 그것의 가치가 뚜렷하게 한쪽 방향으로 경도된 경우가 있기 때문이다.

미국에서는 총이 사람을 죽이는 것이 아니라 단지 총을 사용해서 사람을 죽이는 것이라는 식으로 총의 사용을 옹호하는 사람들이 많은데, 이런 사람들은 사실 총이 사람을 죽이는 데 이외에는 사용될 확률이 거의 없다는 명백한 사실을 무시하고 있는 것이다. 원자폭탄의 '좋은 사용' 역시 상상하기 힘들다.

이런 경우를 두고도 "기술은 양날의 칼이고 따라서 가치중립적이다."라고 주장한다면, 이는 기술의 문제를 덮어두려는 잘못된 의식으로 밖에는 볼 수 없다. 그래서 엔지니어들은 "기술은 양날의 칼이다"라는 기술의 가치중립성이란 주장에 만족하지 말고, 자신의 기술이 양날의 칼이 아니라 혹시 한쪽 방향으로만 쓰일 가능성이 큰 기술인가를 세밀하게 관찰하고 주시해야 하는 것이다.

결국 자신의 기술 디자인이 어느 범주에 속하는가, 혹은 사회에 어떤 영향을 미치는가를 초기 기술의 궤적은 물론, 그것이 기술 시스템에 어떻게 편입되는가를 예의 주시해야만 알 수 있다. 기술과 기술 디자인은 인간의 의도적 노력의 산물이다. 기술자가 만들어서 세상에 내놓는다는 뜻이다. 내가 만들어 세상에 내놓은 것에 대해서 나는 그것의 창조자(creator)로서 책임이 있다. 부모에게는 자식을 잘 키워서 독립적인 시민으로 사회에 편입시킬 의무와 책임이 있는 것처럼, 자신이 만든 기술에 대한 비슷한 책임이 엔지니어에게도 있는 것이다.

3.3 기술결정론

3.3.1 기술결정론이란

기술결정론은 기술 변화와 사회 변화의 관계를 설명하는 한 가지 이론이다. 그 단어 자체에서 느낄 수 있듯이, 기술결정론은 사회 변화의 요인 중에서 기술이 가장 중요하다고 본다. 기술과 사회의 관계는 기술에서 사회로 그 영향력이 뻗치는 일방적인 관계이다. 기술결정론자들은 기술 그 자체가 고유한 발전 논리를 갖기 때문에 기술 발전은 구체적인 시간과 공간의 관계없이 동일한 경로를 밟는다는 가정 하에 어떤 특정한 기술의 영향은 어느 사회의 경우나 동일하다고 간주한다. 즉, 기술결정론에 따르면, 기술은 자율적이며 사회의 외부에서 사회에 영향을 미친다. 이것은 "기후가 사회의 성격을 형성한다."는 19세기의 '기후결정론'과 같은 맥락이다. 이때 기후는 독립적인 요소에 해당되며 사회는 기후에 아무런 영향을 미치지 못한다. 기후와 마찬가지로 기술은 사회의 외부에 존재하면서 일방적으로 사회를 변화시킨다고 보는 것이다. 기술결정론에서는 기술 그 자체가 사회와, 더 나아가 인간과도 무관하게 발전한다고 간주하며, 심지어는 기술이 독자적인 '생명력'을 가지고 있다고 보기도 한다. 가장 강한 기술결정론적 견해는 기술 변화가 사회 변화의 유일한 원인이라고 주장한다.

물론 모든 기술결정론자들이 이렇게 극단적인 입장을 취하는 것은 아니다. 기술만이 사회 변화의 요소라고 보는 입장을 '강성 기술결정론(hard determinism)'이라 부른다면, 기술이 계급, 성(gender), 법, 경제 등 다른 요소와 함께 사회 변화를 가져온다는 입장을 '연성 기술결정론(soft determinism)'이라고 할 수 있다. 즉 강성 기술결정론에서는 기술이 역사 변화의 유일한 작인임에 반해서, 연성 기술결정론은 기술을 사용하는 인간이라는 요소가 포함되는 것이라고 볼 수 있다. 강성 기술결정론자들 중에서도 기술의 궤적(technological trajectory)이 예측 가능하지만 제어가 불가능하다고 보는 사람도 있고, 예측, 제어 모두가 불가능하기 때문에 기술은 독자적인 생명력을 가지고 있다고 보는 사람도 있다.

기술결정론을 설명할 때 많이 거론된 예가 서양 중세 시대의 마구인 등자(鐙子, strirrup)[35]

의 역할이다. 등자가 도입되면서 말을 탄 채로 창이나 칼을 들고 싸우는 것이 가능해졌다. 결국 등자의 도입 때문에 기마전투를 담당하는 기병이 부상했고, 프랑크 왕국의 궁재 ***샤를 마르텔(Charles Martel)***이 교회의 재산을 몰수해서 기병을 관리하는 기사들에게 주었으며, 이것은

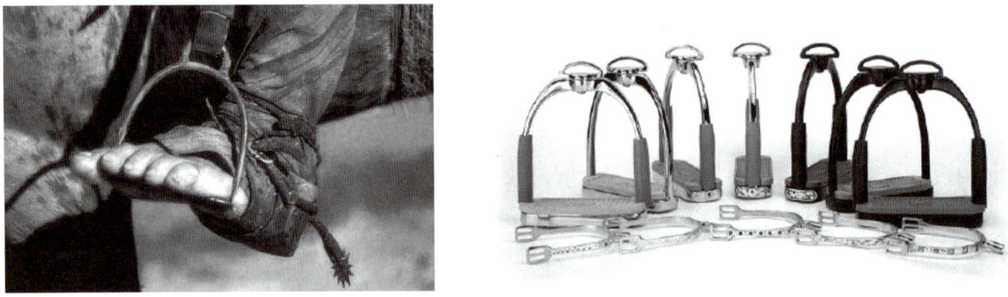

현재의 등자도 중세시대의 등자와 크게 달라지지 않았음

<그림 3.1. 중세봉건사회 생성 계기가 된 등자>

등자(stirrups) 에 의한 중세봉건사회의 생성

마구 중에서 발을 내딛을 수 있는 '등자'가 역사를 바꿔놓았다는 얘기는 흥미롭다.

로마 몰락 후 게르만족인 프랑크인 족장 샤를 마르텔은 아시아에서 고안한 것을 개조해 등자를 만들었다.

이 등자를 이용한 후로는 말을 타면서 떨어지는 사람이 없었을 뿐만 아니라 방향을 조절하는 기능도 훨씬 쉬워졌다.

이 때문에 샤를 마르텔은 다른 주변 부족들과의 전쟁에서 연전연승할 수 있었다.

그는 기병들을 지원하기 위해 새로운 지주 계급을 만들었고, 지주들에게 땅을 주어 병사들과 말들을 거느리고 훈련시킬 수 있는 충분한 수입을 보장해주었다.

이를 위해 그는 가톨릭교회가 소유한 엄청난 땅을 몰수했고 그 이후로 중세교회와 국가 사이의 관계는 영원히 바뀌게 된 것이다. 당시 교황의 힘이 절대적이었지만 기마병과 대적할 수는 없었다. 샤를 마르텔은 기사로 불리게 된 지주들에게도 자신에게 복종하도록 하는 사회 정치 제도를 만들었다. 이렇게 봉건제도가 만들어졌고, 공작-백작-남작 등의 계층이 형성된 것이다. 그리고 귀족들은 직접 논과 밭에 나가서 일을 하는 게 아니라 관리를 하고 파티를 즐기게 되면서 문화가 발전하고, '르네상스' 시대를 맞이하게 된 것이다. 연쇄적인 얘기를 꺼내다 보면 등자가 중세역사처럼 여겨질 정도다.

35) 말을 탈 때 발을 디딜 수 있도록 만든 안장에 달린 발 받침대

이들을 중세 영주로 키우는 결정적 계기가 되었고 결국 중세 영주를 중심 세력으로 한 봉건 제도의 기원이 된 것이다. 결국 등자라는 작은 기술이 봉건제라는 거대한 사회 변화를 낳았다고 볼 수 있다. 이 주장은 중세 기술사를 연구한 ***린 화이트 주니어(Lynn White Jr.)***[36]에 의해 제기되었다.

그렇지만 화이트의 주장에 아무런 문제가 없는 것은 아니다. 우선 이러한 설명은 실제 역사의 전개 과정을 무척 단순화시켰다는 문제가 있다. 예를 들어 등자를 사용했던 프랑크족과 앵글로-색슨족 중 프랑크족만이 8세기 전반에 봉건제를 성립시켰다. 즉 같은 기술이라도 지역과 환경에 따라 그 효과가 달랐었던 것이다. 그리고 프랑크족이 군대에서 등자를 도입해 중요한 도구로 사용하기 위해서는 그것의 가치를 알아본 샤를 마르텔이라는 지도자의 존재가 필요했던 것처럼 한 사회에서 새롭게 도입된 기술이 그 사회의 변화를 유발하기 위해서는 개인 혹은 집단적인 행위자의 선택과 행동이 있어야 했다. 기술은 그 자체가 세상을 만든 것이 아니라 사람을 매개로 세상을 바꾸었다고 볼 수 있다.

이 예에서 보듯이 기술결정론은 이미 1980년 이후 많은 비판을 받았다. 그렇지만 기술과 사회에 대한 논의에 기술결정론이 항상 등장하는 이유는 그것이 기술이 가진 몇 가지 독특한 특성에 잘 부합하기 때문이다.

기술이 사회를 변화시킨다는 명제 아래 발전된 기술결정론은 사회의 발전인자로서 기술을 보는 낙관적 기술결정론과 파괴적인 인자로서 기술을 보는 비관적 기술결정론으로도 나뉜다. 낙관적 기술결정론의 가까운 예로 우리나라에서 1960년대부터 지금까지 진행되고 있는 기술사회 건설을 들 수 있다. 사회가 발전하려면 산업화를 통한 경제발전과 부의 축적이 필수적이며 산업화는 기술을 통해 가능하다는 것이다. 기술이 발전하면 산업이 일어나게 되고 산업이 일어나야 경제가 살며 결국은 풍요로운 사회를 건설할 수 있다는 것이다.

즉 이러한 관점에서 보면 기술은 풍요로운 사회를 가져오고 그것이 바로 발전된 사회라고 할 수 있다. 고속도로를 깔고 1분에 1대씩 자동차를 생산하여 집집마다 그것을 소유하며, 자가용으로 출퇴근하고 주말이면 자동차로 여행을 떠나고, 집집마다 텔레비전, 냉장고, 세탁기, 에어컨디셔너가 있어 쾌적하고 여유로운 생활을 즐기며, 전화와 컴퓨터, 인터넷은 물론이요, 중학생만 되면 휴대폰 한 대씩 갖고 그것으로 사진 찍고 음악 듣고 언제 어디서나 누구와도 통화하고 문자 메시지를 주고받는 기술 사회가 낙관적 기술경제론에서 주장하는 사회다.

---

36) 1962년 발간된 『중세의 기술과 사회 변화 Medieval Technology and Social Change : 등자와 쟁기가 바꾼 유럽 역사』란 책에서 주장하고 있다. 그는 "등자처럼 매우 간단한 발명품이 역사에서 그렇게 큰 지각 변동을 일으킨 경우는 거의 없었다."고 말했다.

실제로 우리나라만 보아도 1960년대에는 상상도 하지 못하던 것들을 기술이 있어 할 수 있게 되었다. 테크노피아(technopia technology와 utopia의 합성어)라는 말이 생겨나고 기술 예찬론들이 범람하고 있다.

3.3.2 기술결정론을 주장하는 대표적 학자들

기술결정론을 주장하는 학자들은 2개의 부류로 나뉜다. 첫 번째 부류는 가술에 대해 열정적으로 옹호하는 기술결정론자 이며 두 번째는 기술의 파괴성을 지적하며 기술에 대해 비판적인 학자들이다. 기술에 대해 비판적인 학자들은 '기술이 인류의 가치를 위해 한 일이 무엇인가?', '기술에 의해 인간은 과거보다 더 나아졌는가?'라고 반문한다. 미국의 작가 헨리소로(Henry Thorrau)는 그의 저서 『월든 Walden』(1854)에서 "인간은 자신이 만든 도구의 도구가 되었다"라고 썼다. 이러한 비판을 '대항문화' 또는 '반문화'라고 일컫는데, 대항문화의 등장에 중심적인 역할을 한 ***루이스 멈포드(Lewis Mumford)***와 ***자크 엘룰(Jacques Ellul)***이 바로 기술에 대해 비판적인 기술결정론자이다.

20세기 초반과 중반에 걸쳐 활동했던 멈포드는 그의 저서『예술과 기술: Art and Technics』(1952)에서 "마치 시속 백 마일의 속도로 어둠속으로 뛰어들고 있는 유선형 열차의 만취한 기관차 기사처럼, 우리는 우리의 기계장치에서 나오는 속도가 우리의 위험을 증가시킬 뿐이며 충돌을 더욱 치명적으로 만들 뿐이라는 점을 인식하지 못한 채 위험표지를 지나쳐왔다"라고 지적하였다. 세계시장을 향한 경쟁 속에서 산업 사회들은 자신들에게 우위를 가져다 줄 기술 능력의 발전을 강력히 추진해왔으며 그 과정에서 인간의 상태가 아니라 바로 기계가 다른 모든 것을 재는 기준이 되었다는 점이다.

멈포드에 거쳐 자크 엘룰은 그 정도가 더욱 심해졌다. 그는 1954년에 출판한 『기술』(후에 영어로 번역되어『기술 사회』라는 제목으로 출판됨)에서 "기술은 이제 자율적인 존재"가 되었고 "어떠한 인간의 행위도 이러한 기술의 명령에서 벗어날 수 없으며" 인류는 모든 것을 포괄하는 기술의 힘에 의해 떠밀려왔다고 단언하였다. 그는 "기술은 그 속에서 인간이 존재하도록 요구 받는 새롭고도 특정한 환경이 되었다. 그것은 인공적이고 자율적이며 자기 결정권을 갖고 인간의 모든 간섭으로부터 독립적이다"라고 썼다.

멈포드나 엘룰과 같은 사람들의 저작들은 묘한 역설을 내포하고 있다. 널리 퍼진 기술 시스템의 권력과 그 시스템들이 인류와 자연에 대해 제기하는 심각한 위협에 대해 비판적인 목소리를 내는 과정에서, 이들 비판자들은 기술의 가장 열광적인 옹호자들이 주장했던 것보다 더 높은 정도의 "독자성"과 영향력을 현대 기술에 부여했다. 따라서 우리는 그들이 기술을 사회적, 문화적 변화의 최전선에 위치시키는 만큼 그들도 기술결정론자들이라고 평가할 수 있다. 위에서 살펴본 낙관론자나 비관론자들이나 다 같이 기술이 사회를 변화시키며 일방적으로 영향을 미치는 거대한 힘을 갖고 있다고 주장한다는 점에서는 똑같은 기술결정론자들인 것이다.

3.3.3 기술결정론에 대한 비판

기술결정론에 대한 비판은 기술결정론의 문제점을 알아보면 자연적으로 나오게 될 것이다. 그 문제점은 첫째, 기술적 자율성(technological autonomy)이라는 가정이 품고 있는 문제이다. 기술결정론은 기술을 사회적 생산물이거나 사회로부터 분리할 수 없는 어떤 것으로 보지 않고, 독립적이며 자체통제적, 자체결정적, 자체발생적, 자체추진적, 자체영속적, 자체확장적인 힘으로 제시하는데, 즉, 기술이 그 자신의 의지를 갖고 있는 것으로 인식한다.

그러나 이러한 주장은 기술을 신비화(神秘化)하는 경향이 있으며, 그 결과 대중들을 정치적으로 무력화시키고, 비전문가들이 기술발전에 개입할 수 있는 여지를 없애버린다는 문제점을 안고 있다. 전문가의 의견은 중립적이라고 간주되며, 대중들은 전문가들의 판단을 신뢰하도록 요구받는 가운데 대중들이 취할 수 있는 것이라고는 새로운 기술을 현실로 받아들이고 그에 신속하게 적응하는 일뿐이라는 걸 암시하는 것이다.

둘째는 흔히 기술적 자율성과 관련되지만 기술적 필연성(technological imperative)이라는 가정이 안고 있는 문제다. 기술결정론에 따르면 기술발전은 일단 시작되면 중단될 수 없는 것이다. 즉, 기술적 진보는 "필연적이며 불가피하고 불가역적"인 것으로 간주된다. 기술적 필연성의 가정은 대중들로 하여금 기술의 발전에 대한 윤리적 판단을 유보하고 맹목적인 추종을 요구한다. 또 어느 시점에서 기술 발전이 사회적 요구를 충족시키지 못하고 심지어 갈등을 가져올 수도 있지만, 그것은 기술 발전이 아직 채 완성되지 못했기 때문이라고 해석되며, 사회적 갈등은 궁극적으로 기술적 해결책을 필요로 하는 기술적 문제에 불과하다고 주장된다. 기술적 필연성에 관한 이러한 주장은 대중들을 탈이념화, 탈정치화시켜 수동적인 피지배자로 길들이는 논리로 이용될 가능성이 있다는 것이다.

셋째는 보편주의(universalism)의 문제다. 기술결정론적 시각은 전자매체와 같은 특정한 기술은 보편적으로 동일한 기본적인 사회 유형을 창출한다고 본다. 특정한 사회문화적, 역사적 맥락을 무시하는 보편주의는 서구에서 발생한 기술결정론이 다른 사회에 수용될 때 가장 심각한 문제가 되는 가정이다. 사회마다 조건이 크게 다르기 때문이다.

결국 이러한 기술결정론은 기술과 사회와의 관계를 정립하기 전에 앞에서 다루었던 '기술의 가치중립성'과 관계가 있다. 즉, 기술결정론 주장은 기술을 가치중립적인 것으로 보고, 기술이 지닌 효율성이나 현실적 효과만 강조하면서 "좋은 기술은 좋은 사회를 만든다."거나 "새로운 기술은 사회의 진보를 가져온다."거나 "기술이 저지른 문제는 장래의 더 나은 기술이 해결해 줄 것이다."라고 생각한다. 기술결정론은 기술-문화-사회-경제 등 사회적 연관성의 중요성을 소홀히 하고 있다. 달리 말하면 그러한 기술론은 기술의 가치중립성, 기술 발전의 자율성 및 우연성 등을 전제하고, 기술을 사회로부터 분리하여 다룸으로써 기술의 사회적 성격이나 사회 속에서 기술이 적용되는 총체적 과정을 간과하거나 무시한다. '기술결정론'의 현실적 영향은 새로운 기술을 수용하여 사회에 적용하지 않으면, '문화 지체'를 가져올 것이라는 사회적 강박관념을 갖게 하는 것이다. 이러한 사회적·기술적 강제는 민주적 합의과정을 제거함으로써 정치적, 심리정신적 폐해를 줄뿐만 아니라, 결과적으로는 기술주의적 전체주의와 새로운 불평등을 낳는다.

새로운 기술의 출현은 사회적·역사적 배경을 갖는다. 사회가 기술의 개발이나 발달을 추구하고 사회적으로 기술을 육성·축적하는 데에도 정치경제학적 의도나 목적이 개입한다. 이렇게 형성된 기술의 사회적 이전과 배치도 목적이 있는 것이다. 그리고 기술의 사회적 적용은 공공성, 우선순위, 생산 관계 등과 떨어질 수 없는 관계이다. 이상과 같은 점에서도 기술은 사회적 가치와 밀접하게 연관되었으며 그런 점에서 기술이 가치중립적인 것이 아니라 '가치관계적'인 것이다.

한편 기술결정론에 대한 비판은 페미니즘의 관점에서도 활발하게 이루어졌는데 기술이 받아들여지는데 여성의 역할을 강조했다. 따라서 기술과 사회의 관계에 있어 페미니스트들이 주장하는 것은 '기술의 사회적구성론(Social Construction of Technology)'이다. 이 시각은 소비자, 공장 노동자, 여성 같은 다양한 계층의 사회그룹들의 이해관계가 기술발전에 중요한 영향을 미쳤음을 강조한다.

이러한 문세점에 대한 비판은 결국 나중에 '기술에 대한 사회 구성주의' 이론이 나오게 되는 배경이 된다.

3.4 마르크스의 기술관

*카를 마르크스(Karl Marx)*를 기술결정론자로 보는 견해가 있다. 그러나 최근 많은 마르크스주의자들 및 비 마크르스주의자들이 마르크스주의를 기술결정론으로 규정하는 것에 대하여 근본적인 불만을 제기하면서, 기술 자체보다는 생산과 노동 그리고 그에 따른 역사적 변화에 논의의 초점을 맞추고 있는 마르크스주의를 기술결정론으로 해석하는 것은 무리라고 주장하고 있다.

마르크스는 현대 사회 형성에 지대한 영향을 미친 사상가 중 한 명이다. 역사상 수많은 사상가들이 자신의 견해를 주장하고 이상을 피력했지만, 마르크스처럼 이론적 논의를 넘어서서 실제 세계의 변화에 영향을 미친 인물은 그다지 많지 않았다. 마르크스에 의해 설명된 공산주의 이론과 개념들은 결국 혁명을 불러일으킴으로써 새로운 형태의 정부와 경제체제를 탄생시켰다. 우리는 마르크스가 제시했던 여러 형태의 사상들을 한데 묶어 마르크스주의(Marxism)라는 이름으로 부르고 있는데, 여기에는 부르주아, 프롤레타리아, 계급투쟁, 산업화 등 여러 주제에 대한 논의가 포함되어 있다. 특히 마르크스는 부르주아가 프롤레타리아를 착취하는 산업화 시대를 기계를 사용한 공장제 공업의 시대로 보고 있다. 이러한 점과 관련해 마르크스가 기계와 공장, 그리고 이의 출현에 바탕이 되는 기술에 대해서는 어떠한 입장을 가지고 있는지 살펴보는 것은 매우 흥미 있는 일이다.

마르크스에게 기술은 계급간의 투쟁 과정에서 사용되는 '무기'였다. 이러한 점에서 마르크스는 기술을 필연적으로 정치적인 성격을 가질 수밖에 없는 것으로 보았다. 이 관점에 따르자면 기술은 계급 사회에서는 결코 중립적일 수가 없다. 계급 사회 내에서 기술은 유산 계급(부르주아)에 의해서는 억압의 수단으로 사용될 수도 있지만 혁명 계급(프롤레타리아)에 의해서는 혁명의 봉기를 일으키는 수단이 될 수도 있기 때문이었다. 즉 기술은 어떤 계급이 그것을 사용하는가에 따라 정반대의 성격을 지닐 수 있는 매우 정치적인 활동 및 지식인 것이다. 마르크스는 이와 같은 기술의 두 가지 측면 중 주로 첫 번째의 것, 즉 부르주아가 프롤레타리아를 억압하기 위한 수단으로서의 기술에 대해 논의를 집중했다.

마르크스는 그가 살던 시대의 토목과 운송 관련 기술의 급격한 발전을 단순한 기술의 발전이 아닌 상업자본주의의 힘의 표출로 받아들였다. 마르크스는 이러한 기술적 진보가 자동적으로 사회의 발전을 가져온다고 보지는 않았는데, 그 이유는 그가 기술과 그에 기반을 둔 생산력의 발전이 인류 전체 문명의 진보에 기여하는 것에 비해 자본가들의 생산과 상업 체계의 확장에 훨씬 더 크게 기여했다고 보았기 때문이었다. 기술적 진보의 결과물들은 겉으로 보기에는 공공 대중을 위한 것처럼 보이지만, 실제로 그러한 기술 발전에 숨겨져 있는 실제 원동력은 몇몇 개인의 자본 축적을 돕는다는 것이었다. 즉 마르크스에게 당시 기술의 발전은 사회의 일부분에 해당하는 자본가들의 부를 늘려주기 위한 수단으로 생각되었던 것이다.

이러한 관점에서 마르크스는 19세기 중반의 기술과 기계제 공장에 대해서 매우 부정적인 평가를 내렸다. 당시의 기술과 공장은 부르주아가 소유하고 있었기 때문이었다. 마르크스가 저술활동을 시작할 당시 가장 대표적인 공장이었던 방직 공장의 경우 남성과 여성, 그리고 아이들까지 보잘것없는 금액의 보수를 받으며 하루에 12시간 이상 노동해야만 했다. 마르크스에게 이와 같은 상태를 불러온 기술과 공장은 다름 아닌 계급 억압의 수단으로 비추어졌던 것이다.

그러나 마르크스가 기술 '자체'에 대해 부정적인 시각을 가지고 있었던 것은 아니었다. 마르크스는 역시 기술적 발전에 의해 인류의 문명이 상당히 진보하고 있다는 점은 부정하지 않았고, 그에게 문명의 진보는 긍정적인 변화로 인식되고 있었기 때문이다. 그가 부정적으로 평가하고 있던 기술은 부르주아의 손에 의해 좌지우지되는 기술이었다. 이러한 이유로 마르크스는 당시 혹은 미래의 기술과 관련된 문제들을 해결하기 위해서 부르주아적 기술을 파괴하거나 중단할 것을 요구하지는 않았다. 그는 모든 문제를 당시 기술의 성격, 그리고 소유권과 통제권을 변화시킴으로써 해결할 수 있다고 믿었다. 마르크스는 진행되고 있는 기술적 발전이 소수의 자본가가 아닌 다수의 대중을 위해 진행되어야 한다고 주장했으며, 그러기 위해서는 생산과 개발 수단의 소유권이 자본가에서 사회 전체로 이전되어야 함을 역설했다.

이와 같이 마르크스는 기술의 소유자가 누구인가에 의해 기술이 긍정적인가 부정적인가를 판단했다. 여기서 기술의 소유자란 기술적 변화의 방향을 결정하는 데 지배적인 역할을 담당하는 조직이나 단체를 말한다. 마르크스는 이와 관련해서 기술적 변화의 방향은 기술의 소유자가 추구하는 이익에 의해 결정된다고 주장했고, 당시의 기술은 바로 부르주아의 이익만을 위해 발전되고 있음을 지적했다. 반면에 마르크스는 사회주의 사회에서는 이러한 문제들이 모두 사라질 수 있을 것이라 믿었는데, 이는 사회주의 사회에서는 기술이 대중들과 사회 전체의 이익을 위해서 사용되어질 수 있다고 생각했기 때문이었다. 사회 전체의 이익을 가장 잘 대변하는 프롤레타리아 계급이 기술을 소유하게 될 때 가장 긍정적인 방향의 기술적 발전이 달성될 수 있었다.

이러한 마르크스의 기술에 대한 입장을 후의 사회학자들은 기술결정론의 일환으로 이해하려는 것이다. 마르크스는 실제로 한 저작인 『철학의 빈곤』에서 "손방아는 봉건 영주의 사회를 낳고 증기방아는 자본가의 사회를 낳는다."라고 언급한 적이 있고, 이 구절은 마르크스주의를 기술결정론으로 해석하는 근거가 되어왔다. 이밖에도 마르크스는"생산 관계의 총체가 사회의 경제 구조를 구성하며 물질적 생활의 생산양식은 사회적, 정치적, 지적 생활의 일반적 과정을 결정한다"라고 함으로써 생산력의 기반인 기술이 사회 변화의 일차적 요인이라는 기술결정론적인 해석의 여지를 더욱 넓혀놓은 것이 사실이다.

그러나 앞에서 지적했듯이 최근에 와서는 마르크스의 저작 중 상당수는 단순한 기술결정론으로 해석되기 어려운 내용을 담고 있다는 주장들이 설득력 있게 제기되었다. 우리가 앞서 살펴보았던 대로 마르크스는 그가 살았던 시대의 가장 중요한 기술 변화인 기계제 대공업을 설명함에 있어서 기술이 사회적 관계를 형성했다고 주장하기보다는, 반대로 부르주아가 프롤레타리아 계급을 착취하는 사회적 관계가 오히려 기술을 부정적인 방향으로 수단화했다고 주장하고 있다. 즉 마르크스에게 역사적 발전을 결정짓는 것은 기술 자체의 변화가 아닌 그로부터 파급된 생산력의 발전과 그것을 사용하는 계급단의 갈등이고, 이러한 점을 고려한다면 마르크스의 기술관을 기술결정론과 동일시하는 것은 문제가 있는 해석이라고 할 수 있다.

마르크스를 기술결정론으로 해석하는 주장자들은 '생산력=기술'이라는 등식에 입각해서 대부분의 논의를 펼쳐왔다. 기술결정론적 해석을 반대하는 비판자들도 앞서 지적한 대로 생산력의 발전이 마르크스주의에서 매우 중요한 사회의 변동 요인임은 인정하고 있다. 그러나 이들은 마르크스의 경우 생산력이 기술, 기계뿐만 아니라 노동자의 노동력, 숙련지식, 경험까지도 포함하는 개념이라는 점을 들어 기술결정론자들의 주장의 기반인 생산력과 기술은 동일하다는 등식을 반박하고 있다. 생산력이 인간의 노동을 포함한다면 이는 역사의 변동 요인으로서 의식적인 인간의 존재를 인정하는 것이고, 이는 기술결정론과는 상당히 거리가 먼 주장이 된다는 것이다.

따라서 마르크스기술론을 기술결정론으로 해석하는 것 보다는 기술적 활동 역시 사회적인 활동이며 사회적 관계와 기술 변화가 변증법적인 과정을 통해 서로 영향을 주고받는 관계에 있음을 이해하고 마르크스기술관이 기존의 기술이 어떻게 존재해왔고 어떻게 사회적으로 형성되었는가를 이해할 수 있는 안목을 제시해줌을 인식하고 미래의 기술 구조를 재정립하는 데에도 도움이 되도록 하는 것이 중요하다.

3.5 기술에 대한 사회 구성주의적 접근들

3.5.1 사회구성적 이론들의 배경

'새로운 기술 사회학'이란 말은 사회 구성주의적 접근의 주창자들이 스스로를 부르는 말이다. 이 '새로운 기술 사회학'의 문제설정 배경은 ***도널드 맥켄지(Donald MacKenzie)***와 ***주디 와크만(Judy Wajcman)***이 편집한 ≪The Social Shaping of Technology≫의 편자 서문에 잘 드러나 있다. 이들은 기존의 사회과학자들의 연구나 주장, 소위 '기술결정론'이 '기술의 영향, 혹은 기술변화가 사회에 미치는 충격'에만 관심을 집중해 왔으며, 따라서 "무엇이 사회적 영향을 가지는 기술을 형성해 왔는가?"와 같은 더욱 근본적이고 중요한 문제를 제기하지 않았다고 지적한다.

이들은 이 문제에 대해 지금까지는 두 가지의 답변이 주로 제시되어 왔다고 말하는데, 그 첫 번째는 '과학이 기술을 형성한다'라는 관념(기술이 응용과학 테제)이고, 두 번째는 '기술이 기술을 형성한다'라는 관념(인공물의 연쇄 테제)이다. 이들은 이러한 두 가지의 답변이 모두 기술에 대한 단순한 사고에 기반하고 있다고 비판한다. 먼저 '기술이 과학의 응용에 불과하다'라는 주장에 대해 이들은 역사적으로 볼 때 과학과 기술은 줄곧 독자적인 실체였으며 이들 간에 긴밀한 상호 영향이 생겨나게 된 것은 최근, 특히 20세기에 들어선 이후에 가능해진 일이었다고 비판한다. 이어 이들은 '기술은 이전의 기술을 지속적으로 수정하고 개량한 결과이다'라는 주장에 대해, 이러한 사고가 영웅적인 발명가에 대한 통념을 없애는 데에는 분명 도움이 되지만, 기술의 형성에 영향을 미치는 다양한 경제적·사회적 관계들을 간과함으로써 기술을 '자기 진화하는 유기적 실체'로 신비화시키는 문제점이 있다고 비판한다.

결국 이들은 기술이 어떻게 형성되는가에 대한 두 가지 기존 답변들의 불완전성을 공격하고 그 이론을 부정하면서 '사회가 기술을 형성한다.'라는 주장을 옹호하는 다양한 사례들을 제시한다. 바로 이 문제의식이 정식화되고 정교화되어 '기술에 대한 사회 구성주의적 접근'의 문제의식으로 이어지고 있다고 볼 수 있다.[37)]

소위 '새로운 기술 사회학'의 주창자들의 문제의식을 가장 잘 담고 있는 책은 MIT Press에

37) 맥켄지와 와크만의 '사회가 기술을 형성한다' 라는 주장이 '기술에 대한 사회 구성주의적 접근을 낳았다'라는 것을 의미하지는 않는다. 왜냐하면 이 두 유사한 문제의식은 독립적으로 출현한 조류이며 이들이 80년대 중반에 출현하게 된 것에는 과학사 · 과학철학 · 기술사 · 과학지식사회학 · 민속지학 · 산업사회학 등 새로운 지적 조류들의 등장 및 적용과 과학기술의 사회적 문제들의 확산이라는 지적 · 사회적 배경들이 놓여 있기 때문이다.

서 출판된 두 권의 논문집이다. 이 두 권의 책은 1984년과 1988년에 각각 있었던 두 차례의 학술회의에서 발표된 글들을 정리해서 묶은 것이다. 이 논문집의 편자들은 '새로운 기술 사회학' 내에 상호 구분되고 종종 모순되면서도 몇몇 핵심적인 지점들을 공유하는 3가지의 접근법이 있음을 반복해서 언급하고 있다. 첫 번째는 ***트레버 핀치(Trevor Pinch)***와 ***위비 바이커(Wiebe Bijker)***에 의해 옹호된 '기술의 사회적구성론(SCOT)', 두 번째는 ***토머스 휴즈(Thomas P. Hughes)***에 의해 정식화된 시스템적 접근(System Approach), 세 번째는 ***미셸 깔롱(Michel Callon)***, ***브루노 라투르(Bruno Latour)***, ***존 로(John Law)*** 등에 의해 도입된 행위자 그물망 이론(Actor-network theory)이다. 앞서의 논문집에 참가한 필자들은 각각 이 세 가지의 접근법들 중 하나 이상을 자유롭게 끌어다 쓰면서 자신들이 수행한 기술 사회학적 사례 연구의 이론적 설명을 위한 근간으로 삼고 있다. 각각을 간단히 살펴보자.

3.5.2 기술의 사회구성적 이론들

1) 기술의 사회적구성론(SCOT)

기술결정론을 비판하는 논리 중 하나로 사회가 기술을 구성한다는 것을 보이는 것이다. '기술의 사회적구성론(social construction of technology, SCOT)'은 바로 이렇게 기술결정론에 대한 비판에서 출발하여 기술 변화의 과정에서 정치적, 경제적, 조직적, 문화적 요소가 개입하는 현상을 분석함으로써 궁극적으로는 기술이 사회적 과정의 일종이라고 주장하는 이론이다. 이 이론은 ***핀치(Trevor J. Pinch)***와 ***바이커(Wiebe E. Bijker)*** 같은 과학기술사회학자들이 중심이 되어 개발한 것으로 과학지식사회학에서 비롯된 사회구성주의를 기술의 영역으로 확장시켜, 과학적 사실이 사회적으로 구성되는 것처럼 기술적 인공물도 사회적으로 구성된다고 보는 것이다.

"기술이 사회적으로 구성된다."고 주장하는 기술의 사회적구성론에 대한 논의를 위해 '무엇이 기술적 발전을 추동하는가?'에 대해 생각해 보자. 왜 우리는 옛날의 110 V 대신 220 V 전기 체계를 가지고 있는가? 자전거가 처음 만들어진 19세기 말에는 다른 형태의 자전거도 많이 있었는데 어째서 다이아몬드 형태의 틀과 고무 타이어를 쓰고 두 바퀴의 크기가 비슷한 안전 자전거(safety bicycle) 모델이 지금은 보편화되었는가?

이런 문제에 대한 상식적인 답은 대체로 지금 우리가 쓰는 모델이 다른 모델보다 편하고 안전하다는 것이었다. 즉, 사용되는 모델이 효율적이기 때문에 경쟁에서 이겼다는 것이다. 그러나 이런 관점은 논쟁적인 기술을 분석할 때 문제를 발생시킨다. 예를 들어 핵무기와 독가스 기술이나 인간복제 기술 등도 모두가 다른 기술과의 경쟁과 승리해서 오늘날 우리가 가진 기술이 되었는가? 지금 우리가 가진 기술이 다 효율적인 것이라면, 왜 재앙에 가까운 기술적 실패가 종종 발생하는가?

기술결정론에서는 기술의 발전은 물론 기술이 사회에 미치는 영향이 이미 기술 속에 결정되어 있음을 강조한다. 반면에 기술의 사회적구성론은 기술 발전의 궤적이 이미 기술 내에 결정되어 있다는 식의 '본질주의(essentialism)'를 비판하면서 시작한다. 대신, 기술의 사회적 구성론은 기술의 발전에서 중요한 역할을 한 사회 집단들을 강조한다.

SCOT는 핀치와 바이커가 1984년에 Social Studies of Science에 발표한 논문)에서 정식화된 연구 프로그램이다. SCOT는 과학지식사회학, 그 중에서도 특히 ***해리 콜린즈(Harry Collins)***의 경험적 상대주의 프로그램(Empirical Program of Relativism, EPOR)으로 부터 많은 영향을 받았다. EPOR의 연구 프로그램은 크게 다음과 같은 3단계로 구성되는데, 첫째 과학적 발견이 자연 세계에 의해 과소결정(underdetermined)되기 때문에 이를 둘러싼 해석적 유연성(interpretative flexibility)이 생겨난다. 두 번째로 해석적 유연성을 제한하고 과학적 논쟁의 종결(closure)을 허용하는 사회적 메커니즘이 설명된다. 마지막으로 이러한 종결 메커니즘을 광범한 사회적·문화적 배경과 관련시키려는 시도가 전개된다. 이러한 과정을 구체적인 사례 연구를 통해 보임으로써, EPOR은 '과학지식이 사회적으로 구성된다.'라는 과학지식사회학의 핵심적인 주장을 입증하려 했다. SCOT는 이러한 3단계의 연구 프로그램을 거의 그대로 기술사회학적 연구에 적용시켰다. 먼저 SCOT의 첫 번째 단계에서는 특정한 기술적 인공물을 둘러싸고 관련된 사회집단(relevant social group) 사이에 해석적 유연성이 발생한다. 즉 서로 다른 사회집단은 특정한 인공물에 서로 다른 의미를 부여한다. 이러한 상이한 의미부여는 특정한 인공물에 내재한 문제점들을 서로 다르게 파악하는 것으로 이어지게 되고, 이는 상이한 해결책의 제시로 이어진다. 이어 두 번째 단계에서는 인공물의 의미를 둘러싼 사회적 논쟁이 종결되면서 특정한 인공물이 안정화되는 단계이며, 세 번째는 이러한 종결 및 안정화의 과정에 보다 넓은 사회적 맥락을 부여하는 단계이다.

SCOT의 이러한 연구 프로그램은 자전거, 베이클라이트(Bakelite) 합성수지, 형광등의 개발 등의 사례 연구들을 통해서 구체적으로 제시되고 있다. 특히 핀치와 바이커는 자전거의 변천에 관한 사례연구를 통해 기술의 구성 과정을 다음과 같이 분석하고 있다. 지전거의 빌전 과정을 분석할 때 가장 중요한 요소는 자전거를 둘러싼 다양한 사회 집단이다. 여기에는 자전거를 만든 기술자, 남성 이용자뿐 아니라 여성 이용자, 스포츠 자전거 이용자, 심지어 자전거 반대론자도 포함된다. 이들은 모두 특정한 자전거 디자인에 대해 그들 나름의 선호와 이해관계를 가지고 있었는데, 예를 들어 스포츠 자전거 이용자들은 56인치짜리 커다란 앞바퀴가 달려서 페달을 밟는 것이 운동이 되는 모델을 좋아했다. 그렇지만 앞바퀴가 큰 자전거의 개발은 당시 여성들은 보통 긴 치마를 입고 있었기 때문에 이런 여성 이용자들을 위해서 특별히 설계되었다.

이런 식으로 자전거의 발달을 이를 둘러싼 사회 집단의 맥락 속에서 분석해보면, 자전거의 초기 발전 단계는 표준 자전거로의 단선적 발전을 반영한다기보다 오히려 인공물(artifact)과 사회 집단, 그리고 풀어야 할 기술적 문제들의 분산된 네트워크를 반영함을 알 수 있다. 예를 들어 지금은 공기 타이어가 자전거에 보편적으로 쓰이고 있지만, 초기에는 아무도 공기 타이어가 자전거 설계에 없어서는 안 될 요소라고 생각지 않았다. 기술자들에게 공기 타이어는 매우 골치 아픈 문제였고, 스포츠 자전거를 즐겼던 사람들에겐 쿠션을 제공하는 공기 타이어가 오히려 불필요한 것이었다. 큰 자전거를 타고 언덕을 오르내리는 스포츠 자전거를 타던 사람들에겐 타이어가 아닌 자전거의 용수철 프레임이 울퉁불퉁한 길을 지나는 문제를 해결해주었기 때문이다. 이렇게 서로 다른 사회 집단은 자신의 이해관계에 따라 동일한 기술이 지니고 있는 문제점을 서로 다르게 파악하며, 따라서 이에 대한 해결책도 자르게 제시한다. 그러므로 기술이 발전하는 과정에서 사회 집단들 사이에는 그 기술이 가진 문제점과 해결책이 다르다는 점 때문에 갈등이 발생한다.

이러한 갈등은 집단적이며, 사법적, 도덕적, 정치적 성격을 가지는 협상이 진행되는 매우 복잡한 과정을 거쳐 결국 어느 정도 합의에 도달한 기술적 인공물의 형태가 선택된다. 이이처럼 논쟁이 종결되는 단계, 즉 안정화 단계에 이르게 되면 관련된 사회 집단들은 자신들이 설정한 문제점이 해결되었다고 인식하게 되며 이전과는 다른 차원의 새로운 문제를 제기하기 시작한다. 그렇다면 어째서 이 초기의 불안정한 네트워크가 안정적인 것으로 될 수 있을까? 어떻게 논쟁의 종결이 일어나는 것일까? 기술의 사회적 구성론자들은 안전 자전거가 더 효율적이어서 자전거 디자인에 대한 '합의'가 일어난 것이 아니라, 자전거 경주와 같은 외적 요소가 논쟁의 종결에서 중요한 역할을 했다고 본다. 당시에 자전거 경주가 사람들의 관심을 끌면서 공기 타이어를 장착한 안전 자전거가 다른 자전거보다 빠르다는 것이 경주를 통해 입증되었다. 이 과정에서 초기 자전거 설계에서 중요하게 고려되지 않았던 속도가 자전거의 가장 중요한 특징으로 새로이 부각되었는데, 극 결과 자전거 설계에서 속도가 다른 특징들보다 중요해졌고, 이는 속도를 더 낼 수 있는 안전 자전거 쪽으로 경쟁을 종결시키는 방향으로 나아갔다는 것이다.

기술 디자인을 종결하는 데 중요했던 또 다른 요소는 여성 자전거 애호가들이었다. 자전거를 격렬한 스포츠로 여기던 남성들은 큰 앞바퀴가 있는 자전거를 선호했지만, 여성들은 치마라는 복장 때문에 앞바퀴가 작고 타이어가 쿠션 역할을 해주는 안전 자전거를 선호했던 것이다. 그러므로 안전 자전거가 다른 자전거보다 우월하다는 결론은 기술적 논리(가령 효율성)에 의해서가 아니라 사회 집단, 이들의 이해관계. 그리고 자전거라는 인공물 사이의 상호 작용에서 나온 여러 가지 우연한 사건들에 의해 도출된 것이라고 볼 수 있다. 안전 자전거가 가른 자전거보다 더 효율적이라는 담론은 논쟁이 종결된 후에 그 과정을 정당화하기 위해서 재구성되었다는 것이 핀치와 바이커의 주장이다.

이를 일반화시켜 보면 기술적 인공물을 둘러싼 사회집단에는 여러 집단들이 있는데 이 각각의 사회 집단은 어떤 한 가지 기술과 관련해서 자신들이 해결하고 싶은 문제들이 있는 사람들이며, 이러한 문제 각각에는 다양한 해결 방식이 있을 수 있다. 이렇게 한 가지 문제를 여러 가지 기술적인 방식으로 해결할 수 있다는 점을 '기술적 유연성(technological flexibility)'이라고 부른다. 이런 다양한 유연성들은 기술을 둘러싼 사회 집단들 사이의 해석 차와 갈등으로 나타나는데, 이러한 갈등은 핵심적인 문제가 새로운 기술에 의해서 해결됨으로써 해소되며, 그 결과는 특정 기술이 표준으로 채택되는 것으로 나타난다. 논쟁의 종결은 기술 그 자체의 논리에 의한 것이라기보다는 기술을 둘러싼 사람들 사이의 일종의 합의 과정이다. 즉 기술의 방향, 내용, 그 결과가 사회 그룹들의 상호 작용에 의해 사회적으로 구성되는 것이다.

SCOT의 주창자들은 과학과 기술 사이에 근본적인 차이점이 없다고 믿으며, 이들 간의 경계는 지속적인 타협의 산물이라고 주장함으로써 과학지식사회학의 방법론을 기술사회학에 끌어들이는 자신들의 방법론을 정당화했다. SCOT가 이전의 기술사회학과 근본적으로 차별적인 점이 있다면, 이것이 인공물의 '내용(content)'이 사회적으로 구성됨을 공식적으로 천명했다는 점에 있을 것이다. 하지만 아래에서 엿볼 수 있겠지만, 다른 논자들과는 달리 이들은 기술과 사회를 어느 정도 서로 구분되는 실체(entity)로 보고 있으며, '사회'가 마치 기술의 배후에서 기술을 구성하는 요소인 것과 같은 인상을 주고 있다.

2) 기술의 사회적형성론(SST)

'기술의 사회적형성론(social shaping of technology, SST로 약칭)'은 기술의 사회적구성론과 여러 면에서 상당히 비슷하지만 기술의 사회적구성론과는 또 하나의 기술 사회학적 프로그램으로 SST는 영국의 에딘버러 대학을 중심으로 한 일단의 연구자들에 의해 주로 수행되어 왔으며 '기술의 사회적구성론'으로 통칭되는 조류와는 서로 긴밀한 교류를 유지하면서도 일정 정도의 거리를 두어 왔다. 이 두 부류는 독자적인 조류로 파악되고 있지만 용어 사용에 있어 이 둘이 서로 구분되지 않고 사용함에 유의해야 한다. SCOT파 학자들 역시 종종 '기술이 사회적으로 형성된다.'라는 말을 쓰기 때문이다.

그러나 SCOT와 SST 둘 사이에는 차이가 분명 존재한다. 기술이 계급, 성, 소비자 등 거시적 사회집단에 의해 영향을 받는다는 점은 갖지만 기술의 도입이 기술을 둘러싼 집단 간의 사회적 논쟁이 거쳐 특정 기술이 안정화되고 결국 여러 사회 집단에 의해 사회적으로 도입이 부여되는 SCOT와는 달리 거시적 사회집단의 이해관계에 따라 기술의 채택이 달라질 수 있다는 이론이다. 여기서 핵심은 이런 기술적 선택이 기술적 우월성에 기초하고 있지 않다는 점이다. 즉, 경우에 따라서는 성능이나 장래성이 뒤떨어지는 기술이 채택되는 경우도 많다는 것이다. 그 예로 전거 발전 단계도 남자, 여자, 스포츠용 등으로 구분되어 발전했으며 수치제어(N/C) 공작기계와 기록재생 공작기계가 있을 때 모든 집단이 자동적이고 편리한 수치세어(N/C) 공작기계를 사용하지 않으며 모든 가전제품이 여성의 가사노동을 경감시키지 않았으며 또한 여성들은 복잡한 기계 보다는 단순한 기계를 선호하며 컴퓨터의 도입이 받아들이는 직장 문화에 따라 서로 다른 결과를 가져 온다는 것이다.

3.5.3 시스템적 접근(System Approach; 기술시스템 이론)

기술결정론과 기술의 사회적구성론의 대안으로 등장한 것이 미국의 기술사학자 ***토머스 휴즈(Thomas P. Hughes)***에 의해 제안된 기술 시스템(technological system) 이론이다. 휴즈는 기술이 일방적으로 사회를 변화시킨다고 주장하는 기술결정론이나 반대로 사회가 기술을 탄생시킨다고 주장하는 기술의 사회적구성론은 둘 다 받아들이기 어려운 이론이며, 사회는 기술형성에 영향을 줄 뿐 아니라 또한 기술로부터 영향을 받는다는 점에 근거를 두고 기술 시스템이론을 전개시켜나가고 있다.

휴즈는 '시스템'이란 은유를 사용함으로써 대규모 기술체계의 진화를 설명하고자 했다. 그는 사회과학적인 시스템 이론의 영향을 받아 기술을 하나의 기술시스템(technological system)으로 파악했다. 그가 파악하는 기술시스템은 우리가 통상 '기술적인(technical)' 것이라고 부르는 것만을 포함하지는 않는다. 기술시스템은 인공물을 포함한 유형·무형의 기술적 요소들뿐만 아니라 생산 공장, 설비회사, 투자은행 등의 조직(organization)들, 지식, 인력 등등의 과학적인 요소들, 자연 자원, 발명가, 기업가, 시스템 운전자(operator) 등을 기술시스템 속에 모두 포함한다.

기술시스템을 잘 이해하기 위해 그가 제안한 기술 시스템에 대하여 알아보자.

기술이 발전하면서 개별 기술(자)들 사이에 이전에는 없던 연관이 만들어지는데, 이를 보다 분명히 이해하기 위해서 산업혁명의 예를 들어보자. 당시 개발된 증기기관은 광산에서 더 많은 석탄을 캐내기 위해 광산 갱도에 고인 물을 더 효율적으로 퍼내는 용도에 사용되었다. 증기기관이 광산에 응용되면서 석탄 생산이 늘었고, 공장은 수력 대신 석탄과 증기기관을 동력원으로 이용했다. 이제 광산과 도시의 공장을 연결해서 석탄을 수송하기 위한 새로운 운송기술이 필요해졌으며, 철도는 이러한 필요를 충족시킨 기술이었다. 이렇게 광산기술, 증기기관, 공장, 운송기술이 발전하면서 이 개별 기술들이 서로 밀접히 연결되는 현상이 나타났던 것이다.

이렇게 기술이 연결되어 시스템을 만든다는 점을 휴즈는 통찰력 있게 파악하고 '기술 시스템'이란 개념을 만들었다. 이러한 기술시스템의 구성요소들을 고안하고 그것들 간의 상호연계를 고려하여 시스템을 전체적으로 설계하는 사람을 그는 시스템 건설자(system builder)라고 불렀는데, 에디슨 같은 발명가 겸 기업가(inventor-entrepreneur)가 대표적인 사례라고 볼 수 있다. 그래서 그는 에디슨의 전력 시스템의 예를 들면서 기술 시스템의 개념을 설명했다. 전신과 축음기의 발명에서 볼 수 있지만, 에디슨은 발명에 천재적인 소질을 가진 발명가였지만 그가 기술사에서 차지하는 위치는 단순한 발명가를 뛰어넘는 것인데, 그 이유는 그가 전력 시스템을 건설한 '시스템 건설자(system builder)'이기 때문이다. 전력 시스템이 전등과 다른 점은, 전력 시스템은 전기의 생산, 송전, 소비, 측정 기술이 네트워크로 연결된 기술 시스템이라는 데 있었다. 에디슨은 전기 생산을 위해서 당시 장난감 수준에 불과한 발전기를 수천 개의 전등을 켤 수 있는 발전기로 개량해 발전소를 만들었고, 송전을 위해서 3선 송전 방식을 만들었으며, 소비를 위해 수명이 긴 진공 램프를 발명했다. 이 램프의 필라멘트를 발명하기 위해서 그는 천 가지 이상의 물질을 테스트해야 했다. 또 그는 전기화학의 원리를 이용해서 전기의 소비를 측정하는 미터기를 개발했다. 이 복잡한 일련의 작업들은 멘로 파크(Menlo Park)에 있던 그의 실험실에서 많은 연구원들의 공동 작업으로 진행되었다.

휴즈는 에디슨의 전력 시스템의 발전 과정을 일반화해서 기술 시스템의 측성을 개념화 했다. 우선 중요한 점은 기술 시스템이 물리적인 인공물의 집합체만이 아니라는 점이다. 기술 시스템 회사, 투자회사, 법적인 제도, 정치, 과학, 자연자원 등 무형 인공물까지 전부 포함하는 것이며, 따라서 기술 시스템에는 기술적인 것(the technical)과 사회적인 것(the social)이 결합해서 공존하고 있다. 이러한 의미에서 기술 시스템은 사회기술시스템(sociotechnical system)이라 불리기도 한다. 사회기술시스템의 특징은 첫 째 그 시스템의 구성 요소로 기능하는 하나하나의 인공물이 다른 인공물들과 긴밀하게 상호 작용을 하며, 모든 인공물은 시스템 전체의 목표에 기여한다는 것이다. 따라서 만일 하나의 구성 요소가 시스템에서 제기되거나 그 특성이 바뀐다는 시스템 내부의 다른 요소들도 그에 따라 특성이 바뀌어야 한다. 예를 들어 전등 및 전력 시스템에서 저항이나 부하가 변하면 그에 따라 송전, 배전, 발전 부문의 구성 요소들도 변하게 된다. 사회적인 요소에 대해서도 마찬가지다. 예컨대 투자은행의 전략 변화는 전기기기 제조업체의 판매 행위에 영향을 미치게 될 것이므로 이 두 가지 요소 사이에는 시스템적인 상호 관계가 존재한다고 할 수 있다.

기술 시스템의 구성 요소들이 이와 같이 긴밀하게 상호 작용하기 때문에 각 구성 요소의 특성은 시스템 전체 속에서만 제대로 파악될 수 있다. 전등 및 전력회사의 관리 구조나 조직 형태는 거대한 전력기술 시스템 안에서 어떤 기술이 새로이 등장하고 어떤 기술이 무대 뒤로 사라지느냐에 따라 한 부서가 생기기도 하고 없어지기도 한다. 동시에 기술 시스템 내의 관리자들은 종종 관리 구조나 조직 형태, 경영 방식 등을 뒷받침하는 기술적 요소들을 선택하거나 반대로 새로운 기술에 대응하여 관리 구조나 조직 형태, 경영 방식 등을 바꾼다. 두 번째로 기술 시스템은 고정된 것이 아니라 진화하고 발전한다는 사실이다. 기술 시스템은 대략 다섯 단계를 거치며 신화한다. 즉, 기술 시스템이 탄생하는 발명(invention)단계 ⇒ 성장하는 개발(development)단계(⇒ 혁신(innovation)단계) ⇒ 한 곳에서 성공적이었던 기술 시스템이 다른 곳으로 이동시키는 기술 이전(technology transfer)단계 ⇒ 기술 시스템들 사이에 경쟁이 벌어지는 성장·경쟁·공고화(growth, competition, and consolidation단계 ⇒ 이 경쟁에서 승리한 기술 시스템이 모멘텀(momentum)의 획득하는 단계이다.

이렇게 기슬 시스템의 진화를 몇 가지 단계로 나누는 것은 각각의 단계에 고유한 특성을 더 잘 이해할 수 있게 해준다. 무엇보다도 중요한 것은 각각의 단계에서 핵심적인 역할을 하는 사람들이 다르다는 것이다. 즉, 첫 번째 시스템의 성장단계에서는 시스템 전체를 디자인하는 역할이 중요하고, 기술이전 단계에서는 서로 다른 지역들 사이의 문화적, 제도적, 법률적 차이를 이해하는 것이 중요하다. 세 번째 경쟁 단계에서는 '역돌출(reverse salient)'의 문제를 해결하는 기업가들의 역할이 매우 중요하며, 마지막으로 시스템이 성장하면 이윤 증가와 시장 장악이 중요해지고, 따라서 기술자보다 자문 엔지니어(consulting engineer), 매니저와 금융전문가의 역할이 증대된다.

그러면 '역도출'이란 무엇인가? 휴즈의 '역도출'이란 용어는 시스템을 건설하는 과정에서 기술적인 프로젝트의 진행을 가로막는 요소들을 말하는데 경쟁 단계에서 승리하려면 '역돌출(reverse salient)'들을 파악하고 이를 해결하는 것에 노력을 집중함으로써 시스템을 구성할 수가 있다. 그러면 기술 시스템에서 구체적으로 '역도출' 요소는 무엇인가? 기술 시스템이 확장되면서 나타나는 '역돌출'은 시스템의 다른 요소들에 비해 뒤쳐져 있거나 다른 요소들과 제대로 상호 작용을 해내지 못하는 요소를 말한다. 예를 들어 1890년대에 결정에 당했던 직류와 교류 시스템의 전쟁에서 직류는 송전선의 열손실 때문에 전력 송신 반경이 매우 짧아 전기를 멀리 보낼 수 없다는 역돌출이 있었고, 반면에 교류는 그 당시 공장이나 전차에서 많이 쓰이던 전동기가 발명되지 않아 그 사용이 제한되어 있다는 역돌출이 있었다. 이렇게 역돌출이 분명해지면 많은 엔지니어들이 이 문제를 해결하기 위해서 노력을 집중시키게 된다. 직류의 문제는 5선 송전 시스템(5-wired system)으로 부분적으로 해결되었고, 교류 전동기는 테슬라에 의해 발명됨으로써 그 역돌출이 해결되었다.

이 외에도 기술시스템 발전에 있어 역돌출의 예는 많다. 19세기 말엽, 전화시스템의 역돌출은 장거리 전화의 신호가 들을 수 없을 정도로 약해진다는 것이었고 1900년경에 전등 및 전력 시스템에서 나타난 역돌출은 전구의 기능이 약하다는 것이었다. 그러나 역돌출은 기술적인 문제에 국한되는 것이 아니라 기술 시스템의 조직이나 재정과 관련되어 발생할 수도 있다. 만약 역돌출이 성격상 시스템의 조직이나 재정과 관련된 것이라면, 문제의 해결을 시도하는 사람의 창의적인 해결책을 제시하는 전문 관리자나 재정가가 될 것이다. 즉 기술 시스템의 경쟁과 성장 단계에 집중적으로 나타나는 역돌출은 그 유형에 따라 발명가, 엔지니어, 관리자, 재정가, 법률가 등 다양한 문제 해결사들을 요구하게 되는 것이다.

기술 시스템은 오랜 기간의 성장과 공고화를 거치면서 모멘텀을 가지게 된다. 기술 시스템은 그 속에 수많은 기술적, 조직적 요소들을 포함하고 있으며, 특정한 방향이나 목표를 가지고 있고, 지속적인 속도로 성장해 나간다. 높은 수준의 모멘텀을 가진 시스템은 마치 운동하는 물체가 가지는 관성과 유사한 특성을 갖는다. 기술 시스템에서 이러한 관성을 만들어 내는 것은 시스템에 다양한 이해관계를 가지고 있는 조직과 사람들이다.

높은 수준의 모멘텀을 지닌 성숙된 기술 시스템들은 관성에 의해 자신의 발전 경로를 흔들림 없이 밟아나가고 있는 것처럼 보인다. 즉 현대의 자본집약적인 기술 시스템들은 쉽게 제거될 수 없는 많은 수의 대규모 인공물들로 이루어져 있어 외부 요인이나 주변 환경으로부터 쉽게 영향을 받지 않을 뿐 아니라 오히려 필요에 따라 그것들을 시스템 안으로 흡수시키고, 만약 흡수되지 않고 확장에 방해가 되는 주변 환경이 있다면 그 힘을 축소시켜버리는 막강한 힘을 지니고 있다. 그리하여 이와 같이 높은 모멘텀을 가진 기술 시스템은 '궤적(trajectory)'을 형성해 나간다.

휴즈가 내놓은 시스템적 접근의 장점은 그가 시스템이라는 은유를 사용함으로써 통상적인 이분법을 뛰어넘는 새로운 틀을 만들어냈다는 점에 있다. 그는 시스템 건설자의 관점에서 보면 과학·기술·경제·정치·사회와 관련된 문제들은 서로 뚜렷이 구분되지 않는다고 주장하면서, 이를 '이음새 없는 그물(seamless web)'이라고 불렀다. 즉, 성공적인 시스템 구성을 위해서는 이 모든 것들을 동시에 고려할 필요가 있다는 것이다. 그에 따르면 과학과 기술, 기술과 사회, 기술과 그것이 도입되는 환경 등은 서로 본질적으로 구분되는 요소들이 아니다.

무척 복잡한 기술 시스템의 초기 발전 단계에서는 전체 시스템을 다자인하는 '시스템 빌더(system-builder)'의 역할이 중요하지만, 시스템이 성숙해지고 복잡해지면서 그것이 세분화되고 잘게 쪼개져서 그 각각이 전문가들에 의해 다루어지는 것이 보통이다. 그런데 이러한 전문화와 파편화는 종종 전체를 볼 수 없게 만들어 큰 사고를 불러일으키게 되고 이 경우 그게 대한 책임이 실종되는 결과를 낳기도 한다. 이렇게 기술 시스템이 낳는 위험에 개한 분석은 현대 기술과 사회의 상호 작용을 이해하는 데 가장 핵심적인 문제일 것이다.

20세기에 들어와 이러한 거대 기술시스템은 인간의 통제를 거역하고 인간을 지배하는 듯 보인다. 제2차 세계대전기에 미국은 전례가 없는 막대한 자원을 역시 전례가 없는 규모의 기술 시스템인 맨해튼 프로젝트에 쏟아 부었다. 이것을 계기로 거대 군비생산 시스템인 군사산업복합체(military-industrial complex)의 모멘텀에 점차 증가하여 더 이상 이러한 기술시스템을 중지할 수가 없게 되고 그 위험성은 점차 커지고 있다. 멈포드, 엘룰 등 초기 기술철학자들은 이러한 거대 기술 시스템의 특성을 인시하고 이를 '독재적 기술' 이라는 개념을 표현하고 이러한 기술 시스템이 역사의 경로를 결정하고 있다는 우려했다.

휴즈는 기술시스템을 주장했지만 역사가답게 자신의 개념 틀을 대단히 느슨하게, 실용적으로 규정짓고 있다.

그는 사회학적인 개념 틀을 강하게 정초하는 것보다는 개별적인 사례들을 연구하는 것에 대해 더 많은 노력을 기울였다. 그리고 그는 자신이 내놓은 기술시스템의 진화과정이 대체적인 윤곽을 그린 것일 뿐이며, 결코 절대적으로 관철되어야 하는 것이 아님을 강조한다. 그의 이러한 태도는 사회학자들이 종종 노출되기 쉬운 비판으로부터 스스로를 보호하는 역할을 하고 있다. 그는 SCOT에 대해서 다소 비판적인 태도를 취하는데, 그는 관련 사회집단들의 역할을 강조하는 SCOT의 주장이 분명히 의미를 지니지만, 이러한 주장이 일종의 '사회결정론'으로 귀결될 위험에 대해 지적하고 있다. 그는 자신이 내놓은 기술적 모멘텀 개념을 통해 기술결정론과 사회결정론의 함정을 모두 피하면서 기술변화에 대한 유연한 설명을 해낼 수 있을 것이라고 주장한다. 그러나 이러한 그의 주장은 약한(soft) 기술결정론으로 종종 비판받기도 한다.

3.5.4 행위자 그물망 이론 (Actor-network theory, ANT)

앞서 설명했듯이 행위자 그물망 이론의 주창자들은 미셸 깔롱, 브루노 라투르, 존 로 등 주로 프랑스를 배경으로 활동하는 학자들이다. 이들은 기술과 사회 간의 근본적인 구분을 제거하려는 휴즈 등의 시도를 보다 상위의 추상화인 '행위자(actor)' 개념을 이용하여 정식화한다. 이들은 공통적으로 인간적인 요소와 인간적인 것이 아닌 요소들 간의 대칭성(human- nonhuman symmetry)을 받아들여, 인간이나 인간들이 구성한 조직뿐만 아니라 전자(electron)나 축전지 같은 자연 현상, 인공물들까지도 사회학적인 행위자(actor)의 범주에 집어넣는다. 그리고 이들은 어떤 기술적 프로젝트의 성공 여부는 그 프로젝트를 담당한 엔지니어-사회학자(engineer-sociologist)들이 어떻게 서로 성질이 다른(heterogeneous) 것들을 단순화시키고 결합하여 이들을 엮는 행위자 그물망(actor-network)을 성공적으로 구성하는가에 달려 있다고 주장하였다. 여기서 행위자 그물망은 전통적인 사회학에서의 행위자들뿐만 아니라 인간이 아닌 구성 요소까지를 포함하는 것이 되며, 그 속에서 존재자들은 서로를 규정하고 규정받음과 동시에, 그물망을 구성하고 그물망에 의해 구성된다. 이러한 이들의 주장은 1970년대 프랑스의 전기자동차 논쟁, 19세기 파스퇴르의 예방접종법 도입을 둘러싼 논쟁, 1950년대에서 1960년대에 걸친 영국의 군용기 개발 작업 등의 사례 연구들에 의해 뒷받침되고 있다.

행위자 그물망 이론은 과학/기술, 기술/사회, 기술/정치 등등의 이분법들을 모두 거부하고 이 모든 요소들을 '행위자 그물망' 속에 집어넣어 버림으로써 하나의 거대 이론체계를 구축한다. 이러한 이들의 구도는 바이커가 최근 주장한 '사회-기술적 전체(sociotechnical ensemble)' 개념과 유사하다. 이들의 주장은 이제 기술이 사회에 의해 형성되거나 구성된다는 수준을 뛰어넘고 있다. 기술과 사회는 행위자 그물망 속에서 서로 구분되는 실체가 아니며, 이들은 그 속에서 서로 구성하고 구성 받는다. 즉, 이들은 동시구성(co construction)되는 것이다.

기술의 사회구성론적 이론과 나머지 2가지 이론 틀들은 몇 가지 상이한 점들이 있음에도 불구하고 많은 중요한 방법론들을 공유한다. 이들은 공통적으로 기술결정론적 사고를 공격하며, 과학적·기술적·경제적·정치적 요소들 간의 본질적인 구분 역시 거부한다. 즉 이들은 '순수하게 기술적(purely technical)'인 어떤 것이 존재한다는 관념을 거부하고, 기술의 불균질성(heterogeneity)을 공유하고 있는 것이다. 그리고 방법론적으로 이들은 기술개발의 구체적인 사례 연구에서 치밀한 세부묘사(thick description)를 선호하고 있다.

3.5.5 기술의 사회구성적 이론들에 대한 비판

기술의 사회적구성(형성)론이 기술결정론의 한계를 극복하는 데 도움을 주지만, 그 자체에 아무런 문제가 없는 것은 아니다.

소위 '새로운 기술 사회학'에 대한 비판은 지금까지 많은 철학자, 역사학자, 정치학자 등 다양한 학문적, 실천적 배경을 가진 연구자들에 의해 여러 가지 각도에서 이루어져 왔다. 비판자들은 우선, 기술에 대한 사회구성주의적 접근들이 암흑상자(black box)를 열고 기술의 내용이 어떻게 구성되는지를 치밀한 사례연구를 통해 분석한 점을 높이 평가하였다. 그러나 이들은 '새로운 기술 사회학'이 이론적인 문제 틀에는 지나칠 정도로 집착하는 반면 과학기술의 사회적인 문제들에 대한 규범적·윤리적인 문제 틀은 결여하고 있다는 점, 그리고 기술을 '구성하는'데 참여하는 행위자들 각각을 자유로운 주체로 과도하게 파악하여 구조(structure)의 문제를 놓치고 있다는 점 등을 공통적으로 지적하였다.

기술의 사회적구성론의 대표적 연구자인 핀치와 바이커는 이러한 비판에 적극적으로 대응해왔다. 이와 관련된 주요 논점은 다음의 세 가지로 요약될 수 있다.

첫째는 기술의 사회적구성론이 취하는 방법론이 너무 형식적이라는 점이다. 즉 기술의 사회적구성론은 사회집단이나 행위자들이 특정한 인공물을 어떻게 해석하고 있고 이에 대한 논쟁이 어떤 식으로 전개된 후 종결되었는가를 살펴보는 데 치중하고 있다는 것이다. 기술철학자 *위너(Langdon Winner)*는 이러한 방법론이 서로 다른 기술에 대해서 항상 같은 식으로 '기계적으로' 적용됨을 비판하면서, 이를 '상상력이 부족한 대학원생'에게나 적합한 방법론이라고 혹평하고 있다.

위너는 '새로운 기술 사회학'이 갖고 있는 의의나 장점들을 인정하면서도, 이러한 접근법이 크게 4가지 요소를 치명적으로 결여하고 있음을 지적하고 있다. 그에 따르면 기술에 대한 사회구성주의적 접근은 먼저, 선택된(혹은 구성된) 기술이 사회에 어떤 영향을 미치는가에 대한 관심을 대체로 결여하고 있다. 이러한 지적은 '새로운 기술 사회학'이 기술의 사회적 영향 연구의 한계를 지적하면서 등장했다는 점을 고려해 볼 때 다소 아이러니컬하게 보이기도 한다. 그러나 위너는 기술의 사회적 영향에 대한 연구 역시 아직까지 충분하게 이루어져 있지 못하며 여전히 미비한 상태임을 알아야 한다고 강조한다. 그리고 둘째로, 그는 새로운 기술 사회학이 기술적인 논쟁에 아예 끼어들지도 못하고 이로부터 구조적으로 배제된 "관련되지 못한 사회집단(irrelevant social group)"들에 대해서는 전혀 언급하고 있지 않다는 점을 지적하였다. 셋째로, '새로운 기술 사회학'에는 행위자들의 행위를 거시적인 차원에서 규정하는 구조(structure)와 문화(culture)에 대한 언급이 없다고 위너는 지적한다. 그리고 마지막으로, 그는 '새로운 기술 사회학'에 현대의 기술체계와 그 속에서의 인간의 위치에 대한 전망과 입장이 전혀 제출되어 있지 않기 때문에, 이러한 연구들이 과학기술의 사회적 문제들을 해결하는 실천적인 점에서는 거의 아무런 쓸모가 없다고 주장하였다. 즉, '새로운 기술 사회학'이 내놓은 그 모든 정교한 세부묘사들이 궁극적으로 무엇을 위한 것인지가 불분명하다는 것이다. 결국 위너는 '새로운 기술 사회학'의 주창자들이 사회학적 성찰성(sociological reflexibility)이나 해석적 유연성과 같은, 결정적인 순간에는 쓸데없고 무익해지는 논제들에 집착하면서 스스로를 아카데믹한 하부 분야로 정립하는 것에만 관심이 있다는 결론에 도달할 수밖에 없다고 스스로 결론짓고 있다.

이러한 위너의 비판은 비록 "'새로운 기술사회학'은 기술의 사회적 영향에는 아예 무관심하다"라는 단순화된 일반화에 근거하고 있긴 하지만 많은 부분 타당하다. 실제로 바이커와 같은 사회구성주의자들도 이러한 비판이 정당한 것임을 인정하면서, 자신들의 연구를 실천적인 문제들과의 연관 속에서 새롭게 자리매김하기 위해 노력하는 모습을 보이고 있다. 그러나 '새로운 기술 사회학'의 주창자들이 자신들에게 가해진 모든 비판들에 수긍하는 것은 아니며, 많은 경우에 이들은 이러한 비판들이 부당한 것이라고 주장하고 있다. 예컨대 "관련된 사회집단"이라는 용어를 자의적으로 사용하고 있다는 비판에 대해 핀치와 바이커는 하나의 사례 연구에서 모든 사회집단들을 동등하게 다루는 것은 불가능하므로 결국 일정한 정도의 '선택'은 불가피하다고 반박하고 있으며, 사회구성원들의 행위를 조건 짓는 거시적인 '구조'에 주의를 기울이지 않고 있다는 비판에 대해서도 시스템적 접근이나 행위자 그물망 이론은 이러한 측면에 충분히 주의를 기울이고 있다고 일축한다.

또한 자전거의 역사를 오랫동안 연구한 ***닉 클레이턴(Nick Clayton)***같은 학자는 사회적구성론이 기술의 변화에 대한 이해를 깊게 하는데 실제로 기여한 바가 없다고 주장하였다. 그는 연구자의 관점에 따라 자의적인 개념화가 이루어지며, 특정한 개념에 맞추기 위하여 역사적 사실이 왜곡되고, 역사적 자료가 충분히 그리고 엄밀하게 사용되지 않고 있다는 점 등을 들어 기술의 사회적구성론을 비판하였다.

둘째는 기술의 사회적구성론이 기술의 출현에 중점을 두고 기술의 영향에는 무관심하다는 점이다. 즉 특정한 기술이 선택된 이후에 그것이 개인의 경험이나 사회적 관계를 변경하는 방식은 기술의 사회적구성론에서 논의되지 않고 있다는 것이다. 기술의 사회적구성론자들도 이러한 비판을 수용하고 있으며 1990년대 이후에는 이와 관련된 몇몇 사례 연구를 추진하고 있다. 예를 들어 바이커는 처음 개발된 형광등이 확산되면서 새로운 사회적 문제가 등장하고 이를 해결하기 위하여 다른 유형의 형광등이 발명되었다는 점에 주목하고 있으며, 기술사학자 ***로널드 클라인(Ron ald Kline)***과 핀치는 공동 연구를 통해서 포드가 생산한 모델T 자동차가 처음에는 운송 수단의 의미를 가지고 있었지만 농촌 지역에 확산되면서 다른 기계를 작동시키는 동력의 역할도 담당했다는 점을 강조하고 있다.

셋째는 기술의 사회적구성론이 기술 변화에 수반되는 사회 구조나 권력 관계를 무시하며, 기술을 둘러싼 정치적 문제에 대하여 불가지론적 입장을 보인다는 점이다. 즉 기술의 사회적구성론은 기술 변화에 대한 서술과 설명에 그치고 있으며, 기술 변화의 방향을 어떻게 재정립할 것인가에 대해서는 무관심하다는 것이다. 비판자들은 기술학의 핵심적인 문제가 "기술이 어떻게 구성되는가?"가 아니라 "우리의 기술 중심적인 사회를 어떻게 재구성할 것인가?"에 있다고 주장한다.

그러나 기술의 사회구성론자들은 자신들이 이러한 문제에 전적으로 무관심한 것은 아니라고 주장한다. 예를 들어 ***바이커*** 및 ***존 로(John Law)***는 "기술이 지금과 다를 수도 있다"는 점이 자신들의 핵심 관심사라고 주장하고 있으며, 바이커는 구성론자들이 구성적 기술영향평가(constructive technological assessment)나 과학기술학의 중등교육 확산에 관여하고 있다는 점을 강조한다.

3.6 기술의 사회구성주의적 접근에 대한 고찰

먼저 '새로운 기술 사회학', 즉 기술에 대한 사회구성주의적 접근을 바라보는 이러한 상반된 관점들에 대해서 우리가 어떤 판단을 내릴 수 있을지, 그리고 이러한 접근이 어떤 의미를 가질 수 있을지를 생각해 보자. 이러한 접근법의 주창자들과 비판자들은 '새로운 기술 사회학'이 기존에 간과되어 왔던 기술의 '미시적' 구성의 측면을 구체적으로 밝혀내었다는 점에는 대체로 동의하고, 그 의의를 인정하고 있다. 문제는 이제 '과연 그것으로 충분한가?'에 맞추어져야 할 것이다. 물론 이러한 접근법에 따라 수행된 사례 연구들이 기술의 구성과정을 상세하게 보임으로써 기술의 신화화를 제거하는 데 공헌하고 있으며, 기술결정론을 공박하는 것에도 중요한 역할을 할 수 있음은 부인할 수 없다.

그러나 '새로운 기술 사회학'을 비판하는 논자들은 여기서 그치지 않는다. 이들은 기술이 어떻게 구성되는가를 보이는 것만으로는 과학기술의 사회적 문제 해결에 그다지 도움이 못된다고 주장하고 있다. 만약 '새로운 기술 사회학'이 스스로의 학문적인 엄밀함이나 내적 가치를 주장하는 것에서 그치지 않고 그것이 갖는 사회적인 함의를 강조하려 한다면 이들은 의당 그렇게 구성된 기술이 '사회구성원들에게 구체적으로 어떤 영향을 끼치는가?'에 까지 분석을 확장시키지 않으면 안 된다.

이 지점에서 기술에 대한 사회학적 접근과 인류학적 접근의 '행복한' 접점이 제시될 수 있을 것으로 생각된다. 기술에 대한 기존의 인류학적 접근의 한계를 언급했던 학자들은 인류학적 접근이 갖는 특수성이 기술에 대한 연구에서 상당히 유용할 것이라는 점을 동시에 언급하고 있다. 기술의 도입이 특정한 공동체에 어떤 영향을 미치는지에 대한 민속지적 연구를 많이 수행하는 것 등은 앞서 위너 등이 주장한 '새로운 기술 사회학'의 문제점들을 정확하게 보완하는 것이다. 이러한 점들을 고려해 볼 때, 기술에 대한 사회학적 연구와 인류학적 연구는 기술에 대한 신화화를 제거하고 과학기술의 사회적 문제들을 해결하는 데 있어서 서로 훌륭하게 상호보완적으로 기능할 수 있을 것이다.

3.7 공학기술과 사회의 관계에 대한 종합적 관점

지금까지 살펴본 바에 의하면 기술결정론과 기술의 사회적구성론은 모두 완전하지가 못한 것을 알 수가 있다. 따라서 두 이론에 대한 비판을 토대로 기술과 사회를 바라보는 포괄적인 이론 틀을 만들어 볼 필요가 있다.

새로운 기술이 처음에 디자인될 때는 다양한 사회문화적 요소가 영향을 미친다. 이 경우 시장의 수요가 중요하지만, 이것이 전부는 아니다. 기술 특허의 90%는 아직 만들어지지도 않은 것들이고, 지금도 많은 기술들이 시장을 목적으로 만들어진 결과라기보다는 미래를 위한 상상력의 산물이라는 것을 인정할 수밖에 없다. 기술을 둘러싼 다양한 사회적 그룹의 이해관계가 초기 기술 디자인될 때 나타난다. 기술 디자인은 기본적으로 열린 것이고 유연하다(open and flexible). 사회구성주의 방법론은 초기 디자인 시기의 기술을 분석하는 데에는 유용하다.

이렇게 도입된 기술은 우리가 사는 사회를 바꾼다. 새로운 기술의 도입은 우리에게 새로운 가능성을 열어주면서, 우리가 기존에 가졌던 특정 가능성을 무력화시킨다. 즉, 새로운 기술은 과거에는 하지 못했던 새로운 일을 하게 해주지만, 과거에 할 수 있었던 일 중 어떤 특정한 것을 사라져버리게 하는 것이다. 전화가 일반화되면서 전신의 사용은 뚜렷하게 줄어들었으며 워드프로세서가 나타나면서 타자기는 이 세상에서 사라져 버렸다.

기술이 사회에 미치는 영향은 낙관적 영향 혹은 비관적 영향만이 존재하는 것이 아니라, 가능성을 열어주는 면과 기존의 현실 중 일부를 무력화시키는 측면이 공존한다. 즉 새로운 기술은 우리를 둘러싸고 있는 '기술적 환경(technological environment)'을 비꾸고 새로운 환경을 형성한다.

기술적 환경이 바뀌면서 기술을 둘러싼 사회 세력들, 사회 조직 간의 역학 관계가 바뀐다. 새로운 기술 때문에 더 힘을 얻게 된 그룹과 그렇지 않은 그룹이 생기며, 이에 따라 사회의 역학 관계가 사회 구조가 바뀐다. 산업 혁명기에 공장에 도입된 기계는 자본가들의 힘을 강화시켰으며, 초기 정보처리기술은 국가 관료제의 힘을 강화시켰다. 또 새로운 기술은 우리의 사회적 경험도 바꾼다. 들판을 가로지른 철도는 '자연'이라는 것에 대한 우리의 정신적 이미지를 바꾸었고, 달에서 찍은 푸른 지구 사진은 '지구'에 대한 인류의 경험을 바꾸면서 지구 공동체라는 개념을 만들었다. 컴퓨터는 사람과 사람을 새롭게 만나게 하고 있다.

즉 새로운 인간관계, 권력 관계, 경험을 만들면서 기술은 우리 사회를 바꾼다. 종종 이러한 기술은 기술시스템으로 진화하고, 원숙한 기술시스템은 엄청난 모멘텀을 가진다. 이렇게 변화된 사회 구조는 다시 기술이 발전하는 새로운 조건을 만든다. 기술과 사회의 상호 작용은 이렇게 서로가 서로를 바꾸며 나선형으로 얽히면서 발전하는 양상을 보인다.

이제 이러한 인식을 최근 많은 사회 문제를 야기 시키는 정보 기술에 적용시켜보자. 정보기술이 집중의 집중을 낳기 때문에 필연적으로 인간을 감시하고 통제하는 정보 파놉티콘(panopticon)으로 귀결된다는 주장은 기술 발전의 내적 논리의 필연성에 근거한 기술결정론적인 생각이다. 우리는 기술의 역사를 통해 어떤 기술이 처음에 예상했던 것과는 다른 사회문화적 영향을 낳는 경우를 종종 볼 수 있다. 기술의 궤적은, 앞에서 지적했듯이, 기술이 새롭게 열어주고 힘을 부여하는 사회 세력들과 동시에 그 기술 때문에 힘을 잃게 되는 사회 세력들 사이의 상호 작용을 통해 가지치기식의 불규칙한 경로를 따른다. 기술의 궤적에 더 중요한 것은 기술을 둘러싼 다양한 사회 세력들 사이의 힘의 관계이지, 기술의 초기 디자인에 각인된 발전 방향성이 아닌 것이다.

따라서 정보기술 중에는 권력자가 민중을 감시하는 목적으로 사용된 것도 있지만, 역으로 민중이 권력자를 감시하는 '역파놉티콘(reverse panopticon)'으로 쓰인 경우도 있다. 정보기술이 파놉티콘으로 쓰이는가 혹은 역파놉티콘으로 쓰이는가를 결정하는 것은 기술 그 자체의 논리가 아니라 항상 기술과 사회 세력들의 다양한 개입 사이의 상호 작용이다.

그렇지만 정보기술이 역파놉티콘으로 쓰일 수 있기 때문에 우리가 기술에 대해서 아무런 일을 하지 않아도 된다고 생각하는 것은 위험하다. 무엇보다 기존에 힘을 가진 권력자가 다수에 대한 정보를 수집하는 감시용으로 정보기술을 사용하기가, 권력에 대한 역감시의 도구로 이를 사용하는 것보다 더 용이한 것이 현실이다. 그러므로 역파놉티콘의 가능성은 열려 있지만, 그것이 자동적으로 이루어지지는 않음을 인식하는 것이 중요하다. 시민운동과 다양한 비정부기구(NGO)들에 의한 행정 및 사법 권력에 대한 감시, 인정과 언론에 대한 감시, 시민운동의 또 다른 권력화에 대한 끊임없는 성찰과 자기 감시, 인터넷과 같은 새로운 미디어의 통제에 대한 반대운동, 정보의 수집을 제한하는 강력한 프라이버시법의 입법화, 그리고 역감시를 위한 정보공개 권의 확보 등이 결합될 때 역파놉티콘이 제 기능을 발휘할 것이다.

3.8 결론

기술은 양날의 칼이고 따라서 가치중립적일까? 우리는 이 질문과 관련해 무조건적으로 기술을 가치중립적으로 받아들이는 것은 무책임한 태도이며 엔지니어는 자신의 기술이 양날의 칼이 아니라 혹시 한쪽 방향으로만 쓰일 개연성이 큰 기술인가를 세밀하게 관찰하고 주시해야 하는 책임이 있음을 확인했다. 그런데 엔지니어가 기술에 대한 책임감을 확실히 인지한다는 것은 다시 말해 기술이 사회에 어떤 영향을 미치는가에 대한 이해를 필요로 한다. 이러한 이유로 이번 장에서는 기술과 사회의 관계를 바라보는 다양한 관점을 소개했다.

가장 먼저 살펴본 기술결정론은 기술이 사회 변화의 작인 중 가장 중요한 원인임을 주장하는 이론이다. 그러나 본문에서 지적했듯이 기술결정론은 인간의 의식적인 활동, 기술과 관련된 여러 사회경제적 이해관계를 간과했다는 한계를 가지고 있었다. 한편 흔히 기술결정론자로 언급되는 마르크스의 기술관 역시 노동자의 노동력, 숙련지식, 경험 등의 인적 요인을 많이 포함하고 있다는 점에서 단순히 기술결정론으로 치부되기 어렵다는 점을 확인했다.

기술결정론을 비판하는 가장 대표적인 논리인 기술의 사회적 구성론은 기술 변화의 과정에 정치적, 경제적, 조직적, 문화적 요소가 개입하는 현상을 분석함으로써 궁극적으로는 기술이 사회적 과정의 일종이라고 주장하는 이론이다. 하지만 이 이론 역시 너무 극단적인 입장으로 인해 기술과 사회의 관계에 대한 충분히 적절한 설명을 제시하지는 못하였고, 이를 극복하기 위해서 등장한 것이 기술 시스템과 모멘텀 이론이었다. 이 이론에서는 기술이 발전하면서 이전에는 보이지 않던 연관이 개발 기술들 사이에 만들어져 거대한 시스템을 구성하게 된다는 점을 지적했다. 한편 여러 기술과 사회적인 요소들을 포함해가며 거대해진 기술 시스템은 외부의 환경을 종속시키며 자신만의 궤적을 그리게 된다.

이러한 논의들을 종합해서 생각해볼 때 다름과 같은 기술과 사회의 관계를 전반적으로 파악하는 시각을 제시할 수 있다. 새로운 기술은 다양한 사회문화적 요소의 영향을 받으며 디자인된다. 이렇게 도입된 새로운 기술은 의존의 기술적 환경을 바꾸고 새로운 환경을 형성하며 사회를 변화시키게 된다. 또한 이러한 기술은 종종 기술 시스템으로 진화하고, 원숙한 기술이 시스템은 엄청난 모멘텀을 가진다. 기술 시스템은 사회 구조를 변화시티고, 기술과 사회의 상호 작용은 서루가 서로를 변화시기는 나선형으로 얽혀 있는 과정인 것이다.

이 관점을 연구한 바이커(Wiebe E. Bijker)는 `기술 프레임(technological frame)`이란 개념을 도입하는데, 이 기술 프레임이란 특정 기술에 관련된 사회집단이 채택하는 이론, 암묵적 지식, 공학적 관행, 검사 절차, 목표 등으로 이루어져 있다고 한다. 각 사회집단과 계층은 이

기술 프레임에 다른 형태로 개입하고 다른 각도로 해석한다. 바이커는 계속하여 기술 시스템의 발명과정을 세 유형의 기술 프레임으로 분류하는데, 첫째가 어떤 사회집단도 기술 프레임을 못 갖는 경우로 이때는 특정한 집단이 점차 성장하여 주변 집단을 포섭하면서 기술 프레임을 창출하는데 이 경우는 기술 혁신이 급격히 이루어진다고 한다.

두 번째는 하나의 기술 프레임이 선도적 우위를 미리 성취하고 있는 경우로 여기에 개입된 집단은 점진적인 기술 시스템의 변동을 추구하게 된다.

세 번째 유형은 두 개 이상의 기술 프레임이 경쟁하고 있는 경우이다. 이때는 주변 환경이 주는 영향이 큰 역할을 하게 되는데, 정치적 조정의 성격을 띠는 협상이 진행되면서 사회집단 간의 이해가 조정된다.

ꕥ 참고 자료 ꕥ

1. 욕망하는 테크놀러지(이상욱 외 저 동아시아, 2009)
2. 우리에게 기술이란 무엇인가(송상수 편, 녹두, 1995)
3. 공학기술과 사회(이장규 외 저, 지호)
4. 과학의 이해(데이비드 J. 헤스 저, 김환석 역, 당대)
5. 과학지식사회학이란 무엇인가(김경만, 과학사상 10호)
6. The Social Construction of Technical Systems(Wiebe Bijker, Thomas Hughes, and Trevor Pinch eds.,Cambridge, MIT Press)

4
CHAPTER

공학 기술과 윤리

4.1 서언

엔지니어는 인간의 삶의 질을 높이기 위하여 물질, 공정 또는 시스템을 개발하고 운영하는 작업을 수행하지만, 개발된 물질이나 시스템이 때로는 환경 파괴의 위험 또는 생명과 재산의 손실 등 사회적 문제나 위기 상황을 초래하는 원인을 제공하기도 하였다. 예를 들어, 총은 사람의 목숨을 앗아가는 살인 도구로 사용되기도 하지만, 위협적인 동물로부터 사람을 보호하는 도구로 사용될 수도 있다. 다시 말해서, 엔지니어링은 인간에게 유익하게 때로는 해롭게 사용될 수도 있는 것이다. 따라서 엔지니어링은 인간의 삶을 고려하는 윤리를 바탕으로 공학 활동을 수행해야만 온전하게 삶의 질을 높이는 결과를 얻을 수 있다.

이러한 관점에서 엔지니어가 공학을 수행하는 전문가로서 어떠한 윤리적 문제에 직면하고 있으며, 왜 공학 윤리를 알아야 하는가? 에 대한 필요성을 살펴봄으로써, 책임감 있고 도덕적 자율성을 가지는 엔지니어의 자세를 이해할 수 있을 것이다.

우리나라의 경우는 안전 불감증 등으로 인해 엔지니어들이 아직까지도 공학 윤리 문제를 심각하게 고려하지 않는 반면에, 미국에서는 여러 사건들을 겪으면서 공학 윤리에 대해 많은 논의가 되어왔다. 이에 본 장에서는 몇 가지 사례로서 중요한 사건들을 살펴보고, 그러한 사건 사례를 통하여 공학 윤리의 중요성, 공학 윤리 헌장의 필요성과 예방 윤리로서의 공학윤리를 알아본다. 또한 공학 윤리 문제를 해결하는 절차인 공학 윤리 문제의 설정, 분석 및 종합하는 과정을 간략하게 설명한다.

4.2 대형 사고를 유발한 사례

본 절에서는 엔지니어링 실무에서 공학 윤리가 어떠한 역할을 하는지를 살펴보기 위하여, 우주왕복선 챌린저호 사고, 포드사의 핀토(Pinto) 자동차 사건과 대구 지하철 화재 사건에 관한 공학적 사례들을 소개한다.

[사례 1] 챌린저호 사건

1986년 1월 27일, 모턴 티오콜(Norton Thiokol)사와 마샬 우주센터(Marshall Space Center)를 중심으로 우주왕복선 챌린저(Challenger)호 발사 직전 원격지간 통신회의가 진행

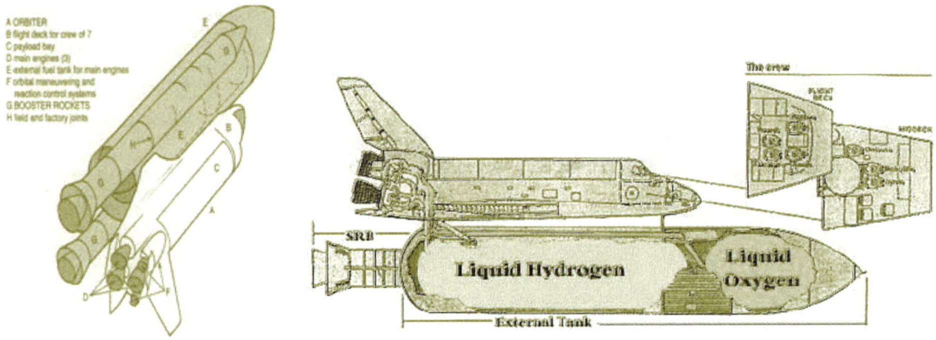

<그림 4.1 챌린저호의 설계 구성>

되었다. 티오콜사의 엔지니어들은 다음날 아침에 있을 챌린저호 발사에 대해 다시 검토해야 한다고 권고했다. 이러한 권고는 저온에서 봉인할 수 있는 오링(O-ring)의 성능에 대한 우려에서 나온 것이었다.

오링을 직접 설계한 수석 엔지니어 로저 보이스졸리(Roger Boisjoly)는 오링에 관한 문제에 대해 잘 알고 있었으며, 수년 전부터 그는 동료들에게 심각한 문제로 대두될 것이라고 경고했었다. 오링은 추진 로켓의 마디 사이를 봉합하는 부품이다. 유타 주에 있는 티오콜사에서 로켓､부스터(Rocket Booster)를 조립된 상태로 플로리다 케네디 우주센터까지 운반할 수 없었기 때문에 여러 개의 조각으로 제작하여 우주센터 발사장 현장에서 조립하였다. 조립할 때 이음새 부분에서 연료가 새지 않도록 오링을 삽입해 넣도록 설계되었던 것이다. 이러한 오링이 만약 복원력을 잃어버리면 마디 사이를 밀봉하는데 문제를 야기하고, 그 결과 고온의 가스가 새어나와 저장 탱크의 연료에 점화되어 치명적인 폭발로 이어질 수 있었다.

보이스졸리는 오링을 재설계하거나 혹은 오링의 문제가 해결될 때까지 챌린저호의 발사를 연기해 줄 것을 최고경영자들에게 여러 번 권고하였으나, 티오콜사 측에서는 이전까지의 비행 실험에서 심각할 정도의 고장이 발생하지 않았다는 이유로 그의 의견을 받아들이지 않았다. 그러한 위험에 대한 기술적인 증거는 충분하지 않았지만 여러 가지 정황상 좋지 않은 상황이었다. 비교적 높은 온도에서도 봉인물 주위에 누출이 일어났지만 최악의 누출은 11.7℉(-11.28℃)에서 이었다. 발사 시에 예상한 주위의 기온은 영상 3.3℉(-15.9℃)이었는데, 오링은 영하 1.7℉(-18.7℃)가 될 것으로 추정되었다. 이러한 온도는 이전의 여러 비행 실험 때보다 훨씬 낮은 온도였다. 발사 전날의 일기예보를 들은 보이스졸리를 포함한 티오콜사의 엔지니어들은 케네디 우주센터에 연락하여 다시 발사 연기를 권고하였고 원격 전화

회의를 통하여 문제를 심도 있게 토의한 결과 발사를 계획대로 진행하는 것으로 결론이 내려졌다.

이들 엔지니어 가운데 오링의 문제점에 대해 확고한 신념을 가지고 경영진을 설득시킨 엔지니어는 없었고, 경영진들은 무리가 따르더라도 계획대로 발사를 진행시켜야 한다는 압력이 있었다. 티오콜사의 선임 부회장 제럴드 메이슨은 나사(NASA, 미국항공우주국)가 성공적인 비행을 원하고 있었고 티오콜사가 나사와의 새로운 2차 계약을 필요로 한다는 사실을 인식하고 있었다. 발사에 반대하는 권고는 이후에 있을 2차 계약 체결에 안 좋은 영향을 미칠 것으로 판단하였다. 결국 메이슨은 공학적 자료가 확실하지 않다고 판단하였고, 엔지니어들은 비행이 안전하지 않은 정확한 온도에 대한 어떠한 수치적 자료들을 제공할 수도 없었다. 기온과 복원력 사이의 외관상의 상관관계에 의존하고 있었고 오링의 심각한 안전 문제에 대해 조심스러운 성향만을 보였던 것이다.

챌린저호 발사를 총 지휘하는 나사, 케네디 우주센터와 마셜 우주비행센터의 경영진들도 챌린저호 발사 당일 저녁에 미국 의회에서 시정연설을 하기로 되어 있는 대통령을 실망시키고 싶지 않았던 것이다. 감독관으로 있던 엔지니어 로버트 룬드에게 메이슨은 "공학자의 직

<그림 4.2 우주왕복선 챌린저호 발사와 폭발 장면 >

함에서 벗어나 경영자로서의 입장에서 판단하라"고 말하였고, 결국 초기의 발사 불가 요청은 받아들여지지 않고 티오콜사의 경영진들은 최종적으로 당초의 발사 중지 결정을 번복하면서 다음날 챌린저호는 발사되었다.

1986년 1월 28일, 세계의 수많은 사람들이 TV를 지켜보는 가운데 챌린저호는 발사되었고, 발사한 지 73초 만에 폭발하였다. 우주왕복선은 화염 속에서 산산조각이 나버렸고, 우주선과 함께 7명의 탑승자 전원은 목숨을 잃었다. 그 참사는 비극적인 인명 손실뿐만 아니라 수백만 달러의 장비를 파괴시켰으며, 무엇보다도 나사의 명성에 심한 오점을 남겼다.

◎ [사례 2] 포드사의 핀토 자동차 사건

1960년대 후반, 미국 포드(Ford)사는 2000파운드 이하의 무게와 2000달러 이하의 판매가격으로 미니 자동차 핀토(Pinto)를 설계하였다. 당시 오일쇼크를 계기로 연료 효율이 우수한 일본 소형 자동차들이 세계 시장에서 폭발적으로 판매되고 있었으며, 타 회사와의 소형차 생산 경쟁에서 우위를 확보하기 위하여 제작비를 절감하고 성능이 우수한 소형차를 생산해야만 했다.

포드사는 자동차 신 모델의 개발에서 생산까지 보통 3년 이상 걸렸지만, 핀토차의 경우 일본산 미니 자동차들과 경합을 벌일 것을 기대하며, 2년 만에 생산을 개시했다. 짧은 기간 동안 여러 차례에 걸쳐 자동차의 외관을 바꾸었으므로 보통 때보다 공학적 설계를 제한하였다. 결과적으로 차동기어 박스의 볼트 헤드가 노출되었으며, 후방 충돌 시 가스탱크가 앞

<그림 4.3 포드사의 핀토차>

쪽으로 기울어지면서 그 볼트 헤드는 탱크를 뚫을 수도 있었다.

포드사에서 충돌 시험 결과를 다음과 같이 보고하였다.

> *포드사는 두 대의 핀토 생산품뿐 아니라 시작품(Prototype)들에 대하여 후방 사고 시 연료 시스템의 결함 여부를 검사하는 충돌 시험을 수행하였다. [중략] 시속 21마일로 움직이는 장벽에 의해 후방으로부터 충돌한 시작품들은 연료 탱크가 앞으로 기울어지며 구멍이 뚫려 연료 누출을 일으켰다. [중략] 시속 21마일로 달리는 자동차의 고정 장벽에 대한 충돌 시험에서 핀토 생산품 중 한 대는 가스탱크로부터 연료 탱크가 떨어져 나갔으며, 연료 탱크는 차동기어 박스의 볼트헤드에 의해 구멍이 뚫렸다. 적어도 한 번의 테스트에서 누출된 연료가 운전석으로 흘러 들어 갔다. [생략].*

포드사는 탱크를 후축의 뒤쪽보다 약간 위쪽 위치에서뿐 만 아니라 탱크 속에 고무주머니를 설치하여 후방 충돌 시험을 수행하였다. 양쪽 모두 시속 20마일의 후방 충돌 시험을 통과했다. 비록 연방정부가 가스탱크 설계에 대하여 엄격한 규정을 적용하고 있었지만, 포드사의 핀토차는 그 당시 연방 안전 기준을 모두 충족시켰다.

그런데 1978년 8월 핀토차가 고속도로에서 연료탱크의 폭발로 인하여 인명사고가 발생하였다. 경미한 충돌 이였음에도 불구하고 연료탱크가 폭발하고 화재가 발생하면서 운전자가 숨지고 동승하였던 소년이 전신에 큰 화상을 입는 사고가 발생하였다. 이에 대해 피해자 측에서 포드사를 상대로 자동차를 성급하게 개발하여 차의 안전성에 문제가 있는 차를 생산하였다고 주장하면서 손해배상을 요구하는 제조물 책임 소송을 제기하였다.

핀토차가 처음 선보인 1971년부터 크고 작은 연료탱크의 안전사고가 발생하였으며, 이와 유사한 법적 소송건만 해도 50여건이상 있었다. 포드사에서도 차 한 대당 11달러의 추가 비용을 부담하여 연료탱크 하우징을 부착시키면 사고가 훨씬 줄어들 수 있다는 알고 있었다. 초기 시판 당시에 차의 후방에서 시속 20마일 정도의 충격이 가해지면 화재가 발생할 수 있음을 알았으며, 11달러짜리 하우징을 부착하면 시속 30마일의 충격에서도 안전하다는 사실도 알고 있었다. 그러나 당시 연료탱크에 관한 규정이 제정되지 않았고 대당 11달러를 절약함으로써 약 2,000만 달러의 회사 이득이 생길 수 있었기 때문에 연료탱크의 보완을 뒤로 미루고 있었던 것이다. 오히려 재설계하거나 하우징 추가 비용보다 사고 발생 후 소송을 통해 지불되는 적은 소송비만을 부담하는 것이 낫다고 경영진을 판단하였다.

이러한 사실은 재판 과정에서 포드사와 대립하던 해직 기술담당 부사장이 원고 측의 증인으로 나와 포드사에 불리한 사내 비밀정도를 폭로하면서 세상에 알려졌다. 당시 증인은 "시장에 출하되어 결함이 있는 핀토차를 모두 회수하여 안전대책을 취하기보다는 화재사고의 빈도를 감안할 경우 화상 등으로 인한 피해자들에게 배상금을 지불하는 것이 오히려 회사에게 경제적으로 이득이다"라는 내부 자료를 공개하였다. 이에 통상의 손해배상금뿐만 아니라 징벌적 배상금으로 1억 2500만 달러를 지급하라는 법원 판결이 나왔다.

포드사는 경제적으로 막대한 손실을 입었을 뿐만 아니라 회사의 이미지에도 커다란 영향을 미쳤다. 또한 당시에 충격적으로 경영진과 함께 엔지니어들도 사법 처리를 받았다. 핀토차의 연료탱크 설계와 관련된 엔지니어들은 이미 설계 상의 위험성을 인식하고 있었으나 소형차 시장에서의 경쟁 우위 확보와 경제적 이득이라는 회사의 명령에 따라 잘못된 설계를 도입하였기 때문이다.

<그림 4.4 대구 지하철 화재 참사>

[사례 3] 대구 지하철 화재 사건

2003년 2월 18일 오전, 대구 지하철 1호선에서 한 승객의 방화로 인하여 화재가 발생하였고, 192명의 사망자와 148명의 부상자를 낸 사고가 있었다. 대구 지하철 화재 참사의 방화범은 뇌졸중으로 몸을 제대로 가누지 못하는 2급 지체장애자로서 평소 세상을 비관하다가 페트병에 시너를 담아 지하철에 뿌린 뒤 자살하겠다고 지하철에 불을 질렀다. 최초로 화재가 발생한 1079호 열차의 기관사는 방화사실을 인지한 직후, 이를 사령실에 보고조차 하지 않고 화재 진압에만 몰두하였다. 그러나 화재 진압에 실패하였고 심한 화상을 입어서 몇몇의 승객들과 함께 화재 현장을 탈출하였다. 또한 반대 방향으로 운행하던 1080호 열차는 화재가 발생한 후, 약 2분 뒤에 바로 전 역을 출발하였으며, 1080호 열차 기관사는 사령실로부터 중앙로역 화재 발생 사실과 주의 운전을 통보받았다. 이런 가운데 1080호 열차는 중앙로역에 정차하여 지하철 출입문을 열었으나 열차 내에 많은 연기가 들어오자 출입문을 닫고 사령실에 보고한 후, 지시를 기다리고 있었다. 5분 정도 기다리던 중에 화재의 1079

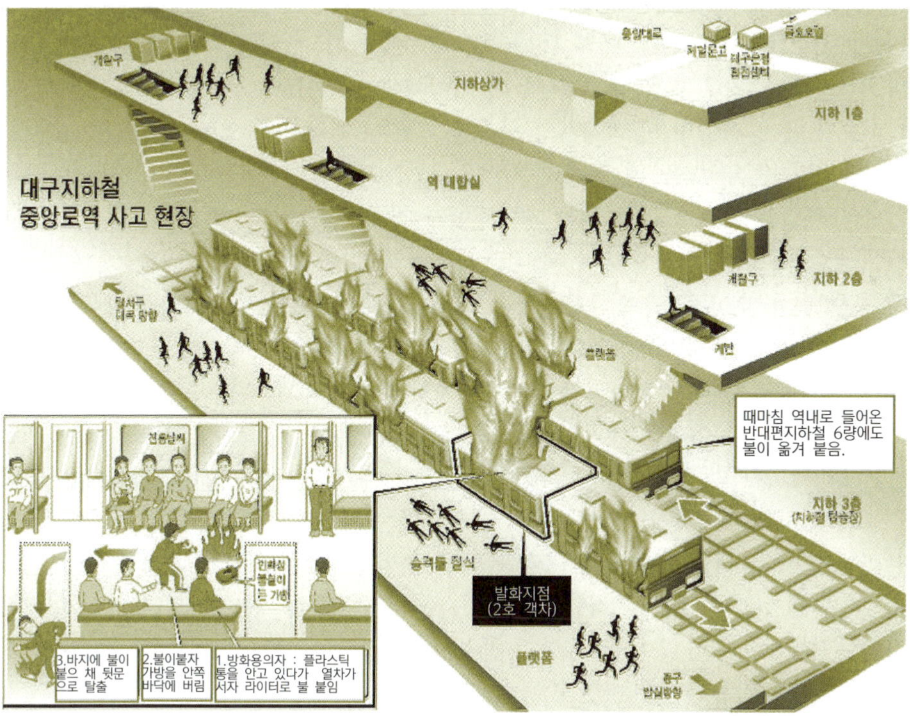

<그림 4.5 대구 지하철 화재 참사 사건 경위>

호 열차로부터 1 m 가량 떨어진 1080호 열차에 복사열로 인해 불이 옮겨 붙자 기관사는 마스터 제어열쇠를 휴대한 채 승객들을 방치하고 혼자 현장을 탈출하였다.

열차가 불에 타기 쉽고 유독가스를 방출하는 소재로 만들어졌다는 점과 1080호 열차 기관사가 사고지점을 진입하여 올바르게 대처하지 못하여 열차에 불이 옮겨 붙었고 출입문이 닫힌 상태에서 피해는 더욱 확대되었다.

이 사건과 관련하여 9명은 구속기소, 2명은 불구속 기소되었고 방화범에게는 무기징역이 선고되었다. 대구 지하철 1호선은 10월 21일 사건 발생 후 8개월 만에 중앙로역을 제외한 전 구간에서 운행이 재개되었다.

4.3 전문가로서의 사회적 책임

앞장에서 기술한 바와 같이, 엔지니어는 대체적으로 전문가의 요건을 충족하므로 전문가라고 말할 수 있다. 그러나 많은 엔지니어들이 기업체에 고용인으로 일하기 때문에 전문가적 자율성이 비교적 높지 않으며, 공학에서의 기술적 실패는 기업의 탓으로 돌려지는 경우가 많다. 기술적인 실패가 이루어졌을 때 공공의 시선은 공학 결과물의 만들어낸 엔지니어에게 향하는 것이 아니라 기업의 대표자 또는 최고 경영진에게 집중된다.

이러한 이유 때문에 많은 엔지니어들이 다른 부류의 전문가보다 공공에 대한 책임의식이 상대적으로 낮다고 보인다. 특히, 대기업에서 일하는 엔지니어들은 조직의 봉사자로서 일하며, 공공의 보호자라는 의식이 매우 적다. 오늘날의 공학은 거대화되고 조직화되면서 융합과 통합의 특성이 존재하기 때문에 독립적인 엔지니어보다는 조직에 소속되어 조직의 지휘에 복종하는 경우가 대부분이다. 이러한 엔지니어에게 공학적 입장에서 공공의 안전에 해를 줄 수 있는 비윤리적 조직의 지시가 있을 경우 문제가 발생한다. 이러한 상황에서 엔지니어와 조직의 경영진이 원만한 대화가 이뤄지지 않게 되면 엔지니어는 더욱 어려운 상황에 빠지게 된다. 전문가로써 공공에 대한 책임을 충실히 이행해야 할 것인가? 아니면 자신이 소속된 조직의 지시에 따를 것인가? 선택의 문제에 직면하게 된다. 이러한 공학적 문제가 지금 당장 어떠한 문제를 일으키는 것이 아니더라도 나중에라도 공공의 안전에 큰 문제를 발생할 수도 있기 때문에 엔지니어로서 심각한 딜레마에 빠질 수도 있다.

이러한 윤리적 문제에 적절하게 대처하기 위해 의사나 변호사 등의 많은 전문가 단체에서는 윤리적 주제를 다루고 보다 바람직한 윤리적 결정을 위하여 교육 프로그램이 존재한다. 그러나 엔지니어들은 이러한 윤리적 문제를 다루는 교육과 훈련이 매우 부족하다. 엔지니어들이 설계하고 생산하는 공학 제품들은 가치중립적이며 "양날의 칼"이라는 성질을 가진다고 생각하기 때문이다.

다시 말해서, 조직의 지시에 따라 공학 결과물을 생산하고 공학적 문제를 해결하는 것이 엔지니어가 해야 할 일이며, 그 이후에 발생할 수도 있는 공학적 윤리문제들에 대해서는 운영자, 경영자 등의 다른 사람의 몫이라고 생각하는 경향이 있다. 그래서 공학과 관련된 중요한 문제들이 공학적 전문지식이 부족한 경영인이나 사업가 등에 의해 잘못된 판단을 하기도 한다. 고용인으로써의 엔지니어는 전문지식을 가졌지만 그러한 지식은 조직의 생산성을 높이는 도구로만 평가되고 사회적으로 엔지니어의 역할이 크다고 느끼지 않으면서 공학적 판단과 중요한 의사결정에서 엔지니어의 발언권이 크게 적용되지 못하는 경우가 종종 있다.

엔지니어는 주어진 공학적 문제를 전문 지식과 기술을 활용하여 해결하는 것뿐만 아니라 해결해야 하는 공학 문제의 배경과 사회적 영향을 함께 고민하여 정확하게 분석해야 한다. 또한 필요에 따라 직접 문제를 제기하거나 문제점을 부각해야 한다. 특히 사회와 공공의 안전에 관련된 문제라면 더욱 그래야만 한다. 즉, 엔지니어는 수행하는 일을 분석하고 수행한 결과가 어떤 가치를 가지며, 사회에 어떠한 영향을 미치는지, 궁극적으로 사회에 어떠한 이익을 주는지를 끊임없이 고민하고 생각하면서 근본적인 문제에 대한 답을 구해야 한다. 또한 생각과 함께 다른 여러 분야의 전문가들과 토론을 통하여 보다 안전하고 사회에 이득이 되는 새로운 생각을 도출하고 실천으로 옮겨야 한다. 이것이 엔지니어가 가져야 할 사회적 책임의 시작이라 할 수 있다.

1994년 발생한 성수대교 붕괴사고[38]와 1995년 발생한 삼풍백화점 붕괴사고[39]는 부도덕한 경영인들과 이에 순응한 엔지니어들이 빚어낸 참사이다.

38) 성수대교는 서울 성동구 성수1가와 강남구 압구정동을 연결하는 한강 교량으로, 붕괴사고는 1994년 10월 21일 오전 07:40경에 발생하였다. 사고는 아침 출근길에 승객을 태운 버스와 승용차들이 달리던 중 성수대교의 10번 째 교각과 11번째 교각 사이의 120미터 중 중앙 48미터의 현수트러스(Truss)가 갑자기 무너지면서 한강으로 내려앉았고 다리를 주행하던 차량들이 함께 한강으로 추락하면서 많은 사상자를 내었다.

39) 삼풍백화점은 서울 서초구 서초동에 위한 대형 백화점으로, 붕괴사고는 1995년 6월 29일 오후 05:55경에 발생하였다. 사고 당일 5층 식당 바닥에 균열이 발견되었고 간단한 검사를 한 결과 붕괴 위험이 있다는 것도 알게 되었다. 그러나 회사 측에서는 그러한 사실을 알리지 않았고, 오후에 식당 바닥이 가라앉으면서 모든 층의 바닥판의 하중이 인접 기둥으로 추가 전달되면서 연쇄적인 전단 파괴가 발생하여 붕괴되었다. 붕괴원인은 총체적인 부실시공으로 알려졌고 회사 측의 안일한 대처로 인하여 많은 인명 피해를 입게 되었다.

출처: 삼성화재해상보험 "위험관리 제100호 특집", 삼성방재연구소, 2006

<그림 4.6 1994년 성수대교 붕괴사고 현장>

출처: 위키 백과

<그림 4.7 1995년 삼풍백화점 붕괴사고 현장 >

기업은 기본적으로 이윤을 추구하는 조직이며, 이윤 추구 목적 때문에 지나치게 조직의 이득을 얻기 위해 사회의 안전을 등한시 하는 경우가 있을 수도 있다. 이러한 경우가 생기면 1차적으로 엔지니어가 이를 견제해야만 한다. 기업에서 생산한 제품 또는 가공물에 대해 엔지니어는 가장 잘 알 수 있는 위치에 있으며 잘못되거나 위험한 부분을 가장 정확하게 찾아낼 수 있기 때문에 이를 지적하고 잘못된 부분을 공학적 지식을 통해 수정할 수 있다.

핀토차의 사례를 살펴보자. 포드사는 소형차를 빠른 시간 내에 출시하여 최대의 이익을 얻고자 했고 설계상의 문제로 인해 핀토차를 탑승한 사람이 위험할 수도 있다는 것을 설계와 테스트에 참여했던 엔지니어들은 알고 있었다. 엔지니어는 전문가로써 사회와 공공의 안전을 위하여 윤리적이고 도덕적인 행동이 필요하였던 것이다. 결국에 엔지니어와 경영진간의 대립관계가 형성되었고 이는 재판과정에서도 내부 자료를 유출하는 단계까지 도달하였다. 엔지니어는 필요에 따라 자신이 속한 조직이나 회사의 잘못된 공학적 판단에 맞서 이를 지적하고 개선해야 할 책임도 가져야 한다.

인간이 사회에 대해 도덕적 책임을 다하는 것이 "의무"라고 한다면 공학적, 사회적 문제를 기술적으로나 조직적으로 풀어나가는 것은 엔지니어가 가져야 하는 "책임"이라 할 수 있다. 공학적 지식과 과학기술을 어떻게 적용하느냐에 따라 사회 복지와 공공의 안전과 복리를 얻을 수 있기도 하지만 그것을 파괴할 수도 있다. 따라서 엔지니어는 이러한 지식과 기술을 활용하여 자신이 하는 공학 활동이 사회를 위해 얼마나 공헌하고 있는가를 고민하고 꾸준히 점검하는 것도 엔지니어의 사회적 책임이라 할 수 있다.

[사례 4] 뉴욕 시티코프 센터

뉴욕에 위치한 시티코프 센터(Citycorp Center) 사례를 살펴보자. 구조물 공학자 윌리암 러메져(William LeMesurier)와 건축가 휴 스터빈스(Hugh Stubbins)는 뉴욕 맨해튼 53번가에 높은 고층 건물을 세울 설계 계획 단계에서 커다란 어려움에 봉착하였다. 59층짜리 건물을 건설하려는 블록에 교회(Saint Peter's Lutheran Church)가 부동산 소유권을 가지고 한쪽의 모서리를 차지하고 있었다. 러메져는 이러한 어려운 문제를 혁신적인 방법으로 해결하였다. 그는 일반적인 형태인 네 개의 모서리 대신에 중앙에 4개의 버팀 기둥을 박아서 건물을 교회 위로 짓자고 제안했던 것이다. 1층은 지상 9층에 해당하는 높이로 세워져서 교회를 위한 공간을 충분히 허용하는 한편, 하중을 기둥으로 분산시키는 설계를 사용하였다. 구조물의 바람 하중뿐만 아니라 중력하중의 절반은 혁신적으로 설계된 트러스트 골격 아래쪽을 향하였고 건물 외부면, 골격 안쪽에 내풍 지주(Wind Brace)를 심었다. 또한 고층 건물로써는 최초로 질량 동조 흡수 장치를 설치하여 바람에 의한 흔들림을 방지하였다.

시티코프 센터가 완성되고 1년이 지난 1978년에 러메져는 어느 공학도가 의문을 제기하는 전화 한통을 받는다. 그 학생은 자기 학교 교수가 시티코프 센터의 지지 기둥은 건물 모서리들의 중앙이 아니라 각 모서리들에 세워져야 한다고 주장했다는 것이다.

<그림 4.8 뉴욕 시티코프 타워>

이에 러메져는 혁신적인 설계 방법이었음을 전하였고 당시 뉴욕시의 건물 규정은 직각풍의 효과에 대한 계산 만을 요구하였고 이는 내풍 지주 설계의 기초였기 때문에 크게 문제시 되지 않았다. 그러나 러메져는 학생의 전화 이후 건물의 구조적 형태를 재검토하면서 "모서리로 부는 강한 바람에 의해 생기는 어떤 하중을 건물 구조가 견딜 수 있을까?" 등 여러 의문사항을 갖게 되었다. 건물의 양쪽 면이 모서리로 부는 바람을 받을 경우 바람이 구조물의 한쪽 면으로 정면 바람이 불 때보다 하중이 40% 증가한다.

그러나 건물 용접이 설계 상의 기대 수준으로 만들어졌을 경우 이러한 초과하중은 어렵지 않게 견딜 수 있기 때문에 문제시 되지 않았다. 그럼에도 불구하고 러메져는 건설을 담당했던 스탠리 골드스타인(Stanley Goldstein)에게 건설 당시에 지주 구조의 용접 연결 처리 작업에 문의하였다. 이에 철강회사인 베들레헴 스틸에서 용접할 필요가 없다고 말했기 때문에 골드스타인은 연결부들을 용접하지 않았으며, 볼트로 연결하여 건설 승인을 받았다는 사실을 전하였다. 러메져는 질량 동조 흡수 장치가 건물의 흔들림을 해결할 수 있으리라 확신하면서도 웨스턴 온타리오 대학교(University of Western Ontarino) 알란 데이븐포트(Alan Davenport) 교수에게 바람 불 때 고층건물의 거동에 대해 자문을 얻었다. 데이븐포트는 축소 모형 시티코프 센터에 대한 풍동실험의 결과를 재검토하면서 다음과 같이 보고하였다.

> *이상적인 수학 모델에서 예측되는 압력을 보면, 모서리로 부는 바람의 하중은 정면으로 부는 바람의 하중에 비해 40% 이상 강하다. 볼트 이음새의 파괴를 일으킬 만큼 강한 바람은 뉴욕에서 16년 간격으로 있을 수 있다. [생략]*

강화가 필요한 부분으로의 접근은 가능하였으나, 작업 난이도가 높고 매우 많은 보수비용이 들 것이라고 판단하였다. 러메져는 빌딩을 이용하는 사람들의 안전을 보장할 책임과 빌딩을 지켜야 하는 책임이 있었다. 그러나 본인이 알게 된 것을 알리게 되면 자신의 명성과 자기 회사의 재정에 실제적인 위험(보험금을 초과하는 수리 비용 등)을 줄 수도 있다는 윤리적 딜레마에 직면하게 되었다. 그럼에도 불구하고 그는 미리 조치를 취하는 것이 재난을 막을 수 있는 방법임을 깨닫고 행동으로 옮겼다. 러메져는 문제를 바로 잡는데 필요한 시간과 비용을 평가하였고 본인이 알게 된 문제를 시티코프 소유주들에게 즉시 알렸다. 그와 스터빈스는 시 건축 담당자들을 만나 그러한 문제를 설명하고 건물 수리 계획에 대해 의견 일치를 보았다. 문제시 될 만한 위치에 있는 200개 이상의 모든 볼트 연결부 위에 2인치 두께의 강철판을 용접하는 방법으로 내풍 지주들을 강화하였고 긴급사항을 알리는 모니터링 장치들을 설치하였다. 또한 강한 바람이 불 경우 건물 주변으로 사람들이 대피시킬 수 있도록 비상 관리부서에 알렸다. 보수가 거의 끝나가는 9월 초에 허리케인 엘라가 뉴욕 방향으로 해변을 따라 움직인다는 보고가 들어왔다. 다행히 허리케인은 방향을 바꿔서 사람들의 대피상황까지는 가지 않았다.

비록 건물의 문제점을 수정하는데 수백만 달러가 든다 하더라도 모든 당사자들이 책임있게 대응하였고 러메져의 책임감 있는 행동은 건물 붕괴 등의 대형 참사를 막을 수 있었다. 그의 정직함으로 그의 명성은 더욱 높아졌다.

4.3.1 엔지니어의 사회적 책임과 실천

우주왕복선 챌린저호 사고 사례를 살펴보자. 왜 위험을 무릅쓰고 우주선을 발사하였는가? 엄청난 인력과 자원을 투입하면서 우주왕복선의 개발은 계속되어야 하는가? 특히 챌린저호 폭발사고와 콜롬비아호의 공중분해 사고[40]처럼 인명 피해를 감수하면서까지 우주선을 개발하고 발사하는 이유가 무엇인가? 이러한 질문들에 대해 쉽게 답을 찾을 수는 없다. 과학과 기술, 공학 외에도 정치, 경제, 사회 등의 모든 문제들이 총체적으로 결부되어 검토해야 하기 때문이다. 그러나 공학과 기술에 대한 질문과 공학적 책임은 엔지니어의 몫이다.

엔지니어가 사회적 책임이 무엇인지를 알고 있더라도 이를 실천하는 것이 어려운 경우가 발생할 수도 있다. 어떤 조직이나 기관에서 반윤리적이고 반사회적인 사업을 진행한다면 개인이 이에 맞서기란 참으로 어렵다. 이러한 경우 업무와 관련된 단체의 힘을 빌려야 한다. 우리나라의 경우 과학기술한림원[41]과 공학한림원[42]과 같은 과학기술계를 대표하는 단체가 있고 기계학회, 토목학회, 전자공학회 등과 같은 분야별 전문 학회가 존재한다. 다만 이러한 단체와 학회에서 엔지니어의 사회적 책임과 전문가로서의 권리를 신장시키는데 역할을 담당한 기록이 많지는 않다. 이들 단체의 주요 활동이 과학기술과 공학기술의 발전을 위한 자문, 회원들 간의 친목 도모와 학술 지원 활동 등에 역점을 두면서 각 영역에서의 영향력을 확산하려는 부분에 역점을 두고 단체 활동을 하기 때문이다. 이제는 과학기술과 공학 관련 단체들도 각 단체의 성장과 회원 확대에 집중하는 활동 이외에 회원들의 인권 보호와 사회적 책임 증진을 위한 활동 방향으로 점차 확대해 나가야 할 것이다.

그러나 공학 전문 단체들도 엔지니어의 인권 보호와 사회적 책임 증진에 선도적 역할을 한다 하더라도 활동 범위에 한계가 있을 수 있다. 따라서 사회 복지와 공공의 안전을 일반인들의 입장에서 감시하고 문제를 제기하는 것도 좋은 사례가 될 수 있으며, 이러한 활동은 시민단체의 몫으로 돌아간다. 특히 자연 환경을 파괴할 수도 있는 공학적 문제를 제재하는 것은 시민단체의 활동이 반드시 필요한 부분이다. 엔지니어도 공학적 전문 지식을 가진 한 명의 시민으로써, 이러한 단체의 활동에 관심을 가지고 적극 참여해야 한다. 결과적으로, 엔지니어는 사회가 좀 더 살기 좋은 환경으로 발전하는데 도움이 되는 활동에 참여하고 이를 통해 사회 발전에 이바지하는 것이 엔지니어의 사회적 책임이다. 본인의 공학적 수행 결과가 사회와 공공의 안전을 파괴하는 것이라면 그는 불행한 엔지니어가 될 것이다.

---

40) 콜롬비아호의 공중분해 사고는 우주왕복선 콜롬비아호가 2003년 2월1일 STS-107 임무를 마치고 귀환하던 중에 텍사스 주 상공에서 공중분해 되어 승무원 7명 전원이 사망한 사고이다. 추기 발사 시에 외부 연료 탱크로부터 떨어진 단열재의 파편이 충돌한 것 때문에 뚫렸다고 추정되는 좌측 날개 전연의 구멍에 대기권 재돌입 시 고온의 공기가 유입되어 좌측 날개에서부터 파괴가 시작되어 공중분해 되었다고 추정되고 있다. 또한 콜롬비아호는 미국 우주왕복선의 기체 중에서 가장 오래된 기체이며, 간접적인 사고 원인으로써 노후화의 가능성도 지적되었다.

41) 한국과학기술한림원 홈페이지 주소 http://www.kast.or.kr

42) 한국공학한림원 홈페이지 주소 http://www.naek.or.kr

4.4 공학 윤리를 왜 공부해야 하는가?

공학은 자연 현상을 이용하여 인공물을 제작하고 이를 바탕으로 사회적 욕구를 충족시키는 것이 목적이며, 오늘날 우리의 모든 삶이 과학기술과 공학에 직간접적으로 영향을 받고 있다. 그러나 이러한 기술이 발달할수록 물질적인 풍요는 증대하지만 한편으로는 우리의 삶은 점점 불안하고 위태로워지는 상황이 전개되고 있다. 앞에서 인급된 대구 지하철 참사사고, 성수대교와 삼풍백화점 붕괴 사고 등 공학적 시설에서의 대형 사고는 많은 인명 피해를 야기하기 때문이다. 또한 일상적으로 발생하는 교통사고와 식품·약품의 위해성, 원자력발전소 사고를 통한 방사능 물질 누출, 유전공학에 의한 생명 조작, 환경오염 등 끊임없이 우리의 삶을 위협하는 요소들이 존재한다. 이는 과학기술과 공학의 발달로 부터 유발되는 안전위험, 생태위기, 윤리위기 등 우리의 삶에서 희생되는 부분이 물질적인 풍요보다 더 크게 적용되는 것이 아닌가를 심도있게 고려해야 할 때이다.

안전하고 유용한 기술 제품들과 공학 결과물들이 사회 복지와 공공 안전에 공헌을 하고 엔지니어들의 노력에 의미를 부여할 때 비로소 가치를 얻는다고 할 것이다. 이러한 관점에서 볼 때 공학 문제 해결을 위해서는 공학적인 측면뿐만 아니라 사회적, 경제적, 정치적 측면과 더불어 윤리적 측면까지도 함께 고려되어야 한다. 공학 활동의 결과로 나타나는 제품들이 엔지니어들 만에 의해 생산 제작되는 것 같아 보이지만, 실제로는 사회적, 경제적, 정치적 제도들에 기반을 두어 생산되고, 통제된다. 이러한 공학 과정에서 엔지니어들은 제도에 종속되어 잘못된 생각과 판단을 하는 경우가 발생할 수도 있다. 잘못된 판단에 의해 생산된 공학 결과물로 인하여 사회적으로 큰 피해를 유발시키는 경우, 경영자와 정치가, 행정가 등 공학 결과를 운용하는 사람들에게 그 피해의 책임을 묻는 경우가 있지만, 실질적으로 전문 지식을 요구하는 공학에 대한 비전문가에게 모든 책임을 묻기는 어렵다. 그런 경우 엔지니어에게도 책임이 전가될 수밖에 없게 된다. 이러한 점은 기술사회가 가지는 불가피한 특성이라 할 수 있다. 앞의 사례에서 살펴본 바와 같이 공학적 판단에는 사회적, 정치적, 윤리적 상황들이 포함되어야 하며, 전문가적 판단이 미치는 엄청난 결과 때문에 판단의 적정성과 형평성 등이 함께 고려되어야 하며, 이러한 자체가 윤리적인 판단이 개입된 것이라고 할 수 있다.

그러나 우리나라 공과대학에서는 주로 공학 전공과목을 배우고 졸업 후에도 전공과 관련된 작업에만 집중적으로 일하게 된다. 물론 대학 1~2학년에서 사회학, 역사학과 철학 등 일반 교양과목을 배우기는 하지만, 그것들이 자신의 전공 또는 졸업 후 자신이 하는 일에 어떠한 영향을 미치는 지는 잘 이해하지 못할 뿐 아니라 엔지니어로서 사회적 책임이 무엇인지를 고민하고 엔지니어의 기본 소양을 쌓는 데에는 미흡하였다.

따라서 엔지니어가 되고자 하는 공과 대학생들은 과학기술과 사회문제를 직접적으로 다루고 엔지니어가 갖춰야 할 기본 소양을 쌓을 수 있는 공학윤리를 배움으로써 엔지니어의 사회적 책임을 이해하고 인식해야 한다. 엔지니어가 가진 공학적 문제를 최소화하면서 올바른 방향으로 나가기 위해서 엔지니어의 합리적이고 윤리적인 사고와 실천이 필요하다. 또한 여러 공학윤리 문제들을 논리적으로 분석하고 윤리적으로 해결하는 방법에 대한 교육이 절실히 필요하다.

1999년 8월에 바람직한 공학교육을 위하여 한국공학한림원, 한국공학기술학회 등 공학 관련 전문 학회들이 참여하여 한국공학교육인증원[43](Accreditation Board for Engineering Education of Korea, ABEEK)을 결성하였다. 여기서는 공학교육인증에 대한 정책, 절차, 기준 등을 결정하고 이를 시행하고 있다. 현재 공학교육인증원에서는 공과 대학생들에게 공학윤리를 필수 교과목으로 가르치도록 권장하고 있다.

공학윤리의 교육 목표는 미래의 엔지니어들에게 공학의 도덕적 복합성을 효과적으로 다룰 수 있는 능력을 키우는 것이다. 따라서 공학윤리 학습은 도덕적 질문에 대해 명확하고 논리적으로 생각할 수 있는 엔지니어의 능력을 강화시키고 엔지니어의 도덕적 자율성을 신장시키는 것이 목적이다. 자율은 "자기 결정" 또는 "독립"을 의미하고 도덕적 자율은 도덕적 관심을 바탕으로 윤리적인 문제들에 대하여 이성적으로 생각하는 습관을 의미한다. 따라서 공학윤리의 목표인 도덕적 자율성은 도덕적 쟁점에 대하여 비판적으로 그리고 독립적으로 생각하는 능력과 이를 공학 실행 과정에서 엔지니어가 맞는 상황에 적용하는 능력을 의미한다. 마이클 데이비스(Michael Davis)는 "엔지니어처럼 생각하기(Thinking Like an Engineer)"에서 직업적 자율성에 대해 언급하였다. 직업적 자율성이란 엔지니어가 고용주의 명령으로부터 자유로워지는 것을 의미하는 것이 아니라 엔지니어들의 직업상의 책임과 관련된 공학 문제들에 대해 자율적인 결정을 내릴 수 있다는 것을 의미한다고 그는 주장하였다. 엔지니어가 조직의 고용인으로 있는 이상 고용주의 명령을 전적으로 무시하거나 거부할 수는 없다. 이러한 사실 때문에 엔지니어가 의사나 변호사에 비해 상대적으로 가지는 직업적 기능의 한계인 것이다.

엔지니어의 자율적 사고에 도움이 될 다양한 실용적인 기술들을 향상시킴으로써 도덕적 문제에 내해 신중하게 생각하는 능력을 향상시킬 수 있으며, 공학윤리와 관련된 기술은 다음과 같다[44].

43) 한국공학교육인증원 홈페이지 http://www.abeek.or.kr
44) 전영록 외 공역, 공학윤리 4판 (교보문고, 2009) pp.12~13

(1) 도덕적 인식: 공학에 있는 도덕적 문제점들과 쟁점들을 인지하고 숙달하는 것
(2) 적절한 도덕적 추론: 도덕적 문제들의 반대편에 대한 논쟁을 이해하고 명확하게 분석 평가하는 것
(3) 도덕적 일관성: 관련된 사실의 중요성에 근거하여 일관되고 포괄적인 견해를 갖는 것
(4) 도덕적 상상력: 도덕적 문제들에 대한 대안적 반응을 식별하고 실질적인 어려움에 대하여 창의적 해결 방안을 수용하는 것
(5) 도덕적 의사소통: 일반적인 윤리 언어의 사용 정확성, 즉 다른 사람들에게 적절하게 자신의 도덕적 견해를 표현하고 입증하는데 필요한 것

4.5 엔지니어가 지켜야 하는 공학윤리헌장

윤리헌장(Code of Ethics)은 전문직 직업을 유지하는데 필요한 정신을 포함하고 있으며, 전문 직업인으로써 윤리적 판단을 위한 기본적인 틀을 제공하고 윤리적 판단을 내리는데 있어 기준점을 제시한다. 따라서 전문직에 종사하는 엔지니어도 공학윤리헌장이 꼭 필요하다. 엔지니어가 전문가로써 공공의 안전을 지키려는 윤리적 양심과 태도를 발휘함에 있어, 사회로부터(특히, 고용주나 경영자로부터) 보호받을 수 있는 장치[45]가 반드시 있어야 한다. 이때 공학윤리는 엔지니어의 자율적 책임과 권리에 대한 보호 장치일 뿐 아니라, 공학윤리의 결과를 기업과 사회가 수용할 수 있도록 만드는 장치이기도 하다. 이는 고용주가 엔지니어에게 취하는 비윤리적인 행위에 대한 방어 장치가 되는 것이다. 이러한 윤리헌장은 새로운 도덕적 원리를 만드는 것이 아니라 기존의 윤리적 원리를 실제로 어떻게 적용하여 활용할 것인지를 보여준다. 따라서 애매모호한 여러 해석이 가능한 문구들은 오히려 엔지니어에게 혼란을 야기시킬 수 있기 때문에 실효성 측면에서 도움이 되질 않는다. 따라서 윤리헌장은 다음과 같은 특성을 가져야 한다.[46]

45) 공학윤리헌장은 고용주가 엔지니어에게 취하는 비윤리적인 행위에 대한 방어 장치가 되기도 한다. 실례로, 미국 샌프란시스코 고속전철회사에서 철도차량을 설계한 후, 시험운전 과정에서 제어 시스템에 대한 결함이 있음을 지적하고, 3명의 엔지니어를 해고하였다. 그들은 면직 후 곧바로 소송을 제기하였고, IEEE 윤리헌장이 판결 과정에서 중요한 역할을 하며, 결국 승소 판결을 받았다. [출처: 공학윤리, 북스힐]

46) C MacDonald, “Creating a Code of Ethics for Your Organization“, Dalhousie University, Philosophy Dept., Halifax, Canada에서 기술하였으며, “공학윤리(배원병 외, 북스힐)”, pp.19에서 인용하였다.

(1) 구체성 - 지켜야할 사항은 구체적으로 명확하게 표현되어야 한다.
(2) 투명성 - 조문은 애매모호해서는 안 되며, 투명해야 한다.
(3) 논리성 - 조문 사이에는 상호충돌이 없어야 한다.
(4) 보편성 - 구성원이면 신분에 상관없이 누구에게나 적용되어야 한다.
(5) 체계성 - 조문의 순서는 중요도에 따라 정하도록 한다.

대부분의 전문 단체나 기관, 협회는 윤리헌장을 가지고 있지만, 현실적으로 잘 이행되지 않고 있다. 공학 분야에서 잘 이행되지 않는 이유는 소수의 엔지니어만이 엔지니어 협회 회원으로 가입되어 있기 때문이기도 하며, 회원들 역시도 윤리헌장의 내용에 대해 잘 모르고 있기 때문이다. 또한 공학윤리헌장이 실제 상황에 적용하기가 어려울 때도 있다.

다음은 국내외적으로 대표적인 몇 개의 윤리헌장 사례이다. 미국 전기전자공학회(IEEE, Institute of Electrical and Electronic Engineers)와 미국 전문엔지니어협회(NSPE, National Society of Professional Engineers), 한국과학기술단체 총연합회, 한국공학인증원의 윤리헌장이 있다. 이들 중에서 IEEE 윤리헌장과 NSPE 윤리헌장이 관심을 끄는 이유는 서로 간의 대조적인 부분이 있기 때문이다. IEEE 윤리헌장은 엔지니어의 사회적 책임을 강조하는 반면에 NSPE 윤리헌장은 엔지니어의 고용주에 대한 의무를 강조한다. 또 다른 차이로는 IEEE의 경우 특정 분야의 엔지니어를 위한 윤리헌장인 반면에 NSPE는 엔지니어 전체를 대표하는 윤리헌장이다.

다음은 IEEE 윤리헌장[47]에 나오는 서문과 10개의 조문이다. IEEE 윤리헌장은 고용주에 대한 의무 조항이 없고 환경 보호에 대한 의무 조항이 있다는 것이 특징이다. 이는 엔지니어와 고용주의 윤리적 충돌을 피하고 엔지니어의 윤리적 의무와 권리를 강조하면서 환경 보호에 대한 의무를 중요시 다루려는 의도가 있다는 것이다. 이러한 관점에서 볼 때 IEEE 윤리헌장은 직업윤리보다는 개인윤리를 보다 중시하고 우선적임을 밝히고 있다.

47) 참고로, IEEE 윤리헌장의 영어 원문은 http://dusk.geo.orst.edu/ethics/codes/IEEE_code.pdf 또는 http://www.ieee.org/portal/cms_docs/about/CoE_poster.pdf 에서 확인할 수 있다.

IEE 윤리헌장

우리 IEEE 학회 회원들은 전 세계를 통하여 삶의 질에 영향을 미치는 우리의 기술의 중요성을 인식하고, 우리의 직업, 학회 구성원 그리고 우리가 봉사하는 공동체에 대한 개인적인 의무를 받아들이는데 있어서, 최상의 윤리적, 전문가적 행위를 수행할 것을 서양하고, 다음 사항들에 동의하는 바이다.

1. *공공의 안전, 건강, 복지에 관련된 공학적 결정을 하는 경우, 인간이나 환경을 위협할지도 모르는 요인들을 즉시 알린다.*
2. *실제적이거나 예상되는 이해충돌은 가능한 한 언제든지 피라고, 그러한 충돌이 있을 때에는 당사자들에게 이를 알린다.*
3. *청구 또는 평가에 대한 진술은 타당한 자료에 근거해야 하며, 정직하고 현실적이어야 한다.*
4. *어떤 형태이든 뇌물을 거절한다.*
5. *기술과 그 적절한 응용 그리고 잠정적 결과에 대한 이해를 향상시킨다.*
6. *우리의 기술적 역량을 유지하고 향상시키며, 오직 훈련이나 경험에 의해 자격이 부여될 때만, 혹은 관련된 한계점이 완전히 밝혀진 후에 타인을 위한 기술적 과제를 맡는다.*
7. *기술적인 일에 대하여 진솔한 비판을 추구하며, 수용하고, 제공한다. 또 잘못을 범했을 때에는 이를 인정하고 바로 잡으며, 다른 사람들이 기여한 바를 올바르게 인정한다.*
8. *인종, 종교, 성별, 장애, 나이, 출신 국가에 관계없이 모든 사람들을 공평하게 대한다.*
9. *다른 사람들의 신체, 재산, 명성이나 직업을 거짓되고 악의적으로 행동으로 상해하는 것을 피한다.*
10. *동료나 동업자가 전문가적인 발전이 있도록 돕고, 이 윤리강령을 준수하도록 조력한다.*

NSPE 윤리헌장은 서문과 6개의 기본 조문을 가지고 있다. IEEE 윤리헌장은 간결한 조항만을 기술하였으나, NSPE 윤리헌장은 상세한 조항을 담고 있다.

NSPE 윤리헌장

공학은 중요한 그리고 학식이 있는 전문직이다. 이러한 전문직의 일원으로서, 엔지니어들은 최고 수준의 정직성과 청렴함을 보여주리라고 기대한다. 공학은 인간의 삶의 질에 직접적으로 지대한 영향을 준다. 따라서 엔지니어들에 의해 제공되는 서비스는 정직, 공명전대, 공평 그리고 평등함이 있어야 하며, 공공의 건강, 안전 그리고 복지를 유지하는데 활용되어야만 한다. 엔지니어들은 윤리적 행위의 최고 원리들을 지켜야 하는 전문가적 행위의 기준에 근거하여 행동해야 한다.

엔지니어들은 자신들의 전문적인 업무를 수행함에 있어서, 다음 사항들을 지켜야 한다.

1. *공공의 안전, 건강과 복지를 최우선으로 고려하여야 한다.*
2. *자신이 능력 있는 영역에서만 일을 한다.*
3. *공적인 진술서는 객관적이고 진실 되게 발행한다.*
4. *고용주 또는 고객에 대하여 충실한 대리인 또는 수탁자로 행동한다.*
5. *사기 행위를 하지 않는다.*
6. *전문직의 명예, 명성 그리고 실용성을 높이기 위하여 스스로 명예롭게, 책임감 있게, 윤리적으로, 그리고 합법적으로 행동한다.*

다음은 한국과학기술단체 총연합회의 윤리헌장이다. 5개의 조항으로 이뤄져 있다.

한국과학기술단계 총연합회의 윤리헌장 "과학기술인의 신조"

우리 과학기술인은 과학기술의 창달과 진흥을 위하여 국가발전과 인류복지가 이룩될 수 있음을 확인하고 다음과 같이 다짐한다.

1. *우리는 창조의 정신으로 진리를 탐구하고 기술을 혁신함으로써 국가발전에 적극 기여한다.*
2. *우리는 봉사하는 자세로 과학기술 진흥의 풍토를 조성함으로써, 온 국민의 과학적 정신을 진작한다.*
3. *우리는 높은 이상을 지향하여 자아를 확립하고 상호 협력함으로써 우리의 사회적 지위와 권익을 신장한다.*
4. *우리는 인간의 존엄성이 숭상되고 그 가치가 보장되는 복지 사회의 구현에 헌신한다.*

다음은 대한기계학회의 윤리헌장에 나오는 3개 정신과 7개 규범이다.

대한기계학회 윤리헌장

대한기계학회는 모든 회원들에게 다음과 같은 윤리적 실천을 요구한다. 회원들은 기계공학 전문가로서의 청렴, 명예, 권위를 다음과 같은 방법으로 지켜 나아간다.

가. 기본 정신

1. *우리는 인류의 복지 향상과 지속 가능한 성장을 위해 지식과 기술을 사용한다.*
2. *우리는 정직하고 공정하게 처신하며 타인, 고용주, 고객에게 성실하게 봉사한다.*
3. *우리는 기계공학자 또는 기술자로서의 경쟁력과 권위를 높이기 위해 열심히 노력한다.*

나. 기본 규범

1. *우리는 공공의 안전, 건강, 복지를 최우선으로 고려하며, 전문적인 의무들을 이행함에 있어서 지속 가능한 개발의 원칙을 따른다.*
2. *우리는 자신의 자격 범위 안에서만 기술적, 지적 서비스를 제공한다.*
3. *우리는 자신의 경력을 쌓아나가면서 직업적인 발전을 지속하고 휘하에 있는 기술자들에게도 직업적 발전의 기회를 제공한다.*
4. *우리는 고용주나 고객에게 충실한 대리인이나 수탁자로서의 전문가적 직업의식을 가지면서 행동하며, 이해의 충돌이 있을 시에는 당사자(고객, 고용주)에게 객관적인 정보를 제공한다.*
5. *우리는 전문 지식과 관련된 서비스를 제공함으로써 직업적 명성을 쌓아가고 타인과 불공정하게 경쟁하지 않는다.*
6. *우리는 사회적으로 공인된 조직이나 개인하고만 공식적으로 교류한다.*
7. *우리는 객관적이고 정직한 방법으로만 공공의 문제를 제기한다.*

다음은 공학교육인증원에서 지정한 윤리헌장이다.

한국공학교육인증원 윤리헌장

한국공학교육인증원은 우리나라 공학교육의 발전을 촉진하고 실력과 경쟁력을 갖춘 공학기술 인력을 양성하기 위하여 공학교육 프로그램에 대한 엄정하고 공정한 평가와 인증 관리를 수행한다. 한국공학교육인증원의 사명을 수행하는데 참여하는 모든 자원봉사자와 직원은 윤리적으로 행동하며, 정직하고 성실한 태도로 공공의 선을 위하여 양심적으로 행동한다. 모든 일을 최고의 전문성을 가지고, 공평하고 공정하게 맡은 바 책임을 다한다.

1. *평가와 판정은 소정의 기준과 공공의 안전, 건강, 복지에 부합되도록 하는 책임을 인정한다.*
2. *자신의 전문지식을 발휘할 수 있는 분야에서 일을 수행한다.*
3. *책임 있는 공인원의 대리인으로서 행동하며 객관적이고 신뢰할 수 있는 공적 발언과 충실한 태도를 가진다.*
4. *인증 및 평가와 관련하여 개인적인 이해관계가 있을 때는 이를 즉시 밝히고 이 일에 관여하지 않는다.*
5. *법에 공개하도록 되어 있거나, 공개하지 않으면 공공에 피해가 우려되는 경우를 제외하고는 인증과정에서의 평가 및 판정과 관련된 모든 사항을 비밀로 유지한다.*
6. *공인원의 명성과 사회적 기여도를 높이도록 명예롭고 윤리적이며 합법적으로 행동한다.*
7. *인종, 종교, 성, 장애, 연령, 국적과 상관없이 모든 사람을 평등하게 대한다.*
8. *동료가 전문 직업인으로서 성장할 수 있도록 도우며, 윤리헌장을 준수할 수 있도록 지원한다.*

다음은 공학인증원에서 지정한 윤리헌장이다.

한국공학인증원 윤리헌장

엔지니어들은 자신들이 종사하는 직업의 청렴과 명예와 존엄성을 다음과 같은 행위를 함으로써 제고하고 발전시킨다.

1. *우리의 지식과 기술은 인류의 복지를 고양하는데 사용된다.*
2. *공정하고 편견을 가지지 않으며, 공익과 우리의 고용주와 고객을 위해 성실히 복사한다.*
3. *전문 기술자의 자격과 명성을 증대시키는 데 노력하고,*
4. *우리 교육의 전문적이고 기술적인 단체들을 후원하는데 노력을 다한다.*

앞에서 살펴본 사례를 통하여, 국내 협회 또는 학회의 윤리강령은 간결한 조항만을 내포하는 윤리헌장과 비교해 보아도 너무 짧게 느껴진다. 다시 말해서 엔지니어들이 윤리적 문제에 봉착했을 때 해결을 위해 참고할 만한 내용이 없다는 것과 엔지니어들이 일반 시민을 위한 사회적 책임에 대한 의식이 부족하다는 것을 의미한다.

4.6 예방 측면으로 접근하는 공학 윤리

공학적 결정과 판단은 사회적, 경제적인 상황과 함께 윤리적인 판단도 포함되어야 하며, 엔지니어는 재난 발생 시에 기술적인 문제뿐만 아니라 윤리적인 입장에서도 책임 소재를 논의해야 한다고 앞에서 언급하였다. 이는 공학과 윤리는 서로 밀접한 연관 관계를 가진다는 것을 의미하며, 공학윤리를 배워야 하는 목적이다. 이러한 관점에서 공학윤리는 공학적 재난을 예방하는 것으로 초점을 맞추어야 한다.

4.6.1 예방주사로서의 공학 윤리

예방윤리는 질병을 예방하는 예방의학과 유사한 개념을 가진다. 심각한 병을 앓기 전에 건강에 필요한 것들을 돌봄으로써, 그러한 병이 발생하지 않도록 예방할 수 있을 것이다. 이와 마찬가지로, 윤리적 위기로 발전할 수 있는 안건을 사전에 예방하도록 하는 윤리가 예방 윤리이다. 공학윤리는 이러한 윤리적 위기로 가는 문제들을 미리 예상하고 대처함으로써 그러한 위기가 발생하지 않도록 대처하는 성격을 띤다.

공학적 실패 사례에서 살펴본 바와 같이 공학윤리는 그러한 현장에 가상적으로 처해보고 가상적인 사고의 시나리오를 설정하여 사고를 원천적으로 막거나 피해를 최소화하는 사전에 예방할 수 있도록 도와준다. 다시 말해, 윤리적 위기로 비화될 수 있는 윤리적인 문제들을 미리 예상해 봄으로써 그러한 위기가 발생하지 않도록 대처하는 것이 목적이다. 이러한 측면에서 예방 윤리는 2가지를 포함한다. 첫 번째로, 엔지니어들은 전문가로서 자신의 행동에 의한 가능한 결과들, 특히 윤리적 차원에서 도출되는 결과들을 예측하기 위하여 여러 문제 결과들을 예상할 수 있어야 한다. 두 번째로, 엔지니어들은 그러한 결과들에 대해 효과적으로 대처할 수 있는 방안들을 생각할 수 있어야 하고, 윤리적으로 어떤 것이 옳은지를 결정할 수 있어야 한다.

재난에 관한 구체적인 사례들을 통하여 재난에 따른 윤리적 접근 부족이 얼마나 중요하며, 예방을 위한 공학 윤리의 중요성을 논의하기로 한다. 이러한 과정에서 재난이 재발하는 것을 예방하기 위해서는 재난이 왜 일어났는가의 원인을 찾아보고 설명할 수 있어야 한다. 앞서 언급한 사례들을 통하여 재난에 대한 공학적 실패, 경영적 실패와 윤리적 실패 등의 여러 가지 원인을 살펴봐야 한다.

먼저, 첫 번째 사례인 챌린저호 폭발 사고에 대해 생각해 보자. 챌린저호의 경우에 공학적 실패는 오링의 설계 실패에 초점을 맞출 수 있다. 낮은 온도에서는 오링이 제대로 동작하지 못하고 다른 실링의 부재와 연료 누출 등으로 인하여 참사가 발생했다고 보면 이는 분명하게 공학적 설계 실패라고 할 수 있다. 경영적 측면에서 살펴보면, 엔지니어의 발사 연기 권고를 받아들이지 않고 경영자들의 판단으로 발사를 결정하였다. 이는 예정대로 발사가 될 경우 2차 계약을 협약하는데 유리한 입장이 될 것이므로, 공학적 문제로 인한 어려운 상황에서도 발사를 강행했던 것이다. 그 결과로 챌린저호는 폭발된 것이라고 설명하면 이는 경영적 판단 실패라고 할 수 있다. 윤리적인 측면 살펴보면, "발사를 결정한 경영진들이 챌린저호의 탑승자였다면 엔지니어의 권고를 듣고도 발사를 승인할 수 있었는가?" "탑승했던 우주비행사에게 엔지니어의 권고가 정확하게 전달되었을 때 우주비행사들이 위험을 무릅쓰고 챌린저호에 탑승을 했겠는가?"를 고려해 볼 수 있다. 아마도 아무도 탑승하지 않았을 것이다. 결국 발사를 승인한 경영진들의 비윤리적인 태도가 재난의 주요 원인으로 제공되었다고 한다면 이는 윤리적 실패라고 할 수 있다. 또한 공공의 안전을 위한 공학적 결정에서는 그러한 사실을 즉시 알린다는 IEEE 윤리헌장에 따르지 않았다고 할 수 있다.

이렇듯 공학적 실패, 경영적 실패와 윤리적 실패가 명백하게 나타날 때 어떠한 사고 원인이 가장 타탕한 설명이라 받아들일 수 있을까? 공학설계의 실패는 이미 알고 있었던 사실이고, 그러한 정보를 이용하는 사람들의 비윤리적인 결정이 공학설계의 실패보다 근본적인 원인이 된다고 볼 수 있다. 그렇게 보는 이유로는 최고경영자 자신들이 챌린저호에 탑승해야만 했다면 아마도 그 상황에서 챌린저호의 발사를 승인하지 않았을 것이기 때문이다. 사고 예방측면으로 설명을 한다면 결국 윤리적 실패에서 원인을 찾을 수 있게 된다.

다음 대구 지하철 화재 사건에 대해 살펴보자. 화재 참사사고 역시 세 가지 형태인 공학적, 경영적, 윤리적 측면에서 설명한다. 공학적 관점에서 보면, 대구 지하철 화재사건은 챌린저호의 경우와 같이 분명하게 나타나지 않았기 때문에 공학적 실패라고 보기에는 앞선 사례와는 다르게 접근해야 한다. 챌린저호는 오링의 기능에 대한 공학적으로 설계가 폭발사고에 직접적인 원인이 되었지만, 지하철 참사의 경우는 최소한의 운행 환경에서는 별 문제가 없었기 때문이다. 지하철의 경우 수많은 승객들이 이용하는 교통수단으로 모든 사람들에게 사고의 위험이 노출되어 있다고 할 수 있다. 따라서 공공의 안전을 가장 중요하게 고려해야 하는 설계 구조를 요구한다. 즉 화재나 폭발과 같은 사고가 발생할 경우, 어떻게 하면 지하철로부터 공공의 안전이 보장될 수 있는지를 고려하는 설계이어야 한다. 또한, 지하철은 일반 대중과의 접촉이 많기 때문에 화재 또는 폭발과 같은 사고들에 노출 가능성이 높다고 할 수 있다. 따라서 이러한 위험에 의해 안전을 보장할 수 있는 또는 사고가 발생하더라도 초기에 사고를 최소화할 수 있는 안전장치들을 고려하여 설계되어야 한다.

이러한 관점에서 볼 때, 철도차량에 화재가 발생한 것 자체도 문제가 될 수 있다. 외국의 경우 철도차량 내부에는 불연재를 사용하도록 되어있지만, 내수용 철도차량에는 불연재를 사용하지 않았다는 것만으로도 공학적 설계에 문제가 있다고 할 수 있다. 또한 화재 감지 즉시에 전력이 자동으로 차단되도록 설계된 시스템은 화재 확산 방지를 위해 만들어졌지만 전력 차단으로 인하여 출입문 자동 개폐, 환풍기 중단으로 탈출과 구조를 어렵게 만들었다. 더욱이 맞은편에 정차한 열차는 운행이 중단되고 종합관제실과의 통신망까지 동작하지 않는 바람에 더 많은 희생자를 초래하게 되었다. 지하철역 설계도 간과할 수 없는 문제점을 가지고 있었다. 수익성을 고려한 공간 설계로 인하여 지하철 승강장은 지하 3층 구조로 되어 있었기에 승객들의 지상대피도 어려웠을 뿐 아니라 유독가스의 외부 유출과 밖에서의 깨끗한 공기 유입이 어려웠다. 이러한 공학설계를 고려해 볼 때 대구 지하철 참사 사건은 공학적 실패에서도 하나의 원인을 찾을 수 있다.

경영 문제를 생각해 보자. 앞에서 언급한 여러 공학적 설계 문제를 가지고 있으면서도 설계 실패를 묵인하고 지하철을 운행한 것이다. 불연재 미사용, 출입문 자동 개폐기 및 환풍 기능의 동작 오류, 전력 차단에 따른 관제실과 열차간의 통신 미작동 등의 상황은 경영 및 운영상의 실패라도 볼 수 있다.

윤리적 문제를 생각해 보자. 철도차량이 화재에 취약하고 작은 화재가 발생하더라도 인명 피해가 일어날 수 있다는 것을 알고 있다면 과연 누가 지하철을 이용할 것인가? 아무도 지하철을 타지 않을 것이고 다른 대중교통 또는 자가용을 이용했을 것이다. 다만 이러한 대안이 없는 사람들만이 지하철을 이용할 것이며, 위험할 수도 있다는 사실과 위험 발생 시에 대비한 어떠한 사실도 알려주지 않은 것은 경영자들이나 엔지니어들의 비윤리적인 태도라고 할 수 있다. 이와 같이 황금률[48]을 위반했다는 것만으로도 윤리적 실패라 말할 수 있다.

추가적으로 당시 상황을 되짚어보면, 직접적인 윤리적 실패를 설명할 수 있다. 화재 사실을 통보받은 종합관제사령실에서는 정확한 사태 파악과 즉각적인 대응을 못하였던 것, 화재 사실을 알고 반대편에서 접근하던 1080호 열차의 기관사는 기본 안전수칙을 무시하고 정차를 했던 것, 설계 및 제작, 관리, 감리 엔지니어들의 표준적 안전수칙을 위반한 것, 기관사나 종합사령실, 지하철 관계자들의 부실한 방재 관리 등은 결과적으로 공학 문제에 대한 윤리적 대처의 실패라 할 수 있다. 평소의 위기관리 또는 위험 발생 시의 대응이 좀 더 신속 정확하게 이뤄졌다면 대형 참사로 발전하지는 않았을 것이다. 다시 말해, 한 개인의 화풀이식 테러행위가 발단이 되었고 우리들의 안전 불감증(부실한 방재관리 및 위기 상황에 대한 미흡한 대처 등)이 함께 어울러져 대형 참사를 불러오게 되었으며, 이는 초기 대응을 잘못하였다는 윤리적 실패로 인한 것이었다.

다음은 한국기자협회에서 2003년 3월에 발표된 보고서[49]의 일부이다. 대구 지하철 참사 사고에 대해 화재 발생 초기 5분 동안 관계자들이 대처한 대응에 대해 분석한 내용으로, 보고자료에 의하면 초기의 잘못된 대응으로 인하여 대형 참사를 자초했다고 지적하였다.

---

48) 황금률(Golden Rule) - 신약성서, 마태의 복음서 7장 12절에 나오는 교훈이다. 그 내용은 "너희는 남에게서 바라는 대로 남에게 해주어라"로써, 무엇이든지 남에게 대접을 받고자 하는 대로 본인도 남을 대접하라는 가르침이다. 이는 상호관계의 도덕이라고 말할 수 있으며, 모든 사람은 공정한 대우를 받을 권리가 있는 동시에 다른 이들을 공정히 대우해줘야 할 책임이 있다는 것으로, 인간의 권리의 가장 기초적인 토대가 된다. [출처: 위키]

49) 24회 기자포럼 "재난보도의 문제점과 재난보도준칙제정 방안" (2003년 3월)

(1) 화재발생(18일 9시52분) 직후인 9시53분33초, 검은 연기 등 '이상 징후'가 CCTV에 약 1분30초 동안이나 계속 나타났으나, 이를 이상히 여긴 공사 직원이 없었다는 점이다. CCTV를 볼 수 있었던 근무자는 해당 중앙로역에 6명, 중앙로 인근 7개 역을 관리하는 반월당역 2명, 종합사령실 관계자 2명 등 10여 명이나 됐지만, 화재발생을 이상히 여긴 직원은 아무도 없었다. 또, 1079호 기관사는 53분이 채 되기도 전에 발생한 화재 사실을 55분에야 알려, 희생자를 줄일 수 있는 첫 번째 기회를 놓쳤다는 것이다. 게다가, 기관사는 "전동차에 화재가 발생했다" 가 아니라, "중앙로역에 화재가 발생했다"고 사령실에 보고해 사령실이 화재의 위치나 규모를 제대로 파악하지 못했다.

(2) 9시 55분 30초 진천행 방향의 1080호 전동차가 대구역에서 중앙로역을 향해 출발하던 장면을 모니터로 확인한 사령실은 모든 열차에 "중앙로역에 진입 시 조심해 운전하여 들어가시기 바랍니다. 지금 화재 발생했습니다."라고 했다. '화재발생시 초기진압에 실패할 경우, 진입열차는 무정차로 통과 시키고 후속 열차는 반드시 중지시켜야 한다'는 '종합안전방재관리계획서'의 수칙을 무시하고 "주의운행 하라"고만 지시했다. 이는 결과적으로 가장 피해가 심했던 1080호 전동차를 사고현장으로 밀어 넣은 꼴이 됐다.

(3) 중앙로역으로 들어서던 1080호 기관사가 중앙로 역 진입 200여 미터를 앞두고 짙은 연기를 목격했을 9시56분경 화재사실을 제대로 파악, 진입 전 전동차를 급정거해 후진하거나 무정차로 통과했다면 사고를 피할 수도 있었다.

(4) 1080호 기관사가 중앙로 역 도착 후 문을 열어 유독가스 냄새를 맡은 직후 정확한 상황만 판단했더라면 즉시 승객이 빠져나갈 수 있었다. 어이없게도 그는 20여 분을 우왕좌왕 하다가 휴대폰을 들고 혼자 대피한 것으로 알려졌다.

(5) 화재발생 후 출동한 소방대원들은 4개의 지하출입 통로에만 진입을 시도한 나머지 화재발생 3시간 반이 지난 오후 1시30분에야 지하 3층 현장 접근이 가능해 피해가 커졌다는 분석이다. 예를 들면, 지하 출입구는 당시 화재직후 지하화재의 독가스 배출구가 되어 원천적으로 접근이 매우 어려운 실정이었다. 그렇다면, 중앙로역의 좌우에 위치한 대구역(중앙로역에서 약 900 m거리)과 반월당역(약 700m 거리) 양쪽에서 화재 현장으로 접근을 시도했다면 10분 이내에 진입이 가능해 훨씬 희생자를 줄일 수 있었다는 지적이다.

제시된 사례들을 통하여 사고의 원인은 윤리적 실패가 귀결될 수 있으며, 공학적 시스템이 복잡한 구조를 가지고 있기 때문에 공학적 사고를 통제할 수 있는 방식으로 재난을 설명하면 결국은 윤리적인 설명으로 수렴되며 재난에 대한 예방에 초점이 맞춰진다.

물론 재난이 발생한 후에 사고 설명을 위하여 원인을 규명하면 어떤 요소들을 통제해야 예방이 가능한지 판단하고 결정하는 것은 비교적 쉬워 보인다. 그러나 사고가 발생하기 전에 사고 발생 요소들이 폭넓게 분포될 수 있기 때문에 어떤 요소들을 통제해야 하는지 결정하기는 쉽지 않다. 게다가 공학적 상황이 항상 재난을 발생하는 것도 아니므로 예방 차원으로 통제하기 어려운 것도 사실이다. 따라서 공학 윤리적 입장에서 예방을 위하여 공학윤리가 취해야 할 쟁점은 다음의 3가지를 고려해야 한다.

첫 번째로, 일반윤리는 행위와 결과 그리고 인격의 평가에 적용되지만 공학윤리는 행위에 대한 평가에 초점을 맞춰야 한다. 예를 들어, 원자폭탄 개발에 참여한 엔지니어의 인격에 관하여 고려하지 않고, 위험을 초래한 행위 즉 원사폭탄을 발사하는 행위를 어떻게 윤리적으로 평가하는 가를 문제시 삼는다.

두 번째로 결과주의 측면에서 볼 때, 선(善)보다 해(害)가 큰 행위가 해보다 선이 더 큰 행위보다 윤리적으로 문제시 된다. 예를 들어, 방사능 폐기물 또는 화학 폐기물 처리 시설의 설치 수용, 원자력발전소 설치 등이다. 이러한 문제들은 의무론보다는 결과론적인 접근이 바람직하다. 공학적 재난에 대해 개인의 의무와 책임을 평가하기 보다는 우선적으로 재난을 막아야 하기 때문이다.

특히 공학적 재난은 대형 참사로 확대되는 경우가 많기 때문에 선을 극대화하는 것보다는 해를 최소화하는 것이 무엇보다 중요하다. 앞에서 언급한 대로 공학윤리는 예방 윤리로 접근한다. 그러나 공학적 상황에서는 100%의 위험을 방지하는 예방 또는 조그마한 위험이라도 발생하지 않도록 막는 것은 불가능하다. 따라서 예방윤리에서는 다음과 같은 내용을 다루어야 한다.

(1) 허용 가능한 위험 수준의 판별 - 어떠한 위험은 허용되지만 어떠한 위험은 허용되어서는 안 되는가를 도덕적으로 구분
(2) 이익과 손실의 크기
(3) 위험성에 대한 정부 제공 여부
(4) 위험과 이익의 분배
(5) 위험 여부의 정당성 - 위험의 부여가 정당한 과정에 의해 주어졌는지를 판별

세 번째로, 엔지니어의 윤리의식과 윤리헌장 준수이다. 공학과정에서 윤리적 실패는 하나의 문제로부터 야기되는 것이 아니고 비윤리적 행위가 곳곳에 개입되어 있다가 하나의 촉발효과가 발생되면서 거대한 재난으로 발전할 수 있다. 따라서 사회의 심각한 위험 또는 재난을 방지하기 위해서 공학윤리는 그러한 여러 부분 하나하나에 대해 예방하는 노력이 필요하다. 비록 공학윤리헌장에 입각하여 엔지니어의 전문가적 입장과 조직봉사자로써의 관계가 명확해졌다고 하더라도, 조직에서 엔지니어에게 강압적인 권력을 행사할 경우 안전에 대한 윤리적 실패가 초래할 수도 있다. 챌린저호 사고가 그러한 사례이다. 엔지니어의 우주왕복선 발사 취소 권고를 무시하는 경영진의 의사결정이 있었던 것이다. 따라서 공학윤리는 엔지니어에게만 적용되는 학문적 문제가 아니라 엔지니어를 포함하여 경영진과 일반인들에게도 공학적 판단과정에서 윤리적 문제를 해결할 수 있는 사회적 장치로써 자리를 잡아야 할 것이다.

4.7 결론

공학은 인간의 삶의 질을 향상시키고 사회적 욕구를 충족시키기 위하여 공학 결과물을 만들어 내지만, 공학적 문제가 점차 복잡해지고 거대화되면서 문제 해결을 위하여 공학뿐만 아니라 사회적, 경제적, 정치적, 윤리적인 면도 함께 고려해야 한다. 공학 결과물이 엔지니어에 의해 만들어진 것으로만 판단하지만, 실제적으로는 사회적 요구와 경제적 제도를 기반으로 생산되고 운용되기 때문이다. 따라서 공학적 판단과 결정에는 사회적, 경제적인 상황과 함께 윤리적인 판단도 포함되어야 하며, 공학을 수행함에 있어 엔지니어는 공학윤리에 대한 깊은 논의가 필요하다.

공학윤리는 전문가 윤리로써, 그 자체는 모든 사람들이 가져야 하는 윤리적 의무인 개인 윤리와 구별되어진다. 공학은 과학과 달리 사회와 직접적인 상호작용이 이루어지며, 엔지니어의 공학적 판단은 과학과 같이 실험실 내에 국한되지 않고 사회에 직접적인 영향을 미치게 된다. 이러한 판단이 올바르게 이뤄지지 않을 경우 사회에 심각한 위험을 가져올 수 있기 때문에 엔지니어는 전문가적 공학 지식 못지않게 공학윤리도 매우 중요하다고 할 수 있다. 공학윤리를 배우는 목적은 책임 있는 공학을 실천하는 것이며 예방 윤리의 실천, 즉 공학의 결과물에 대해 이후의 심각한 문제를 피하도록 하는 윤리적이고 공학적인 판단과 결정을 실행하는 것이다.

토론 주제

1. 사회적 대형 사고에 사례를 1개 이상 찾아보고, 공학적 윤리에 대해 논하시오. ① 사고 개요, ② 사고 원인, ③ 원인 분석과 사고 후 대책 또는 나타난 현상과 ④ 공학적, 경영적, 윤리적 실패에 따른 인과적 설명을 토론하시오.

2. 2008년 2월에 발생한 숭례문 화재에 대해 여러 사고 분석들이 있다. 국보1호인 숭례문 화재 사건에 대해 누구의 책임이며, 앞으로 이러한 사고가 발생하지 않기 위해서 어떤 안전 대책이 필요한지 논의하시오.

3. 공공의 안전을 위한 공학 설계로 Safety through Design 개념이 도입되고 있다. 이는 위험요소 분석과 사고 발생 가능성 평가를 시공이나 제작 또는 완성 전 설계 및 엔지니어링 상태에서 실시함으로써, 손해가 수용가능한 수준이 제어하는 것이다. 우리 실생활에서 볼 수 있는 Safety through Design 개념이 반영된 공학 결과물을 조사하시오.

참고문헌

1. 공학윤리 (배원병 외, 북스힐)

2. 공학인증을 위한 공학윤리 (이대식 외, 도서출판 인터비젼)

3. 공학윤리 (김유신 역, 북스힐)

4. 공학윤리 4판 (전영록 외, 교보문고)

5
CHAPTER

기술과 특허

5.1 서언

과거 농업 시대에서는 농사를 지울 수 있는 공간 즉 농토를 얼마나 보유하고 있는가에 의해 경쟁력이 좌우되었고 공업 시대에서는 자본과 기술에 의해 경쟁력이 결정되었다. 지식기반의 경제 시대에서는 지식재산권에 의해 독점적인 비즈니스 권리가 보장되기 때문에 지식소유권을 포함하는 무형의 자산을 얼마나 보유하고 있는가에 의해서 경쟁력이 결정된다고 할 수 있다.

세계는 지식과 기술 중심의 지식 기반 경제 사회로서 과학기술을 바탕으로 이루어진다. 오늘날 과학기술은 급속하게 발전하고 있으며, 기술 경쟁 사회에서 살아남기 위해서 국가 또는 기업들은 많은 연구 개발비를 투자하여 신기술 개발에 노력하며, 개발된 신기술들은 특허 제도를 이용하여 보호받고 있다. 한 마디로 말해서, 지식재산권이 국가와 기업의 부를 창조하는 시대이다. 국가와 기업의 경쟁력을 강화하는 것은 곧 경쟁력의 핵심인 지식재산을 강화해야 한다는 뜻이며, 기업은 여러 가지 방안을 강구하여 자사의 기술을 보호하고 이러한 지식재산을 경제적 이익을 도출하는데 활용하고 있다.

실례로, 일본 캐논사는 전통적으로 지식재산권을 담당하는 사람을 개발 초기부터 투입시켜서 특허를 염두에 둔 연구개발을 진행한다. 지식재산권 담당자는 연구개발 이전 단계에서부터 미리 어떤 특허가 있는지 면밀히 조사하여 특허 전략을 세우고 연구개발 담당자와의 유기적인 협력구조를 통하여 개발 결과에 대한 특허 취득을 집중적으로 관리한다. 캐논(Canon) 최고경영자였던 후지오 미타라이는 다음과 같은 말을 하였다.

> *"나는 연구자들에게 아카데믹한 논문보다 특허명세서를 많이 읽게 하고 논문보다 특허를 더 많이 생산하도록 격려한다. 그렇게 함으로써 앞으로 특허에 강한 몇몇 기업만이 살아남을 수 있는 지식재산권 시대에 대비하는 것이다."*

오늘날 많은 기업들이 특허에 지속적인 관심을 가지면서 특허 전략을 수립하는 등 기업이 기술을 개발하고 연구하는데 지식재산권[50]을 적극 활용하고 있다. 이에 본 장에서는 공학 기

50) 세계지식재산권기구(WIPO)의 설립협약에 의하면, "지식재산권"이란 문학 · 예술 및 과학 작품, 연출 · 예술가의 공연 음반 및 방송, 모든 분야에 있어서의 인간 노력에 의한 발명, 과학적 발견, 공업의장,

술과 관련하여 기술에 대한 보호 장치의 역할을 하는 지식재산권과 기업의 특허 전략에 대해 살펴본다.

5.2 지식재산권

5.2.1 지식재산권이란?

재산권(財産權)이란 개인이나 그룹이 경제적 이익을 목적으로 하는 권리를 의미하는 법적 용어이다. 이러한 재산권을 말할 때 흔히 특정의 독립된 물건 자체를 객체로 하여 권리를 실현하는 물권(物權)과 특정인의 행위를 그 객체로 하여 권리를 실현하는 채권(債權)이 있다. 자본주의 사회에서 이러한 물권과 채권은 사유재산을 형성하는 가장 기본적이고 중요한 재산권이 된다. 이러한 재산권을 효과적으로 보호함으로써 사회의 안정과 평화가 유지될 수 있으며, 이를 위하여 제정된 기본적인 법 제도가 민법(民法)이다.

현대에 이르러 이러한 민법이 보호 대상으로 하는 재산권의 범위를 확장하여, 인간의 지능적, 정신적 창작물(創作物)을 또 다른 재산 가치로 인정하여 권리로서 보호를 요구하게 되었다. 이러한 창작 가치에 대한 권리를 무체재산권(無體財産權)으로 구분하여 인간의 정신적 활동에 대한 무형물을 보호하고 있다. 무체재산권은 지식재산권(知識財産權) 또는 지적재산권(知的財産權, Intellectual Property Rights)이라는 용어로 사용되었는데, 최근에 지식재산권[51]으로 일원화되고 있다.

지식재산권은 지적 창작물에 부여된 재산권에 준하는 권리를 의미한다. 이러한 지식재산권

등록상표, 서비스표, 상호 및 기타 명칭, 부당경쟁에 대한 보호에 관한 권리, 공업, 과학, 문화 또는 예술분야의 지적 활동에서 발생하는 모든 권리를 포함한다고 정의하고 있다(협약 제3조). 산업자원부, 2006.

51) 최근에 지적재산권(知的財産權)이란 용어 대신 지식재산권(知識財産權)이란 용어를 사용하고 있다. 지적재산권은 원래 일본에서 사용하던 용어이고 한국말로 바꿔 표기하기 위하여 대한민국 특허청에서 '지직재산' 내신에 '지식재산'이란 용어를 만들어 사용하고 있다. 그러나 학계나 법조계에서는 아직까지 지적재산권이란 용어를 사용하고 있으며, 이에 따라 특허청에서 1998년 특허행정 정책자문위원회의 심의를 거쳐 지식재산권으로 이름을 고쳐 사용하기로 하였다. 그러나 2007년 한미 FTA 협정문에서는 지적재산권이란 용어를 사용하고 있고, 한국의 행정 부처들에서는 모두 '지적재산권' 이란 용어를 사용하고 있다. [출처: 위키 백과사전] 이에 대해, 본 교재에서는 특허청에서 사용하는 지식재산권으로 용어를 통일하여 기술한다.

지식재산권	구분	내용
산업재산권	특허	기술적 창작으로 원천 핵심 기술(대발명)
	실용실안	실용성 있는 개량 기술(소발명)
	의장	물품의 형상, 모양, 색채 등 심미감을 느낄 수 있는 창작
	상표	타 상품과 식별할 수 있는 기호, 문자, 도형 또는 이들의 결합
저작권	협의의 저작권	문학, 예술적 창작물
	저작인접권	실연자, 음반제작자, 방송사업자 권리
신지식재산권	첨단산업재산권	반도체집적회로 배치 설계, 생명공학기술
	산업저작권	컴퓨터프로그램, 소프트웨어, 데이터베이스
	정보재산권	영업비밀, 멀티미디어

출처: 2006년 기술이전사업화 백서

<그림 5.1 지식재산권 분류>

은 산업 발전에 기여하는 창작과 관련된 산업재산권(産業財産權, Industrial Property), 문화예술 분야의 창작물과 관련된 저작권(著作權, Copy right), 반도체 배치설계 또는 온라인 디지털 콘텐츠와 같이 전통적 지식재산권의 범주에 속하지 않지만 경제적 가치를 가진 창작물들로 분류하는 신지식재산권가 있다.

흔히 지식재산권과 산업재산권은 유사한 뜻으로 사용되기도 하지만, 엄밀히 따지면 지식재산권은 산업재산권, 저작권과 신지식재산권을 모두 포괄하는 의미로 사용된다. 이에 반하여 산업재산권은 일반적으로 특허권, 실용신안권, 의장권(디자인권), 상표권의 4가지 권리를 가리키며, 과거에는 공업소유권(工業所有權)이라고도 명명하였다.

5.2.2 지식재산권이 다른 재산권과 다른 점은?

인간의 창작물(創作物) 즉, 머리를 써서 만들어지는 모든 것이 지식재산의 대상이 될 수 있으며, 그것들이 일단 권리화가 되면 즉 지식재산권으로 등록이 되면 부동산, 동산 등의 소유권과 같은 권리를 인정받게 된다.

부동산의 경우, 소유자가 자신이 소유하고 있는 부동산을 타인에게 빌려주고 임차료를 받듯이, 지식재산권도 소유자가 자신에게 주어진 지식재산을 타인이 사용하게 하고 그 사용에 대한 대가를 요구할 수 있다. 자신 소유의 부동산, 동산 등의 재산권이 타인으로부터 침해를 받게 되면 형사상의 고소이나 민사상의 손해배상을 청구하여 자신의 피해를 보상받는다. 또한 소유한 부동산 등의 재산권은 임차 또는 양도를 통하여 금전화를 할 수 있다. 이와 마찬가지로 어떤 기술에 대한 특허권, 책이나 노래에 대한 저작권 등 지식재산권을 자신이 가지고 있다면 지식재산에 따른 재산권으로써 타인이 사용을 하지 못하게 하고 자신만이 사용할 수 있거나 또는 타인에게 임차와 양도 등을 통하여 금전적 이득을 얻을 수 있다.

이와 같이 지식재산권은 소유자가 자신의 재산으로써 권리 행사와 타인 사용에 따른 금전화 등 매우 유사한 특징을 가지고 있다. 다만 지식재산권은 다른 재산권과 다르게, 권리의 존속기간이 한정적이라는 것과 상속인이 없을 경우 소멸된다는 것에서 차이점이 있다.

5.2.3 산업재산권

산업재산권의 궁극적인 목적은 새로운 발명, 고안에 대하여 그 창작자에게 일정 기간 동안 독점적, 배타적인 권리를 부여하는 대신, 이를 일반인에게 공개해야 하며, 일정 존속 기간이 지나면 누구나 이용, 실시하도록 함으로써 기술 진보와 산업 발전을 추구하는 것이다. 이러한 산업재산권[52]은 보호 대상의 차이에 따라, 발명에 대한 권리인 특허권(Patent right), 고안에 대한 권리인 실용신안권(Utility model right), 디자인에 대한 권리인 의장권(Design right)과 상표에 대한 권리인 상표권(Trade mark right)으로 분류된다.

전화기로 예를 들어 산업재산권에 대해 설명하면 다음과 같다[53]. 1876년 미국 알렉산더 그레이엄 벨이 전자석을 응용하여 전화기를 발명하였다. 이와 같이 이전에 없었던 새로운 기술을 창작(또는 개발)한 것에 대하여 부여되는 권리는 특허권이다. 그 당시 벨이 발명한 전화기는 송화기와 수화기가 분리되어 있었기 때문에 사용상 불편하였다. 이러한 불편을 개선하여 송화기와 수화기가 일체로 된 전화기를 개발한 것은 실용신안권의 대상이 된다. 또한 초기의 전화기는 기능에 초점을 두었기 때문에 디자인상 볼품이 없었다. 이렇듯 전화기의 기능은 같

52) 산업재산권은 인간의 정신적 창작물에 대하여 보호되는 권리 중 산업과 관련된 권리를 지칭하는 것으로, 기술적 사상의 공개 대가로 국가가 공권력으로 일정 기간 동안 독점적, 배타적 권리를 부여하여 기술적 재산권으로 인정하는 것이다. [출처: 2006 기술이전 · 사업화 백서]

53) 출처: 돈이 되는 나무 (황종환 저, 한국지적재산관리재단 출판)

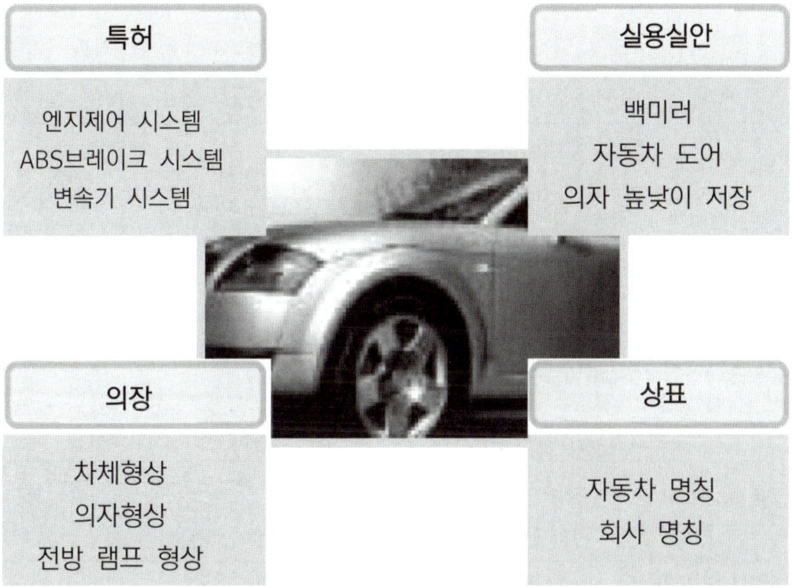

출처: 2006년 기술이전사업화 백서

<그림 5.2 산업재산권 간의 특징 비교>

지만 전화기의 외형을 아름답고 편리하게 디자인하였다면 이는 의장권(디자인권)의 대상이 된다. 전화기를 생산 판매하는 사람 또는 회사가 전화기에 붙인 "삼성" 또는 "LG" 등의 일정한 마크는 상표권의 대상이 된다.

다시 말해서 특허권은 지금까지 없었던 물건 또는 방법을 최초로 발명하였을 경우 그 발명자에게 주어지는 권리이며, 실용신안권은 이미 발명된 것을 개량하여 편리하고 유용하게 사용할 수 있도록 한 물품의 형상, 구조 또는 조합에 부여되는 권리이다. 상표권은 자기의 상품을 타 업체의 상품과 식별하기 위해 사용하는 기호, 문자, 도형, 입체적인 형상 또는 이들의 결합한 것으로 타인의 것과 구분되는 것에 부여하는 권리이다.

이러한 산업재산권의 유형을 정리하면 표 5.1과 같다.

우리나라의 경우 실용신안권을 특허권과 다르게 관리하고 있으며, 이러한 방식은 대한민국, 일본, 중국, 독일 등 26개 국가에서 운영되는 형태이며, 미국 등 다수 국가는 특허권 내에 포함하여 운영한다.

<표 5.1>

출처: 중소기업청, 기술이전 · 사업화 백서, 2006

구분	특허	실용실안	의장(디자인)	상표
정의	자연법칙을 이용한 기술적 아이디어의 창작 (대발명, 지금까지 없었던 물건이나 방법으로 최초로 발명한 것)	자연법칙을 이용한 기술적 아이디어의 창작 (소발명, 이미 발명된 것을 개량하여 좀 더 편리하고 유용하게 쓸 수 있도록 한 물품)	물품의 형상, 모양, 생채 또는 이들의 결합으로 미감을 갖는 것	타인의 상품과 식별되도록 사용하는 기호, 문자, 생채, 또는 이들의 결합
예시	벨이 전자를 응용하여 처음을 전화기를 생각해 낸 것과 같은 발명	분리된 송수화기를 하나로 하여 편리하게 한 것과 같은 형상이나 구조에 관한 것	탁상전화기를 반구형이나 네모꼴로 한 것과 같이 물품의 외관에 대한 형상, 모양, 생채에 관한 것	전화기 제조회사가 자사제품의 신용을 유지하기 위해 제품이나 포장 등에 표시하는 상표, 마크 등
보호대상	물건(물건, 장치), 방법(사용, 제조방법)	물품의 형상, 구조 또는 이들의 조합에 관한 고안	물품의 형상, 모양, 색채 또는 이들의 결합을 통한 심미감	상표 사용자의 업무상 사용, 수요자의 이익
등록요건	• 산업상 이용가능성 • 신규성 • 진보성	• 산업상 이용가능성 • 신규성 • 진보성	• 공업성 • 신규성 • 창작성	자타상품의 식별력 여부
등록제외대상	공서양속, 공중위생을 해치는 발명	• 국기 훈장과 동일, 유사한 고안 • 공서양속, 공중위생을 해치는 고안	• 국기 국장과 동일, 유사한 의장 • 공서양속, 위배 의장 • 타인 업무와 혼동 우려가 있는 의장	• 국기 국장과 동일, 유사한 상표 • 공서양속, 문란상표 • 타인의 성명, 명치, 상호 • 타인 등록상표와 유사한 상표
존속기간	출원일로부터 20년	출원일로부터 10년	등록일로부터 15년	등록일로 부터 10년 (10 년 마다 갱신가능, 반영구적 권리)

5.2.4 저작권

저작권[54)]은 문학, 학술 또는 예술의 범위에 속하는 창작문인 저작물에 대하여 칭직자가 가지는 권리이다. 예를 들어 소설가가 소설 작품을 창작한 경우, 원고 그대로 출판, 배포할 수

54) 저작권 등록 관리 기관은 한국저작권위원회(http://www.copyright.or.kr)이다. 저작물 중 컴퓨터프로그램 저작물은 특별히 컴퓨터프로그램보호법에 의해 별도로 보호되며, 등록 관리 기관은 프로그램심의조정위원회와 컴퓨터프로그램보호위원회가 2009년에 통합되어 한국저작권위원회에서 관리되고 있다.

있는 복제 · 배포권, 그 소설을 영화나 번역물 등 다른 형태로 저작할 수 있는 2차적 저작물 작성권, 연극 등으로 공연할 수 있는 공연권, 방송물로 만들어 방송할 수 있는 방송권 등 여러 가지의 권리를 포함한다. 이들 권리의 총체(總體)를 저작권이라 한다.

이러한 저작권은 크게 협의의 저작권과 저작인접권으로 나뉘는데, 협의적 저작권은 저작인격권과 저작재산권으로 나눌 수 있다. 저작인격권은 저작자의 명예와 인격적 이익을 보호하기 위한 권리이고, 저작재산권은 경제적 가치가 있는 이익을 대상으로 하는 권리이다. 저작인접권은 저작권에 인접한, 유사한 권리를 의미하며 배우, 가수, 연주자 등의 실연자, 음반 제작자와 방송사업자에게 귀속되는 권리이다.

5.2.5 신지식재산권

최근에는 컴퓨터나 통신기술에서 소프트웨어 비중이 커지면서 소프트웨어에 대한 지식재산 보호가 요구되고 있다. 유체물(有體物) 제조에 관한 제작자의 권리는 특허법으로 보호가 되지만, 무체물(無體物)인 소프트웨어나 반도체 배치 등 과학기술의 발달과 사회 여건의 변화에 따라 새롭게 등장한 지식재산은 산업재산권과 저작권으로 양분되어 왔던 전통적인 지식재산권 제도에 문제점을 노출시켰다. 이들의 지식재산을 특허법으로 보호를 할 것인지 저작권법으로 할 것인지의 문제는 그리 간단한 것이 아니다. 이러한 문제가 발생하는 근본적인 원인은 전통적인 지식재산권 제도가 만들어질 당시에는 존재하지 않았던 형태의 지식재산이 새롭게 등장함에 따라 기존의 제도로는 보호를 하지 못하거나 또는 중복적인 보호가 발생할 수도 있기 때문이다. 일부에서는 컴퓨터 운영체계나 업무용 소프트웨어를 저작권법으로 보호하려는 움직임도 있지만 반도체 배치, 영업비밀과 기업전략 등은 저작권으로 보호하기에는 무리가 있다. 이들의 재산 가치는 산업재산권과 저작권의 중간적 성격을 갖기 때문이다. 이들을 산업저작권(Industrial copy right)으로써, 신지식재산권이라는 새로운 영역으로 분류하여 관련법에 의해 제도적으로 보호받고 있다.

이러한 신지식재산권을 통해 보호받을 수 있는 종류에는 과학기술의 발달에 따른 유형으로 반도체직접회로 배치설계, 컴퓨터 프로그램, 데이터베이스, 인공지능, 전자상거래 관련기술, 생명공학 관련기술, 식물기술 등과 상표 디자인의 보호범위 확대에 따른 유형으로 인터넷 도메인 네임(Internet Domain Name), 지리적 표시 등이 있다.

5.3 특허

국제 사회는 2번의 세계대전을 치르면서 정치와 경제, 지식재산권에 관한 질서가 3가지 형태로 나뉘어 정리되었다. 정치는 유엔 기구를 중심으로, 경제는 관세 및 무역에 관한 일반 협정(GATT[55], General Agreement on Tariffs and Trade) 체제에서, 지식재산권은 세계지식재산권기구 (WIPO, World Intellectual Property Rights Organization) 체제를 통하여 관리 통제되어 왔다. 이후 세계 경제가 개방의 물결을 타면서 세계무역기구(WTO, World Trade Organization) 체제로 이행되어 지식재산권은 WTO의 통제를 받게 되었다. 그러한 결과 세계의 경제 질서에서 지식재산권, 그 중에서도 특허 제도가 차지하는 비중이 높아졌다.

5.3.1 특허제도

특허제도는 발명을 보호, 장려함으로써 국가산업의 발전을 도모하기 위한 제도이다. 우리나라 헌법 제22조 제2항에는 "저작자, 발명가, 과학기술자와 예술가의 권리는 법률로써 보호한다."고 되어 있으며, 특허법 제1조에서는 "발명을 보호, 장려하고 그 이용을 도모함으로써 기술의 발전을 촉진하여 산업의 발전에 이바지함을 목적으로 한다."고 명시되어 있다. 이는 자신이 개발한 기술을 독점하고 싶어 하는 개인(발명가)의 요구와 이러한 기술을 이용하고자 하는 자(기업체 또는 경쟁업자)사이의 요구를 조정하여 결과적으로 사회와 국가 전체의 이익을 달성하는 것이 특허법의 목적이라 할 수 있다. 즉, 특허제도는 기술발명에 대하여 발명자에게는 "특허권"이라는 독점적, 배타적인 재산권을 부여하여 보호해 주는 한편 그 발명을 공개함으로써 그 발명의 이용을 통하여 산업발전에 기여하는 것이다.

이러한 점에서 특허제도는 신기술 보호, 발명 장려, 사적 재산의 독점 보장의 성격을 띠고 있고 있으며, 발명의 공개와 보호를 통하여 2가지 대원리(大原理)를 가진다. 자본주의 경제사회에서 기본권은 국민이 가지는 가장 기본적인 권리이며, 재산권은 국민이 생활에 필요한 경제적 조건을 보장하는 기능이 가진다. 따라서 개인의 발명으로 인한 권리는 개인의 재산권과 수익권을 보장해 주는 국민의 기본권 보장이라는 원리를 가진다. 또한 발명의 공개를 통해 산

55) GATT는 WTO(세계무역기구) 이전의 체제로써, 2차 세계대전 후반인 1944년 뉴햄프셔 주 브레튼우즈에서 있었던 브레튼우즈회의 결과로 창설되었다. GATT는 국제협정으로, "무조건 최혜국대우 공여원칙" 에 의거한다. 이는 다자간 교역 규범의 가장 중요한 원칙인 비차별성을 강조한 것으로, 가장 혜택을 입는 국가에 적용되는 조건이 (즉 가장 낮은 수준의 제한) 모든 다른 국가에도 적용되어야 한다는 것을 의미한다. 이는 WTO가 창립되면서 1995년에 GATT 체제는 종식되었다. [출처: 위키백과]

업 발전에 이용하고 발명을 장려하는 산업발전의 정책 원리를 포함한다.

특허청에서 기술된 우리나라 특허제도의 연혁을 간략하게 나열하면 다음과 같다.

- *1908년, 한국 특허령 공포*
- *1946년, 특허원 창립 및 특허법 제정*
- *1961년, 특허법을 산업재산권 4법으로 분리*
- *1977년, 특허청 개청*
- *1979년, 세계지적소유권기수(WIPO) 가입*
- *1980년, 파리협약(Paris Convention) 가입*
- *1984년, 특허협력조약(Patent Cooperation Treaty) 가입*

출처: 특허청

5.3.2 기업은 왜 특허권을 보유하려 하는가?

삼성전자 이윤우 전 부회장은 "실적만 괜찮은 좋은 기업(Good Company)이 아니라 새로운 라이프스타일을 창조하고 그에 필요한 기술을 끊임없이 먼저 내놓은 위대한 기업(Great Company)으로 거듭나기 위해 특허 경영이 필수적"이라고 강조하였다. 이와 같이, 많은 기업들이 앞 다투어 경쟁하듯 특허 확보에 박차를 가하고 있다. 그러한 이유는 산업발전, 기술발전 및 시대흐름에 따라 몇 가지로 요약될 수 있다.

첫 번째는 특허권이 갖는 공격적인 기능을 이용하기 위함이다. 취득한 특허를 통하여 경쟁기업에 대한 공격적 무기로 활용할 수 있으며, 특허권을 활용하여 경쟁기업의 시장 진출을 제지하는 목적이다. 이는 가처분신청, 침해금지청구소송, 손해배상청구소송, 형사고소 등을 통해 경쟁기업의 시장 진출을 억제할 수 있다.

특허를 활용한 경쟁 기업 공격 기능을 잘 보여주는 사례는 폴라로이드와 코닥의 특허 침해 소송이 있다. 폴라로이드는 1947년 즉석카메라를 선보이며, 1948년부터 1978년까지 30년간 연평균 23%의 매출성장률, 연평균 17% 이익을 기록하였다. 이러한 성공은 기술혁신에 의한 것이었으며, 폴라로이드는 즉석카메라와 관련하여 535개의 특허를 가지고 있었다. 폴라로이드의 성공 신화로 본보기로 하여 카메라 업계의 또 다른 경쟁자 코닥은 즉석카메라 시장에 뛰어들었다. 그러나 1986년 폴라로이드는 코닥이 자사의 즉석카메라 제조 기술 특허를 침해했다는 이유로 미연방법원에 특허 소송을 제기하였다. 이에 8억 7천만 달러의 손해배상 판결승소를 받았으며, 시장 경쟁의 최대 걸림돌이었던 코닥을 즉석카메라 시장에서 쫓아냈다.

[분쟁사례] Polaroid vs. Eastman Kodak[56)]

○ 당사자

- *원고: Polaroid Corporation*
- *피고: Eastman Kodak Company*

○ 문제특허

- *폴라로이드사가 보유한 미국 특허 No. 3,362,821; 3,245,789; 3,594,165; 3,689,262; 3,578,540; 3,753,392; 3,810,211 (즉석카메라 및 필름에 관한 특허)*

○ 관할법원 및 판결일

- *연방관할 항소법원(789 F.2d 1556), 1986. 4. 25.*

○ 사건 개요

- *원고 폴라로이드사는 최초로 즉석카메라를 발명*
- *피고 Kodak사는 원천특허를 갖고 있는 기업인 Polaroid사와 교차 라이선스 계약을 하지 않고 단지 Polaroid사의 특허 중 무효가 될 가능성이 많은 기술을 개발하는 방법을 선택하여 개발*
- *1976년 4월 26일 Polaroid사는 Kodak사를 상대로 10개의 특허에 대해 직접 침해와 유도침해를 이유로 매사추세츠 연방지방법원에 특허침해소송 제기*
  - ★ *Polaroid사는 가처분 및 영구금지 명령, 3배 배상, 소송비용, 변호사 비용 주장*
  - ★ *Kodak사는 해당 분야의 일반적 기술을 소유한 사람의 입장에 있어 해당 특허가 자명하는 것을 이유로 Polaroid사 특허들이 무효하다는 주장 제기*
- *1985년 10월 11일 매사추세츠 지방법원은 다음과 같이 판결*
  - ★ *Kodak사는 7개의 특허들에 대한 청구항들의 무효 증명에 실패*
  - ★ *몇몇 특허 청구항들에 특허침해 발생*
  - ★ *5개의 특허는 무효이며, 유효라고 한다면 특허침해*
  - ★ *1986년 1월 9일부터 효력이 발생되는 영구 금지명령 발령*

56) 자료출처: I-PAC (International Patents Standards Center, 특허표준지원센터)

두 번째는 특허 자체가 가지는 재산적 기능을 활용하기 위함이다. 특허권도 일종의 재산권이므로 양도 또는 라이선스를 통한 로열티 수익을 얻을 수 있다.

대표적인 사례로 퀄컴[57]의 코드분할다중접속(CDMA) 방식에 대한 로열티 지급이다. 국내 휴대폰업체들은 2005년 기준으로 퀄컴에 휴대폰 1대당 내수용은 출고가의 5.25%, 수출용은 5.75%를 지불해야 한다. 이에 따라 국내 휴대폰업체들이 1995년부터 2005년 말까지 CDMA 원천기술료로 지불한 금액은 총 3조 300억 원에 달한다고 정보통신부가 보고하였다. 또 다른 사례로, 네오엠텔사의 그래픽 임베디드 소프트웨어는 1999년 국내 이동통신사 표준기술로 공급되기 시작하여 2001년 퀄컴과 특허 라이선싱 계약을 통해 전세계 CDMA 시장에 탑재되고 있다. 이에 따라 네오엠텔사는 2007년까지 100억 원 이상의 누적 로열티 매출을 올렸다. 이러한 사례는 국내 유수의 휴대폰 제조사인 대기업들이 CDMA 원천기술에 대한 대가로 수천억의 로열티를 지급하는 글로벌 기술 기업으로부터 중소기업이 지속적인 로열티를 받는다는 측면에서 매우 높은 평가를 받고 있다.

삼성전자는 2004년 미국 특허 등록 순위에서 인텔(Intel)을 누르고 6위를 차지하였으며, 특허 협력 조약[58](PCT, Patent Cooperation Treaty)를 통해 세계 각국에 출원한 국제 특허 출원 건수에서도 20위를 차지하였다. 외형적으로 특허 등록, 출원 건수뿐만 아니라 전체 등록 특허 중에서 미래 관련 기술 비중이 60% 이상이며, 주요 분야는 반도체, 디지털 미디어, 정보통신, LCD 관련 특허가 주를 이루었다. 하지만 정작 특허에 따른 손익(損益)에서는 손실이 더 많았다. 특허로 들어오는 수입(특허료 수입)보다 나가는 금액(특허료 지출)이 더 많았던 것이다. 삼성전자는 2004년 기준으로 특허료 지급액(특허료 수입과 특허료 지출간의 차액)이 1조 2천억 원이였다. 특히 첨단 제품일수록 해외 기술 비중이 크기 때문에 특허 부담이 갈수록 커질 가능성이 높고 삼성전자에서도 특허 경영에 나서면서 특허료 수입을 올리기와 함께 "상호 특허 사용 계약(크로스 라이선스, Cross-License)"을 통한 특허료 지불 줄이기 방법을 모색하고 있다.

또한 기술선진업체들은 원천 기술에 대해 특허를 확보한 다음 특허 라이선싱을 기피하여 경쟁 후발업체의 사업 참여 기회를 원천 봉쇄하는 전략을 구사하기도 한다. TI, 인텔, 퀄컴과

57) 퀄컴은 1996년 국내에 도입된 CDMA 방식의 이동통신 기술을 개발하는 등 휴대폰용 핵심 반도체 분야의 특허를 다수 보유하고 있는 업체이다.

58) 특허협력조약은 1970년에 체결된 국제적인 특허 법률 조약으로, 1978년 발효, 시행되었다. 처음 18개 체약국으로 출발하였으며, 현재 128개국으로 확대하면서 지식재산 분야의 세계적인 규범이 되었다. 대한민국은 1984년에 PCT에 가입하였다. [출처: 위키백과]

같은 선진업체들은 후발업체가 필요로 하는 일부 기술에 대해 특허 라이선싱을 해주는 대신 매출액 대비 로열티 지급 비율을 높게 책정하여 후발업체들의 원가 부담을 가중시키고 결국 시장에서 배제시키는 것이다.

세 번째는 방어적 목적으로 경쟁기업의 공격을 피해가기 위함이다. 동일 기술에 대해 먼저 특허권을 확보하여 타사의 특허 활용 선제공격을 효과적으로 회피할 수 있다. 특허출원을 하는데 많은 비용을 부담하면서 특허 확보에 노력하는 것은 경쟁기업의 특허공격에 맞고소로 대응할 수 있는 방어 무기를 확보하기 위함이다.

미국 반도체 제조회사인 텍사스인스트루먼트(TI, Texas Instruments)사는 삼성전자와 일본 기업의 반도체 제품이 미국시장 판로 개척으로 접근하자 미연방지방법원에 특허침해 소송을 제기하였다. 일본기업은 미국 내에 보유하고 있는 특허로 TI사에 역제소를 함으로써, 비교적 적은 액수의 로열티를 지불하고 미국 내 판매 협의를 이끌어 냈지만, 삼성전자는 그러한 대응을 하지 못하고 8,500만 달러를 로열티로 지불하였다.

LG전자는 마이크로소프트(MS, Microsoft)사와 크로스 라이선스 계약을 체결하였다. 이러한 협의는 2003년부터 특허 협상 논의를 시작하여 2007년에 최종 합의를 이뤘다. 특허 계약 대상은 LG 전자의 PC, 오디오, 비디오, 광 저장장치, 게임기 등 멀티미디어 관련 기술과 MS의 소프트웨어 관련 모든 특허 기술이다. 양사는 특허 가치와 계약 조건에 따라 로열티 지급 규모 및 지급 방법 등이 결정되며, 보유 특허 가치가 높은 회사가 더 많은 특허료 수입을 얻게 된다. LG전자는 마이크로소프트사와의 특허 협상 타결에 따라 특허료 수입뿐만 아니라 미국에서 진행되는 대만 PC업체들과의 특허 소송에서도 유리한 전략을 가질 수 있는 계기를 마련하였다. 삼성전자는 역시도 2004년 12월에 소니와 특허공유 계약을 맺었으며, 2007년 4월에 마이크로소프트사와 포괄적인 특허 공유 계약을 체결하였다.

네 번째는 기업이 특허를 확보함으로써 기업의 홍보 효과를 얻을 수 있다. 다수의 특허권을 소유하는 기업은 외부로부터 우수한 기술력을 보유하는 성장잠재력이 높은 기업으로 인식될 수 있기 때문이다. 삼성전자는 2007년 미국 특허 등록건수 2,450 여건으로 2위를 차지하는 등 보유 특허 기술을 공격적으로 늘려가고 있다. 마이크로소프트사가 삼성전자, LG전자와 포괄적 특허 공유 계약을 맺는 등 국내 업계의 기술 위상이 상승하고 있다고 분석된다.

이외에 연구 개발자의 기술 제안에 대한 장려, 연구 개발 의욕 고취 등 새로운 기술 개발에 대한 중요한 자극제가 될 수 있다.

5.3.3 특허를 받기 위한 요건

우리나라 특허법은 심사주의를 채택하고 있기 때문에 특허청에 출원된 모든 특허가 특허권을 받는 것은 아니다. 즉, 특허를 출원하게 되면 무조건 모두 등록되는 것이 아니고 특허청 심사관들의 엄격한 심사를 거쳐 일정한 등록 요건을 충족시키는 특허출원만이 특허권을 받을 수 있다. 특허법상 출원된 기술은 법률적, 기술적 요건들을 충족시켜야 하며, 이러한 등록 요건은 (1) 산업상 이용 가능성, (2) 신규성과 (3) 진보성을 갖춘 발명 기술이어야 한다. 즉, 출원발명은 산업에 이용할 수 있어야 하며, 출원하기 전에 이미 알려진 기술(선행기술)이 아니어야 하고, 선행기술과 다른 것이라 하더라도 그 선행기술로부터 쉽게 생각해 낼 수 없는 것이어야 한다. 이들 요건에 대해 간략하게 살펴보도록 한다.

첫 번째 요건은 산업상 이용가능성으로, 이는 출원된 특허 기술은 산업에 이용할 수 있는 기술이어야 한다는 의미이다. 앞에서도 언급하였듯이, 특허제도의 궁극적 목표는 기술 발전을 촉진시키고 국가 산업 발전에 이바지하는 데 있다. 따라서 특허 권리의 시효가 끝난 후에는 발명을 널리 이용하게 함으로써 그러한 목표를 얻을 수 있기 때문이다. 기술적 가치가 없는 기술, 퇴보된 기술, 산업에 이용할 수 없고 학문이나 실험에서만 이용될 수 있는 기술, 완성되지 않은 미완성 기술들은 특허로 등록될 수가 없다.

두 번째 요건으로, 출원된 특허 기술은 신규성을 갖춰야 한다. 신규성은 출원된 특허의 기술적 내용이 특허 출원 전에 알려지지 않은 새로운 기술이어야 한다는 것을 의미한다. 연구개발 과정에서 기술을 논문이나 간행물에 출판하는 경우가 많이 있지만, 이러한 경우 자신이 개발한 새로운 기술이더라도 이미 출판되어 다른 사람들에게 알려지게 되면 특허를 받을 수 없게 된다. 그러나 발명의 보호와 장려 측면에서 신규성 의제[59](擬制, Pre-Filing Date Disclosure)를 적용하여 신규성 상실의 예외를 두는 경우도 있다.

세 번째 요건으로 기술적 진보성을 충족시켜야 한다. 일반적으로 기술적 진보성을 인정받기 위해서는 동일한 기술 분야에서 통상의 지식을 가진 자가 용이하게 발명할 수 있는 것이 아니어야 한다. 출원된 특허 기술 중에서 등록 거절되는 가장 많은 이유는 진보성의 요건을 만

59) 출원 전 공지된 발명(공공연히 알려진 발명)은 원칙적으로 신규성을 상실한다. 그러나 특허를 받을 수 있는 권리를 가진 자의 발명이 공지된 경우, 그날로부터 6개월 이내에 출원을 하면 신규성을 구제받을 수 있다. 이러한 경우, 출원과 동시에 공지된 내용을 취지와 함께 서면으로 제출하고 출원일로부터 30일 이내에 증명서류를 제출해야 한다. 다시 말해서, 발명자 본인의 권리는 비록 공지되었다 하더라도 6개월 이내에 출원한다면 보호받을 수 있다. 이는 특정 사유에 의해 공지된 경우에도 획일적으로 특허 받을 수 없는 발명으로 처리된다면, 발명의 보호 및 장려, 산업발전에 이바지라는 특허제도의 근본 취지에 맞지 않기 때문이다.

족시키지 못하는 경우이다.

이러한 내용은 특허법 제29조 "특허요건" 에 기록되어 있으며, 추가적으로 제32조 "특허를 받을 수 없는 발명"에는 공공의 질서를 문란하게 하거나 공중의 위생에 해가 될 경우 특허등록을 받지 못한다고 명시되어 있다. 다음은 대한민국 특허법에서 명시되어 있는 제29조와 제32조에 대한 원문이다.

제29조(특허요건) ① 산업상 이용할 수 있는 발명으로서 다음 각 호의 어느 하나에 해당하는 것을 제외하고는 그 발명에 대하여 특허를 받을 수 있다. <개정 2001.2.3, 2006.3.3>

1. 특허출원 전에 국내 또는 국외에서 공지되었거나 공연히 실시된 발명

2. 특허출원 전에 국내 또는 국외에서 반포된 간행물에 게재되거나 대통령령이 정하는 전기통신회선을 통하여 공중이 이용가능하게 된 발명

②특허출원 전에 그 발명이 속하는 기술 분야에서 통상의 지식을 가진 자가 제1항 각호의 1에 규정된 발명에 의하여 용이하게 발명할 수 있는 것일 때에는 그 발명에 대하여는 제1항의 규정에 불구하고 특허를 받을 수 없다. <개정 2001.2.3>

③특허출원한 발명이 당해 특허출원을 한 날 전에 특허출원 또는 실용신안등록출원을 하여 당해 특허출원을 한 후에 출원 공개되거나 등록 공고된 타특허출원 또는 실용신안등록출원의 출원서에 최초로 첨부된 명세서 또는 도면에 기재된 발명 또는 고안과 동일한 경우에 그 발명에 대하여는 제1항의 규정에 불구하고 특허를 받을 수 없다. 다만, 당해 특허출원의 발명자와 타특허출원의 발명자나 실용신안등록출원의 고안자가 동일한 경우 또는 당해 특허출원의 특허출원시의 특허출원인과 타특허출원이나 실용신안등록출원의 출원인이 동일한 경우에는 그러하지 아니하다. <개정 1993.12.10, 1997.4.10, 1998.9.23, 2001.2.3, 2006.3.3>

④ 제3항을 적용할 때 다른 특허출원 또는 실용신안등록출원이 다음 각 호의

어느 하나에 해당하는 경우 제3항 중 "출원공개"는 "출원공개 또는 「특허협력조약」 제21조에 따른 국제공개"로, "출원서에 최초로 첨부된 명세서 또는 도면에 기재된 발명 또는 고안"은 국어로 출원한 경우 "국제출원일에 제출한 국제출원의 명세서, 청구의 범위 또는 도면에 기재된 발명 또는 고안"으로, 외국어로 출원한 경우 "국제출원일에 제출한 국제출원의 명세서, 청구의 범위 또는 도면과 그 출원 번역문에 다 같이 기재된 발명 또는 고안"으로 본다. <개정 2009.1.30>

1. 다른 특허출원이 제199조제1항에 따라 특허출원으로 보는 국제출원(제214조제4항에 따라 특허출원으로 되는 국제출원을 포함한다)인 경우

2. 실용신안등록출원이 「실용신안법」 제34조제1항에 따라 실용신안등록출원으로 보는 국제출원(같은 법 제40조제4항에 따라 실용신안등록출원으로 되는 국제출원을 포함한다)인 경우

제32조(특허를 받을 수 없는 발명) 공공의 질서 또는 선량한 풍속을 문란하게 하거나 공중의 위생을 해할 염려가 있는 발명에 대하여는 제29조제1항 및 제2항의 규정에 불구하고 특허를 받을 수 없다.
[전문개정 1995.12.29]

5.3.4 출원에서 등록까지 (특허등록 절차)

우리나라 특허법은 선출원(先出願)주의를 채택하고 있다. 이는 먼저 발명을 한 사람에게 우선권이 부여되는 것(선발명주의[60])이 아니고, 발명의 내용을 특허청에 문서로 먼저 제출하는 사람에게 우선권을 부여하는 것(선출원주의[61])이다. 따라서 훌륭한 발명을 하였다 하더라도

60) 출원의 순서와 상관없이 먼저 발명한 출원인에게 권리를 부여하는 것을 원칙으로 하며, 발명가 보호에 장점이 있기 때문에 사업체가 아닌 개인 발명가가 선호하는 방법이다. 이때 출원인의 발명이 먼저 이뤄졌다는 것을 증명해야 하며, 발명에 관한 일지를 작성하고 증인을 확보해야 한다. 또한 특허 관리기관에서 발명의 시기를 확인해야 한다. 이러한 제도 형태로 운용되는 나라는 미국 1개국뿐이며, 국제적 통일에 많은 장애요인으로 알려졌음 [출처: 특허청(www.kipa.go.kr)]

61) 발명이 이루어진 시기에 관계없이 특허청에 먼저 출원한 발명에 권리를 부여하는 것을 원칙으로 하

자동으로 발명에 대한 권리를 부여받아 보호받는 것이 아니라 특허청에 발명의 내용을 일정한 서식에 맞춰 작성한 문서를 제출하고 심사관의 심사를 거쳐 등록이 되어야만 특허권으로 보호받을 수 있다.

이러한 특허 등록 절차에 대해 살펴보자. 참고로, 특허와 실용신안 출원 절차는 기본적으로 거의 유사하다. 또한 특허출원은 특허협력조약(PCT)에 의한 국제출원제도로도 활용될 수 있다.

특허출원이란 발명에 대해 특허를 받을 수 있는 권리자가 특허권의 부여를 요구하는 의사표시행위이다. 이러한 특허출원은 정의된 서식에 따라 작성되어야 하며 요구하는 재원칙에 부합되게 출원 절차가 행해져야 한다. 따라서 특허출원은 "서면(書面) 또는 전자출원"에 의해 이뤄져야 하고 "국어"를 사용하고 "양식"에 적합해야 하고 "수수료(또는 출원료)"를 납부해야 한다. 특허출원을 행하기 위해서는 먼저 출원인을 등록하고 출원인등록번호를 부여받고 특허출원 서류의 구성에 맞추어 작성한다. 출원서류는 다음과 같이 구성된다.

- *출원서 : 출원인, 대리인 및 발명의 명칭 등*
- *명세서*
  발명의 상세한 설명 : 지식경제부령이 정하는 기재방법에 따라 명확하고 상세하게 기재
  청구범위 : 특허발명의 보호범위
- *도면 : 필요한 경우, 기술 구성을 도시하여 발명을 명확히 표현*
- *요약서 : 발명을 요약정리- 출원서 : 출원인, 대리인 및 발명의 명칭 등*
- *명세서*
  발명의 상세한 설명 : 지식경제부령이 정하는 기재방법에 따라 명확하고 상세하게 기재
  청구범위 : 특허발명의 보호범위
- *도면 : 필요한 경우, 기술 구성을 도시하여 발명을 명확히 표현*
- *요약서 : 발명을 요약정리*

출처 :특허청, http://www.kipo.go.kr

며, 기술의 공개에 대한 대가로 권리를 부여한다는 의미에서 합리적이고 신속한 발명의 공개를 유도하려는 목적을 가진다. 이는 발명의 조속한 공개로 산업발전을 도모하려는 특허제도의 취지에 부합된다. [출처: 특허청]

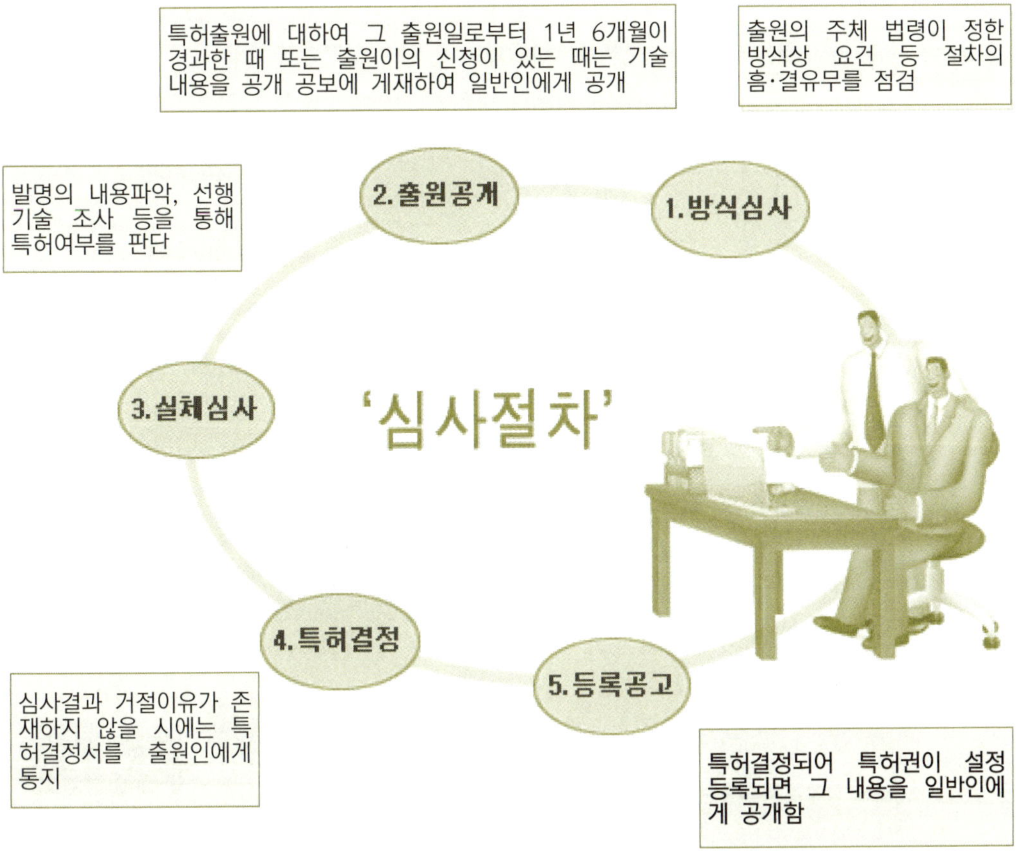

출처 : 특허청

<그림 5.3 특허출원 및 심사절차 흐름도>

이외에 신규성 상실 구제(신규성 의제의 주장) 및 대리인에 의한 출원은 관련 구비서류를 첨부하여 제출한다. 다음은 특허청에서 공지한 특허출원 및 심사절차 흐름도이다.

특허를 받는 것은 국가에 따라 약간의 차이가 있지만, 우리나라의 경우 완전심사주의를 채택하고 있으며, 심사처리 지연의 문제점 해소와 심사의 객관성 유지를 위해 출원공개제, 심사청구제, 등록공고제와 이의신청제가 있다. 특허출원 후 심사과정에 대한 흐름도는 다음과 같다.

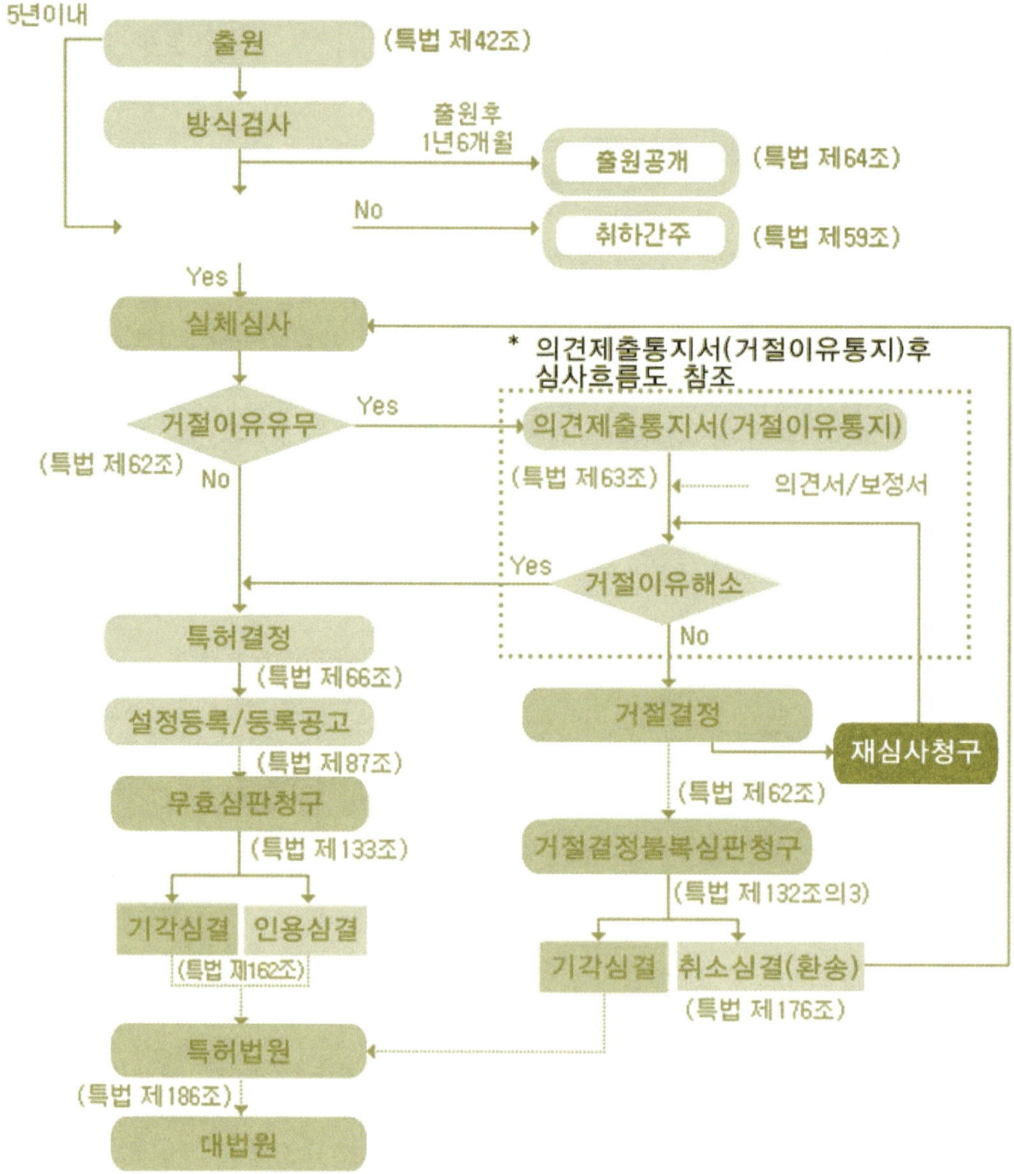

출처 : 특허청

<그림 5.4 특허출원 후 심사 흐름도>

출원공개란 특허출원 후 일정기간이 경과된 출원 발명은 심사 진행여부에 관계없이 해당 기술 내용을 공보의 형태로 일반인에게 공개하는 제도이다. 우리나라는 특허청에 출원서를 접수하면 일정 방식의 심사(이를 방식심사[62]라고 함)를 행한 후 국제특허분류별로 분류한다. 출원 후 18개월이 지나면 해당 기술 내용을 일반인들에게 공개한다. 최근의 기술이 고도화, 복잡화, 융합화 되고 있으며 출원 건수가 날로 증가함에 따라 심사 처리가 지연되거나 공개 시기가 늦어짐에 따라 동일발명에 대한 중복적 연구, 투자가 수행될 소지가 남는다. 이러한 문제를 해결하기 위해 출원일을 기준으로 일정기간이 경과하면 출원된 특허를 공개한다.

심사청구란 출원과는 별도로 "실체심사[63]"의 개시를 요구하는 의사표현절차이다. 앞에서 언급된 특허요건, 즉 산업상 이용가능성, 신규성 및 진보성을 판단하는 심사이다. 이러한 실체심사는 방식심사와 달리 심사청구가 있을 때에 한하여 청구 순서에 따라 심사가 수행된다. 심사청구가 되지 않은 특허출원은 일정기간(출원일로부터 5년 이내)이 경과하면 취하로 간주하고 심사 대상에서 제외된다. 이러한 과정은 특허출원 후 상황에 따라 심사를 원하지 않거나 특허등록에 따른 권리화를 늦게 원하거나 반대로 신속하게 결과를 원하는 출원 건들 간의 심사처리 시기와 순서를 조정하는 역할을 한다. 심사청구는 출원일로부터 5년 이내에는 누구나 할 수 있으며, 심사청구를 한 경우 이를 취하할 수는 없다.

발명을 공개한 후, 기술 분야별로 담당심사관이 심사청구 순서에 따라 심사한다. 심사는 심사관의 "사정[64]"에 의해 종료된다. 심사에 착수하여 거절이유가 발견되지 않을 경우 해당 특허출원은 특허등록 되며 등록공고제에 따라 특허권 등록이 설정된다. 그러나 거절이유가 발견되면[65] 출원인에게 최초 거절이유를 통지하고 일정 기간 내에 출원인의 의견 제출(보정서)을 요구한다. 이에 다시 심사한 결과 보정에 의해 발생한 거절이유가 발견되면 최후 거절이유를 통지한다[66].

등록공고는 등록내용을 일반인에게 알리는 것을 의미한다. 심사 사정에 의해 특허등록이 결정되면 출원인은 특허료(등록비)를 납부하여 특허권을 설정 등록된다. 출원된 특허 내용은 등

---

62) 방식심사는 서식의 필수사항 기재 여부, 기간 준수 여부, 증명서 첨부 여부, 수수료 납부 여구 등 절차상의 흠결을 점검하는 단계이며, 방식심사 과정은 http://www.kipo.go.kr/kpo/duty/patent_img200902.vm에서 확인할 수 있다.

63) 실체심사 과정은 http://www.kipo.go.kr/kpo/duty/patent_img200903.vm에서 확인할 수 있다.

64) 사정이란 특허출원이 특허요건을 갖추고 있는지의 여부를 심사관의 최종 판단하는 것으로써, 특허성 구비 여부의 확인 행위를 의미한다.

65) 거절이유 통지 후 심사 과정은 http://www.kipo.go.kr/kpo/duty/patent_img200904.vm에서 확인할 수 있다.

66) 거절 결정을 받은 출원인은 특허 심판관의 거절 결정이 잘못되었음을 주장하면서 그 거절 결정의 취소를 요구하는 절차를 수행할 수 있고, 이를 "거절결정불복심판" 이라 한다.

<표 5.2 >

구 분		실용 (2002,12,11 법률 제 6766호 기준)	특허 (2002,12,11 범률 제 6768호 기준)
등록	보호대상	물품의 형상·구조 또는 조합에 관한 자연법칙을 이용한 기술적 사상의 창작	자연법칙을 이용한 기술적 사상의 창작으로서 고도한 것
	등록요건	기초적 요건	신규성, 진보성 등 실체적 요건
	명세서등보정시기	출원후 2월이내 보정명령후 1월이내	특허결정등본을 송달하기 전 또는 최초거절이유 통지 받기 전 거절이유통지 의견서제출기간이내 거절결정불복심판청구일부터 30일 이내
	결정방법	설정등록 또는 각하결정	특허결정 또는 특허거절결정
권리 행사	권리존속기간	10년	20년
	권리행사의요건	기술평가유지결정 등본을 제시하여 경고한 후 가능	설정등록
	권리행사의 책임	권리행사후 무효 또는 취소 시 권리자의 손해배상책임, 다만 기술평가유지결정에 근거할 경우 면책	-
	침해자의 과실추정	기술평가유지결정 후	설정등록 후
권리 취소 무효	이의신청	등록공고일부터 3월이내에 누구든지 가능	설정등록일부터 등록공고일후 3월이내에 누구든지 가능
	심사청구	등록 후 누구든지 가능, 취하할 수 없음	출원부터 5년이내 누구든지 가능, 취하할 수 없음
	무효심판	설정등록이후 이해관계인 또는 심사관이 청구	설정등록이후 이해관계인 또는 심사관이 청구
기타	우선심사제도	없음	있음
	진보성	극히 용이하게 고안가능한지 여부	용이하게 발명가능한지 여부
	정정가능절차	이의신청, 무효심판, 정정심판, 정정의 무효심판, 기술평가	이의신청, 무효심판, 정정심판,정정의 무효심판

출처 : 특허청

록공고[67]로 발행하여 일반인에게 공표되며 이때부터 권리가 발생된다.

이의 신청이란 등록된 발명이 거절이유를 포함하기 때문에 특허등록을 취소하여야 한다는 공중의 의사표시행위로써, "무효심판"이라도 한다. 심사관 또는 이해관계인이 특허에 대하여 무효사유가 있음을 이유로, 해당 특허권을 무효화시켜 줄 것을 요구하는 심판절차이다. 이는 공중의 의견을 수렴하여 부실 특허 권리를 조기에 취소하고자 하는 목적이다. 무효심결이 확정되면, 그 특허권은 처음부터 없었던 것으로 간주된다.

특허제도와 실용신안 선등록제도의 주요 내용을 비교하는 표 5.2와 같다.

5.3.5 해외 특허 출원

특허 독립의 원칙상 각국의 특허는 서로 독립적이며, 산업재산권을 보호받기 위한 외국 출원은 통일된 방식이 따로 없고 각 국가마다 산업재산권 법률 체제가 다르다. 따라서 특허권을 획득하고자 하는 나라에 출원하여 그 나라의 특허권을 취득하여야만 해당국가에서 독점 배타적 권리를 확보할 수 있다. 이러한 1국 1특허의 원칙 때문에 해외출원이 필요하며, 해외출원을 하는 방법으로 크게 전통적인 출원방법(Traditional Patent System)과 PCT 국제출원방법(PCT System)으로 나뉜다.

전통적인 출원방법은 특허 획득을 원하는 해당 국가의 특허청에 개별적으로 특허를 직접 출원하는 방법이다. 이때 선(先)출원에 대한 우선권을 주장하고자 할 경우 선출원의 출원일로부터 12개월 이내에 해당 국가에 출원해야 우선권을 인정받을 수 있다.

PCT 국제출원방법은 국적을 가진 나라 또는 거주 국가의 특허청에 하나의 PCT 출원서를 제출하고, 정해진 기간 내에 특허 획득을 원하는 국가로의 처리 단계에 진입할 수 있는 제도

출처: 특허청

<그림 5.5 PCT 국체출원방법의 지정기간 범위>

67) 등록공고 기간은 공고일로부터 3개월간.

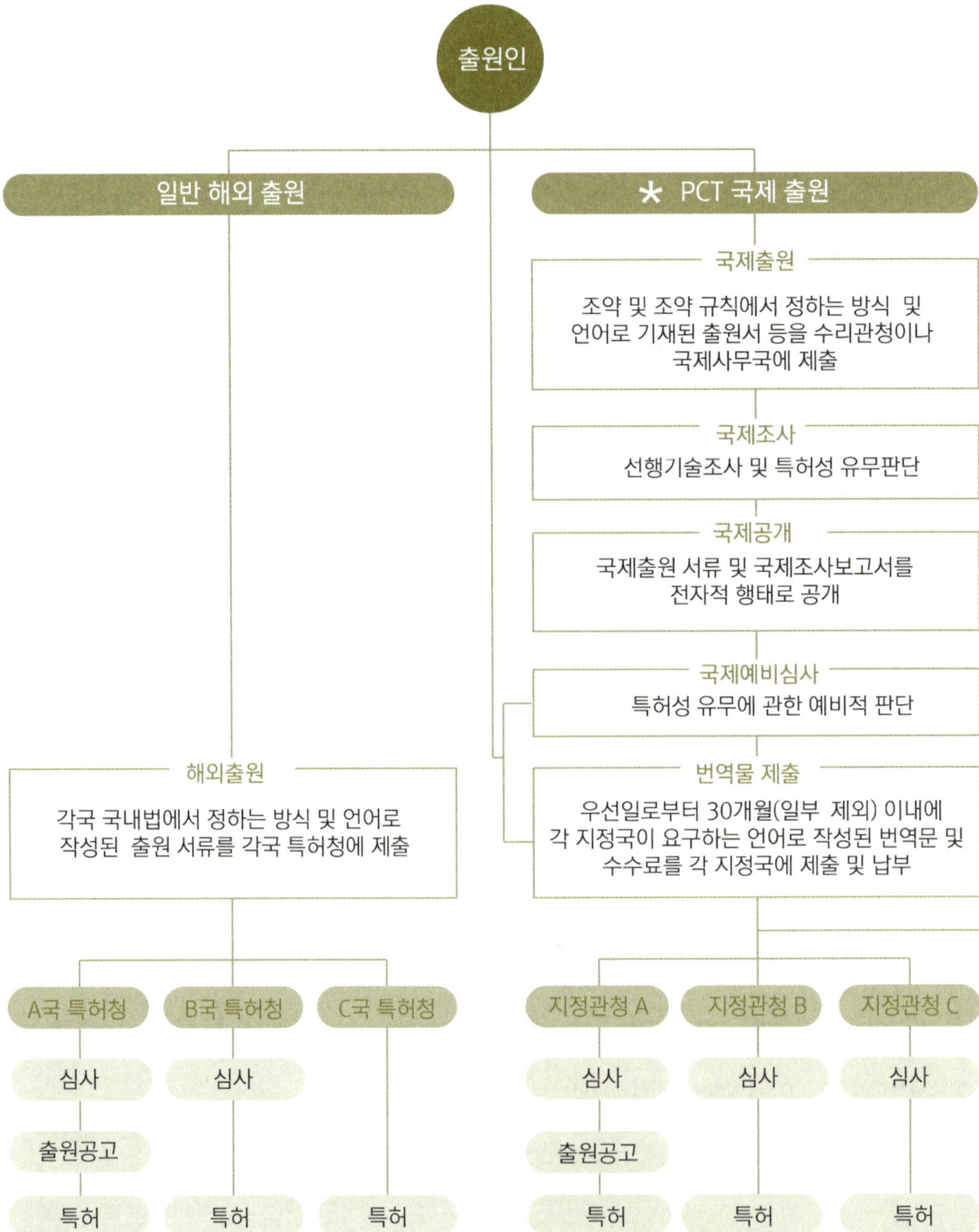

출처: 특허청

<그림 5.6 PCT 국제출원정차와 일반해외 출원절차 비교도>

이다. 즉 특허를 얻고자 하는 여러 국가를 동시에 지정하여 하나의 처리과정으로 특허를 취득할 수 있는 방법이다. 이때 선(先)출원에 대한 우선권을 주장하고자 할 경우 마찬가지로 선출원의 출원일로부터 12개월 이내에 PCT 국제출원을 해야만 우선권 주장을 인정받을 수 있다.

전통적인 해외 출원방법과 PCT 국제출원과의 절차를 비교하면 그림 5.6 과 같다.

PCT 국제출원 절차에 따른 장단점을 살펴보자.

첫 번째, 동일한 발명에 대해 하나의 국제출원서류를 통하여 여러 국가에 출원이 가능하기 때문에 국가마다 일일이 직접 출원해야 하는 전통적인 해외출원방법보다 간편하다.

두 번째, 각 국가의 특허 담당 관청의 심사에 앞서 국제 조사 기관의 선행기술 조사 및 국제 예비 심사 기관의 특허 가능성 유무에 관한 예비심사를 거친다. 따라서 조사 기관 및 예비심사 기관의 대내외 공신력을 고려해 볼 때 각 지정 국가에서의 특허 획득이 직접출원방법보다 용이하다.

세 번째, 발명에 대해 PCT 국제출원을 하여 각 지정국가의 특허청에 직접 출원하는 것과 동일한 효력을 확보한 다음, 해당 국가 특허청에 번역물을 지정된 기간까지 제출할 수 있다. 이때 PCT 국제출원 언어에 한국어가 포함되어 있기 때문에 한국어를 사용하여 출원이 가능하다. 물론 국제공개 후 지정국에서의 심사를 받기 위해서는 해당 국가가 요구하는 언어로 번역물을 제출해야 한다. 제출기간 전까지 국제기관의 선행기술조사에 대한 재조사 및 특허성 유무에 관한 예비심사 결과 검토, 특허 획득 여부 판단, 지정국의 시장성 조사 등을 수행할 수 있는 시간적 여유를 가질 수 있으며, 각 지정국에 따른 절차 이행 여부를 검토함으로써 무모한 해외출원을 방지할 수 있다.

네 번째 비용 측면에서는 각 국가마다 서로 다른 통화를 사용하기 때문에 번거로울 수 있는 국제출원 수수료 납부를 하나의 특허관청에 하나의 통화로 처리할 수 있다. 그러나 PCT 국제출원은 국가별 직접 출원에서 소요되지 않는 추가적인 비용(발송료, 기본료, 조사료 지정료 등)이 발생할 수 있다.

다섯 번째, PCT 국제출원은 특허협력조약을 체결한 국가만을 대상으로 하기 때문에 PCT 체결국가가 아닌 나라에는 직접 출원방법으로 진행해야 한다. 따라서 출원을 결정하기 전에 출원하려는 국가가 PCT 체결 국가인지 아닌지를 먼저 확인해야 할 것이다. 다만 현재 120여 개국 이상이 조약 체결 국가이기 때문에 거의 대부분이라고 판단해도 될 것이다.

5.3.6 대한민국, 특허강국

세계지적재산권기구(WIPO)가 2010년에 발표한 국제특허 출원 현황 통계 자료에 따르면, 한국은 세계 4위를 차지하였으며, 총 8,049건의 국제특허를 출원하였고 이는 전년대비 2.1% 증가한 것으로 분석되었다. 한편 미국, 일본, 독일은 2008년도와 마찬가지로 각각 1위~3위에 올랐으나 미국과 독일의 특허출원 건수는 전년 대비 10%이상 감소한 것으로 나타났다.

<표 5.3주요국가의 특허출원 현황(자료:WIPOStatistics Databse, June 2010)>

출처: 과학기술기획평가원, "주요국의 특허출원 현황 분석"에서 재인용, 2010

국가	특허출원[68](2008)			PCT출원[69] (2009)
	전체	재내자	재외자	
미국	456,321	231,588	224,733	46,079
일본	391,002	330,110	60,892	29,807
독일	62,417	49,240	13,177	16,732
한국	170,632	127,114	43,518	8,049
프랑스	16,705	14,743	1,962	7,163
중국	289,838	194,579	95,259	7,906
영국	23,379	16,523	6,856	5,326
네덜란드	2,732	2,421	311	4,445
스웨덴	2,855	2,549	306	3,582
스위스	2,033	1,594	439	3,673
이탈리아	9,449	8,588	861	2,664
캐나다	42,089	5,061	37,028	2,569
핀란드	1,946	1,799	147	2,133
호주	26,346	2,821	23,525	1,754
이스라엘	7,742	1,528	6,214	1,577
스페인	3,884	3,632	252	1,561
덴마크	1,829	1,634	195	1,333
벨기에	708	575	133	1,000
인도[70]	36,812	-	-	865
오스트리아	2,627	2,298	329	1,029
러시아	41,849	27,712	14,137	669
노르웨이	5,420	1,140	4,280	629
싱가포르	9,692	793	8,899	572
아일랜드	1,007	931	76	469
브라질(2007)	21,825	4,023	17,802	492
뉴질랜드	5,724	1,256	4,468	263

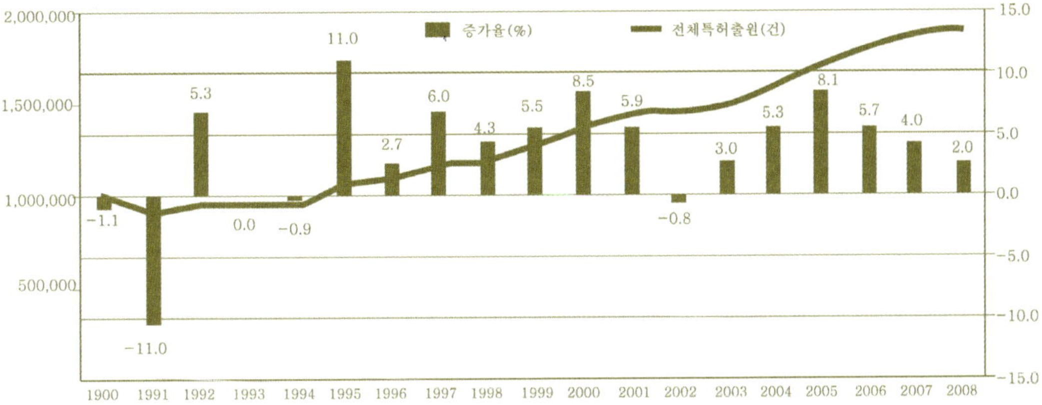

출처: WIPO, "World Intellectual Property Indicators 2010", 과학기술기획평가원, "주요국의 특허출원 현황 분석"에서 재인용, 2010

<그림 5.7 1990년~2008년간의 전체 특허출원 추이>

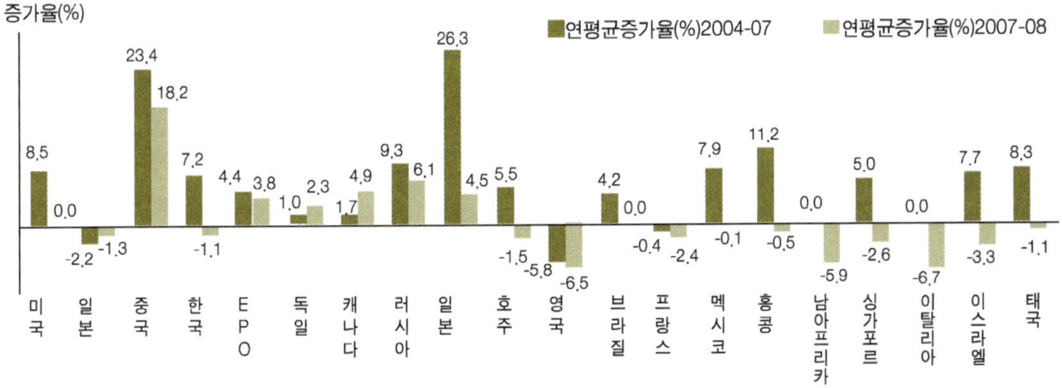

출처: "WIPO Statistics Database", 2010, 과학기술기획평가원, "주요국의 특허출원 현황 분석"에서 재인용

<그림 5.8 주요국가의 특허출원 증가율>

68) 해당 국가의 특허청을 기준으로 작성됨.
69) 국가기준으로 WIPO 추정치임.
70) 재내자의 출원 현황은 포함되지 않았으며 종합계는 달라질 수 있음.

해당 자료에 따르면, 2008년 기준 전세계의 특허출원 수는 1990년 이후 지속적으로 증가하여 1,907,915건을 기록하였으며, 2005년 이후의 증가율을 감소 추세에 있는 것[71]으로 나타났다. 특허출원의 감소 추세는 최근의 미국에서의 특허출원 증가 정체와 한국, 일본의 특허출원 건수 감소 때문으로 분석되었다.

한국의 경우, 대부분을 기업에서 특허출원하였다. 대표적인 기업으로 삼성전자가 2010년 말 기준으로 세계 3위에 올라 있다. 다(多)특허 보유 1위 기업은 미국 IBM으로 누적 등록건수가 58,121건이며, 캐논이 2위(38,202건), 삼성전자가 3위(31,155건), 4위는 도시바(29,195건), 5위는 히타치(28,596건) 순으로 집계되었다.

한국 특허청에 등록된 국내 특허 건수를 살펴보면, 2011년 3월 기준으로 삼성전자가 누적 특허 44,424건으로 1위를, 2위는 LG전자(25,325건), 3위는 하이닉스반도체(16,871건), 4위는 현대자동차(12,218건), 5위는 포스코(9,211건), 6위는 LG디스플레이(6,231건), 7위는 삼성SDI(6,189건), 8위는 KT(5,654건), 9위는 동부하이텍(5,639건), 10위는 대우일렉트로닉스(4,302건)로 집계되었다.

5.4 특허분쟁

5.4.1 세계는 특허전쟁중 (글로벌 특허전쟁)

21세기는 지식재산권 시대로, 세계는 총성 없는 제3차 세계대전을 벌이고 있다고 한다. 특허전쟁이 바로 그것이다. “선진국이다”, “개발도상국이다”라고 언급하며 풍부한 인력과 자원을 바탕으로 국가 간의 산업 전략을 논의하던 시기는 지나가고, 기업과 기업 사이의 경쟁도 지식재산권으로 판가름 나고 있는 상황이다.

오늘날은 경제 전쟁 시대이다. 주인공은 군대가 아니라 세계 각국의 기업들이며, 무기는 총이나 대포가 아닌 특허이다. 특히 지식 기반의 디지털 경제가 가속화하고 산업의 융합화, 복합화가 진전되면서 기업 기술력을 바탕으로 한 특허 경쟁력은 모든 기업들에게 생존의 기반

71) 전세계 특허 출원수(건): 2006년 1,788,562 → 2007년 1,859,782 → 2008년 1,907,915
주요 국가의 특허 출원수(2008년): 미국 456,321건, 일본 391,002건, 한국 170,632건, 중국 289,838건

이면서 성공의 무기가 되고 있는 것이다.

과거에는 대기업의 특정 기술을 대상으로 특허 분쟁이 빈번하였지만, 최근에는 IT 제품 등 수출 주력 상품뿐만 아니라 중소기업의 제품까지 특허 분쟁이 확산되고 있다. 특허 분쟁의 결과에 따라, 제품의 생산 중단, 기업 도산 등 기업의 생존에 막대한 영향을 끼칠 만큼 매우 위협적이다. 결국 자본보다는 지식재산권이 기업 성장의 근간이 된다고 할 수 있다. 이에 따라 대기업을 포함한 중소기업, 벤처기업들이 특허권 확보를 위해 많은 노력을 기울이고 있다.

"못이 나오면 때리려 하는 원리죠."

이건희 삼성전자 회장이 지난 4월21일 서울 서초동 삼성전자 본사로 출근하는 길에 내뱉은 말이다. 삼성전자를 상대로 애플이 제기한 특허침해 소송에 대해 어떻게 생각하느냐는 기자들의 질문에 대한 답이었다. 애플은 4월15일 삼성전자의 갤럭시S, 갤럭시탭 등 스마트기기 제품이 자신들의 특허권을 침해했다며 미국 캘리포니아 북부지방법원에 소송을 제기했다. 이 회장의 말은 삼성전자가 잘나가니까 애플이 견제에 나섰다는 뜻을 담고 있다. 비단 삼성전자만의 케이스가 아니다. 국제 특허소송은 상당수가 세계 시장에서 많은 돈을 벌고 잘나가는 기업들을 주된 타깃으로 제기된다. 사촌이 땅을 사면 배가 아픈 정도를 넘어, 아예 땅을 빼앗아버리려는 목적으로 소송을 거는 경우도 많다.

출처: 디지털 조선일보

1980년대 일본이 세계 경제시장에서 급성장하자 위협을 느낀 미국이 특허를 무기로 일본과 전면 공세를 나섰듯이 일본도 국내 기업을 대상으로 특허 공세에 나섰다. 한국과 일본이 최근 몇 년간 발표하던 차세대 산업 전략을 보면 정보가전, 바이오 신약, 연료전지, 차세대 디스플레이 등 겹치는 부분에서는 충돌이 불가피하다. 국내 기업과 일본 등 해외 기업들 간에 특허 분쟁이 치열했던 대표적인 품목들은 PDP, 휴대전화, 반도체, 위성 DMB 등이 있다. 특히 국내 기업이 기술을 많이 들여오는 일본 기업과 분쟁이 늘고 있다.

5.4.2 특허분쟁 사례

1992년 2월 10일자 "뉴욕타임스" 및 미국 전역 일간지에서는 연방법원의 최종 판결 내용의 기사를 실었다. 이는 일본의 카메라 제조회사가 미놀타(Minolta)사가 상업적으로 큰 성공을 거둔 "자동 초점 카메라 기술"을 제조 판매하는데 있어, 전자제어장치, 온도제어장치와 센서 등을 생산하는 하니웰(Honeywell)사의 특허 기술을 불법으로 사용한 사실이 인정된다고 판결하였다. 하니웰사는 "미놀타가 하니웰에 아무런 대가도 지불하지 않고 특허기술을 도용함으로써 부당하게 연간 10억 달러의 매출을 올렸다"고 주장하였던 특허 침해 소송에 대한 결과였다. 미놀타는 손해배상금에 추가적으로 특허의 계속 사용에 따른 로열티로 1억 2,750억 달러를 지불하였다. 하니웰의 승소에 따라, 공격의 화살은 일본의 다른 카메라 제조업체들로 향했고 이들 회사 중 10개 회사는 화해 신청과 함께 1억 7,560만 달러의 손해배상금을 지불하였다.

1993년 8월 로스앤젤레스 배심원단은 하니웰사가 리튼 인더스트리(Litton Industries)사가 보유하고 있는 상업용 및 군용 항공기에 사용되는 유도장치에 관한 특허를 고의로 침해하였고, 침해에 따른 손해액은 12억 달러에 이른다고 판결[72)]하였다.

1993년 2월 일본의 비디오 게임기 회사인 닌텐도(Nintendo)와 일본 게임기 회사들은 대만 업체들이 자신들의 제품을 불법 복제하였다고 주장하고 무역대표부에 대만 제품의 수입을 제재해 줄 것을 제소하였다. 그들은 2년간 지적재산권 도용 행위로 크게 증가하였다고 주장하면서 불법 복제로 인한 손해액이 20억 달러 이상이라고 추산하였다.

2010년 삼성모바일디스플레이(SMD, Samsung Mobile Display)는 미국 하니웰과 6년간 끌어온 LCD 편광판 기술 특허침해소송에서 최종 승소하였다. 이는 하니웰사가 전세계 30여개 주요 LCD 기업들이 자사의 LCD 편광판 관련 특허를 침해하였다고 2004년에 소송을 제기하면서 시작되었다. 이후 대부분의 업체들은 특허 라이선스 계약을 맺었지만, 삼성모바일디스플레이는 하니웰의 특허 침해 주장을 부당한 소송으로 보고 이에 적극적으로 대응하였다. 2009년 미국 델라웨어 주 연방법은 1심에서 삼성모바일디스플레이 손을 들어줬고 1010년 11월 미국 연방항소법원에서도 "특허침해 주장은 이유 없다"는 판결을 내려 6년이 넘는 법리공방 끝에 최종 승소를 얻었다.

---

72) 리튼사는 특허 침해에 따른 손해액이 1993년에 배심원 판결 금액보다 많은 36억 달러라고 주장하면서 항소에 들어갔다. 또한 리튼사는 "유도장치에 관한 특허를 정부에서 군사용 비행기에 사용하였다"고 주장하면서 정부를 상대로 로열티 10억 달러를 추가로 지불할 것을 청구하는 소송을 제기하였다.

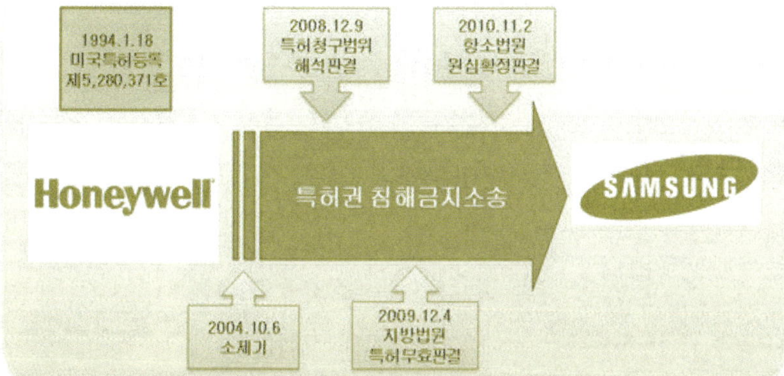

일자	요약	상세
2004.10.6	특허권침해소송제기	특허권침해를 이유로 침해금지청구 및 손해배상청구
2008.12.9	연방지방법원 판결	청구범위해석를 잠정적으로 해석하는 판결
2009.12.4	연방지방법원 판결	즉결심판에서 특허권이 무효라고 판단
2010.11.2	연방항소법원 판결	원심의 판결이 합당하며 특허침해 주장은 이유 없다고 판단

출처: 특허표준지원센터

<그림 5.9 삼성과 하니웰간의 특허권 침해 금지 소송>

2008년 코닥이 삼성전자, LG전자를 상대로 특허 침해를 주장하면서 국제무역위원회(ITC, International Trade Commission)에 소송을 제기하였다. 특허침해를 주장하는 기술은 디지털 카메라와 휴대폰에 사용되는 “미리보기(Preview)"이다. 이는 촬영한 사진을 작은 크기로 나열해 한 번에 보여주는 기술로, 미리보기를 하면서 전원과 메모리 용량을 모두 적게 소요되는 기술을 코닥에서 개발하였던 것이다. 2009년 ITC가 코닥의 손을 들어주면서 삼성전자와 LG 전자는 코닥과 특허 라이선스 계약을 체결하게 되었으며 동일한 특허에 대해 각각 5억 5천만 달러, 4억 1,400만 달러를 지불하기로 합의하였다. 이에 코닥은 추가적으로 2010년 애플(Apple)에 소송을 제기하였고 애플은 원래 특허권을 코닥이 침해했다고 맞소송을 하였다.

특허분쟁에서 가장 유명한 사건으로는 이스트먼 코닥(카메라, 필름 등 사진촬영용품 제조업체)과 폴라로이드(광학기기 제조업체) 간의 벌어진 특허소송 건이라 할 수 있다. 1976년 4월 폴라로이드는 “코닥이 자사의 즉석사진 관련 12개 특허를 침해했다”고 소송을 제기하였고 이에 코닥도 즉각적인 반격으로 “폴라로이드가 주장하는 12개 특허가 모두 무효”라고 주장하는

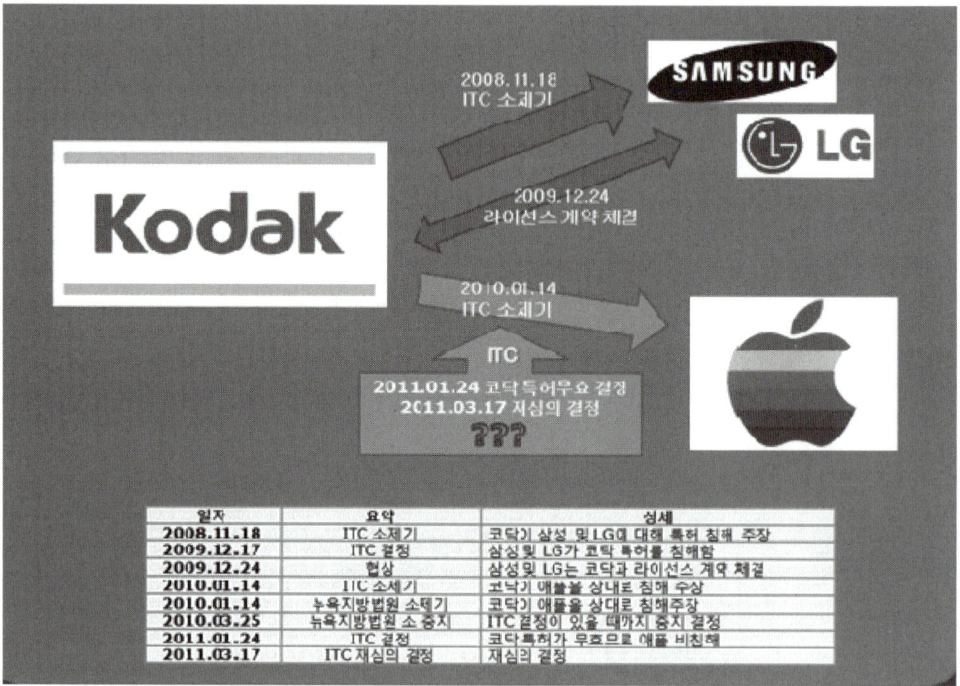

일자	요약	상세
2008.11.18	ITC 소제기	코닥이 삼성 및 LG에 대해 특허 침해 주장
2009.12.17	ITC 결정	삼성 및 LG가 코닥 특허를 침해함
2009.12.24	협상	삼성 및 LG는 코닥과 라이선스 계약 체결
2010.01.14	ITC 소제기	코닥이 애플을 상대로 침해 주장
2010.01.14	뉴욕지방법원 소제기	코닥이 애플을 상대로 침해주장
2010.03.25	뉴욕지방법원 소송중지	ITC 결정이 있을 때까지 중지 결정
2011.01.24	ITC 결정	코닥특허가 무효므로 애플 비침해
2011.03.17	ITC 재심의 결정	재심의 결정

출처: 특허표준지원센터

<그림 5.10 코닥과 애플간의 특허권 침해 금지 소송>

소송을 냈다. 소송 이전까지는 두 업체가 동업자 사이였다. 폴라로이드가 1948년 세계 최초로 즉석카메라 발명에 성공하였고 코닥과 전략적 사업 동반자 관계를 맺었으며 이러한 관계는 20년간 이어졌다. 폴라로이드는 기술혁신에 성공하면서 높은 매출과 이익을 기록하게 되면서 성공신화를 써가는 동안 코닥은 자체적으로 즉석카메라 개발에 나섰지만 실패하였다. 이에 코닥은 폴라로이드의 기술에 눈독을 들이고, 폴라로이드의 특허 중 무효 가능성이 높아 보이는 기술을 모방, 개량하는 연구개발 전략을 구사하였다. 마침내 코닥은 즉석카메라 시장 진출에 성공하였으나, 1976년에 폴라로이드가 특허 침해 소송을 제기하면서 제동이 걸리고 말았다. 코닥은 폴라로이드의 손을 들어준 1심 법원 판결에 불복하면서 대법원까지 소송을 끌고 갔지만, 1990년 패소하였다. 그 결과 코닥은 폴라로이드에 손해배상금 8억 7,300만 달러 지급, 1985년까지 판매한 1,650만대의 즉석카메라를 다시 사들이는데 5억 달러, 소송료 1억 달러를 지불해야 했으며, 15억 달러를 투자한 공장도 폐쇄하고 700 여명의 공장 근로자들이 해고되는 결과를 낳아 총 손실액은 30억 달러에 달했다.

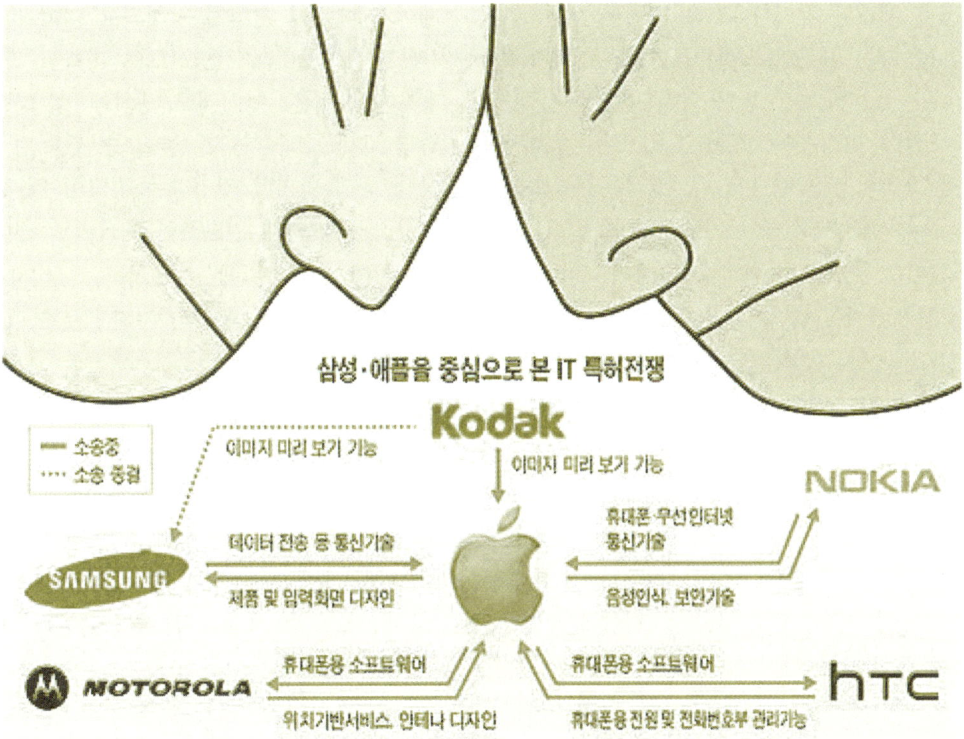

출처: 디지털 조선일보

<그림 5.11 애플을 중심으로 본 IT 특허 전쟁 개략도>

앞에서 잠시 언급했던 삼성전자와 애플의 최근 특허 침해 소송 제기에 대해 살펴보자. 이는 최근에 급부상한 스마트폰 시장과 관련 특허분쟁이라는 점에서 시사점이 많다.

해당 특허 침해 소송은 애플의 선제공격에 삼성전자도 전격적인 대응 전략으로 맞소송이 제기되었다. 애플은 "삼성전자가 자사 제품인 아이폰과 아이패드의 사용자 환경, 아이콘 디자인, 외관 등을 무단으로 베꼈다"고 주장하였고 삼성전자는 "애플이 자사의 HSPA(고속패킷전송방식), WCDMA(광대역 부호분할 다중접속) 통신기술 표준특허 등을 무단 사용하였다"고 반박하는 주장이 나온 것이다. 애플은 디자인적 요소를, 삼성전자는 통신기술을 각각 서로의 무기로 잡은 것이다. 사실 애플은 지난 2010년 삼성전자로부터 전자부품을 6조 원어치 이상을 구매한 핵심 고객사이다. 시장조사기관에 따르면 2011년 올해는 부품 구매 규모가 8조원에 이를 것이라는 예상이 있을 정도로 서로 간에 긴밀한 거래 관계를 유지하는 기업들이 서로 맞소송을 제기한 것이다. 소송 제기에 따른 초기 단계이기 때문에 어떻게 전개되고 어떠한 결과가 나올지는 아무도 모른다. 다만 두 회사 간에 거래 관계를 볼 때 전면전으로 비화될 가능성은 크지 않다는 게 많은 전문가들의 시각이다. 애플은 아이폰, 아이패드 생산에 소요되는 부품 조달에 어려움이 생길 수 있으며, 삼성전자는 최대 고객 중의 하나를 놓칠 수 없다는 측면에서 그러한 분석이 나온다. 결국은 두 회사가 협상을 통해 합의할 것이라는 전망이 지배적이며, 특허 교차사용(Cross-License)으로 귀결될 가능성이 높다는 게 일반적인 예상이다.

스마트폰 경쟁이 치열하면서 관련 특허분쟁도 한창 진행 중이다. 애플, 노키아, 모토롤라, HTC, 삼성전자, LG전자, 마이크로소프트, 구글 등 많은 업체들이 스마트폰, 모바일 OS 등과 관련된 소송으로 얽혀있다.

본격적으로 스마트폰과 관련된 특허분쟁은 2009년 10월 노키아가 애플을 상대로 "사용자 인터페이스와 카메라, 안테나, 배터리 등 휴대폰에 널리 사용되는 자사의 기술특허를 침해하였다"고 소송을 제기하면서 시작되었다. 2009년 12월 ITC의 1심 판결에서 애플 측의 손을 들어주었다. 2008년 3월 애플은 미러월즈테크놀로지(Mirror Worlds Technology)로부터 아이폰, 아이팟, 맥 PC에서 스포트라이트, 커버플로, 타임머신 기능 등에 사용되는 파일과 폴더 관련 기능의 특허 침해 소송을 당했고 2010년 10월 텍사스 주 동부지역법원으로부터 6억 2,500만 달러를 배상하라는 판결을 받았다. 이는 미국 역대 4번째 배상금이 큰 소송이었으며, 현재 이 소송은 애플 측의 항소로 인해 아직까지 진행 중이다. 또한 미국의 이스트만 코닥은 "애플과 RIM을 상대로 디지털 이미지 미리보기 기능과 관련된 특허와 이미지 캡처, 압축, 저장 방법에 대한 특허를 무단으로 사용하고 있다"고 주장하면서 ITC에 제소하였다. 하지만 애플과 RIM은 코닥의 특허에 대한 무효를 주장하였고 2011년 1월 ITC 1심 판결을 통해 "애플과 RIM은 코닥에 특허료를 지불할 필요가 없다"는 판결을 받았다. 이후 ITC 위원회의에서 코닥의 특허주장에 대한 재심리 명령이 내려지고 최종 판결을 기다리고 있는 상태이다. 그림 5.11은 애플을 중심으로 IT 관련 특허침해 소송에 대한 내용이다.

5.4.3 특허괴물(Patent Troll)

오늘날 특허 없는 기업은 살아남기 어려운 시대이며, 설령 특허가 있더라도 생존을 장담하기 어렵다. 기업에서 보유하고 있는 특허보다 훨씬 많은 특허를 보유한 "특허공룡"들에게 언제든지 밟힐 수 있기 때문이다.

삼성전자는 2010년에 인텔렉츄얼벤처스(Intellectual Ventures)라는 미국 기업과 특허 라이

<표 5.4 한국기업들을 공격한 주요 특허괴물 사건 일지>

출처; 디지털 조선일보

연도	한국기업	NIPE	합의 또는 요구 내용
'01	삼성전자	MOSAID	1,000만 달러 손해배상
'05	LG전자	인터디지털	2,85억 달러j 로열티 합의
'05	삼성전자	램버스	7억 달러 라이선스 계약('10.1월)
'07	대우일렉트로닉스	TPS	TPL의 특허에 대한 라이선스 합의 (합의금 미공개)
'07	삼성전자	인터디지털	1,34억 달러 로열티 합의
'08	현대자동차	ATI	현재 소송 계류 중
'08	휴맥스	TPL	라이선스 계약 체결(합의금 미공개)
'09	삼성전자	tmvostus	7,000만 달러 로열티 합의
'09	삼성전자, LG전자	인텔렉츄얼 벤처스	16조 5,000억원 로열티 요구
'10	삼성전자, LG전자 코원시스템, 아이리버	Tesra	라이선스 계약 체결 (합의금 미공개)
'10	팬택계열	제너럴 패튼트	판매액의 0.7% 로열티 지급 합의
'10	삼성전자	인텔렉츄얼 벤처스	라이선스 계약 체결(합의금 미공개)

선스 계약을 맺었는데, 인텔렉츄얼은 특허를 전문적으로 매입, 관리하는 특허관리전문회사(NPE, Non-Practicing Entity)로써, 대표적인 특허괴물[73](Patent Troll)에 해당하는 업체이다. 이들 업체의 주요 비즈니스 모델은 제품 생산과 사업화에는 전혀 관심이 없고 다량의 특허권을 보유하고 자신의 특허를 침해하는 사실만을 조사 관리하면서 침해했다고 판단되는 기업을 대상으로 침해소송을 제기하고 거액의 합의금과 로열티를 받아내는 것이다. 일례로, 인텔력츄얼은 2009년 삼성전자, LG전자를 대상으로 무려 16조 5,000억 원의 로열티를 요구했었다.

특허조사기관 페이턴트프리덤(Patent Freedom)에 따르면, NPE 특허소송 공격을 많이 받는 상위기업 10위안에 삼성전자(7위)와 LG전자(9위)가 포함되어 있다. 이들은 NPE로부터 각각 51건과 46건의 특허소송을 당한 것으로 파악되었다[74]. 이 회사의 조사결과를 기준으로 2010

73) 특허괴물(Patent Troll)이란 실제로는 사용하지 않을 특허들을 사들여 모아 놓고 다른 기업들의 특허 침해만 문제 삼아 거액의 소송을 낸 뒤, 합의금을 받아 내는데 주력하는 일종의 특허소송전문기업을 의미한다. 이러한 명칭은 2001년 미국 반도체업체인 인텔의 특허소송에서 인텔 측이 소송을 제기한 업체를 "특허권을 이용하여 로열티만을 챙기는 악덕기업"이라고 비난하면서 지칭된 용어이다. [출처: 위키, http://en.wikipedia.org]

74) 특허괴물로부터 가장 많은 특허소송 공격을 당한 기업은 미국 HP로, 총 75건의 소송에 관련되었다고

년 4월 특허괴물의 침해소송 공격은 325개로 달했고 이들의 자회사를 포함하면[75] NPE 공격은 수천 건으로 추정된다고 발표하였다.

2000년 이후 한국 대기업들이 NPE로부터 특허침해 소송 공격을 당하였으며, 삼성전자, LG전자, 대우일렉트로닉스, 현대자동차, 휴맥스, 아이리버, 팬택 등이 있다.

5.4.4 특허관리는 기업의 중요한 경쟁력 (특허분쟁 대응 전략)

특허 관리는 21세기 기업의 중요한 경쟁력이라 할 수 있다. 특허관리를 잘 하는 기업은 많은 특허 로열티 수입을 얻을 수도 있고, 다른 경쟁사들의 시장 진입에 대한 방어책을 제공할 수도 있다. 반대로, 특허관리를 못한 기업은 좋은 기술을 개발하고도 권리를 행사하지 못하고 기술 침해를 당할 수도 있다. 따라서 각 기업은 전략적 측면에서 특허관리가 절실히 필요하며, 특허분쟁을 예방하고 특허를 통한 이익 창출 전략이 필요하다.

앞서 언급했듯이 삼성전자는 2000년대 들어 특허괴물의 집중공격을 받았다. 이는 빠른 매출 성장에 비해 글로벌 특허 소송을 진행해 본 경험과 전담인력이 부족한 것을 특허괴물이 노렸다고 볼 수 있다. 이러한 결과 삼성전자는 특허괴물을 포함한 외부 기업에 특허비용만 1조 3,000억 원을 지출해야만 했다. 이후 삼성전자는 IP 센터를 만들어 반도체사업부, LCD사업부, 연구소 등 각 사업부의 핵심 특허 인력을 배치하면서 특허 대응 조직을 강화하였다. 실제 조직 개편 이후 삼성전자는 특허 대응력이 월등히 향상되었다는 평가를 받았고 코닥, 샤프 등 글로벌 IT 기업들과 특허협력 계약을 체결하였고 특허를 서로 사용할 수 있는 크로스 라이선스 계약들을 맺고 있다.

삼성전자의 사례(예, 크로스 라이선스 계약)에서 볼 수 있듯이, 기업이 특허와 관련하여 사용할 수 있는 전략은 여러 가지가 있을 수 있다. 이러한 전략은 크게 사전 분쟁 예방 전략, 특허 경고장 대응 전략, 해외 특허 소송 대응 전략, 특허 회피 설계 전략 등이다[76].

첫 번째, 사전 분쟁 예방 전략은 연구개발을 추진할 때부터 철저하게 선행기술조사, 국내외 특허 동향 조사, 특허맵 활용 및 매입 전략, 기술개발 활동의 권리화 및 책임 명확화, 특허

페이턴트프리덤을 발표하였다.

75) 패이턴트프리덤의 조사 결과, 인텔렉츄얼의 경우 자회사만 무려 1,100개 이상이라고 발표하였다.

76) "IT 특허 분쟁 대응 관리 전략 (ITFind 주간기술동향, FKII 조사연구팀, 2005)

전담 부서 운영 및 특허 전문가 활용 등을 포함한다.

두 번째는 특허 경고장 대응 전략이다. 특허 분쟁은 경고장 접수로 시작된다. 이러한 서신에 신속하게 대응, 문제특허의 분석 및 침해, 무효여부 판단, 상대 특허권자에 대한 분석 및 전략수립, 기술/비즈니스 협상 등을 포함한다.

세 번째, 해외 특허 소송 대응 방안이다. 이는 PCT 국제특허출원제도를 통한 해외특허출원 확보가 우선적으로 필요하며, 특허분쟁 국가 내에 협력업체 관리, 전문 대리인 선정을 포함하여 소송 전담팀 구성 및 대처 등이다.

네 번째는 특허 회피 설계 전략이다. 기술개발을 통해 신제품을 만들고자 할 때 기존 특허를 회피할 수 있는 설계(예, 문제 특허 구성요소 중 일부를 삭제, 치환, 대체 등) 또는 개량기술에 대한 독자적인 특허출원 전략으로 특허소송을 빠져나가는 방법이다.

이밖에 활용 가능한 전략으로는 상호 특허 사용 협정(크로스-라이선스 계약)을 맺거나 동종업계끼리 협력해 공동대응책을 마련하고 정부의 지원을 활용하는 전략 등이 있다.

5.5 결론

산업 발전은 기술력이 뒷받침되어야 하고 그 기술력은 지식재산권과 같은 무형의 자산으로 산업 발전 수준을 가늠할 수 있다. 지식재산권은 인간의 정신적, 지능적 창작물에 대해 보호해 주는 권리로써, 산업발전에 크게 기여한다. 글로벌 경제 환경 변화와 지식 기반 경제 시대 도래로 인하여 지식재산권을 활용한 수익극대화는 지속적으로 진행될 것이다. 기술경쟁이 극심해지면서 특허분쟁이 더욱 빈번하게 발생되고 있으며, 세계 시장에서 첨단기술 기업들 간의 특허분쟁도 계속될 것이다. 이에 한국기업들도 “세계 특허대전”에서 긴밀하고 전략적인 특허경영에 보다 많은 노력을 기울여야 할 것이다.

본 교재에서는 지식재산권중에서도 특허를 보다 집중적으로 다루었으며, 특허에 대한 중요성을 인식하고 기업체에서 요구하는 특허경영과 특허전략을 개략적으로 살펴보았다. 마지막으로, 특허정보를 검색할 수 있는 국내외 사이트를 몇 개 소개하면서 마무리한다.

국내 특허 검색 사이트

특허기술정보검색서비스 KIPRIS http://www.kipris.or.kr

WIPS http://search.wips.co.kr

PATpen 특허 법령, 판례 센터 http://www.patpen.co.kr

특허넷 http://www.patents-net.com

해외 특허 검색 사이트

미국(USPTO) http://patents,uspto.gov

유럽 http://www.european-patent-office.org

PatentExplorer http://www.patentexplorer.com

MicroPatent http://www.micropat.com

일본특허정보기구 http://www.japio.or.jp

Free Patent Online http://www.freepatentonline.com

ꕥ 토론주제 ꕥ

1. 특허 논쟁의 사례를 1개 이상 찾아보고 특허 침해 소송에 따른 내역을 조사하여 토론하시오.

ꕥ 참고문헌 ꕥ

1. 공학, 공학자 그리고 기술 (이택식 외, 서울대출판부)
2. 기술개발과 특허 정보: Patent Map의 작성과 활용 (김경욱 외 IPI)
3. 알기 쉬운 특허이야기 (임재룡 저, 사단법인 대학산업기술지원단)
4. 기술과 특허 (김국 저, 한올출판사)
5. 쉽게 읽고 제대로 이해하는 특허 (박승민, 성안당)
6. 특허전쟁 (특허청 븍허분쟁연구회 옮김, 세종서적)
7. 정보통신 표준화 동향과 전략, 미래의 경쟁 표준화에 달려있다 (임주환 외, 정보시대)
8. 2006년판 기술이전 · 사업화 백서 (산업자원부)

6
CHAPTER

세계를 바꾼 대표적 기술적 발명

6.1 끊임없는 기술 개발

인간은 이 세상에 나타나서 도구를 이용하여 생존의 영역을 넓혀온 이래 자신들의 편리성을 위해 끊임없이 그리고 헤아릴 수 없을 만큼 많은 무엇인가를 만들어 왔다. 이 몬든 것을 기술이라고 말할 수는 없지만 넓은 의미의 기술이라 한다면 그 중에는 극히 개인적인 것도 있고 제한적 용도의 것도 있지만 많은 기술들은 현대 과학 문명의 초석을 이루고 있으며 어떤 기술은 세계의 생활상을 바꾼 위대하고 중요한 것들이 많다. 또한 그 많은 기술들 중에서 어떤 것들은 삶의 질을 향상 시켰으나 동시에 인간이 창조한 기술로 인해 인류에 재앙을 가져다주었던 것들도 있다. 바로 핵기술이 그 것이다. 처음 아인슈타인은 원자핵의 분열이 인간에게 상상하기 어려울 정도로 많은 양의 에너지를 가져다 줄 수 있다는 것을 알고 인간에게 많은 도움이 될 것이라 예상했지만 엉뚱하게도 이 기술이 먼저 사용된 곳은 핵폭탄이었다. 이로 인해 사람들은 과학기술이 모든 면에서 인간의 삶을 질을 향상시키는 것이 아니라는 것을 인식하게 되었다.

한편 우리는 앞에서 기술의 전제 조건으로 다는 아니지만 어느 정도는 발명과 발견이 우선된다는 것을 배웠다, 그러나 발명이나 발견 보다 사회(경제적, 사회적, 문화적)에 더 큰 의미를 부여하는 것은 혁신이다. 즉, 발명이나 발견된 것의 성공적인 활용이다. 이것은 발명에서 개발을 거쳐 시장성 있는 기술이 되기까지 긴 시간을 필요로 한다. 많은 발명들 중에는 결국은 실용화가 못되고 실패한 것 들이 있다.

사실 이러한 발명들은 그 자체는 훌륭하지만 진정한 의미를 잃게 된다. 그리고 위대한 발명품이 훌륭한 기술이 되기까지는 긴 시간과 함께 많은 경쟁자와 협력자들이 있다는 것도 잊어서는 안 된다. 또 앞장의 기술과 사회에서도 언급했듯이 기술은 사회의 한 부분이다. 이런 의미에서 기술은 세계의 사회 변화에 영향을 주며 '세계를 바꾼' 이란 의미는 사회의 커다란 변화를 의미하는 것이다.

그런데 여기서 세계에 커다란 영향을 준 정도를 어떻게 판단할 수 있을 것인가? 즉, 수많은 발명, 기술 중에서 그 순서, 아니 순서가 아니더라도 그 중요성의 우선순위를 어떻게 정할 것인가는 결국 주관적일 수밖에 없다는 것이다. 다만 각 기술 마다 설명하겠지만 앞장에서 언급했던 패러다임의 획기적인 변화를 가져온 기술들을 선정하였다는 것을 미리 언급해 둔다. 따라서 주관적이기는 하지만 세계에 큰 영향을 준 기술들 몇 가지에 대해 그 만들어진 과정 및 유용성과 위험성, 과학사적 의미, 그리고 사회에 미친 영향 등에 대해 논해 본다. 여기서 선정한 기술들은 아주 중요한 것 외에는 주로 19~20세기에 개발되거나 발명된 기술들이다.

6.2 금속활자 인쇄술

다른 기술이나 발명품들이 거의 그렇듯이 인쇄술 역시 수백여 년에 걸쳐 단계적으로 진행되었다. 그러나 구텐베르크의 활판 인쇄기는 인쇄술을 한 단계 끌어올린 위대한 발명품 중에서도 최고 순위에 들어갈 것이다.

6.2.1 인쇄술의 발전 배경

그 이전의 유럽에서 서적은 지식 권력의 상징이었다. 즉, 서적은 필사의 작업을 거쳐 만들어져서 매우 귀했기 때문에 책을 접할 수 있었던 사람은 매우 극소수에 지나지 않았다. 따라서 당시에는 개인이 책을 소지하거나 도서관에서 열람할 수 있는 능력을 지녔다는 것 자체로 특별한 권력의 소유자를 의미한다. 그런데 이 권력의 상징인 서적에의 접근을 용이하게 해준 가장 큰 배경이 바로 금속활자 인쇄술의 등장이었다.

사실 인쇄술이 처음 만들어진 것은 서양이 아닌 동양이었다. 기원전 6세기부터 중국에서는 이미 목판인쇄술이 융성했다. 목판에 새겨진 글들을 처음에는 섬유로 만든 천에, 후에는 종이에 인쇄하였다. 또한 8~9세기에는 동아시아권에서는 목판본으로 인쇄된 서적들이 대량으로 간행되었다. 751년 통일신라시대에 세계 최초로 목판 인쇄본 **"무구정광대다라니경"**이 제작되었다. 1041년 중국 송나라 때 '필승'이라는 대장장이가 구운 점토로 만든 진흙 활자로 인쇄 작업을 하였다는 기록이 있으나 이것을 이용해 서적을 손쉽게 간행할 정도로 유용하지는 못했다. 그 후에 진흙 활자의 단점을 보완하여 나무 활자를 개발하였고 다시 금속인 주석 활자를 고안했으나 그 당시 기술 부족으로 실용화되지는 못했다. 14세기 초 왕정이란 사람이 회전활자대를 개발해 조판 작업을 쉽게 하려 했으나 실용화되지 못하고 그 이후 중국의 활자 인쇄술은 뿌리를 내리지 못했다.

세계 처음으로 금속활자를 실용화시킨 것은 한국이다. 일반적으로는 1234년에 간행된 **《상정고금예문》** 이 세계 최초의 금속 활자본으로 알려져 있으나 지금 전해지지 않으며 현존하는 세계에서 가장 오래된 금속 활자 인쇄본은 1377년 만들어진 **《직지심체요적》** 이며 1076년경 주조된 금속활자로 **《남명천화상송증도가》** 가 인쇄되었을 것으로 추측한다. 그런데 최근 **《남명천화상송증도가》** 를 인쇄했을 것이라고 생각되는 금속활자인 **"증도가자"** 가 발견되었는데 1239년에 제작된 것으로 추정되나 아직 명확하지 않다.

1972년 파리 세계서적전시회에서 현존하는 최초의 금속활자 인쇄본인 **《불조직지심체요절》**(1377년)이 처음으로 공개된 바 있다.

조선시대에 와서 1434년 세종 때 갑인자를 주조하였는데 그 이전의 조판 방법을 획기적으로 개선하였다. 즉, 밀랍을 이용해 활자를 고착시키던 방식에서 벗어나 입방체로 균일하게 주조한 활자들을 얇은 대나무 조각을 이용해 고정시키는 방식을 채택하였으며 질 좋은 먹물, 최상 품질의 종이, 정교한 청동활자의 주조기술이 뒷받침되었다. 갑인자로 하루에 40여장을 인쇄할 수 있을 정도로 조판기술이 개선되었다. 15세기 조선의 금속활자 인쇄술도 목판 인쇄를 완전하게 대체하지는 못했으나 금속활자 인쇄술은 조선의 유교문화를 꽃피운 배경이 되었다. 중국에서 들어오는 서적의 대부분이 조선에서 대량으로 인쇄되어 널리 보급되었다. 문민정책을 펼쳤던 조선 중앙정부와 유교지식으로 빠르게 성장한 사대부 계층은 인쇄된 서적의 가장 큰 공급자이면서 수요자였다.

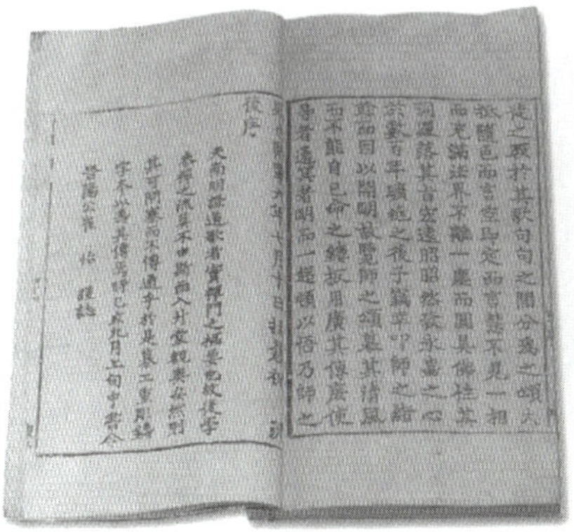

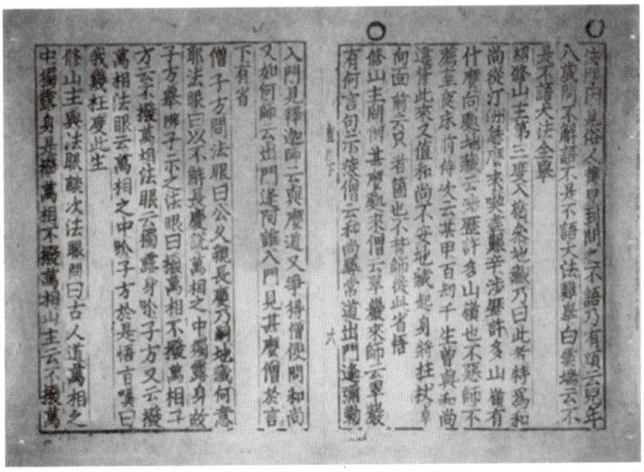

출처: http://cafe.daum.net/goodinfo/542c/5434?docid=qXT2|542c|5434|20090405101204

<그림 6.1 남명천화상송증도가>

<그림 6.2 불조직지심체요절>

출처: 조선일보

<그림 6.3 활판인쇄에 사용되는 납활자>

6.2.2 기술적 해결

그러나 이 금속활자를 이용해 세계를 바꿀만한 일을 한 사람은 바로 ***구텐베르크(Johann Gutenberg)***이다. 그는 아랍인들에 의해 서유럽에 전파된 동아시아의 판화기법을 응용해 금속활자를 써서 서적 인쇄에 필요한 인쇄시스템 전체를 구성하는 기술적 요소들을 해결하였다.

그는 인쇄에 필요한 펀치와 수동주조기를 발명해 필요한 활자를 손쉽게 복제해서 제작할 수 있는 금속활판기술을 개발하였다. 펀치를 통해 모형을 만들고, 수동 주조기를 이용해 손쉽고 빠르게 활자를 주조해내었다. 이 기술은 인쇄 상태를 우수하게 유지하면서 서적을 대량으로 인쇄해 낼 수 있는 기술이었다. 1445년 그는 자기가 만들어낸 인쇄기로 성서를 간행하였다. 그 이 후 새로운 잉크, 내구성 있는 활자, 종이의 개발 등이 이루어졌다. 이러자 그 전에 서적을 만들기 위해 있었던 수많은 수도원의 필경사들이 필요 없게 되었다.

6.2.3 기술의 발전

19세기가 되면서 산업혁명에 의해 증기기관이 발명되면서 증기기관에 의한 고속인쇄기가 발명되었으며 1884년부터는 자동식자기인 라이노타이프(Linoytpe)가 도입되어 활판 대신 식자로 문서가 인쇄되었다. 그 이후 전기, 전자공학이 발전되면서 1935년에는 사진식자기가 출현했으며 컴퓨터가 발전하면서 1965년에는 루돌프 헬스가 전산사식기가 발명되었고 곧바로 레이저사식기가 등장함에 따라 금속활자 활판에 의한 인쇄는 역사 속으로 사라지게 되었다.

6.2.4 사회적 영향

구텐베르크에 의해 개발된 인쇄술의 발전은 서적 간행을 폭발적으로 증가시켰으며 이로 인한 서적의 대량 유통을 통해 많은 지식과 정확한 정보가 유럽 사회 전반으로 확산되었고 절대적인 권위를 지녔던 고전적 지식은 그 권위를 잃고 몰락하면서 유럽인들은 합리적인 사고를 하게 됨으로서 유럽사회를 질적으로 변화하게 되었다.(이러한 지식의 변화가 후에 "과학혁명"을 낳았다고 주장하는 역사가도 있다.) 한편 인쇄술의 발전은 가톨릭교회의 쇠락에도 결정적 영향을 미쳤다.

이전까지는 책으로 발간된 성서의 양이 적어 성서 읽기가 제한적이었기 때문에 성서에 대한 절대적 해석의 권한을 교회에서 가졌었다. 그러나 성서가 대량으로 보급되면서 성서를 읽는 중산층이 많아지면서 절대적 해석의 권위가 하락되게 되었고 결국은 종교개혁까지 이끌어내게 되었고(기독교 이념을 담은 팸플릿 인쇄와 확산이 종교 개혁의 일등공신이라고 주장하는 역사가도 있다.) 더 나아가 유럽사회를 근대화시키는데 결정적으로 기여를 하였다. 따라서 많은 학자들은 "인쇄술 혁명"이 유럽의 종교개혁을 이끌어냈고 나아가 시민혁명으로 이어졌고 근대사회 도래에 결정적인 기여하였다는 것을 바탕으로 금속활자인쇄술이 인류가 발명한 기술 중 가장 위대한 것 중 하나라고 인정한다.

그러나 또 다른 학자들은 "근대로 변화하는 과정에 있던 유럽사회의 제반 여건이 구텐베르크의 금속활자 인쇄술을 낳았다"고 주장한다. 즉, 15세기 중반, 유럽사회의 혼란스러웠던 변화, 여러 사회적 배경이 인쇄술을 대중화시킬 수 있었다는 것이다. 당시, 종교개혁을 위해 종교 개혁가들의 주장이 담긴 팸플릿과 성서를 싼 값에 대량으로 인쇄하여 제작하였기 때문에 인쇄술이 성공하였으며 그러한 배경 아래에서 철저하게 자본주의적으로 제작하고 판매했을 때 이익이 남을 수 있도록 금속활자 인쇄술이 개발되었고, 결과적으로 종교개혁과 과학혁명을 낳은 일등공신으로 유럽의 근대화에 큰 영향을 미쳤다는 것이다.

어쨌든 이 주장들을 보면 기술과 사회 어느 하나가 일방적으로 영향을 주는 것이 아니라 둘 사이에는 서로 영향을 주고받는 관계가 있는 것을 알 수 있다.

그런데 여기서 집고 넘어갈 것이 있다. 세계 최초로 한국이 금속활자인쇄술을 발명했음에도 불구하고 왜 우리나라의 인쇄술이 뒤떨어졌을까? 라는 것이다.

6.3 증기기관

증기기관이 발명되기 까지 동력은 거의 축력이나 인력에 의존해왔다. 그러나 증기기관의 발명은 세계의 사회를 농경사회에서 산업사회로 바꾸는 결정적 계기가 되었고 이로 인해 증기기관은 흔히 산업혁명의 상징으로 꼽힌다. 이 증기기관의 발명은 증기기관과 방적기 및 많은 공장의 여러 기계들과 결합함으로써 섬유산업을 중심으로 한 산업혁명의 기폭제가 되었으며 탈 것들(증기기관차와 증기선)을 만들어냄으로써 운송수단을 발전시켜 산업사회를 이끌게 되었다.

6.3.1 발전 배경 및 과정

17세기말 드니 파팽과 토머스 세이버리 등 증기의 힘을 이용하여 피스톤을 움직이는 실험을 수차례 시도하였다. 이를 바탕으로 1712년 토마스 뉴커먼이 탄광 배수 문제를 해결하기 위해 최초로 증기 펌프를 개발하였다. 1712년 더들리 카슬의 탄광에 설치한 뉴커먼의 증기기관은 1분에 12회 왕복운동을 하며 물을 퍼 올렸는데, 그 힘은 약 5마력 정도였다.

그 후 점점 금속가공기술이 발달하면서 점차 뉴커먼 증기기관의 실린더는 더 크게 만들 수 있게 되었다. 처음에는 지름 7인치짜리 실린더가 고작이었지만, 1725년에는 29인치짜리로, 그리고 1765년에는 74인치짜리까지 대폭 커졌다. 그와 함께 증기기관의 마력(馬力)수가 크게 늘어났음은 물론이다. 뉴커먼의 증기기관은 당시로서는 대성공이었다. 발명 직후 4년 동안에 8개국에 보급되었고, 그가 죽은 1729년까지 그의 증기기관이 유럽의 많은 나라에 퍼졌다. 뉴커먼의 증기기관이 이렇게 다양한 곳에 이용되었지만 석탄 소모가 너무 많아 열효율이 낮아 실용적이지는 못했다.

이 후 1768년 기계제작자인 제임스 와트는 뉴커먼의 증기기관을 구조적으로 개선하여 효율을 크게 증가시켰다. 그는 증기기관을 구동시키는 압력으로 대기압 대신 증기압을 이용하였으며 증기기관이 냉각되어 효율성이 저하되는 것을 방지하기 위해 실린더 주위에 증기를 공급하는 증기자켓(steam jacket)을 설치하여 뉴커먼 방식에 비해 석탄소모량을 ¼로 줄였다. 그는 1769년 존 로벅의 도움을 얻어 증기기관에 관한 최초의 특허를 얻었으며 이 후 1775년에는 증기기관에 대한 포괄적 특허를 취득하였으며 1781년 회전운동을 하는 증기기관 개발하면서 증기기관이 광산은 물론 공장의 에너지원으로 사용하게 됨으로써 증기기관의 쓰임새를 더 한층 넓혔다. 이전의 증기기관은 상하 수직 운동만 하였기 때문에 광산의 물을 퍼내는 데는 적합하였지만, 공장에서 사용하기는 어려운 구조였다. 이어 1788년 *조속기*[77]를 발명하였고, 복동식[78] 엔진을 개발하였고 평행 운동 메커니즘[79]을 발명하여 기차에도 사용하게 되었다. 이 평행운동 메커니즘의 발명은 일반 기계 및 증기 기관차 등에 이용이 가능해졌다.

1790년 리처드 아크라이트는 자신의 방직공장에서 최초로 방적기에 증기기관을 설치하여 공장을 가동시켰고 이 후 증기기관은 많은 공장의 동력원이 되었다. 19세기 초 복동식 증기기관을 구동시키기 위해 고압증기를 사용, 열효율을 증가시키는 개선이 이루어졌다.

제임스 와트가 성공할 수 있었던 것은 그 단독의 힘만은 아니었다. 재정적 지원을 해준 존 로벅과 동업으로 증기기관을 공장에서 제작하였던 유능한 사업가인 매튜 볼턴의 힘이 컸으며 윌리엄 머독과 같은 능력 있고 충직한 조수가 있었기 때문이다. 또한 가장 중요한 것은 그가 지속적으로 기술 혁신에 매진했다는 것이다. 한편 당시 영국의 특허법을 잘 이용하여 자신의 발명을 25년간 독점할 수 있었다.

출처: www.wonn.co.krr

<그림 6.4 분리콘덴서를 적용한 와트의 증기기관>

출처: http://cafe.naver.com/itechno/10670

<그림 6.5 와트의 회전 증기기관>

77) 피스톤 운동의 속도를 자동으로 조절하는 장치
78) 피스톤이 위로 올라갈 때와 아래로 떨어질 때 모두 엔진을 작동시키는 방식
79) 피스톤과 연접봉을 같은 구동방향으로 결합하여 회전 운동을 직선 왕복운동으로 바꾸어 주는 방식

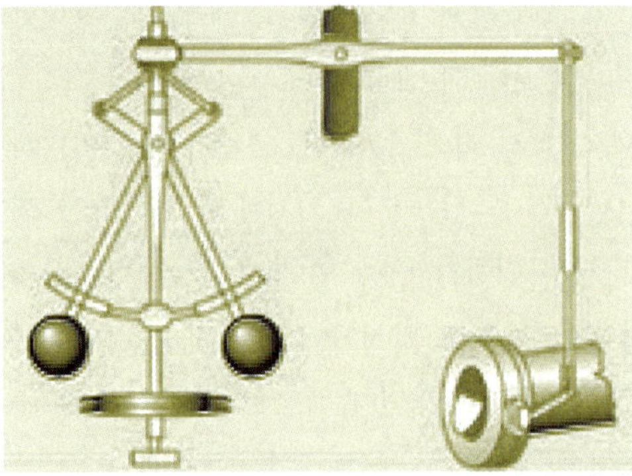

출처: 불명

<그림 6.6 원심조속기>

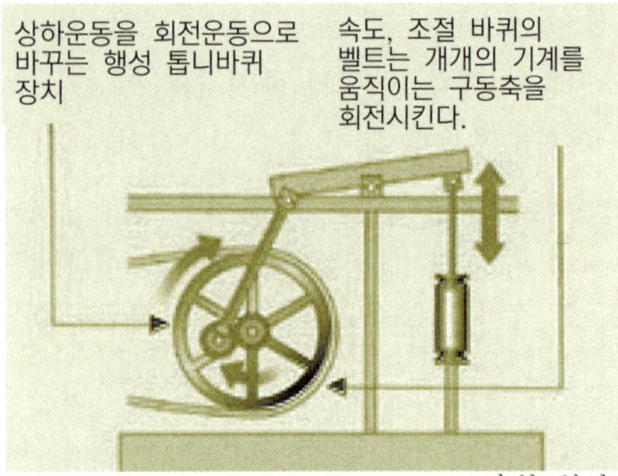

출처: 불명

<그림 6.7 회전 운동장치>

뉴커먼의 증기기관과 와트의 증기기관

뉴커먼의 증기기관은 물을 끓여 거기서 나온 증기로 실린더 내의 피스톤을 위로 밀어올린 후 실린더에 난 작은 구멍을 통해서 찬물을 실린더 내부에 뿜어 실린더의 온도를 떨어뜨림으로써, 올라간 피스톤을 밑으로 하강시키는 방법을 사용하였다. 이 방법은 피스톤을 밀어올리기 위해 실린더를 데워야 하고, 떨어뜨리기 위해 실린더를 차게 유지해야 하는데, 이로 인해 계속적인 냉각과 가열을 반복되어야 하기 때문에 연료가 많이 들고 열효율이 떨어졌다. 따라서 이 증기기관은 실용적이 못돼 성공하지 못했다.

이에 반해 와트의 증기기관은 피스톤이 운동하는 실린더는 항상 덥게 유지하고, 공기를 냉각시켜주는 콘덴서를 따로 분리해서 이를 항상 차게 유지하도록 하여("분리 콘덴서"의 발명) 뉴커먼 증기기관의 문제를 해결하였다.

6.3.2 사회적 영향

증기기관의 발명은 원료 생산지와 소비지, 제품 생산지와 소비지, 도시와 농촌을 잇는 거대한 변화를 촉발시켰다. 즉 산업 혁명을 상징하는 기술이라고 할 수 있다. 증기기관이 일반 기계와 결합됨으로써 산업혁명을 이끌어 냈고, 초기 섬유산업뿐만 아니라 기차, 증기선 등의 개발을 선도하였다. 결국, 근대 사회의 철강, 무선, 운송, 석탄 등 전 산업에 영향을 미쳤다. 비록 19세기 후반부터 증기터빈, 내연기관의 개발로 경쟁력을 상실했지만, 인류의 근대 자본주의 사회의 기틀을 마련한 기술(발명품)로 평가될 수 있다.

6.4 현미경

6.4.1 발전배경 및 과정

기원전 시대의 사람들도 매끄럽게 연마된 크리스탈이나 물이 가득 찬 수정구(crytal ball)에 확대 효과가 있다는 것을 알고 있었다. 그러나 1590년경에야 네덜란드의 ***얀센(Janszen)*** 형제에 의해 여러 개의 렌즈가 부착된 현미경이 발명되었다. 그렇지만 이 현미경은 미생물을 볼 정도로 배율이 높지 못했다. 그러다가 1660년대 초 네덜란드의 ***뢰벤후크***가 단안 현미경을 개발하였고 1664년 ***로버트 후크(Robert Hooke)***는 배율이 높은 여러 개의 렌즈를 부착 해 미생물을 볼 수 있는 고성능 현미경을 개발 했다. 드디어 사람들이 최초로 눈으로 미생물을 확인할 수 있었다. 드디어 1673년 ***레벤후크(Leeuwenhoek)***가 현미경을 이용, 적혈구를 발견하였으며 그 외 많은 미생물을 발견하였고 1677년에는 인간의 정자도 발견하면서 미생물학 분야를 개척하게 되었다. 초기의 현미경은 의학 및 생물학 분야에 커다란 기여를 하였다. 현미경은 그 후 의학 및 생물학 분야뿐 아니라 금속과 재료 공학에서의 분석 및 실험에서도 중요한 역할을 하였다. 그러나 이러한 광학현미경은 가시광선을 이용하기 때문에 가시광선의 긴 파장 때문에 최고 배율이 2,000배 정도였고 현미경의 분해능이 떨어진다는 한계를 가지고 있었다. 그러나 1932년 ***루스카(Ruska)***와 ***보리스(Borries)***가 전자현미경을 개발해 특허를 획득함으로써 이제는 사람들이 수천 배에서 수만 배까지 사물을 확대해 볼 수 있었다. 전자현미경은 기존의 광학현미경이 사용하던 가시광선 및 광학렌즈 대신 전자선을 광원으로 사용하고 전자(전자석) 렌즈를 사용하였다. 그 후 ***주사전자현미경***[80](SEM ; scanning Electron microscope)이 1938

80) 주로 시료 표면의 정보를 얻을 수 있고 시료의 두께, 크기 및 준비에 크게 제한을 받지 않는다는 장점이 있음

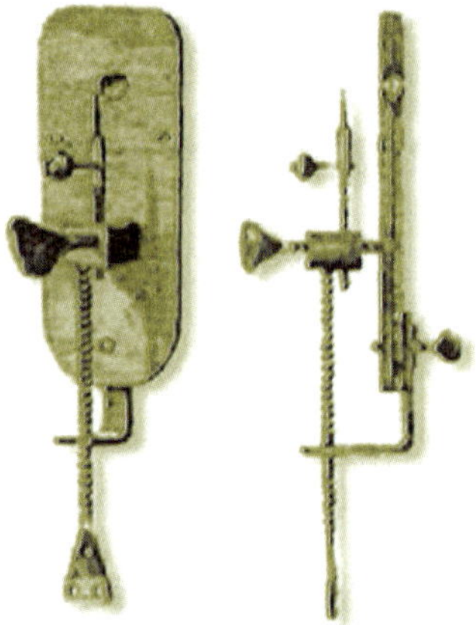

<그림 6.8 1660년경의 레벤후크 단렌즈 현미경>

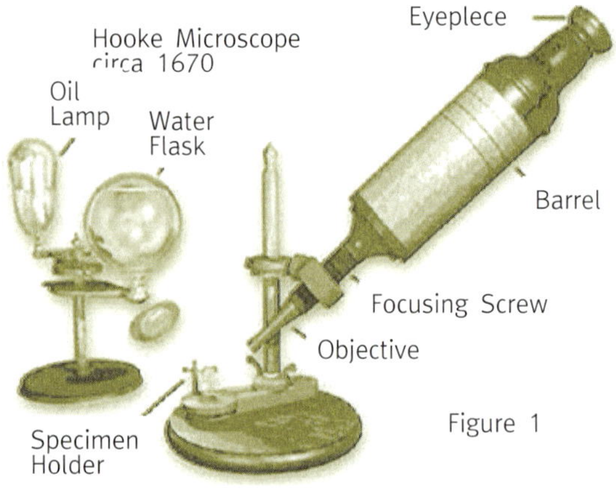

출처: 인터넷

<그림 6.9 1670년의 로버트 후크 현미경 가상도>

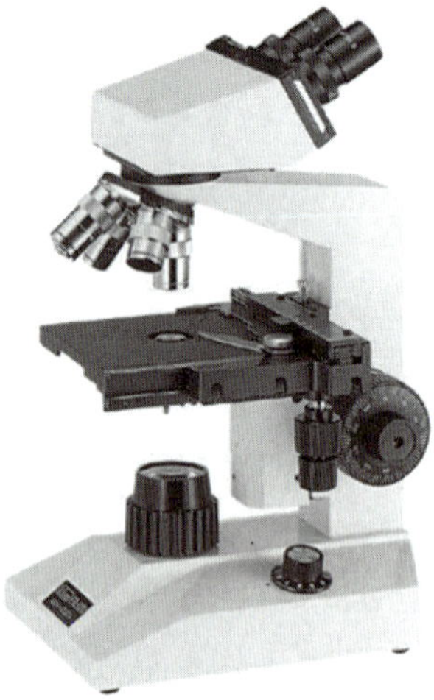

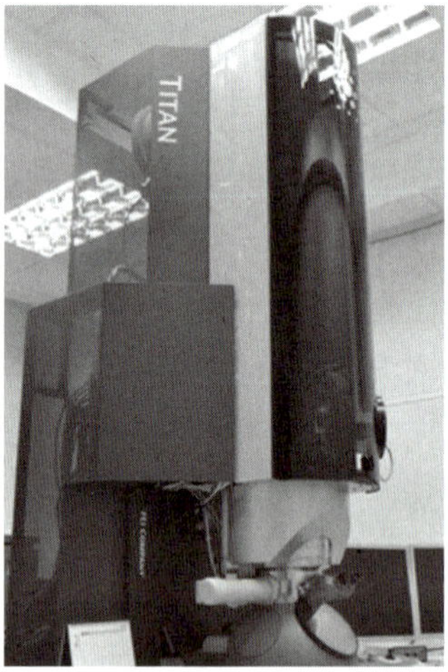

출처: 디지털타임스

<그림 6.10 최신 광학현미경> <그림 6.11 KIST에 있는 수퍼 전자현미경>

년 ***아르덴네(Von Ardenne)***에 의해 발명되었으며 1965년에 마침내 영국에서 상품화되었는데 이 전자현미경은 초점이 잘 맞춰진 전자선을 표본에 직접 주사(走査)하는 방식으로 최고 배율이 40,000배에 달한다.

그 이후 **주사터널링현미경**(STM, Scanning Tunneling microscope), 투과전자현미경(TEM, Transmission Electron Microscope) 등이 개발되면서 원자 단위의 아주 작은 물체를 관찰할 수 있게 되었다. 그 후에도 **원자간력현미경**(AFM, Atomic Force Microscope) 등 많은 현미경이 개발되어 최첨단 전자 산업에 이용되어 나노 물질을 관찰, 조작할 수 있게 되었다.

6.4.2 용도 및 발전방향

현재 전자현미경은 앞에서 언급했듯이 거의 모든 이화학 분야(금속학, 지질학, 물리학, 농학, 의학, 생물학 등)뿐 아니라 반도체 공학, 고분자공학 등에서 첨단연구를 수행하기 위한 과정으로 필수적이 되었으며 거의 모든 분야에서 광범위하게 사용되고 있다. 최근에 외국에서는 고진압(1,000KV 이상)을 사용하는 대형 전자현미경이 개발되고 있어 비교적 두꺼운 조직표본도 투과할 수 있고 해상도도 무한히 높이고 있는 추세이다.

또한 아직까지는 전자현미경의 활용분야가 어느 정도 한정되어 있으나 앞으로는 마이크로의 세계, 나아가 나노 세계가 끝없이 밝혀져 모든 과학 분야의 발전에 기여할 것으로 전망하고 있다.

<표 6.1 SEM의 이용분야 및 용도>

이용분야	용도
화학공업	고분자의 미세조직, 파면조직, 화공재료의 미세조직
금속, 재료공업	금속이나 복합재료의 미세조직, 파단면, 표면구조
반도체공업	반도체 집적회로관찰
섬유공업	섬유, 염료 등의 미세조직
정밀기계공업	부품의 마모상태관찰
고무, 페인트공업	충전제 분포형태, 무기안료 입자관찰
생물, 의학분야	생체조직형태, 병리관찰

6.4.3 사회적 영향

초기의 광학 현미경의 발명은 인간에게 미지의 세계를 알게 해주는 커다란 역할을 하였다. 특히 미생물 분야 및 의학 분야를 급속히 발전시켰으며 인간의 질병을 일으키는 원인이 세균이라는 것을 알게 했다. 그 후 섬유, 화학, 고분자공학 등에서 이용되었으며 분야를 넓혀 전자, 금속 공학 등 거의 전 분야에 이용되게 되었다. 특히, 현대에 들어와 개발된 전자현미경은 초기에 농작물 및 원예작물 등의 개량에 크게 이바지하여 식물자원의 활용을 극대화시켰고 최근에는 모든 분야의 첨단 연구에 없어서는 안 될 장치가 되었다. 현미경이 기술은 아니지만 인류에게 미시 세계를 인도해 준, 그리고 앞으로도 계속 우리가 몰랐던 미시세계를 밝혀 우주의 비밀을 밝혀주고 미래의 첨단 기술을 도와줄 인류의 위대한 발명품 중 하나로 평가될 수 있다.

6.5 발전기

앞에서 증기기관의 발명이 서구 세계에 산업혁명의 시발점이 되었다면 발전기에 의한 전기의 사용은 서구 세계에 제 2의 산업혁명의 시발점이 되었다. 또한 발전기의 발명은 곧 바로 전동기의 발명으로 연결되었고 이것은 또 한 번 동력원의 변화를 가져오게 되었다.

6.5.1 발전배경 및 과정

1820년에 덴마크의 ***외르스테드(Oersted)***는 전류가 흐르는 도선에 의하여 자기가 만들어진다는 사실을 발견, 이에 따라 자기로 부터 전기를 만드는 가능성에 대해 의문을 가졌다. 1821년 영국의 ***마이클 패러데이(Michael Faraday)***는 두개의 자석 사이로 구리판을 자석에 닿지 않게 통과시킬 때 구리판이 회전하면서 전류가 발생한다[81]는 사실을 알아냈다. 즉, 구리판이 회전할 때 발생하는 자기장의 변화로 전위차가 발생하는 사실을 알아낸 것이다. 이것을 패

81) 코일내의 자기장을 변화시켜 전압이 유도되는 현상을 '전자기 유도'라고 하며 이때 흐르는 전류를 '유도전류'라 한다.

출처: http://www.ebuzz.co.kr/content/buzz_view.html?ps_ccid=79968

<그림 6.12 지멘스의 개량발전기 모형>

발전기 원리

*그림과 같이 2개의 막대자석 사이에서 구리 고리를 회전시키면 전압이 발생하여 전류가 흐른다. (**유도전류; 플레밍 법칙**) 이 때 회전이 느리면 거의 전압이 생기지 않고 회전이 빠르면 큰 전압을 얻는다.*

*반대로 감겨있는 구리 코일 내로 막대자석이 움직여도 전류가 생긴다. (**유도전류; 렌츠 법칙**) 이 때 자석이 움직이는 속도가 빨라질수록, 코일의 감긴 횟수가 많을수록 흐르는 전류는 크다.*

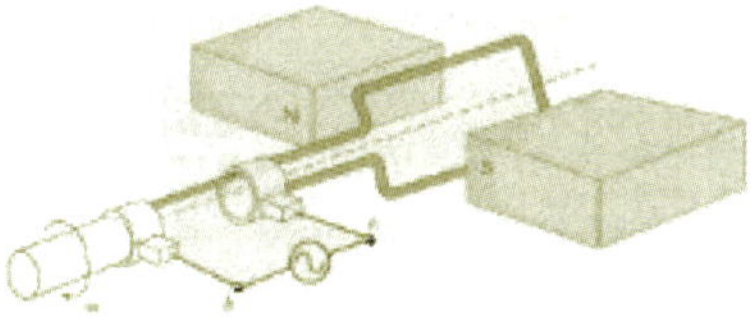

플레밍법칙을 이용한 간단한 발전기

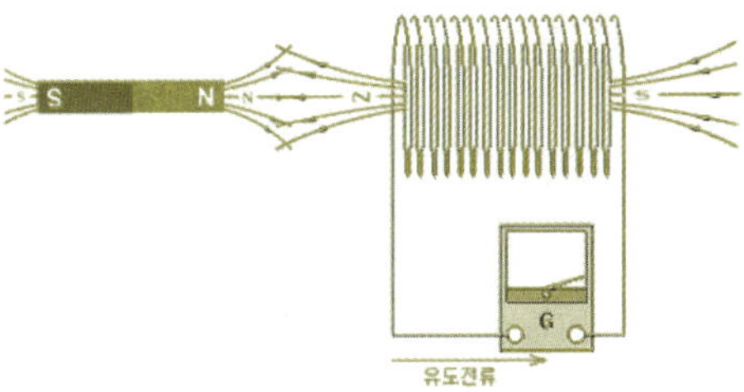

렌츠법칙을 이용한 간단한 발전기

러데이의 유도법칙이라 하는데 이 발견으로 발전기의 기본 원리를 확립하게 되었다.

1832년에 프랑스의 ***픽시(Hippolyte Pixii)***는 2개의 막대자석을 2개의 구리 코일 아래쪽에서 회전시켜 패러데이가 얻었던 것 보다 더 큰 전류를 얻는데 성공하였는데 이것이 최초의 발전기의 발명이다. 그러나 이것은 실제로 사용할 정도로 실용적이지는 못했다.

한편 1852년 덴마크의 ***쇠렌 요르트(Hjort)***는 발전기 실험을 하던 중 발전기가 작동하면서 스스로 자성을 띈다는 사실을 알아내었다. 최초의 실용적인 발전기는 1860년대 후반 프랑스의 *그람*이 제작한 '그람 발전기'로 전기가 인간에게 유용한 에너지의 한 형태라고 받아들이는 데 중요한 역할을 했다. ***지멘스(Werner Siemens)***는 1857년 발전기의 실용화를 꾀하여 발전자(發電子)를 개량하였었는데 이것이 T형 이중 발전자였다. 또한 1867년에는 요르트가 발견한 사실을 토대로 기계 에너지를 전기에너지로 변환시키는 원리를 발견하였는데 이로 인해 발전기의 여자기(勵磁氣, exciter)를 차단해도 발전기는 자석에 남아있는 자성에 의해 계속 전압이

플레밍 법칙

플래밍의 오른손법칙

자기장 내에서 도선을 일정한 방향으로 움직일 때 도선 내부의 자유전자가 일정한 방향으로 움직이는 현상을 '전자기 유도'라하고 이때 생기는 전기를 '유도기전력', 흐르는 전류를 '유도전류'라 한다. 이것이 발전기의 원리이다. 이 때 자기장의 방향, 전류의 방향과 도선의 움직이는 방향을 상대적으로 나타낸 것이 ***플래밍의 오른손법칙****이다.*

플래밍의 왼손법칙

반대로 자기장 내에서 도선에 전류를 흐르게 하면 도선이 힘을 받아 움직이는데 이것이 전동기의 원리이며 이 때 자기장의 방향, 전류의 방향과 도선이 힘을 받는 방향을 상대적으로 나타낸 것이 ***플래밍의 왼손법칙****이다.*

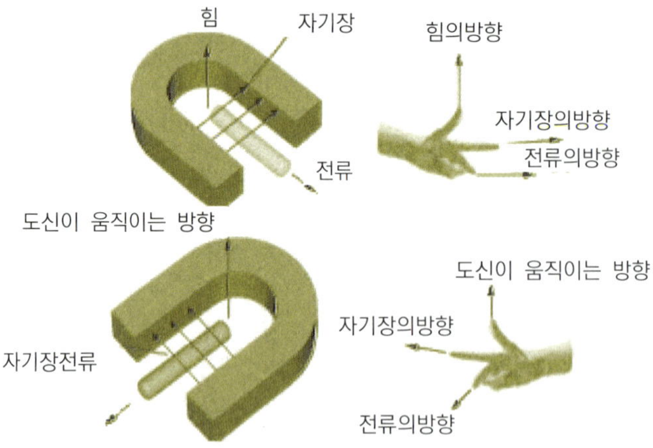

플레밍의 오른손 법칙과 왼손법칙을 나타낸 그림

낮은 전기를 생성한다는 것이었다. 이 전기는 여자기의 자석에 남아 있는 자성에 의해 발생했다. 발생한 전류를 전자 코일로 보내면 자기장이 강해지고, 따라서 자기장과 유도전류를 증대시킬 정도로 전압이 높은 전류가 발생했다. 바로 자동 발전의 원리를 발견한 것이다.

이 원리와 자기가 개발한 발전자를 이용, 영구자석 대신 전자석으로 발전기에서 나오는 전류를 동력원으로 삼는 개량발전기를 만들었다. 이것이 지멘스 발전기다. 그는 이 발전기 및 그 것과는 가역적인 전동기를 급속히 보급시켰다. 시간이 지나면서 발전기는 수차례 개선되어 실용성이 더욱 증대되었다. 마침내 1880년대 초 ***에디슨(Thomas Alva Edison)***은 증기기관과 발전기를 결합하여 1882년 뉴욕에 최초로 발전소를 건립하였다. 이때의 사용한 발전기는 DC(직류) 발전기였다. 1895년 세르비아 출신의 발명가인 ***테슬라(Nikola Tesla)***는 에디슨과의 '전류 전쟁'에서 이겨 그가 개발한 2상 교류방식으로 웨스팅하우스사에 의해 세계 최초로 나이아가라 폭포에 수력발전소를 건설했다.

렌츠의 법칙

자석을 코일에 가까이하거나 멀리하면 코일 내를 통과하는 자속의 변화에 의해 코일에 유도기전력이 생겨 전류가 흐르는데 코일 내의 자속이 증가하면 감소시키는 방향으로, 감소하면 증가시키는 방향으로, 유도기전력이 발생, 전류가 흐른다.

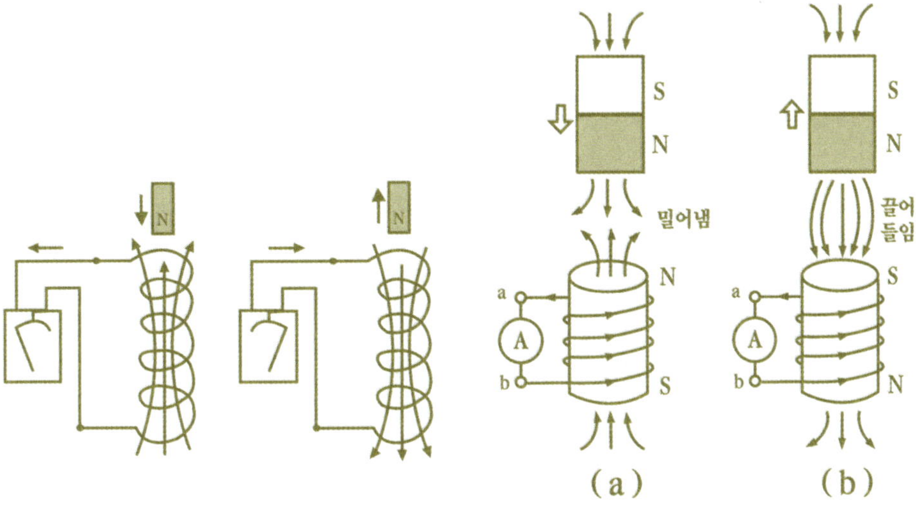

렌츠의 법칙을 나타낸 그림

6.5.2 사회적 영향

발전기에 의한 전기의 발생은 현대사회를 발전시킨 원동력이 되었다. 즉 20세기의 발전은 전기공학을 중심으로 시작되었다. 즉, 전기의 사용으로 제2의 산업혁명이 시작되게 되었다. 에디슨의 백열전구 발명과 함께 전기의 사용은 인간의 생활리듬을 바꾸었다. 이전에는 낮에는 일하고 밤에는 휴식하는 일상에 '삶의 변화'가 나타났다. 발전기의 발명은 전동기 개발로 이어졌고 발전소 건설에 의해 인간이 마음대로 전기를 만들어냄으로써 전구를 포함, 전기를 이용한 여러 가지 전기 기기가 만들어져 20세기 인간 생활을 보다 윤택하게 만들었다.

6.6 유선전화기

사실 유선전화기의 발명은 전화기 그 자체의 발명으로는 별 의미를 갖지 못한다. 왜냐하면 전기나 전화는 개별품이 아니라 시스템의 부분이기 때문이다. 즉, 유선전화 시스템의 구성은 음성과 전기신호를 변환하는 전화기, 전화기에서 오는 전기신호를 전송하는 전화 회선, 특정한 상대뿐만 아니라 많은 상대와 통화하기 위해 전화 회선을 교환·접속하는 전화 교환기(대)로 되어 있다. 따라서 발전 배경 및 과정에서 언급하겠지만 벨이 전화기를 발명했지만 그 당시 전화회선이나 전화교환 시스템 기술이 발달하지 못해 한참이 지난 후에야 활성화되었다.

6.6.1 발전배경 및 과정

1830년 경 많은 학자들이 음향 진동을 전기 파동으로 변환하는 것이 가능하다는 사실을 입증하였다. 1863년 처음으로 ***요한 필립스 라이스(Reis)***는 소리를 전기로 바꾸어 장거리로 전송하는 장치를 고안했는데 그는 돼지 내장으로 진동판을 만들고 나무로 만든 '사람 귀 모양'의 송신장치 끝에 전선을 팽팽하게 연결시켜 소리가 진동할 때 마다 진동판이 떨리게 하였다. 진동판에 백금 접촉부를 달아 진동판의 울림에 따라 회로를 열었다 닫았다 하게 했다.

그러나 실용적인 장치는 ***알렉산더 그레이엄 벨(Alexander Graham Bell)***에 의해 만들어졌다. 1870년부터 벨은 하나의 전선으로 다수의 메시지를 전송하는 다중 전선 시스템의 연구를 시작하여 1876년 전화기에 대한 특허를 획득하였다. 벨의 발상은 주파수가 서로 다른 음향 진동을 전기 파동으로 변환시키고 수신 장소에서 개별 주파수로 여과시켜 음향으로 변환시킨다는 것이었다.

벨의 최초의 전화기를 이용한 전화망은 수신 범위가 30 km에 불과하고 교환기술에도 심각한 문제가 있었다.

1889년 ***알먼 스트로우저(Strowger)***가 '자동 전화교환 시스템' 개발하고 1900년 ***캠벨(Campbell)***과 ***푸핀(Pupin)***에 의해 발명된 유도 코일을 전화기에 도입 수신 범위가 2000 km

유선전화 시스템 및 전화기의 원리

음성을 전기신호로 바꾸는 송화기에는 값싸고 감도가 좋은 탄소송화기가 사용되고 있는데, 이것은 음성의 음압 변화(音壓變化)에 따라 진동하는 진동판과 그 뒷면에 있는 탄소입자로 되어 있다.

진동에 의해 탄소입자에 걸리는 압력이 변하면 탄소입자의 전기 저항이 변화하고, 이 변화가 전류의 변화를 일으킨다. 수화기의 코일에 전류가 흘러 전자석의 자속(磁束, magnetic flux)을 변화시키면, 코일 속에 있는 자석이 진동하면서 진동판을 울려 소리를 발생시킨다.

유선통신의 원리

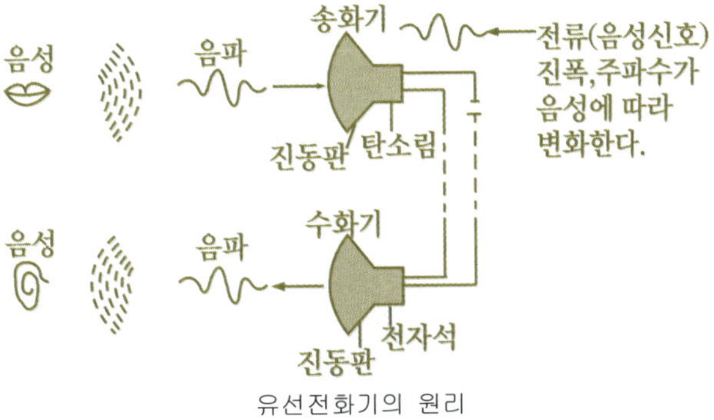

유선전화기의 원리

유선전화기에 대한 진실

미국사를 바꾸어 놓을 만한 전화의 발명에 관한 진실이 밝혀졌으나 아직 많은 사람들에게 알려지지는 않았다.

전화기의 발명자는 미국의 알렉산더 그레이엄 벨이 아니라 이탈리아 출신의 이민자인 **안토니오 메우치(Antonio Meucci)**라는 사실을 미국 의회도 인정했다고 영국의 <가디 언>이 2002년 6월 18일 보도한 바 있다.

미국 하원은 6월 16일 표결을 통해 메우치가 발명해 1860년 뉴욕에서 시연한 '테리트로포노'가 최초의 전화기이며 벨은 메우치의 자료를 입수해 16년 뒤 특허를 획득했음을 인정했다.

그 동안 역사학자와 이탈리아 계 미국인들은 미국 정부 등을 상대로 메우치가 전화기 발명자임을 설득해왔다. 이탈리아 플로렌스 출신의 메우치는 미국 뉴욕 부근의 스태튼섬으로 이주한 뒤 몸이 마비된 아내를 위해 침실과 자신의 작업실을 연결하는 시스템을 개발해 1860년에 공개시연회를 열었다.

이후 이 기계를 좀 더 정교하게 고친 그는 영구 특허 신청에 필요한 250달러가 없어 1871년에 1년짜리 특허를 신청했지만 그 이후 특허를 갱신하지 못했다. 1876년에 그와 연구소를 함께 사용했던 벨이 전화기 특허를 내고 웨스턴유니언 전신회사와 계약해 큰돈을 벌자 그는 벨을 상대로 소송을 제기했다.

그는 대법원이 벨의 사기혐의를 인정함으로써 승리를 눈앞에 두었으나 1889년 그가 숨지자 재판도 중단되었다.

벨이 발명한 송화기

최초의 전화 발명자인 메우치의 업적을 기리는 이태리 정부가 발행한 우표

까지 확장함으로써 실용적인 전화시스템이 갖춰졌다. 1915년에는 전기신호를 증폭시키는 전자관이 도입, 4500 km에 이르는 장거리 통화가 가능해졌다.

그러나 2차 세계대전 끝날 때까지도 사람들은 전보가 가장 안전하고 믿을만한 통신수단으로 인식, 전 세계적으로 전화의 일반인들에게 공급은 미비하였다. 따라서 1950년대에 들어와 선진국을 중심으로 전화기가 가정 필수품이 되기 시작하였다.

우리나라는 1960년부터 전화 공급이 점차 본격화하기 시작했으나 미미하였고 1970년대 초에 들어와 서울의 각 가정에 보급되기 시작했으나 회선이 한정적이라 개인들이 마음대로 사고팔지를 못했다.

1980년 중반 최초의 무선전화기가 상품화되면서 유선전화기가 쇠퇴의 길을 걷기 시작했으며 1992년 무선이동통신망이 개통되어 통화음질이 현저히 향상되었다.

6.6.2 사회적 영향

초기의 전화가 발명되었을 때는 사람이 교환을 해주었기 때문에 전화교환국이 있었는데 교환원으로 저임금 여성노동자들을 이용했다. 이로 인해 여성의 산업 활동영역이 늘어났으나 그들은 늘 심각한 업무 스트레스에 시달려야 했다. 그러나 자동교환시스템이 발명된 후 교환원들이 사라졌고 이로 인해 다시 여성근로자들의 취업이 적어지는 현상이 일어났다.

전화기의 발명은 사람들의 근황이나 소식을 목소리로 보다 빨리 전해주기 때문에 이전의 중요하게 여겼던 전보의 효율을 무력화시켰다. 또한 사람들이 빠른 시간에 다른 사람들과 많은 정보를 공유하게 되었다.

전화기의 사회적 영향을 살펴보면 기술의 발명이나 개발이 사회에 크게 영향을 주며 또한 기술은 사회에 의해 채택된다는 것을 보여 주고 있다.

6.7 내연기관

내연기관

연료와 공기의 혼합물을 기관 안에서 연소, 폭발시켜 그 때에 발생하는 고온, 고압의 연소가스로 피스톤을 움직이거나, 노즐에서 분출시켜 연료가 가지고 있는 열에너지를 기계적인 일로 바꾸는 기관을 말한다.

6.7.1 발전배경 및 과정

내연기관의 발명은 ***레오나르도 다빈치***로 부터 출발한다. 그는 1506년 화약 엔진에 대한 구상을 그림으로 남겼다. 그러나 오래 동안 실제로 만들어지지는 못했다. 150여년이 지난 1673년 네덜란드의 *호이겐스*가 다빈치의 화약 엔진을 현실화시키려 했으나 실패하였다. 다시 100여년이 지난 1807년 드디어 스위스의 ***아이삭 리바츠(Issac Rivaz)***가 수소와 산소의 혼합기를 사용한 최초의 내연기관을 만들면서 다빈치의 상상이 서서히 실현되게 되었다.

1862년 프랑스의 ***로샤(Rdchas)***가 4행정 내연기관의 원리를 개발하여 특허를 신청했지만 등록비를 내지 못해 특허가 인정되지 못했다. 같은 해 *르노아르*가 가스 엔진을 채택한 최초의 성공적인 2행정 내연기관을 발명, 제작되었다. 또 1876년 ***니콜라우스 아우구스트 오토***가 르

<그림 6.13 오토의 내연기관>

출처:http://www.engines.rustyiron.com

<그림 6.14 르노아르의 가스 엔진>

노아르의 내연 기관 원리를 응용, 4행정 내연기관을 제작하고 1877년 특허를 획득한 후 내연 기관의 발전은 급물살을 탔다. 오토의 엔진을 토대로 1883년에 ***다임러***와 마이바흐가, 1885년에는 ***벤츠***가 각각 가볍고 회전속도가 빠른 가솔린 엔진을 개발하고 1886년 다임러가 2인승 4륜 마차의 탑재에 성공함으로써 세계 최초의 가솔린 자동차를 발명하였다. 같은 해 ***벤츠***도 가솔린엔진을 탑재한 3륜 자동차를 개발하였다. 이 후 1893년 독일의 ***디젤***이 개발한 디젤 엔진이 등장하였다.

<그림 6.15 로터리 엔진>

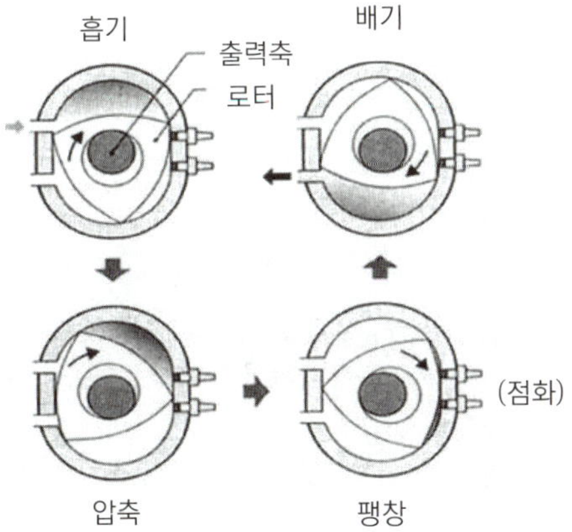

출처: http://www.mazda.com/mazdaspirit/rotary

<그림 6.16 로터리 엔진의 4행정>

출처: 위키백과사전

<그림 6.17 1886연식 벤츠의 휘발유 3륜 자동차(복제품)>

한편 1957년 *반켈(Wankel)*은 이전의 피스톤의 왕복운동 방식과는 전혀 다른 로터리 엔진[82]을 개발했으나 구조와 원료 상의 문제로 사업화는 크게 성공하지는 못했다. 피스톤의 왕복 운동이 필요 없었기 때문에 피스톤 엔진에 비해 소음이 적고 가속이 빨랐고 구조도 더 간단하게 만들 수 있어 복잡한 부품 생산 비용을 줄일 수 있는 장점이 있었으나 1973년 세계적으로 석유파동이 닥치자 이런 장점보다는 로터리 엔진의 단점이 부각됐다. 계속 가속하다가 별안간 엔진이 멈추는 사고가 종종 발생했고 결정적 단점은 로터리 엔진은 연소실 벽이 불규칙하게 마모돼 연료가 완전히 연소되지 못했기 때문에 연료소비율이 좋지 않았다는 것이다. 1990년대 이후 일본의 마쯔다사에서 기존의 로터리 엔진의 엔진의 단점을 크게 보완, 현재는 많은 자동차에 사용되고 있다.

4 행정기관의 원리

1. 흡입행정 때는 피스톤이 내려가면서 흡기밸브가 열리고, 배기밸브는 닫히면서 혼합기체가 실린더로 들어온다.
2. 압축행정 때는 피스톤이 올라가면서 흡기밸브와 배기밸브가 닫히고 혼합기체가 압축이 된다.
3. 폭발행정 때는 피스톤이 폭발한 연소가스에 의해서 밀려 내려가고 흡기밸브와 배기밸브는 닫힌다.
4. 배기행정 때는 피스톤이 다시 올라가면서 흡기밸브는 닫히고 배기밸브가 열리면서 연소가스가 배출된다.

[4행정 사이클 기관의 작동원리]

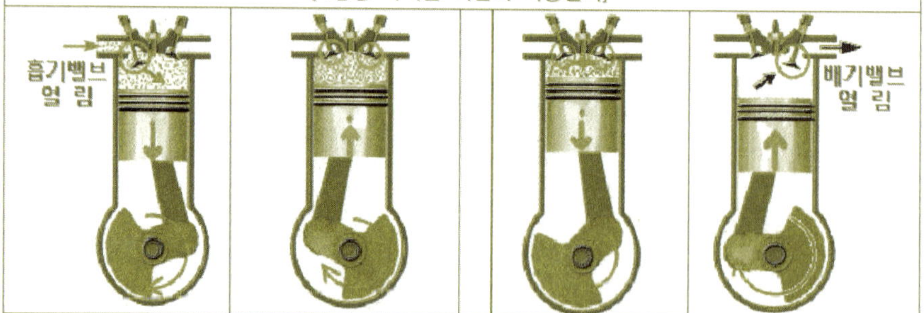

흡입행정	압축행정	폭발행정	배기행정

82) 연료와 공기가 섞여 연소가 일어나는 부분에 위치한 로터 면에 열에너지의 팽창력이 전달되면서 로터가 왕복하는 대신 회전하는 방식의 내연기관.

6.7.2 사회적 영향

내연기관의 발명(기술)은 우리의 '탈 것'에 획기적인 계기를 만들어 주었다. 즉, 보다 빨리, 보다 멀리 사람들을 쉽게 이동할 수 있는 자동차의 발명을 이끌어 냈다. 나아가 산업사회를 급속도로 발전시킨 많은 공장들의 기본적인 동력 장치가 되었다. 즉, 동력원이 증기기관에서 내연기관으로 바뀌게 되었다. 그러나 내연기관의 발명은 화석연료시대(석유)의 개막을 여는 획기적인 발명이었지만 현대에 와서는 지구의 운명을 생각해야 하는 환경오염의 주범을 만들어 낸 결과를 가져왔다.

6.8 진공관과 트랜지스터

19세기 말부터 20세기 초에 걸쳐 진행된 교통과 통신의 혁명은 인류의 산업과 생활양식에 커다란 영향을 주었다. 특히 진공관의 발명은 전자공학의 발전을 이루는데 시발점이라 하겠다.

6.8.1 발전배경 및 과정

최초의 진공관은 1858년 율리우스 플뤼커와 하인리히 가이슬러가 밀폐된 유리관에 저압 가스를 채우고 양끝에 전극을 넣어 만든 방전관이었다. 이 유리관에 전압을 가하면 가스가 이온화되면서 특유의 색을 띤 빛을 발했고 동시에 양 전극 사이에 전류가 흘렀다.

그러나 역시 진공관 발명의 직접적인 시작은 미국의 *토마스 에디슨(Thomas Edison)*부터 라고 하겠다. 1884년 그는 새로운 백열전등을 개량하는 일을 하면서, 진공 속의 탄소 필라멘트와 양전하된 금속판 사이에서 전류가 흐른다는 것을 발견했다. 그러나 그는 그 당시 이 현상의 대단한 실용성을 예견하지 못하고 '에디슨 효과'라는 이름만을 붙인 채 전등을 개량하는 일에만 매달렸다. 이 와는 별도로 1897년 독일의 브라운이 자신이 직접 고안한 '브라운관'을 이용, 전파의 흐름을 눈으로 확인하였다. 같은 해 영국의 *J. J. 톰슨(Joseph John Thomson)*경에 의해서 진공관 내에서 관찰되는 방전 현상도 사실은 전자의 흐름이라는 것을 발견하였다.

1904년 영국의 *플레밍(John A. Fleming)*은 '에디슨 효과'에 주목하여 연구 끝에 2극 진공관을 발명하고 '플레밍 밸브'라 명명하였다. 2년 후 미국의 *리 드 포리스트(Lee de Forest)*는 음극과 양극 사이에 제 3의 전극인 '그리드'를 첨가한 3극 진공관 개발하였는데 그리드를 통

<그림 6.18 포트리스가 발명한 3극 진공관>

2극진공관의 원리

2극관은 캐소드(음극)와 플레이트(양극)라는 2개의 전극으로 구성되어 있다.

캐소드가 히터에 의해 가열되면 전자가 나오지만, 플레이트에 (+)전압이 걸리면 여기에 (-)전자가 흡수되어 전류가 흐르는데 그 방향은 전자의 움직이는 방향과는 반대로 플레이트로 부터 캐소드로 흐른다. 반대로 플레이트가 (-)전압일 경우에는 전자의 (-)와 플레이트의 (-)가 반발 하여 전자는 플레이트로 가지 않으므로 캐소드의 주위에 뭉쳐있기만 하고, 전류는 흐르지 않는다.

이처럼 2극관은 플레이트가 (+)일 때만 전류가 흐르고, (-)일 때는 흐르지 않기 때문에 전압의 방향이 (+)와 (-)의 상태로 변화하고 있는 교류를 플레이트에 연결하면, (+)일 때만 전류가 흐르기 때문에 마치 스위치처럼 전류를 ON, OFF 할 수가 있다. (정류작용)

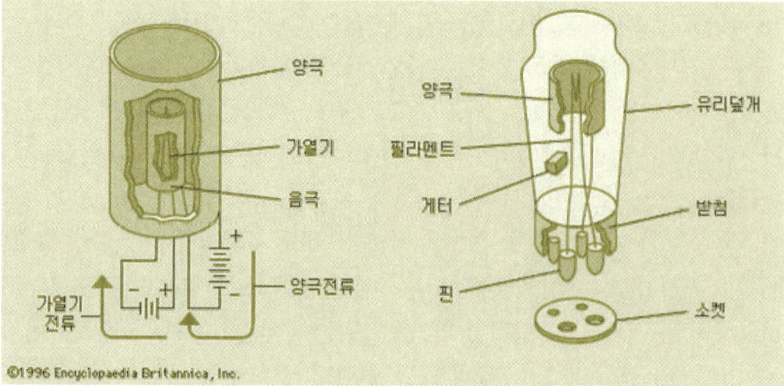

해 음극과 양극 사이에 흐르는 전류가 강화하여 미미한 전압으로 강한 신호를 출력하게 되었다. 바로 전류 증폭작용이다. 이를 계기로 2극 진공관에서 3극 진공관으로 사용이 증가하였다. 역시 1906년에 가스를 채운 진공관이 사용되기도 했다. 그 이후 3극 진공관의 결점을 보완한 4극관·5극관 등이 차례로 발명되었고, 그 외에도 여러 목적에 따른 진공관들이 발명되었으나 1947년 트랜지스터가 발명되면서 일반 진공관의 사용은 서서히 감소하게 되었다.

6.8.2 사회적 영향

진공관은 20세기 초기에 전자공학기술의 발전에 있어 매우 중요한 역할을 했다.

진공관의 발명은 가정의 여러 가지 가전제품의 개발을 가능케 했고 개인의 문화생활을 윤택하게 하는데 기여했다.

특히 3극진공관의 발명으로 신호의 증폭이 가능해지자 통신 거리의 한계가 극복되었고, 텔레비전, 라디오 등에 응용되면서 방송 시대를 이끌어 내었다. 트랜지스터와 집적회로가 발명되기 이전까지 모든 전자제품에는 진공관이 사용되었다. 그 와 함께 거의 모든 기간산업 분야에 기술혁신을 이루게 하였다. 1947년 트랜지스터의 발명으로 전자관 시대의 막을 내렸지만 고주파의 증폭기능이 탁월하여 현재도 텔레비전, 레이더, 무선공학 및 고급 오디오 앰프분야에서는 여전히 활발히 사용되고 있다.

6.9 컴퓨터

아마도 20세기 가장 중요한 발명품이 무엇일거냐는 설문조사를 해 보면 거의 '컴퓨터'일 가능성이 크다. 그 만큼 컴퓨터는 현대인의 사회적, 경제적, 문화적 삶에 막대한 영향을 미쳤다. 그러나 지금은 컴퓨터가 없는 가정이 거의 없을 정도이지만 이 컴퓨터의 발명은 민간인들을 위한 발명이라기보다는 군사적 이해와 관계가 있다. 하기는 따져 보면 공학기술적 기술의 창안은 처음에 거의 전쟁과 관련이 있다. 제트 엔진, 로켓, 폭약, 로켓, 핵폭탄 등의 예를 보면 알 수가 있다. 어째든 이 컴퓨터는 계속 진화하겠지만 앞으로도 인류의 생활에 막대한 영향을 줄 것이다.

6.9.1 발전배경 및 과정

현대 인류의 삶을 편리하게 한 이기(利器)들 중 많은 것 들이 그렇듯이 컴퓨터도 ***레오나르도 다빈치(Leonardo da Vinci)***로부터 시작되었다. 현대 개념의 컴퓨터와는 차이가 있지만 그는 1400년 대 이미 치차식 계산기의 구조를 고안하였다. 그러나 실제로 계산기를 만든 것은 프랑스의 ***파스칼(Blaise Pascal)***이다. 그는 1642년에 가감산을 할 수 있는 계산기를 만들었다. 이 계산기는 0에서부터 9까지 표시할 수 있는 10개의 톱니를 가진 톱니바퀴가 여러 개 있어서 이들로써 가감산을 하도록 만들어졌다

컴퓨터의 발명은 수학적인 이론 배경으로부터 시작되며 역시 수학적 이론과 함께 발전하였다. 일찍이 17세기 독일 수학자 ***고트프리트 빌헬름 라이프니츠(Gottfried Wilhelm von Leibniz)***에 의해 기호 논리학의 개념이 태동하였다. 즉, 인간의 사고 작용을 기호에 의한 논리적인 계산으로 풀 수 있다는 이론이다.

1833년 영국 ***찰스 바베지(Charles Babbage)***는 선박의 항해도표를 쉽게 계산할 수 있는 세계 최초의 자동계산기인 '해석 엔진(Analytical Engine)'이라는 계산기를 설계, 제작함으로써 컴퓨터 개발에 큰 공적을 남겼다. 이 '해석 엔진'은 증기기관을 이용, 톱니바퀴를 움직여 간단한 형태의 프로그램 처리가 가능한 일종의 기계식 컴퓨터였다. 이 계산 장치는 범용적인 자동 축차방식의 계산기로서, 오늘날의 계산기와 비슷한 기억연산, 제어 및 입, 출력의 기능을 갖도록 설계되었다. 이 장치는 완전 기계식이라 계산 속도가 매우 느렸으며 정확도도 떨어졌으나 가격이 매우 비쌌다.

마침내 컴퓨터의 고유 논리의 기초가 1854년 영국 수학자 ***조지 부울(George Boole)***에 의해 만들어졌다. 그는 **≪사고의 법칙≫**을 출판하여 현대적 기호 논리학을 탄생시켰다. 그는 아무리 복잡한 논리식이라도 두 종류의 기(참/거짓)로 표현될 수 있다고 제안하였다. 부울의 아이디어는 현대 컴퓨터의 핵심 개념이 되었다. 이 이론을 발전시킨 사람이 독일의 ***콘라드 추제(Konrad Zuse)***이었다. 그는 참, 거짓 대신 0과 1로 나타낼 수 있다고 생각했다. 그래서 그는 1938년 컴퓨터에 수학에서의 2진법을 사용하기 시작했다. 이것은 전류를 '온(on)', '오프(off)'로 조정할 수 있다는 것을 뜻한다. 추제의 연구를 지원했던 독일의 연방항공청은 그가 개발한 컴퓨터로 원격조정폭탄의 최적 항공역학 수치를 계산하는데 사용했다.

한편 1936년 영국 수리논리학자 ***앨런 튜링(Alan Mathison Turing)***은 인간의 모든 추론의 기초가 되는 형식 기계(Automaton)에 대한 개념을 최초로 정립한 이론을 발표하였는데 사람이 명시하는 형식 규칙에 의해 수행할 수 있는 계산은 무엇이든지 적합한 알고리즘을 가진

기계에 의해 수행될 수 있다는 것이었다.

1944년 헝가리 태생의 미국 수학자인 ***존 폰 노이만(John von Neumann)***이 컴퓨터 내에 프로그램을 저장할 수 있다는 아이디어를 처음으로 제시하였다. 바로 오늘날 사용되고 있는 디지털 컴퓨터의 논리적 구조를 확립하였다. 즉, 프로그램 내장식 컴퓨터의 논리 구조를 발표한 것이었다. 그의 이론에 따라 1950년 노이만식 컴퓨터가 세계 최초로 출시되었다. 노이만식 컴퓨터 구조는 중앙처리장치, 기억상치, 프로그램, 데이터로 구성되며, 프로그램과 데이터를 모두 기억장치에 집어넣고 여기에서 프로그램과 데이터를 차례로 불러내 처리할 수 있기 때문에 "프로그램 내장 방식"이라 하며, 디지털 컴퓨터의 표준 구조가 되었다

벨연구소 전기통신공학자 ***클로드 섀넌(Claude Elwood Shannon)***은 1948년 "통신의 수학적 이론(A Mathematical Theory of Communication)" 발표하였는데 이 논문은 정보 이론을 최초로 정립한 논문이었다. 그는 정보의 양을 측정하는 단위로 비트를 제안하고, 정보는 비트라는 정보 단위에 의해 수량적으로 측정되는 것이라고 정의하였다. 정보에 대한 섀넌의 기술적 정의에 의해 정보가 비로소 과학의 대상이 되었다. 샤론의 정보이론은 발신자와 수신자를 연결하는 경로를 통하여 전기적으로 전송하기 위해 이진 숫자로 부호화된 것은 무엇이든지 그것의 의미와 관계없이 정보로 간주한다는 것이었다. 이 정보 이론에 의해 데이터 통신기술이 더욱 발전하게 되었다.

한편 계산기 차원을 넘어선 전자식 컴퓨터는 1946년 펜실베니아 대학의 ***존 모클리(John Mauchly)***와 ***프레스퍼 에커트(J. Presper Eckert)***에 의해 최초로 발명되었다. 바로 이것이 *에니악(ENIAC, Electronic Numerical Integrator And Computer)*[83]이다. 두 기술자는 미육군 탄도연구소 의뢰로 그때까지 수동으로 하던 대포의 탄도를 정확하고 빠르게 계산하기 위해 개발 하였는데 3년간 50만 달러를 투입해 완성하였다. 애니악의 처리 속도는 보통 7시간 정도 걸리는 계산을 3초 만에 해낼 정도로 우수하였으나 그 규모는 18,000여개의 진공관, 70,000개의 저항, 6,000개의 스위치로 구성되어 있으며 무게는 30톤, 면적은 약 63 m^2에 이르렀으며 전력 소모도 150 KW나 되었다.

한편 영국에서는 미국에서 학위를 박은 앨런 튜링과 유대인이라는 이유로 독일에서 쫓겨난 폴란드 출신의 젊은 공학자 레빈스키가 런던 근교의 블레츨리 파크의 암호사령부에 배속되어 독일의 암호 해독을 위한 연구에 몰두 하였다. 레빈스키는 독일의 암호제조장치인 에니그마에

83) 세계 최초의 전자식컴퓨터로 탄도계산(彈道計算)에는 도움이 되었으나 기억용량이 적고, 더구나 외부 프로그램 방식이었으므로 현재와 같이 기억장치에 저장될 수 없었기 때문에 다목적으로 사용할 수가 없었다. 전쟁이 끝나고 나서는 난수연구, 우주선연구, 풍동설계 등에 사용하였지만, 고장이 잦아 1955년까지 사용하고 다른 컴퓨터로 대체되었다.

대한 정보를 가지고 있었다. 마침내 에니악의 발명보다 3년 빠른 1943년에 세계 최초의 연산 컴퓨터인 콜로서스(Colossus)를 만들었다. 이것은 2천4백 개의 진공관을 이용해 암호만을 전문적으로 깨는 컴퓨터였다. 초당 5천자의 암호문이 종이테이프를 타고 들어가면 콜로서스는 에니그마의 암호와 일치할 때까지 암호를 비교하는 방식으로 암호를 풀었다. 2차 세계대전 당시, 연합군은 콜로서스에 의해 독일군의 암호가 신속히 해독된 덕분에 노르망디 상륙작전에 성공할 수 있었다. 그러나 영국 정부의 30년간 비밀문서 보존 방침 때문에 콜로서스의 존재가 1975년에서야 알려졌기 때문에 대부분의 사람들은 에니악을 세계 최초의 전자식 컴퓨터로 알고 있다.

1952년 미국 대통령선거를 계기로 컴퓨터가 대중에 모습을 드러내기 시작했다. 유니백(UNIVAC, Universal Automatic Computer) 컴퓨터[84]는 단지 5~7%가 개표된 상황에서 공화당 후보인 드와이트 아이젠하워의 일방적 승리를 예측했는데, 최종 개표결과와 1% 미만의 오차밖에 나지 않았을 정도 정확했다. 유니백 컴퓨터는 5,000개 진공관을 사용한 메인프레임급 컴퓨터였다.

보통 컴퓨터의 세대를 구분하는 척도는 기억장치를 이루는 회로소자로 무엇을 사용하는 가이다. 에니악 이후 1958년까지의 컴퓨터들을 1세대 컴퓨터라고 지칭한다. 이때의 컴퓨터들은 회로소자로서 진공관을 사용해서 만들었던 시대이다. 진공관을 사용함으로써 전력소모가 많고, 열이 많이 나며, 따라서 고장이 많았으며, 열을 식히기 위한 냉각장치가 필요하고, 부피가 매우 크기 때문에 넓은 공간이 필요한 점 등 단점이 많았다. 앞의 예로 보듯이 주로 통계용이나 미사일 탄도 계산에 사용되었다.

그 이후 1963년까지 만들어진 컴퓨터들을 2세대 컴퓨터라고 하는데 1947년 벨연구소에서 트랜지스터 발명되어 많은 전기장치에서 진공관을 대체하게 되었는데 역시 1958년 경 부터컴퓨터의 회로소자가 진공관에서 트랜지스터로 바뀌었다. 이로 인해 컴퓨터 소형화의 시발점이 되었다. 이 때 부터 컴퓨터의 크기가 작아지고, 소비전력이 적어지고, 냉각기의 필요성이 감소되었으며, 고장이 적어 신뢰성이 높아졌다. 적용분야도 정형적인 관리업무와 과학기술계산 등 다양한 목적에 쓰였다.

1958년 텍사스 인스트루먼츠의 전자공학자 *킬비(Jack St. Clair Kilby)*는 트랜지스터 1개, 저항기 3개, 캐패시터 1개 등 모두 5개의 소자를 하나의 반도체 기판 위에 모아 놓은 회로를 개발했다. 이것이 소위 집적회로(IC: Integrated Circuit)라는 것이었다. 이 집적회로 발명을

84) 컴퓨터의 상품명으로 세계 최초의 시판된 컴퓨터이다.

계기로, 컴퓨터 성능은 기하급수적으로 발전하게 되었다.

IBM사는 1964년 4월 집적회로(IC: Integrated Circuit)를 기억장치 구성소자로 사용한 'system 360'이라는 새로운 기종을 발표하였는데 이때부터 1970년까지를 제3세대라고 부른다. 컴퓨터에 IC를 사용함으로써 중앙처리장치는 소형화되는 반면, 기억용량은 커졌으며, 따라서 다양한 소프트웨어를 구사할 수 있는 기능이 크게 개선되었을 뿐만 아니라, 관리프로그램과 처리프로그램 및 사용자 프로그램 등의 소프트웨어 체계가 확립되었다.

그 뒤 집적회로의 집적도는 빠른 속도로 증가해 트랜지스터 100여 개를 집적한 소규모 집적회로, 100~1000개를 집적한 중규모 집적회로, 1만개 정도를 집적한 대규모 집적회로, 10만개 정도를 집적한 초대규모 집적회로로 발전했다. 보통 초대규모 집적회로를 보통 반도체 칩이라 하는데 칩은 빠르게 진화했다. 특히 ***마르시언 에드워드 호프***는 1969년 칩 한 개에 컴퓨터 한 개가 들어가는 회로를 설계하였는데 이것이 세계 최초의 마이크로프로세서이다. 마이크로프로세서의 발명은 컴퓨터 뿐 아니라 정보기술(IT)을 획기적으로 발전시키는 계기가 되었다. 1971년 인텔에서 마이크로프로세서인 4비트의 '4004'의 생산을 개시하였는데 4004는 성냥갑만한 크기지만, 트랜지스터 2300개가 들어 있었으며 무게 30톤의 에니악과 성능이 엇비슷할 정도였다. 이에 따라 이제 마이크로프로세서 시대를 예고하게 되었다.

<그림 6.19 멜버른 박물관에 전시된 알타이어 8800>

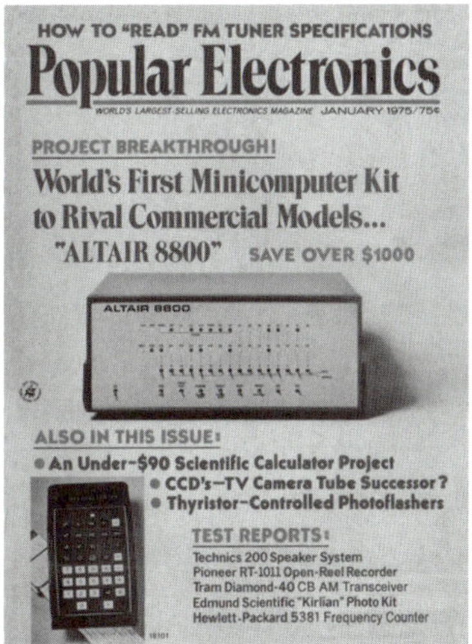

출처:http://pakcw.cafe24.com/899

<그림 6.20 잡지에 게재된 알타이어 광고>

출처 : http://ko.wikipedia.org

<그림 6.21 애플 II 컴퓨터 본체>

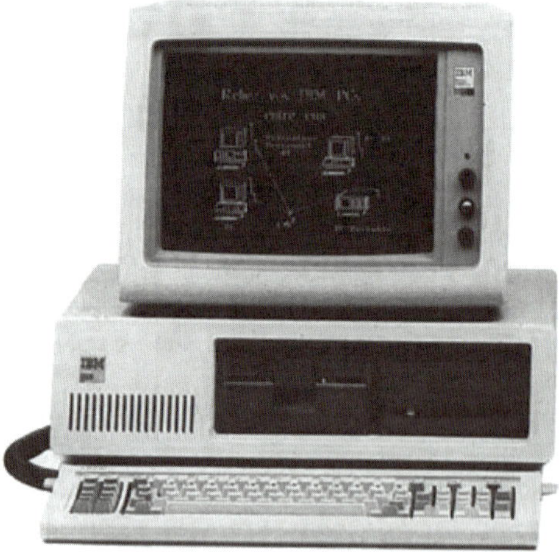

출처 : www.vintage-computer.com

<그림 6.22 IBM XT 컴퓨터>

이 때 이후의 컴퓨터들을 4세대 컴퓨터라고 한다.

한편 대형 컴퓨터가 아닌 개인용 컴퓨터(personal computer)가 개발되기 시작하였다. 드디어 1975년 MITS(Micro Instrumentation and Telemetry Systems)사에서 최초의 개인용 컴퓨터인 알타이어(ALTAIR) 8800이 상업용으로 출시하였는데 인텔의 8비트 마이크로프로세서 8080을 사용하였으며 256 KB의 기억 장치를 장착 하였고, 사용자들이 직접 Basic 언어로 프로그램을 짤 수 있었지만 키보드와 디스플레이가 없었고 앞면의 다이오드의 불빛을 해독해야 하므로 실제로 일반 개인이 사용하기는 어려웠다.

1976년 4월 ***스티븐 잡스(Steven P. Jobs)***와 ***스티브 워즈니악(Steve G. Wozniak)***는 애플사를 설립하고 그 해 7월 개인용 컴퓨터 Apple I 컴퓨터를 만들어 출시했다. 그러나 이 Apple I 컴퓨터는 요즘처럼 완성된 형태가 아니라, 본체만 있었고 글자를 입력하기 위해서는 키보드를 별도로 구매해 연결해야 했고, 화면 출력을 위해서는 별도 구입한 모니터나 RF변환 단자를 통해 TV를 연결해야 하는 불편함이 있었다. 이에 다시 1977년 Apple II를 내놓게 되면서 8 bit 컴퓨터는 많은 변화를 겪게 된다. 그 이후 1981년까지 Apple II 시리즈 상품을 내놓게 된다. 애플 II 시리즈 대부분의 모델이 컴퓨터 키보드, 메인보드, 전원장치가 하나로 합쳐진 일체형으로 제작되었고 컬러 혹은 단색 디스플레이를 연결하거나 가정용 텔레비전으로도 영상을 출력할 수 있었다. 저장 장치로는 초기에 카세트테이프 레코더가 쓰였으나 이후에는 플로피 디스크 드라이버(5 1/4인치)가 많이 쓰였다. Apple II 컴퓨터야 말로 진정한 개인용 컴퓨터인 셈이다. Apple II 컴퓨터는 정부기관이나 큰 회사만 쓰던 엄청난 규모의 컴퓨터를 한 개인의 것으로 유도하는데 결정적인 역할을 했다. 누구나 개인이 보유할 수 있으므로 점차 폭발적으로 보급되었고 또한, 보통 사람도 컴퓨터를 쉽게 쓸 수 있도록 되었다.

1983년 IMB에서는 애플사에 대항하기 위해 1978년 인텔이 출시한 16비트 데이터 처리 방식인 8086 프로세서와 같은 형식인 8088 프로세서를 탑재한 IBM XT 5160 컴퓨터를 출시하였다. 기본 XT 컴퓨터는 메모리가 128 kB였고 5.25" floppy disk drive를 장착했으며 10MB 용량의 Seagate 하드디스크 드라이브가 내장되어 있었으며 OS 는 PC-DOS를 사용하였다. 이때부터 계속 속도가 빠른 개인용 컴퓨터들이 급속하게 개발되기 시작했다.

어째든 마이크로칩을 사용한 대형컴퓨터와 개인용 컴퓨터의 급속한 발전으로 기업체에서는 OA(Office Automation: 사무자동화), 공장에서는 FA(Factory Automation: 공장자동화), 가정에서는HA(Home Automation: 가정자동화)의 경향이 거세게 일고 있다. 또 인공위성을 통한 컴퓨터 정보통신망(computer network) 및 인터넷(Internet)의 발달로 전 세계가 수초의 정보권이 되었다.

6.9.2 사회적 영향

많은 발명품이나 기술들이 그렇듯이 컴퓨터 역시 사회에 끼친 영향을 긍정적 시각과 부정적 시각으로 나눌 수 있다.

긍정적 영향으로는 대형 컴퓨터의 신속한 정보 처리 능력은 기업체의 커다란 변화를 가져와 사무실 노동자의 생산성 증대를 위해 기업체마다 대형 컴퓨터를 설치하고 전산실을 꾸며, 업무전산화 작업에 나서 급여 계산, 재고 관리 등 사무직 업무를 자동화하는 전산 처리함으로써 작업의 효율성을 증가시켰으며 경영관리직의 계획 수립에 필요한 데이터를 제공하는 경영정보를 구축하여 사무 자동화를 시켰고 공장에서는 공장자동화를 앞당겼다. 이러한 기업전산화 추세는 사회의 모든 부분으로 확산되어 정보 혁명에 불을 댕겼다.

부정적 영향으로는 개인용 컴퓨터의 급속한 보급으로 사람과의 대화 보다는 컴퓨터를 통한 게임에 몰두하게 되었는데 이 영향은 인터넷이 발달하면서 더욱이나 두드러졌다. 거의 모든 사람들이 웹서핑, 인터넷쇼핑, 메신저/채팅 등에 많은 시간을 낭비하게 되었다. 심할 경우 인터넷 중독이나 컴퓨터 게임 중독에 걸려 심한 경우 사망하는 일 까지 발생했다. 또한 모든 사무를 장시간 컴퓨터를 이용해 처리함으로써 눈이나 손목, 어깨, 목 등 신체적인 결함을 야기하였다.

6.9.3 향 후 영향

앞으로도 컴퓨터 기술의 발전은 예측하기가 어렵다. 2004년 빌게이츠는 "눈앞의 현실이 머릿속의 기대를 앞서가는 이 시대를 나는 사랑한다."라고 말할 정도로 컴퓨터는 미래를 예측하기가 불가능할 정도의 속도로 빠르게 변화하고 있다는 것을 나타내고 있다.

그러나 궁극적으로 앞으로의 컴퓨터 발전은 IT 기술과 나노기술의 융합적인 발전으로 제3의 컴퓨터 물결로 간주되는 유비쿼터스 컴퓨팅 시대로 나아갈 것으로 예상된다. 유비쿼터스 컴퓨팅은 컴퓨터가 우리 주변의 곳곳에 설치된다는 뜻이며, 도처에 컴퓨터가 존재하면서 동시에 보이지 않는다는 의미를 포함하는 것으로 마이크로소프트의 Invisible Computing, IBM의 Pervasive Computing의 개념과 비슷하다. 그것은 우리가 인식하지 못하지만 우리 주위의 어느 곳이나 보이지 않는 컴퓨터가 존재하여 우리가 필요로 하는 것을 할 수 있게 도와주는 컴퓨터 시스템을 의미한다. 즉, 유비쿼터스 컴퓨팅 환경은 인간이 컴퓨터의 존재를 의식하지 않고 사용할 수 있는 인간 중심의 세상인 5 Any 시대가 온다는 것을 의미하는데 잘 보이지 않는 곳 도처에서의 컴퓨팅 능력에 의해 인간다움 및 자연다움을 추구할 수 있도록 특정기기에 구애받지 않고(any device), 누구라도(anyone), 언제든지(anytime), 어디서나(anywhere), 다양한 미디어(any media)를 즐길 수 있음을 의미한다.

6.10 결론

지금까지 세계에 크게 영향을 준 기술적 발명품에 대해 알아 봤지만 한 가지 발명(기술)은 그 자체로만 끝나는 것이 아니라 관련된 또 다른 새 기술의 기초가 된다.

또한 이러한 기술들은 우리 인간들의 생활을 보다 편리하고 윤택하게 하였지만 대부분의 기술은 또한 크고, 작은 역기능도 부여한 것을 알 수 있다. 또 기술이 받아들여지는 과정에서 사회가 그 기술을 선택하며 어느 경우는 현재 시장과 관계없이 잠재 시장을 보고 기술이 받아들여지는 경우도 있으며 일단 그 기술이 받아들여지면 그 기술은 사회의 한 부분이 되어 발전하게 된다. 따라서 아무리 중요한 기술이라도 새로 개발할 때는 반드시 역기능을 따져 봐야 할 것이며 기술자로서의 도덕적 윤리관을 가져야 할 필요성이 있다. 또한 지금까지의 기술은 소수에 의해 만들어져 온 경향이 커 이 과정에서 업적을 위한 욕심 때문에 기술(과학)자들 간에 알력이 있기도 하였다.

参 참고문헌

1. 공학기술과 사회 (이장규 외, 지호출판사)
2. 세계를 바꾼 20가지 공학기술 (이인식 외, 생각의 나무)
3. 우리시대 기술혁명 현대를 디자인한 20가지 대표기술 (김도연, 생각의 나무)
4. 세계가 놀란 한국 핵심산업기술 (서정욱 외, 김영사)
5. 세계를 바꾼 가장 위대한 101가지 발명품 (김현정, 플래닛미디어)
6. 지난 2천년 동안의 위대한 발명 (이창희, 해냄출판사)

7
CHAPTER

21세계를 선도할 미래 기술

7.1 미래 사회 예측

많은 사람들이 앞날을 예측해 본다. 그러나 미래를 정확하게 예측하기는 거의 불가능하다. 최근 매년 OECD, 세계미래학회, 미국국가정보위원회(NIC), 그리고 우리나라의 삼성경제연구소, 과학기술정책연구원 등 국, 내외의 많은 두뇌집단과 석학자들이 미래를 예측하고 그 결과들을 발표하곤 한다.

그러나 앞에서 언급했듯이 미래에 나타날 변수들이 너무나 많기 때문에 현재 상황에서 미래를 예측하기란 너무 어려운 일이다. 따라서 일부는 어느 정도 현실화되겠지만 많은 것들은 현실화되지 못한다. 또한 사회라는 것이 문화, 경제, 정치, 산업, 법제도 등 다양한 분야를 포함하고 있기 때문에 어느 분야의 토픽을 주제로 삼는가에 따라 달리 설명될 수 있다. 그런데 여러 가지 관점에서 미래를 예측해 보아도 많은 학자들이 미래에 대해 공통적으로 예측하는 것이 있다. 그것들은 고령화되는 인구 구조, 급격한 기후 변화, 에너지 및 수자원(자원) 부족, 그리고 마지막으로 식량 부족 등이다. 따라서 미래의 기술 역시 이러한 사회 변화에 대응하는 방향으로 발전할 것이라는 것을 쉽게 예측할 수 있다.

어째든 이 장에서는 여러 두뇌집단 및 석학자들의 견해를 검토하여 미래 예측과 그에 따른 미래 기술은 어떻게 변할 것인지 검토해 본다.

7.2 미래 사회 구조의 변화

미래 산업 사회의 특징적인 변화는 크게 3가지 측면에서 예상할 수 있다.

첫째는 20세기까지의 산업사회에서 **정보화 사회**로 진화할 것이다.

즉, 사회전반의 기반이 지식기반사회로 급속히 이행되고 사회 전반이 정보로 네트워크화 되어 세계 경제시장에서의 성장 원천이 노동자원, 자본 등 물질적 자원에서 지식정보, 과학기술 등 비물질적 자원으로 변화할 것이다. 그 만큼 소프트웨어의 비중이 커지며 또한 부가가치 영역은 유형의 제품 생산중심에서 무형의 지식, 정보, 서비스창출 및 유통 중심으로 이동하고 있는 추세가 지속되며 이에 따라 지식기반산업의 비중 확대 및 지식 격차가 더욱 커질 가능성이 높다.

두 번째로 **세계화**의 진전과 무한 경쟁이 더운 심화될 것이다.

즉, 경제, 사회, 문화의 교류와 정보가 지구촌화 될 것이다. 전 세계적으로 하나의 생산소비 체제로 변화할 것이다. 이렇게 되면 1등만이 살아남는 국경 없는 무한 경쟁이 가속화되고 이에 따라, 산업경쟁력을 제고하기 위한 다양한 R&D와 생산 방식이 출현하게 된다. 이와 함께 지역별로 경제 구역화가 되어 경쟁이 더욱 심화될 것이다.

또한 개방화, 세계화에 부응하기 위해, 과학기술의 국제화와 함께 글로벌 네트워킹에 의한 연구개발 체제로의 전환이 급속하게 진행될 것이다. 글로벌 네트워킹 연구 개발이 진행됨에 따라 으로 핵융합, 지진 대응, 우주개발, 줄기세포 등 세계적 차원의 거대 과학프로그램이 활발하게 추진될 전망이지만 기술력이 뒤지는 국가는 참여할 수 없는 구조이기 때문에 이러한 연구 결과가 나타난다 하더라도 기술력이 뒤지는 국가는 그 이득을 볼 수 없게 될 것 이다. 한편 모든 국가는 책임 있는 지구 경제사회의 일원으로서 역할 수행이 중요하게 부각될 것으로 환경오염, 기후 변화 등 지구적 차원의 문제 해결 및 국제표준설정 등에 적극 참지 않으면 세계 다른 국가들에게 외면당하게 될 것이며 이에 적극 참여하는 것이 세계적으로 그 나라의 위상을 정립하게 될 것이다.

세 번째로 기술 혁신이 현재 보다 더욱 빠르게 일어날 것이다. 즉, 새로운 신기술의 등장과 각 **기술간 융합**에 따른 기술 진보의 가속화가 진행될 것이며 IT, BT, NT, ET 등 신기술의 등장은 정치, 경제, 사회, 문화 등 모든 영역에 광범위한 파급 효과를 가져 올 것으로 예상되며 이들 기술간 융합은 또 다른 신기술, 신산업을 탄생시키고 21세기 과학기술의 발전과 경제사회 변혁을 주도할 것이다. 특히, 디지털기술의 발전에 힘입어 정보처리능력이 확대되고 연구 개발기간이 단축되고, 연구 생산성은 비약적으로 증가하게 될 것이다. 따라서 이에 따른 기술의 이전 및 지적 재산권의 보호는 더욱 강화될 것이다. 한편 현장에서는 FMS, CIM[85] 등 자동화에 의한 제품 생산의 주기는 더욱 빨라질 것이다. 한편 2009년 LG 경제연구원[86]에서는 미래 세계를 **경제적인 변화** 면에서 예측해 보았는데 중요한 요인들로 크게 5가지 글로벌 트렌드를 들 수 있으며, 앞으로도 세계 경제의 진화에 지속적인 영향을 미칠 것으로 전망했다. 그 5가지는 글로벌화, 인구 구조변화, 환경/사원 희소화, IT기술 진화, 규제 지형 변화 등 이다.

85) FMS ; Flexible manufacturing System, 유연자동화 시스템
CIM ; Computer Intergrated Manufacture, 컴퓨터 통합 제조

86) 한국산업기술재단, "기술과 경제", 2009년 03/04월호

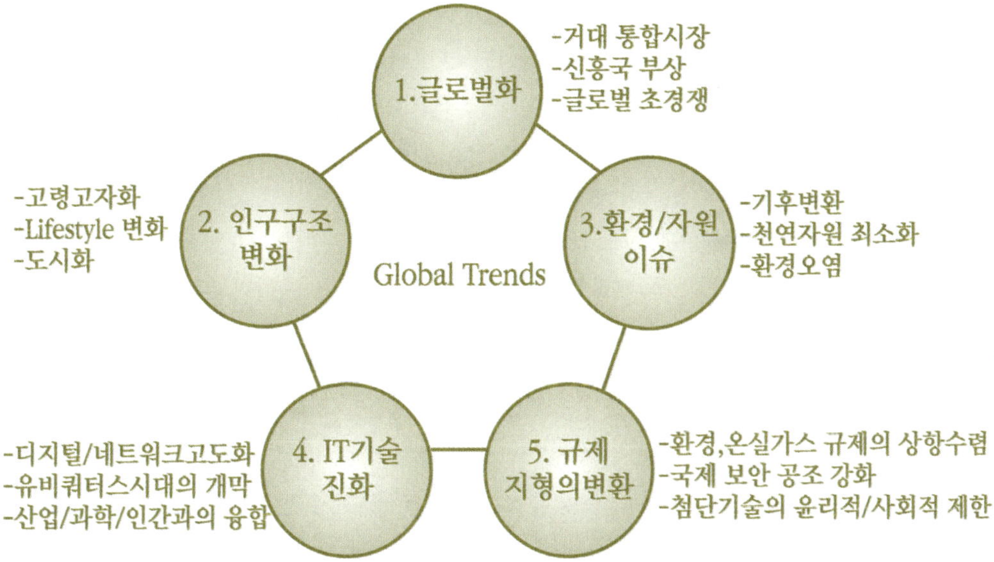

출처 글로벌 트렌드를 통해 본 10대 미래 유망 기술 키워드

<그림 7.1 5가지 글로벌 트렌드>

첫 번째로 **글로벌화**, 이것은 시장 규모가 국가 단위에서 세계로 확장되는 것을 의미한다.

세부적으로는 먼저 ***글로벌 단위의 통합시장***이 형성될 것이다. 시장의 지리적 범위가 로컬에서 글로벌로 넓어지면서 개별 품목의 시장 규모가 크게 커질 것이다. 예를 들면 휴대폰 판매량은 1995년 4,200만대에서 시장이 전 세계로 확대되면서 2008년에는 12억대(29배증가)로 추산된다. 또 생산 요소의 조달 지역도 더 저렴하고 양질인 곳을 찾아 전세계로 확대 될 것이다.(이 과정에서 정보, 인력, 물자, 자금의 글로벌 이동은 더욱 많아질 전망이다)

한편 *BRICs*[87] 등 ***신흥국 경제가 부상***할 것이다. 미국, 유럽, 일본 등 선진국의 성장 모멘텀이 둔화되면서 세계 경제의 무게 중심이 점차 이동할 것이다.(선진국 시장이 침체 또는 정체하는 가운데, 신흥국의 중산층 시장과 글로벌 시장이 새롭게 주목받을 것이다)

또한 글로벌 차원의 초경쟁(Hyper-Competition)시대가 열릴 것이다. 노동, 토지, 원재료 등 경영자원의 획득이 용이해지고, 시장과 산업간 장벽이 붕괴하면서 산업 내 경쟁은 더욱 격화될 것이다. 강력한 원가 경쟁력을 갖춘 신흥국 기업들과 창의적 사업 모델로 무장한 신규 도

87) BRICs : 미래 성장이 크게 기대되는 신흥국가들을 지칭하는 용어로 사용되는데 브라질, 러시아, 인도, 중국을 지칭함.(*cf. BRICK, BRICM, BRICS, BRICT* 등)

전자들이 나타나면서 다양한 산업에 지각 변동이 일어날 가능성이 크다. 예를 들어 국제금융연합회(IIF)의 전망에 따르면, 2009년 미국, 유럽권이 마이너스 성장을 하는데 반해 신흥시장은 3 %대의 플러스 성장이 예상된다.

두 번째로 **인구 구조의 변화**가 일어날 것이다. 즉, 고령화, 라이프스타일의 변화, 도시화 등으로 개별 시장의 내적 특성이 변화하게 될 것이다.

세계적으로 *고령소자화(高齡少子化)*가 급진전될 것이다.

우리가 이미 알고 있듯이 인류의 고령화는 이미 급속하게 진행 중이며 UN 인구 예측에 따르면, 선진국 전체의 65세 이상 인구비율은 2005년 15.3%에서 2025년 20.7%로 증가할 전망이다. 또한 미국 인구통계국의 2009년 자료에 의하면 2008년 전 세계 65세 이상의 고령 인구는 약 5억600만 명이며 2040년에는 13억 명이 되어 지구 총인구의 14%를 차지할 것이라고 내다봤다. 또한 향후 10년 안에 고령인구가 5세 이하의 유아 인구도 추월할 것으로 예상했으며 특히, 노령 인구 가운데 80세 이상의 초 고령 인구 비중이 빠르게 늘어나고 있으며 2008년부터 2040년 사이에 80세 이상 인구가 233%나 급증할 것으로 내다봤다.

이런 고령화 현상은 21세기 초까지는 선진국에 한한 일이었지만 현재는 개도국들에서도 급속도로 나타나 노령인구가 2040년에는 10억 명 이상으로 늘어나 전 세계 노령인구의 76 %를 차지할 것으로 예측했다.

특히 한국은 고령 인구 비율이 1980년에는 3.8%에 지나지 않았으나 2010년에는 10.4%, 2040년에는 28.9%로 급속히 증가할 것으로 예측하고 있다. 또한 현재 의료비 지출은 약 6.8%이지만 2000년부터 2007년까지의 년 평균 증가율은 약 9.2%로 OECD 회원국 중에 가장 높은 증가율을 보이고 있다.

이러한 급속한 고령화는 소득 증가와 그에 따른 건강과 웰빙(well-being)에 대한 관심, 또 의료기술의 발달로 유아사망률이 낮아지고 자연 수명이 길어진 게 주요인이라고 설명했다.

결국 노동 가능 인구 대비 노령인구 비중이 커지면서 전 세계적으로 경제 및 사회 전반의 활력 감소, 의료비, 노령 연금 등에 대한 공공지출 부담이 증가하는 것을 비롯하여 각종 사회, 경제적 문제도 초래될 것이라고 지적했다.

또한 라이프스타일의 변화가 예상된다. 다양한 가족 형태가 나타나면서 전통적 가족 개념이 해체될 가능성이 크다. 그에 따라 *딩크족*[88], 편모/편부 가정, 다문화 가족, 기러기 가족, 황혼 이혼, 동성 부부 등이 많아질 것이고 핵가족화로 인해 가사 노동문제가 현대인들의 골칫거

88) 정상적인 부부생활을 영위하면서 의도적으로 자녀를 두지 않는 맞벌이부부를 일컫는 용어. Double Income, No Kids의 약칭이다.

리가 될 것이다. 실제로 가사노동의 절대량은 감소하나, 개인이 느끼는 가사부담은 오히려 증가하게 된다. 이와 함께 급격한 도시화와 함께 메가시티 간의 경쟁이 본격화 될 전망이다. 도시거주 인구는 2007년에 32억 명, 2030년에는 49억 명으로 지속적으로 증가할 전망이며, 메가시티(인구1천만명이상)는 2005년 기준으로 전 세계적으로 20개에 달했다. 동북아시아만 보더라도 서울, 베이징, 상하이, 도쿄 등이 동아시아의 허브가 되기 위해 치열한 경쟁을 벌이고 있다.

세 번째로 **환경 및 자원의 희소화**가 일어날 것이다. 이것은 산업화, 도시화, 인구 증가, 신흥국의 경제 성장에 따른 반작용으로 일어나게 되는데 21세기 에는 기후변화, 천연 자원 희소화, 환경오염 등에 대한 대응이 매우 중요해 질 것이다.

기후변화의 대응은 핵심 글로벌 이슈가 되고 있는 추세이다. 유럽연합은 경제 위기 속에서도 20/20/20 정책을 만장일치로 합의했다. 즉, 2020년 까지 온실가스를 20% 감축하고 재생에너지 비율을 20%로 올린다는 계획이다. 또한 미국 오바마 대통령은 불황 타개의 성장 동력으로 그린 뉴딜정책을 추진할 전망이다. 향후에는 기업들에게도 저탄소 경영과 친환경성장 기회의 활용은 중요한 전략적 과제가 될 것으로 보이며 선진국에서는 이미 실시하고 있는 기업들이 많다.

이와 함께 ***천연자원 희소화***가 국가, 기업에게 큰 골칫거리가 될 것이다. 신흥국의 산업화로 인해 자원의 수급 균형이 깨지고 있기 때문이다. 최근 2~3년 간 세계는 석유, 금, 희소금속 등 원자재 전반의 유례없는 가격 파동을 경험하고 있다. 2000년대 초반 배럴당 20~30$대였던 석유는 2008년에 최고 140$를 넘었으며, 금도 온스 당 300$ 수준에서 최고 980$까지 치솟았다. 최근 세계 경제 침체로 원자재 가격이 하향세이긴 하지만, 경기가 회복되면 구조적인 수급불균형으로 인해 다시 폭등할 소지가 있으며 금값은 여전히 계속 오르고 있다.

또 ***환경오염*** 이슈도 삶의 질 관점에서 재조명될 것이다. 물, 공기, 토양, 삼림, 생물 등 인류 존속의 필수 요소들이 이미 양적, 질적으로 부족해지고 있다. 수자원은 이미 중동, 유럽등지에서 분쟁의 씨앗이 되고 있다. 선진국에서도 산업화, 도시화의 부작용으로 물, 공기, 토양의 질이 크게 저하 되었다.

네 번째로 **IT기술의 진화**가 일어날 것이다. 향후의 IT기술은 크게 3가지 방향으로 발전하며, 인류의 생활방식과 사회구조를 지속적으로 변화시킬 전망이다. 먼저 ***디지털/네트워크의 지속적인 고도화***가 일어나서 모든 정보나 콘텐츠는 빠르게 디지털화되며 기기는 고성능화, 개인화 될 것이다. 이미 일부는 벌써 현실화되었다. 휴대폰으로 TV도 보고, 영상통화가 가능하며 2012년이면 100 Mbps의 고속 데이터 전송이 가능한 4G시대가 열릴 것이다.

또 오래전부터 가능성을 예측한 진정한 *유비쿼터스시대*가 개막될 것이다. 다양한 사물에 디지털과 네트워크 기능이 부여되고, 인터넷은 생활필수품이 되며, 사회시스템은 IT를 기반으로 재구축되며 통합될 것이다. 한편 IT기술은 산업, 과학, 인간과 융합하게 될 것이다. 자동차, 의료등 다양한 산업과 융합하며, 신시장을 창출할 것이다. 또한 디지털생물학, 신약 개발 등 다양한 첨단 과학 분야와 결합하며, 새로운 발견을 가능하게 할 것이다. 나아가 IT기술은 인간과 융합하며, 인간을 정보 신진대사체로 진화 시킬 것이다.

마지막으로 **규제 지형의 변화**가 일어나 기존의 투자, 무역, 노동 등 전통적인 국가차원의 기업규제가 점차 완화되는 반면에, 국제적 차원에서 *글로벌 규제*는 더욱 강화될 것이다. 우선 환경, 온실가스 규제가 전 세계적으로 상향 수렴되면서, 대응 기술 확보가 중요해 질 것이다. RoHS(유해물질 사용 제한 지침), REACH(신 화학물질 관리제도), EuP(에너지사용 제품 친환경설계 지침) 등 환경규제나 자동차, 전자제품 등의 온실가스 배출규제는 새로운 무역 장벽으로 기능할 가능성이 크다. 또한 국제적으로 *보안규제*가 점차 강화될 이다. 이는 정보, 물자, 인력의 이동 증가에 따른 해킹, 밀수, 테러 위험을 막기 위한 것이다. 예를 들면, 미국의 전자여권 도입과 컨테이너 보안협정을 다른 국가에게 요구하게 될 것이다. 이동량 증가에 따른 효율성 제고와 보안강화 간의 상충관계를 어떻게 극복하는 지가 새로운 과제로 부상하고 있다. 한편 바이오, 나노, 로봇기술 등 첨단 과학기술의 발전이 사회적인 문제를 야기하게 되면서 이러한 기술들에 대한 윤리적, 사회적 제한이 가해질 가능성이 있다.
이미 생명기술 윤리나 나노기술의 위해성 문제는 세계적인 이슈가 되고 있다.

7.3 21세기 미래를 이끌어 갈 기술들

결국 앞에서도 잠깐 언급했듯이 앞으로의 기술 개발은 이러한 미래의 사회 및 경제 구조 변화에 맞춰야만 세계적으로 낙오되지 않고 선도적 국가로 발전할 수 있을 것이다.

여기서는 세계의 거의 모든 나라가 그렇듯이 우리나라 국가과학기술위원회(과학기술부)에서는 2001년 11월 "21세기를 이끌어갈 미래기술" 분야로 6가시 분야를 선정하고 50여 가지 세부기술을 발전시킬 계획을 세웠는데 이 기술들 및 이를 바탕으로 우리나라의 선도 그룹인 삼성의 삼성경제연구소에서 2003년과 2008년에 발표한 미래기술과 2009년 LG경제연구원에서는 발표한 21세기에 발전할 주요 10가지 세부적인 기술에 대해 검토해 본다.

7.3.1 미래 사회를 이끌어갈 기술

우리나라의 국가과학기술위원회(과학기술부)에서는 2001년 11월에 과학기술 기본 계획으로 미래사회를 이끌어 갈 6대 기술을 선정하였는데 그것은 IT(Information Technology, 정보통신기술), BT(Bio Technology, 생명공학기술), ET(Energy Technology, 에너지/환경기술), NT(NanoTechnology, 나노기술), CT(Culture Technology, 문화/예술기술), ST (Space Technology, 우주항공기술) 등 6가지 기술이다.

1) IT(Information Technology)

IT(정보기술)이란 정보를 생성, 도출, 가공, 전송, 저장하는 모든 유통 과정에서 필요한 기술이다.

현재 우리나라의 IT기술 수준은 SRAM, TFT-LCD, CDMA 등 국가 연구개발 사업을 통해 첨단 분야에서 세계 최고의 국가 경쟁력을 갖춘 기술을 다수 확보하고 있다. 이 기술은 21세 기 정보화 사회에 필수적인 기술일 뿐 아니라 기술의 부가가치 및 사회, 경제적 파급 효과가 매우 커서 산업적으로 매우 중요한 기술 분야이다.

2010년대 초반까지 신기술로서, 세계 시장을 주도할 것으로 전망된다. 이에 따라, 경쟁력 유지와 원천기술 확보를 통한 정보기술의 자립을 위한 지속적인 노력이 필요한 시점이다.

이 분야의 중점 기술은 4세대 이동통신, 대용량 광전송시스템, 고속인터넷 네트워킹 기술 등 차세대 네트워크 기반기술 개발 및 테라비트급 광통신 부품, 고밀도 정보저장장치 등 정보통신 핵심 부품기술 개발과 멀티미디어 단말기, 전자상거래, 신호처리기술 등 정보 처리 시스템 및 S/W 핵심기술 개발 등 이다.

2) BT(Bio Technology)

BT(생명공학기술)은 생명 현상을 일으키는 생체나 생체 유래물질 또는 생물학적 시스템을 이용하여 산업적으로 유용한 제품을 제조하거나 공정을 개선하기 위한 기술이다. 무병장수와 식량 문제의 해결 등 삶의 질 향상에 필수적인 기술로 21세기에 고부가가치의 신산업을 창출할 가능성이 높은 기술이다.

현재보다는 미래에 더욱 각광받을 것으로 기대되며 차세대 신산업 창출의 원동력이 될 것으로 예측된다. 이에 따라 플랫폼 기술에 중점을 두고 벤처기업의 역량 강화를 통한 기술 개발 필요성이 제기되고 있다.

이 분야의 중점 기술은 유전체, 단백질체 연구, 생물정보학(Bioinformatics), 생물공정기술, 생명공학 안전성 평가기술 등 생명공학 기초 기반 기술 및 바이오 신약, 생체조직 재생기술 등 보건의료 생명공학 핵심 기술과 유전자변형 생물체기술 등 첨단 농업·해양 생명공학기술 등이다.

3) NT(NanoTechnology)

NT(나노기술)은 물질을 원자, 분자 크기의 수준에서 조작, 분석하고 이를 제어할 수 있는 과학과 기술을 총칭하는 말로 과학기술의 새로운 영역을 창출하거나 기존 제품의 고성능화에 필요한 기술로 IT와 BT와 함께 21세기 신산업 혁명을 주도할 핵심기술로 인정받고 있으며 모든 산업에 필요한 핵심 요소기술인 NT는 국제적으로도 아직 개발 초기단계이고, IT/BT와 융합하여 기술적, 산업적 파급 효과가 클 것으로 전망되는 기술이다. 향 후 진정한 유비쿼터스 사회가 실현되려면 반드시 발전시켜야 할 기술이다.

이 분야의 중점 기술은 나노전자소자, 나노정보저장기술, 가변파장 광소자 등의 나노소자 및 시스템 핵심 원천기술과 나노분말소재 등 핵심 나노소재기술과 나노바이오 물질 합성 및 분석 기술, 의약 약물전달시스템 등 나노바이오 보건기술, 그리고 나노측정기술, 나노화학공정기술, 나노소재 및 소자 모사기술 등 핵심 나노기반 공정기술 등이다.

4) ST(Space Technology)

ST(우주항공기술)는 위성체, 발사체, 항공기 등의 개발과 관련된 복합기술로 전자, 반도체, 컴퓨터, 소재 등 관련 첨단기술을 요소로 하는 시스템기술이다. 기술개발 결과가 타 분야에 미치는 파급효과가 매우 큰 종합기술로 인정받고 있다. 국내의 관련된 기술 분야의 수준을 높이는데 기여할 수 있는 반면에, 선진국의 기술 장벽이 높아 산업화와 관련된 신기술 개발을 육성할 필요가 있는 기술이다.

이 분야의 중점 기술은 통신기상 지구탐사 위성설계 및 개발 등 우주개발을 위한 위성 핵심 기술 및 로켓추진기관 기술, 소형 위성발사체 기술 등 발사체 핵심기술 개발, 그리고 스마트 무인기, 다목적 헬리콥터, 항공기 체계 종합 및 비행성능 기반 기술 등 차세대 항공기술 등이다.

5) ET(Environment & Energy Technology)

ET(환경/에너지 기술)은 환경오염을 저감, 예방, 복원하는 기술로써 환경기술, 청정기술,

에너지기술 및 해양환경기술을 포함한다. 과학문명이 고도로 발전하고 있는 현대사회에서 인류의 쾌적한 삶에 대한 욕구가 증대하고 있으며, 근래에 올수록 환경문제의 경우 개별국가에 머무는 문제가 아니라 인접 국가에 미치는 영향 등을 고려할 때, 환경기준의 설정을 통한 새로운 무역 규제의 등장 등 환경관련 수요가 증대하고 있다. 또한 지구적 차원에서 환경 문제해결 방안 모색을 위해 그린라운드가 현실화될 것으로 예상되는 향후 급격한 발전이 이루어질 전망이다. 이에 따라, 투자의 확대와 함께 제도, 정책적인 지원, R&D 기반 확충이 시급한 실정이다.

이 분야의 중점 기술은 대기오염물질 저감 및 제거기술, 폐기물 처리 및 활용 기술 등 쾌적한 환경국가 건설을 위한 환경기반 핵심기술 및 해양환경관리기술, 연안 생태계 복원기술 등 해양환경기술과 청정원천공정기술 등 청정생산 핵심기술 및 에너지 소재 기술, 미활용 에너지이용 기술, 연료전지기술, 수소 생산 이용기술 등 에너지 분야 핵심기술들이다.

6) CT(Culture Technology)

CT(문화기술)은 디지털 미디어에 기반 한 첨단 문화예술 산업을 발전시키기 위한 기술을 총칭하는 말로 인터넷의 활성화와 디지털 기술의 발전으로 디지털 콘텐츠의 수요가 급증하고 있으며, CT 기술은 향후 고부가 가치산업으로 성장 가능성이 큰 디지털 미디어에 기반한 첨단산업을 발전시키는데 필수적인 기술이며 기술, 지식 집약적 산업 특성 때문에 우리 민족의 창의력을 극대화 할 수 있는 기술로 전망된다.

이 분야의 중점 기술은 가상현실 및 인공지능 응용기술, 디지털 콘텐츠 제작도구 기술, 게임엔진 제작기반기술 등 디지털 콘텐츠 핵심기반기술 및 가상의 정보공간을 매개체로 여러 사용자가 의사소통과 상호 작용을 할 수 있는 사이버커뮤니케이션 기술 등 생활문화 디지털기술과 문화유적 탐사 발굴, 원형추정과 복원 등 문화재 복원 디지털기술 등이다.

7.3.2 산업판도를 바꿀 10대 미래 기술

2003년 삼성경제연구소는 2003년 6월 4일자 CEO Information 시리즈(403호)에 21세기에 전 세계의 산업 판도를 바꿀 수 있는, 그래서 우리나라가 주도적으로 연구개발해야 할 10대 미래기술을 발표하였다. 이 자료에 나와 있는 10대 미래기술에 대해 설명하기로 한다.

21세기에 들어와 세계는 하루가 다르게 변하고 있다. 더군다나 기술의 발전은 거의 기하급수적이다. 앞으로 다가올 시대에 세계에 뒤떨어지지 않고 선도적으로 나아가기 위해서는 국가나 기업이나 미래기술을 확보할 필요가 있다.

현재 우리나라는 IT 기술이 성장주도 산업으로 자리 매김하고 있다.

우리나라의 IT 산업이 국내총생산(GDP)과 수출에서 차지하는 비중을 보면 타 산업에 비해 엄청나게 증가하고 있는 추세이다. 즉 GDP로 본다면 1998년의 9.3%에서 2002년 14.9%, 2008년 23.4%로 성장하였다. 또 수출은 1990년의 13%에서 2002년에는 28.2%, 2008년 에는 약 38%로 증가하였다. 2007년 국내 IT산업은 1251억 달러가 넘는 수출과 604억 달러가 넘는 무역 수지 흑자를 나타냈다. 같은 기간 승용차, 선박, 철강의 수출은 15%에서 20%로 완만한 증가세를 나타낼 뿐이었다.

이렇게 IT 기술 분야에서는 우리나라 기업이 세계 어느 나라 기업보다도 앞서가고 있다. 그 예로 2005년 현재 메모리 시장은 전 세계의 45%, TFT-LCD 시장은 전 세계의 41%를 차지하고 있다.

그러나 앞으로는 위협 요소로 작용할 수도 있다. 왜냐하면 최근 과잉 공급과 경쟁 격화로 어려움 발생이 발생하고 있기 때문이다. 반도체, 통신기기, 컴퓨터 등 주요 IT 산업 불황기에 들어갔고 저가 범용 시장에서 중국이 맹렬히 추격하고 있다. 그 예로 IT 품목 중 2005년 현재 중국의 세계 점유율 1위 품목은 DVD(79%), 데스크탑 PC(25%), 휴대폰(34%), 노트북 PC (35%) 등이다.

이러한 상황에서 우리나라나 기업들이 경제의 지속적인 성장을 위해서는 IT 산업 분야의 우위를 유지하면서 새로운 성장 엔진들을 발굴해야 할 것이다. 즉, 현재의 IT 산업이 혼자 성장을 이끌어가서는 안되고 복수의 주력 산업들이 성장을 견인하는 오케스트라 형으로 이행하는 것이 바람직하다. 왜냐하면 모든 산업이 그렇지만 IT 시장에서도 세계 최초 · 최고기술만이 생존하는, 이른바 승자가 모든 것을 독식하는 '승자독점(Winner takes all)' 현상이 계속 심화되고 있고 현재 국내 기업들이 주도하고 있는 분야는 거의가 ***지속성 기술***[89]들로 ***와해성 기술(瓦解性 技術)***[90]들이 큰 위협 요인으로 되고 있어 와해성 기술들이 나타나면 시장의 주도권을 뺏기기 때문이다. 따라서 새로운 돌파구를 산업판도를 바꾸는 와해성 기술에서 기회를 포착해야 할 것이다. 이러한 기술에서 새로운 기회가 나타날 확률이 높고 기존 기술과는 단절적이어

89) 기존 기술의 성능과 기능을 부분적으로 향상 시키면서 점진적 혁신이 되는 기술

90) 기존 시장과 전혀 다른 속성을 요구하는 새로운 시장 요구를 충족시키는 급진적인 혁신 기술로 백열등이 형광등으로, 진공관이 트랜지스터로, 브라운관이 TFT LCD 등으로 바뀐 것이 대표적인 예다. 기존의 산업계 판도를 일시에 바꾸는 파괴력을 보유한 것이 특징

<표 7.1 세계 반도체 산업의 주도기업 교체>

1955년	1965년	1975년	1995년	2005년
진공관	트렌지스터	집적회로	Submicron	Multi Function Nano
1.RCA 2.Sylvania 3.GE 4.Raytheon 5.Westinghouse 6.Amperex 7.National Video 8.Rawland 9.Eimac 10.Landsdale	1.Hughes 2.Transition 3.Philco 4.Sylvania 5.TI 6.GE 7.RCA 8.Westinghouse 9.모토로라 10.Clevite	1.TI 2.Fairchild 3.National 4.Intel 5.모토로라 6.Rockwell 7.GI 8.RCA 9.Philips 10.AMD	1.Intel 2.NEC 3.Toshiba 4.Hitachi 5.모토로라 6.Samsung 7.TI 8.Fujitsu 9.Mitsubishi 10.Philips	?

서 아직은 초기 단계의 기술들이고 후발자도 대등한 입장에서도 도전할 수 있기 때문이다.

IT 업계의 과거 예를 보면 새로운 와해성 기술들이 등장하면서 업계 판도가 수차례 바뀌었다. 70~80년대에 VLSI가 부상하면서 메모리 주도권이 미국에서 일본으로 넘어갔으며 한국은 미국과 일본의 방식을 융합하고 기술적 한계를 돌파하여 90년대 1위로 도약하였다. 향후 메모리 업계는 ***M램***[91], ***F램***[92] 등 신기술에 강점이 있는 IBM 등이 기존 업체들의 지위를 위협할 가능성이 있다.

따라서 미래기술은 업계 판도를 바꿀 것으로 예상되는 와해성 기술 중에서 유망 기술을 선정하는데 우리가 도전해야 할 분야를 선정하고 선정되면 기업과 정부의 역량을 집중해야 할 것이다. 왜냐하면 성공하기 위해서는 와해성 기술의 특성상 현재의 기반보다는 미래를 위해 방향이 명확하고 도전 의지가 있으며 장기간 역량을 집중시켜야 하기 때문이다.

---

91) 자기저항식 랜덤 액세스 메모리(Magnetoresistive Random Access Memory)의 약자로 D램 등 종전의 기억소자가 전기를 축적해 정보를 기억하는 것과는 달리 자기를 이용해 정보를 기억하는 새로운 형태의 기억소자이며 전원을 차단해도 기억한 정보가 지워지지 않는 비휘발성 특성으로 차세대 메모리로 크게 주목받고 있다.

92) D램(dynamic random access memory 용량 우수) S램(static random access memory 스피드, 안정성 우수),Flash(비휘발성) 등의 장점을 모두 보유한 복합 메모리

1) 10대 미래 기술의 선정

위와 같은 취지로 삼성경제연구소에서는 세계를 이끌고 나갈 10대 미래기술로 1차로 국내외 기관들의 기술예측 자료들을 근거로 4개 분야에서 경쟁구도와 업계 판도를 바꿀 것으로 예상되는 50대 유망 기술을 선정하고 이 기술 중에서 3가지 기준을 정해 높은 점수를 얻은 기술을 10가지 정했다. 우선 1차로 선정된 4개 분야에서 50대 유망 기술은 표 7.2와 같다. 분야는 IT 분야, Bio(생명공학기술) 분야, 환경/에너지 분야, 그리고 항공우주 분야다.

2차 10대 기술을 선정하기 위한 3가지 평가 기준은 기술의 와해성 정도, 필요성, 실현 가능성인데 기술의 와해성 정도는 새로운 기술의 출현으로 기존 산업 및 업계 구도를 일거에 바꿀 수 있는 가능성을 보았고 필요성은 인류가 풀지 못하는 문제를 해결하고 지속적으로 발전에 기여하는 정도를 보았으며 마지막으로 실현 가능성은 10년 이내에 상업화되어 대형 시장을 형성할 가능성의 정도를 보았다. 다음 표들은 1차로 선정된 4개 분야의 50대 유망기술과 최종 선정된 10대 기술의 평가표이다.

<표 7.2 국내외 기관이 예측하는 차세대 50대 유망기술>

대분류	중분류	유망기술
IT	스마트 홈	홈네트워크, 디지털그린가전, 헬스케어
	디지털가전	디지털멀티미디어방송, 디지털TV, 디지털셋톱박스, 스마트카드 서비스로봇, 전자종이
	Post-PC	텔레메틱스, PDA, Wearable Computer
	소프트웨어	Agent S/W, 음성인식 S/W
	네트워크	Ad-hoc N/W, 양자암호
	전자의료기기	실버의료기기, 영상진단기기, 모바일헬스기기, 한방의료기기
	비메모리반도체	인텔리전트 SoC, 무선네트워크용 칩, e-Car용 칩, 텔레메트리스
	전자부품·소재	LED, 유기 EL, LCD, 2차 전지, 센서, 탄소나노튜브, 전자소재
바이오	BIT융합기술	바이오칩, Bio-IT, 인공장기
	바이오	면역치료제, 유전자치료제, 세포치료제, 맞춤의학, 바이오신소재,
환경·에너지	환경 · 에너지	Eco 소재부품, 환경복원시스템, 태양광, 연료전지
항공우주	항공우주	다목적헬기, 차세대전투기, 소형여객기, 무인항공기, 인공위성

자료 : MRI, SRI, NRI, 산업자원부, 정보통신부, SERI의 예측자료들을 정리

<표 7.3 10대 미래기술 평가>

구 분		와해성 정도	기여도	실현 가능성
정 보	SoC	◎	○	◎
	탄소나노튜브	◎	◎	◎
	전자종이	◎	○	◎
	서비스로봇	○	◎	◎
	Agent S/W	○	◎	◎
	Adhoc N/W	○	○	◎
	양자암호	○	○	○
에너지	연료전지	◎	◎	◎
바이오	프로테오믹스	○	◎	◎
	인공장기	○	◎	○

주 : 차세대 유망기술 50개 중 상위 10개 선정 결과(△ 평가는 대상에서 탈락)
(◎:매우 높음, ○:높음, △:낮음)

표 7.3의 10대 기술 중 국가 차원에서 최소 2~3개 정도의 기술에서 우위를 차지해야 산업적으로 주도권을 확보할 수 있고 지속적인 성장도 가능할 것이다. 과거와 같이 선진국의 기술을 모방하거나 학습하는 추종적인 전략으로는 앞으로 경쟁 자체가 불가능하다. 따라서 기업들은 기업의 생존과 성장을 위해 세계 산업의 흐름에 맞춰 미래기술을 개발하고 정부와 학계는 이를 전폭적으로 지지해야 할 것이다.

한편 이러한 기술들은 어느 한 산업분야에만 응용되는 것이 아니라 여러 산업 분야에서 응용되기 때문에 미래의 여러 가지 산업구도를 바꿔 놀 수 있다.

2) 10대 미래 기술

◆ SoC (System on a Chip)

이 기술은 기기에 사용되는 각종 부품을 하나의 반도체 칩에 집적시키는 기술이다. 즉, CPU, 메모리, DSP(Digital Signal Processing) 등이 각각 수행하던 기능을 하나의 칩에서 실현할 수 있는 기술이다.

<표 7.4 미래기술이 판도를 바꾸는 산업분유>

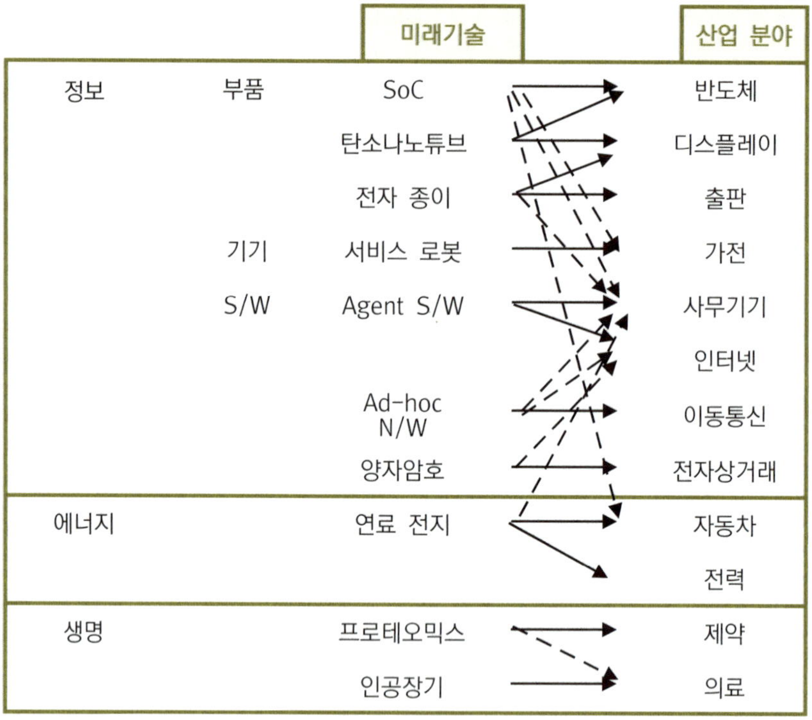

주: 실선은 와해성 정도가 큰 것을 점선은 작은 것을 의미

이 기술의 개발은 기기의 소형화, 신뢰성 향상, 소비전력 절감 등을 통해 전자기기의 성능 향상과 원가 절감에 기여하며 반도체 칩뿐 아니라 개별 부품을 모두 One Chip화는 것이 SoC의 최종 목표가 될 것이다.

◈ 탄소나노튜브

탄소나노튜브는 탁월한 물성을 가진 신물질로 미래의 반도체, 센서 등에 핵심소재로 사용될 신물질이다. 탄소나노튜브는 아래 그림과 같이 탄소 원자들로 이루어진 벌집 모양의 판을 1~50 ㎚ 직경으로 말아 놓은 구조로 어떻게 만드느냐에 따라 도체 또는 반도체 성질을 나타낸다. 기존의 소재보다 전기적, 기계적 물성이 뛰어난데 전기 전도도는 구리 수준, 열전도율은 자연계에서 가장 우수한 소재인 다이아몬드와 비슷하며 철보다 10~100배 견고하고 물리적 충격에도 강하다.

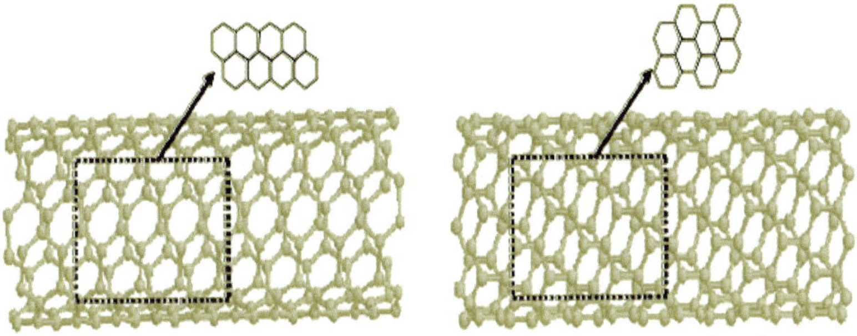

'Armchair'구조(도체)　　　'Zigzag'구조(반도체)

<그림 7.2 탄소나노튜브의 구조>

◈ 전자종이

전자종이는 종이처럼 얇고 구부러지며 휴대할 수 있는 디스플레이를 의미한다. 선명도가 높으며, 전원을 꺼도 화면이 계속 남아 있고, 종이와 같이 얇고 구부러지는 것이 전자종이의 특징이다.

간편성이라는 종이의 장점을 가지면서도 대용량, 동화상 표시 등 기존의 디스플레이에 못지않은 성능을 보유한다.

◈ 서비스 로봇

서비스 로봇은 가정, 병원 등에서 인간을 대신하여 다양한 서비스를 제공해 주는 로봇을 말한다. 기존의 산업용 로봇이 주로 공장에서 반복적인 업무를 수행했다면, 서비스 로봇은 지능을 가지고 스스로 움직이면서 가사 및 사무업무를 지원한다. 용도에 따라 가사용, 엔터테인먼트용, 업무지원용, 의료용 등으로 용도를 구분할 수 있다.

◈ 에이전트(Agent) S/W

에이전트(Agent) 소프트웨어는 업무를 지원하는 지능형 소프트웨어로 의미 해석을 통해 업무를 지원하는 지능형 소프트웨어이다. 기존 소프트웨어와 달리 자율성, 사회성, 반응성, 능동성 등의 특징을 보유한다.

사용자의 취향과 활용패턴을 기억하여 보다 정확한 정보를 찾을 수 있도록 도와주며 기능과 역할에 따라 학습, 인터페이스, 데스크탑, 인터넷, 전자상거래 등의 에이전트로 분류된다.

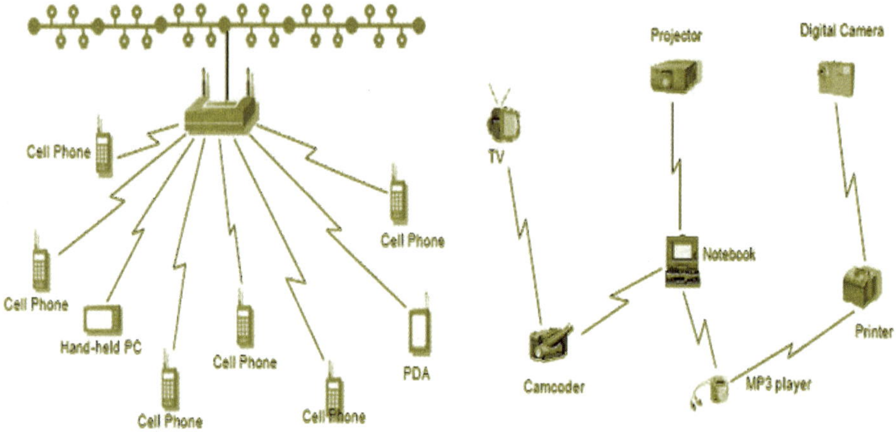

기존 유선망 기반 무선네트워크　　　　Ad-hoc 네트워크

<그림 7.3 Ad-hoc 네트워크의 개념>

◆ Ad-hoc 네트워크

Ad-hoc 네트워크 특정 기지국에 의존하지 않고 무선 이동단말로만 구성된 네트워크를 말하는데 송수신을 담당하는 단말기들이 타 단말기의 신호를 중계하는 기지국 역할까지 수행한다.

다양한 종류의 단말기를 경유하는 네트워크를 구성하여 재해에 강하며 사용자 규모별로 네트워크의 크기를 달리 할 수 있다는 장점이 있다. 기존의 기지국 중심의 네트워크는 기지국 고장 시 네트워크 전체가 마비될 수 있고 기지국 용량 때문에 사용자가 한정되어 있는 단점을 없앤다.

◆ 양자 암호

양자암호는 빛의 양자역학적 성질을 이용하는 차세대 정보보안 기술로 해킹을 근본적으로 막는 암호기술이다. 암호는 데이터별로 특정 방향으로 편광[93](偏光)된 빛을 광섬유를 통해 상대방에게 전달하는데 받는 쪽에서 처음 암호와 대조하여 틀릴 경우 새로운 암호를 생성하여 상대방에게 다시 전송한다.

93) 빛은 임의의 방향으로 진동하는 광자(Photon)들의 집합체인데, 빛이 특정한 방향으로만 홈이 뚫려 있는 판(편광판)을 지나게 되면 홈과 일치된 방향으로 진동하는 입자들만 통과하는 현상을 가진다.

◆ 연료 전지

연료전지는 수소와 산소를 화학반응을 시켜 전기를 얻는 고효율의 차세대 전지이다. 수소에너지를 이용한 고효율 무공해 발전기라고 할 수 있다.

이미 1802년 영국의 데이비드 경이 물의 전기분해를 역이용하여 전기를 발생시키는 원리를 처음 고안했으나 그 동안 수소 생산비용이 높고 보관이 어려워서 실용화가 되지 못했다.

최근 환경문제 부상과 수소 보관 기술의 진전으로 상업화 가능성이 높아지고 있지만 아직은 해결할 점이 많다.

연료전지는 에너지 및 환경 문제를 획기적으로 해결해 주는 무공해 에너지원이다. 전기와 함께 발생하는 열을 주택의 난방이나 급탕에 사용할 수 있어서 대규모 발전소보다 에너지 효율이 훨씬 높다. 내연기관에 비해서는 에너지 효율이 2~3배 정도이다.

연소과정이 생략되어 소음이 없고 이산화탄소 등 유해물질을 배출하지 않으며 특히 물, 화석연료, 생명체 등에서 수소를 얻을 수 있어서 거의 무제한으로 연료를 공급하는 것이 가능하다.

◆ 프로테오믹스(Proteomics)

프로테오믹스는 인체 내 단백질의 구조와 기능을 해명하여 맞춤형 신약을 개발하는 기술이다. 단백질은 생명체의 핵심물질로써 각종 질병의 원인이면서 또한 치료제이다.

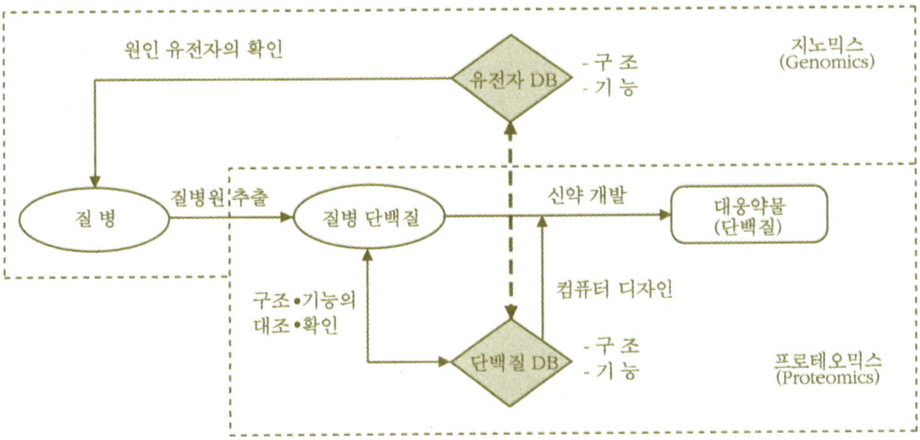

<그림 7.4 지노믹스와 프로테오믹스>

현재 시판 중인 약품의 95% 이상이 단백질로 구성되어 있다. 프로테오믹스를 활용할 경우 질병 단백질의 확인과 특성 파악, 대응약물의 구조 디자인을 통해 고효율의 맞춤형 신약을 개발할 수 있어 향 후 의약 분야에 획기적인 발전을 가져올 수 있다.

◈ 인공장기

인공장기는 인공적으로 만들었지만 생체의 장기와 같은 기능을 갖는 소재 및 기기이다. 피부, 혈관, 관절 등 비교적 간단한 구조의 장기들은 이미 대체품들이 개발되어 있으나 심장, 간, 폐와 같은 복잡한 장기들은 아직은 완전 이식이 불가능하며, 이식 수술을 받기 전까지 교량 및 보조 역할을 수행하는 기능을 한다. 이는 사람들의 생명을 늘리는데 기여할 것이다.

7.3.3 국가가 주도해야 할 6대 미래 기술

그 후 2008년 삼성경제연구소는 2008년 3월 5일자 CEO Information 시리즈(844호)에 한국이 국가적으로 추구하여야 할 6대 미래기술을 발표하였다. 이 자료에 나와 있는 6대 미래기술에 대해 설명하기로 한다.

일반적으로 국가의 부와 미래는 자본과 노동 보다 얼마나 혁신적인 기술을 보유하고 있는가에 의해 좌우된다. 그러기 위해서는 정부가 기술 개발을 위해 투자한 재원의 실효성을 극대화시켜야 한다. 그러한 대전제 하에 민간 기업이 강점을 갖는 분야는 민간부문에 맡겨둬야 한다. 다만 경쟁력 강화를 위해 세금 감면, 산학협력 강화 등 간접적인 지원은 하는 것이 좋다. 또 미래 유망분야이지만 민간 기업이 독자적으로 추진하기에는 리스크가 큰 분야로, 국가가 직접 주도해 토양을 조성하고 싹을 키운 다음 민간부문으로 이양해 사업화로 연결시키는 전략이 필요하다. 그러한 관점에서 우리나라 정부가 앞으로 주도해야 할 기술 분야 6가지를 선정하였다.

1) 국가경쟁력과 미래 기술

조선, 자동차 및 IT 기술 등 한국의 주력 산업이 탄생하는 데는 과거 정부의 기술 개발 지원 등이 큰 힘을 발휘하였다. 그 예를 보면 1970년대 중화학 공업 육성을 위해 산업별 정부출연연구소를 설립하여 기업에 필요한 기술을 정부가 직접 공급하였다. 1980~90년대에

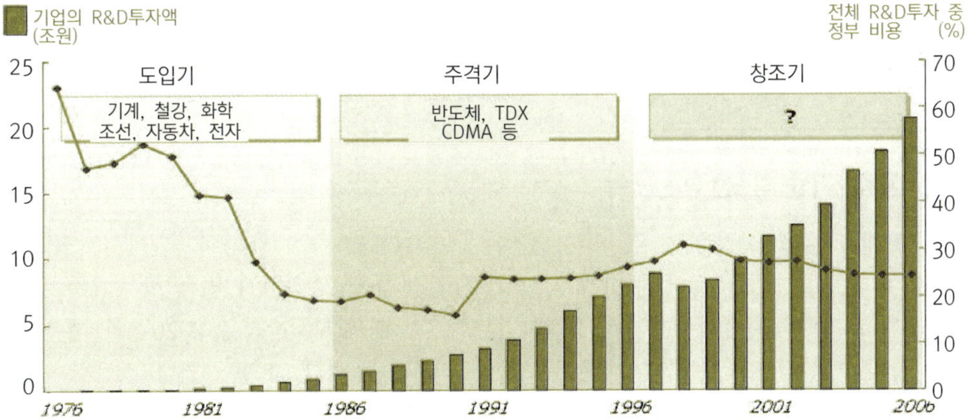

주 : 과학기술부, [과학기술활동조사보고서] , 각호

<그림 7.4 한국의 R&D 투자추이: 기업 투자액과 정부의 비중>

<표 7.5 국가 차원의 대형 R&D사업>

구 분		G7프로젝트	21C 프론티어	차세대 성장동력
목표		G7수준의 기술력확보	미래 원전기술 개발	신산업 육성
기간		1992~2002년	1992~2013년	2004~2008년
투입(기업참여비중)		35,559억원(54.4%)	13,708억원(21.7%)*	16,745억원(32.3%)**
분야	IT	반도체 등 5개	정보디스플레이 등 4개	이동통신 등 7개
	생명/의료	신의약 · 농약 등 3개	인간유전체 등 8개	바이오 신약/장기
	환경/에너지	차세대 원자로 등 4개	자원재활용 등 4개	–
	전통산업	자동차등 4개	나노메카트로닉스	미래형 자동차
	기타	감성공학,초소형정밀기계	스마트무인기 등 5개	지능형 로봇

주 : *는 1999~2006년간 투입금액, **는 2004년간 투입금액

는 정부출연연구소가 국가적인 R&D 사업의 간사가 되어 기업과 공동으로 DRAM과 CDMA 등을 개발하여 IT산업 발전의 계기를 마련하였고 1992년에는 G7 수준의 기술력 확보를 목표로 "G7 프로젝트"를 추진한 이래 국가 차원의 대형 R&D 사업들이 진행되었으며 G7 프로젝트를 제외하고는 기업들의 참여가 저조했으며, 특히 "차세대성장동력" 사업의 경우 단순한 기술개발 차원을 넘어 "신산업육성"을 표방하였음에 도불구하고 G7 프로젝트 보다 민간 참여도가 낮았다. 그것은 기업이 강점을 갖는 분야까지도 정부가 기술개발을 주도해 민간 기업의 참여를 낮추는 요인으로 작용하였기 때문이다. "차세대성장동력"의 10대

분야 중 7개가 IT 분야였으며 정부의R&D 예산도 IT 부문에 가장 많이 투입되었다. 2006년도 정부 R&D 예산의 분야별 비중을 보면 IT(20.2%), 바이오(16.2%), 환경/에너지(11.7%) 순 이었다.

2) 6대 미래 기술의 선정

6대 미래 기술을 선정은 미국, 일본, 한국 등이 발표한 중점 육성 기술군을 모집단으로 하고 15개 중분류 기술수준에서 미래 시장성, 산업간 파급 효과와 기업 역량 3가지 평가기준을 가지고 각 기술들을 평가하여 선정하였는데 이 때 미래시장성은 2020년의 해당 기술의 자체 세계 시장규모 수준을 기준으로 삼았고 산업간 파급 효과는 기술간 융합 등으로 타산업의 발전에 기여하는 정도를 나타내며 기업 역량은 해당 기술에 관련된 현재 한국 기업의 R&D 및 시장 경쟁력 등을 글로벌 기업과 비교하였고 최종 선정 기준은 우선 기업 역량이 6점 이상인 기술은 제외했는데 민간 기업이 강점을 갖는 분야는 민간 부문에 맡긴다는 취지였다. 또한 기업 역량이 5점 이하이면서 미래 시장성 또는 산업간 파급 효과가 6점 이상인 기술을 선정했으며 환경과 에너지 기술은 청정에너지기술 분야로 항공우주기술과 서비스 로봇기술은 군 무인화기술 분야로 통합하였다. 그 이유는 항공우주기술은 국내 기업의 기업 수준이 낮고 서비스 로봇은 리스크가 크기 때문에 공통적으로 정부가 지원할 수 있는 분야이기 때문이며 청정에너지는 화석 연료를 대체할 수 있어 환경의 가장 큰 이슈인 대기오염문제를 해결하고 에너지난 문제 해결의 핵심이기 때문이었다.

그 결과 지능형 인프라, 바이오제약, 청정에너지, 군 무인화(軍 無人化), 나노소재, 인지과학 기술 분야가 선정되었다.

첫 번째 '**지능형 인프라**' 분야로 IT 기술을 활용해 전력과 교통, 물류 등 사회 인프라를 효율적으로 운영하기 위한 기술이다. 두 번째로 '**바이오제약**' 분야로 단백질과 유전자 등 생체물질 자체를 치료제로 사용하는 기술로 난치병 정복 등보건, 의료의 질 향상에 필수적이면서 신 시장의 창출이 가능한 분야, 그리고 세 번째로 '**청정에너지**' 분야이다. 무한(無限), 무해(無害), 무편(無偏)적 특성을 가지는 미래 에너지원으로 환경 문제를 해결할 뿐 아니라 에너지 안보력을 강화시켜 주는 기술 분야이다. 다음에는 '**군 무인화**' 기술 분야로 군대 인력을 대체할 수 있는 군사용 로봇개발기술로 국가 안보에 중요할 뿐 아니라 첨단 기술의 테스트 베드 역할을 담당한다. 다섯 번째는 '**나노소재**' 분야로 원자, 분자 등 나노 크기의 입자 하나하나를 조작해 소재를 만드는 기술로 나노 소재기술 경쟁에서 뒤쳐질 경우 한국 제조업의 대일 소재 의존도는 더욱 심화될 수 있다. 마지막으로 '**인지과학**' 분야로 사람의 지

<표 7.6 15가지 중분류 기술군의 평가 결과표 및 최종 선정된 6대 기술 평가표>

기술			평가		
대분류	중분류	소분류	미래 시장성	파급 효과	기업 역량
IT	반도체	차세대 메모리, 비메모리 반도체, SoC 등	7	8	9
	통신·네트워크	차세대 네트워크, 유대인터넷, 4세대이동통신	8	7	7
	디스플레이	유기EL, 3D 디스플레이 등	6	8	10
	지능형 인프라	전력시스템, 지능형 교통시스템 등	7	7	5
생명	바이오제약	바이오치료, 유전체·단백체응용등	8	4	4
	바이오농업	농축산물 자원개발. 동식물 병해충 예방 등	2	3	2
운송장비	자동차	지능형 자동차, 친환경 자동차 등	10	2	7
	선박·해양	차세대 선박, 해양·항만구조물 등	5	2	10
	항공우주	차세대 항공기, 무인항공기, 위성발사체 등	5	8	1
	차세대 열차	첨단경전철, 도시형자기부상열차 기술	4	1	8
환경/에너지	환경	대기오염 저감, 환경보전·복원, 수질관리 등	9	4	2
	에너지	핵융함, 수소에너지, 원자력, 태양, 풍력 등	9	4	9
기타	나노소재	탄소나노소재, 지능형나노소재, 친환경 나노소재 등	3	9	9
	서비스로봇	가정용 로봇, 군사용 로봇, 의료 로봇 등	4	8	4
	인지과학	뇌과학, 인공지능, 뇌질환 치료 등	1	10	2

주 : 1. 각 평가항목은 10점 만점으로 미래 시장성과 파급효과는 15개 기술의 상대적인 평가
2. 기업역량은 글로벌 Top 기업과의 비교수치
3. 점수의 산정은 각종 문헌과 전문가의 의견을 참조

각, 기억, 학습 및 감정 등 인지과정을 규명해 인간 중심의 사회를 구현하는 기술 분야이다. 표 7.6은 15가지 중분류 기술군의 평가 결과와 최종 선정된 6대 기술의 평가표이다. 이제 이 6가지 분야를 세부적으로 검토해 보기로 하자.

◆ 지능형 인프라

센서, 통신, 자동제어 등 정보기술을 이용함으로써 효율적으로 관리되는 전력, 교통, 물류, 상하수도 등의 사회 인프라 분야를 의미하는데 무선 센서네트워크를 활용해 사회 인프

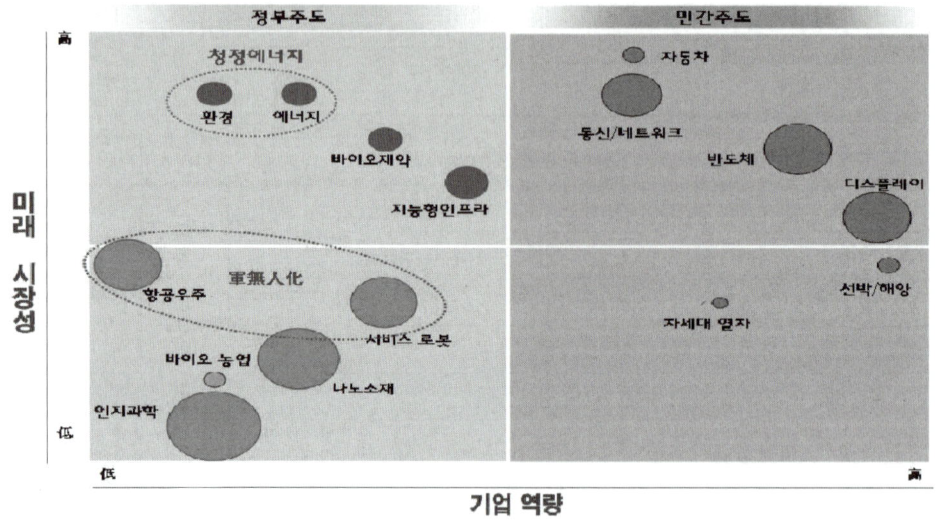

각 원의 크기는 산업간 파급효과의 정도를 의미

<그림 7.5 6大 미래기술의 선정>

라의 제반 상황을 실시간으로 모니터링하고 관리 및 운영을 최적화한다.

지능형 기술을 적용한 “신 대중 교통수단” 과 “분산형 에너지 인프라” 등은 잠재적 개발 수요가 큰 BRIC‘s 등 신흥시장으로 수출이 가능할 것으로 예상된다. 비 OECD 국가의 인프라 건설시장 규모를 보면 2005년에는 5,590억 달러였으나 2015년에는 8,070억 달러로 늘어날 것으로 예상된다.[출처: “Infrastructure to 2030”, 2006년] 또한 전력의 효율적 사용과 더불어 관련 산업에 수요창출 등 새로운 발전의 기회를 제공할 수도 있다. 즉, 모든 전자제품에도 IT 기술이 함께 적용되어야 하므로 전자 전기산업 전반에 표준화가 필요하다.

중점 육성분야로는 지능형 전력시스템과 지능형 교통시스템이다.

*지능형 전력시스템*의 경우 피크 타임에 집중되는 사회 전력 수요를 적절하게 분산시킬 경우 인프라 건설 및 운영비용 절감과 사용자 만족도의 증가가 가능할 것으로 예상되며 우리니라에서지능형 전력시스템이 개발될 경우 전력비용 절감 및 품질 개선으로 연간 7,500억 원 이상 사회적 이득이 발생할 것으로 예상된다. [출처: 산업자원부, “전력 IT 추진종합대책”, 2004년12월]

한편 지능형교통시스템의 경우는 교통, 물류 등에서 발생하는 막대한 사회적 비용을 경감할 수 있는 ***지능형 교통시스템***의 도입이 필요하다. 우리나라의 2005년 교통 혼잡 및 사고로 인한 사회적 비용은 교통 혼잡비용 23.7조원과 사고비용 14.3조원을 합쳐 38조원이었다.[출처: "교통 혼잡비용 및 교통사고 비용의 추정 현황과 활용방안", 2007.12]

이 시스템은 교통량을 감지해 신호 간격을 조절함으로써 교통 정체를 최소화하고 RFID 등을 활용해 물류 프로세스를 개선할 것이다.

◆ 바이오제약

이 기술은 기존의 제약처럼 화학적 합성방식이 아니라 생명체를 이용해 약을 만드는 기술로 바이오 신약과 바이오 치료 분야로 구분된다.

바이오 신약은 난치병 정복 등 보건, 의료의 질 향상에 필수적이며 신 시장 창출 가능성도 매우 큰 분야이다. 현재는 약 만여 종의 유전자 기능이 밝혀졌지만 10년 이내 유전자 4만여 종의 기능이 규명될 것으로 전망되는데 뇌신경 질환, 암 등 난치병을 정복하는데 필요 불가결한 기술이다. 2012년에 바이오 제약시장은 2,900억 달러의 거대 시장을 형성할 전망이다. 전체 제약시장 규모는 2012년 1.3조 달러 수준으로 추정된다. 한편 급속한 고령화로 현재 국내의 의료비 지출 증가율은 세계 2위 수준이다.[출처: OECD, "Health Data", 2005] 이 분야의 중점 육성분야는 바이오 치료 및 생명정보학 기술이다. ***바이오 치료***는 기존의 약물이나 수술로 치료할 수 없는 난치병까지도 치료할 수 있는 잠재력을 갖고 있다는 평가이다. 비정상 세포나 유전자를 정상인 것으로 대체하기 때문에 효과적으로 치료가 가능하다.

생명정보학 분야는 기능이 규명되지 않은 많은 유전자와 단백질 등에 대한 원천 물질 특허를 선제적으로 확보하기 위해 필요한 기술이다. 즉, 제약 산업 경쟁력 강화의 필수 조건인 기술이다. 우리나라는 원천 물질 특허(20년 보장)가 거의 없어 고가의 신약을 대부분 수입하고 있는 실정이다. 실제로 제약 산업의 무역수지는 2001년 7억 달러 적자에서 2006년에는 24억 달러 적자로 늘어났다.[출처: 보건복지부, "2006년 보건산업백서", 2007]

◆ 청정에너지

석유 자원의 고갈, 원자력의 방사성 폐기물 위험 등으로 인해 핵융합, 수소에너지, 우주 태양광 발전 등 무한, 무해, 무편적 특성을 가진 청정에너지가 미래 에너지원으로 주목받고 있다. 청정에너지는 기술 개발 초기단계로 국가가 장기적으로 지원해야 하나 상용화될 경우 글로벌 시장이 형성되고 에너지 주권 확보도 가능하다. 상용화까지는 30~40년이 소요될 정도로 국가 차원에서의 지속적인 R&D 투자가 요구되는 분야이기도 하다.

2004년 청정에너지가 대체 가능한 석유 관련 시장규모는 1.2조 달러이나 한국은 에너지를 전량 수입할 정도로 에너지 안보력이 극히 취약하다. 예로 우리나라의 세계 석유 소비는 7위, 전력 소비 12위로 2005년 에너지 수입에 연간 667억 달러를 지출하였다(2008년에는 석유소비량이 세계 9위로 낮아짐).

이 분야의 중점 육성분야는 핵융합, 수소에너지 기술 개발이다. ***핵융합발전*** 기술은 향후 화력, 원자력 발전을 대체할 것이며 현재 선진국과 기술 격차가 작아 상용화될 경우 시장 주도권 확보도 가능하다. 우리나라는 2006년 미국 등 6개국과 공동으로 핵융합로 개발 사업을 추진하고 있고 또 독자적으로 차세대 초전도 핵융합 연구장치(KSTAR)[94] 등을 연구기반을 갖추고 연구 중이다.

출처: NEWSIS 2007년 9월14일 자

<그림 7.6 KSTAR 전경>

94) '한국형 초전도 토카막 연구장치(Korea Superconducting Tokamak Advanced Reserch)'의 영문 첫 글자를 딴 약자로 1995년 착수, 2007년 9월에 완공하였는데 국제핵융합로의 약 1/25 수준으로 핵융합에너지 상용화에 필수적인 초고온 고밀도 플라스마의 장시간 운전기술(3억도, 300초)을 확보하는 실험을 수행중이다.

상용화가 기대되는 2050년 이후, 핵융합발전은 화력, 원자력발전량의 약 30%를 대체할 것으로 기대된다.[출처: 나라경제, "핵융합으로 에너지 걱정 끝", 2007년 5월호]

또 이 기술은 가스 방전, 플라즈마 처리기술, 조명, 디스플레이, 진공기술, 전력·전자기술, 금속재료 및 재생 에너지 분야 및 차세대 NMR 영상장치, 자기부상열차, 대용량 송전선 분야 등 파급효과가 클 것으로 기대된다.

*수소에너지*는 지구상에 가장 풍부하게 존재하는 무한 청정에너지로 한국에서 수송용 연료인 석유의존도를 해소하기 위한 유일한 대안으로 보고 있다.

2040년경에는 연료전지 자동차 판매비중이 90%에 달하는 수소 경제가 실현될 것으로 전망되어 선진국에서도 수소에너지 개발에 적극적이다.[출처: "Automotive World Car Industry Forecast Report", 2004]

◆ 군 무인화 기술

전투 효율성 증대 및 전투병의 인명 손실의 최소화를 목적으로 군대 인력을 대체할 수 있는 군사용 로봇을 개발하는 기술을 의미한다. 여기에는 활동 영역에 따라 무인항공기, 무인차량, 무인잠수정으로 구분하고 이들을 연결하는 네트워크 기술도 포함된다.

이 기술은 국가 안보에 중요할 뿐 아니라 첨단 기술의 성숙도를 높이고 기업의 참여를 유도하는 초기 시장의 역할도 수행할 수 있을 것으로 예상된다.

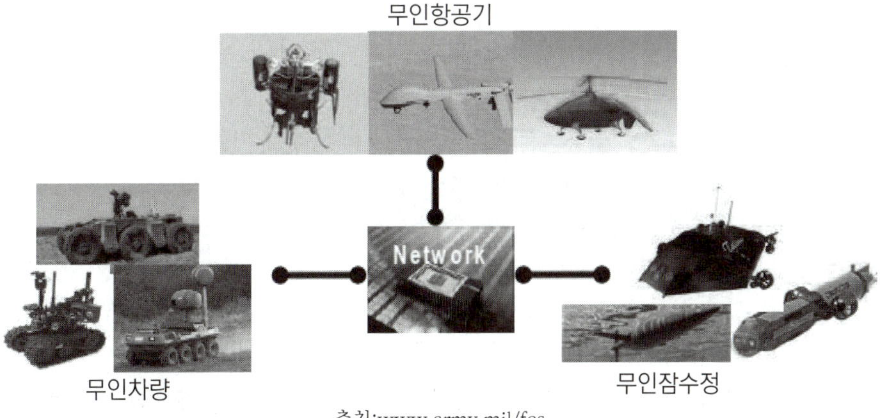

출처:www.army.mil/fcs

<그림 7.7 군 무인화에 의한 미국의 미래의 전투시스템>

예를 들어 미국에서는 2004년 "TechMatch" 시스템을 설립한 이래 2008년 2월까지 말라리아 치료제, 박막 태양광전지, 나노 섬유 등 135건의 첨단 기술을 민간에 이전하여 상업화하였다. 따라서 우리나라도 군 무인화기술에 대한 투자 확대를 통하여 1차적으로 로봇산업 및 항공 산업 발전의 기틀을 마련할 필요가 있다. 중점 육성분야로는 무인차량, 무인항공기 기술 개발이다.

무인차량은서비스 로봇을 비롯해 차세대 자동차 등에 폭넓게 활용될 수 있다. 서비스 로봇은 2020년 710억 달러 규모의 시장이 형성될 전망이다.[출처: 산업연구원, "로봇산업의2020 비전과 전망" 2007.08]

아직은 시장이 초기 단계로 리스크가 커서 정부가 무인차량에 대한 투자 등을 통해 적극적으로 시장 조성에 나설 필요가 있다.

미 국방부는 2004~2012년간 17억 달러를 무인차량의 이동성 및 자율 주행성능 분야에 집중 투자해 전투 능력 증진과 더불어 업계의 성장을 촉진하고 있다.[출처: "Joint Robotics Program: Master Plan 2004", 2004]

또 ***무인항공기*** 분야는 항공우주산업의 기반을 마련할 수 있는 테스트 베드(Test Bed) 역할을 할 수 있을 것으로 기대된다.

현재 소형 항공기(90인 이하 항공기) 시장은 1,100억 달러에 달할 것으로 예상되며, 브라질, 캐나다, 중국 등이 각축 중이다.[출처: "Current Market Outlook 2007", 2007]

◆ 나노소재

나노소재 기술은 입자의 지름이 나노미터 이하인 원자나 분자 수준에서 물질을 조작하여 흔히 나타나지 않는 다양한 특성을 지닌 물질을 생산하는 기술이다. 이는 주성분에 따라 유기소재, 금속성소재, 무기소재 등으로 구분되고 전자, 바이오, 환경/에너지, 화학 및 식품 등다양한 산업에서 활용이 가능하다.

순수 나노소재의 시장규모는 2010년 현재 42억 달러, 나노소재가 일부 포함된 제품 시장 규모가 2010년 약 5000억 달러로 추산될 정도로 나노소재의 활용 없이는 경쟁력 확보가 불가능한 실정이다.[출처: "Global Nano-electronics Markets and Opportunities", 2005]

만약 나노소재 관련 기술 경쟁에서 뒤쳐질 경우, 우리나라의 제조업이 일본의 소재산업에 의존하는 현상이 더욱 심화될 우려가 있다. 이 기술의 중점 육성분야는 탄소나노소재와 지능형 나노소재이다.

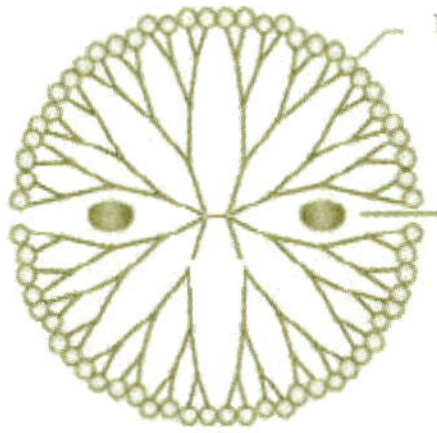

<그림 7.8 약물, 조영제 들을 포함하는덴드리머95)>

탄소나노소재는 기존 소재보다 전기, 기계적 물성이 뛰어나고 산업적 응용 가능성이 가장 넓은 유기소재 분야이다. 차세대 디스플레이 소재, 초고밀도 메모리, 기능성 섬유 및 배기가스 제거 촉매 등 향후 5~10년 이내에 상용화 가능성이 큰 분야가 다수 포함된다. 또한 한국의 기초기술 역량도 상대적으로 높은 편이다. 그 예로 1992~2004년 사이 탄소나노소재 관련 세계특허 출원 건수는 676건으로 한국이 세계 3위이다.[출처: WIPS의한국, 미국, 일본, 유럽특허], [인용: "NanoWeekly", 2006년]

지능형 나노소재는 레고 블록처럼 원자를 조립해 만든 맞춤형소재로, 현재 대학의 기초연구 중심에 머물고 있어 이를 실용화로 연결시키려면 국가주도의 기술 투자가 필요한 현실이다. 기존 물질로는 구현이 어려운 성질을 이론적으로 설계하여 구현할 수 있어서 소재분야에 근본적인 변혁을 가져올 가능성이 높은 기술이로 반도체 포토레지스트, 디스플레이용 필름, 전자잉크, 영상의료기기용 조영제, 약물전달시스템 등 다양한 분야에 적용될 전망이다.

◈ 인지과학

인지과학은 인간이나 동물의 인지 과정(지각, 기억, 학습 및 감정 등)을 규명하고 이를 각종 인공물 개발에 적용하는 기술 분야이다. 자체 시장 규모는 크지 않지만 산업 간 파급효과가 매우 크고 기업이 독자적으로 기술 개발하기가 어려운 분야이기 때문에 국가 차원의 지원과 육성이 필요한 부문이다. IT, 자동차, 의료, 로봇과 항공 등 대다수 산업에 활용되어 소프트 경쟁력을 제고하고 다양한 비즈니스 기회를 창출할 수 있을 것으로 기대된다. 장기적 시각에서는 기초연구가 필요하고 인문학, 의학, 공학 등 여러 분야가 학제적으로 연계되어 있어 민간보다는 정부의 역할이 매우 중요한 분야이다.

95) 나뭇가지 모양을 지닌 최초의 합성 고분자로 미국의 화학자 도널드 토말리아가 1979년부터 4년여의 연구 끝에 합성에 성공하였다. 재료공학이나 의학·약학 등 여러 분야에 응용되고 있다.

<표 7.7 인지과학의 중요기술 및 활동분야>

구분	주요내용	활동분야
마음을 읽는 기술	뇌영상(Brain Imaging), 뇌파, 음성 등을 분석해 생각, 의도, 감정 등을 인식	뇌인터페이스 개발, 광고·마케팅·디자인, 재활기구(의수, 의족 등) 개발, 범죄수사등
지능을 구현하는 기술	인간의 지능이나 감정을 컴퓨터 등의 인공물에 구현	인간형 로봇, 인공두뇌, 無人감시시스템, 지능형 웹 등
수행능력을 높이는 기술	뇌 및 인지과정에 대한 이해를 토대로 치매와 우울증 등의 질환 치료나 인간의 인지능력을 제고	인공눈, 뇌질환 치료제, 기억력 증진제(Momory Enhancer), 심뇌자극(Deep Brain Stimulation)등

중점육성분야로는 인지뇌과학, 인공지능 및 인간형 로봇이다. ***인지뇌과학***은 뇌구조와 인지 메커니즘을 밝히는 것으로 인지뇌과학은 모든 응용연구의 기반이 된다. 미국, 일본 등 선진국들은 20세기 말부터 뇌과학 연구에 경쟁적으로 투자하고 있으며 학계와 산업계도 기초 및 응용연구를 강화하고 있다.

한국도 뇌연구의 기반이 되는 뇌영상시스템 분야에서 세계적인 기술력을 보유하고 있어 잠재력이 큰 편이다. ***인공지능 및 인간형 로봇***은 국가간 기술 격차가 크지 않아 조기에 투자를 확대할 경우 경쟁력 우위 확보가 가능할 것으로 예상된다.

알고리즘 개발에서 진전하여 로봇이 학습을 통해 스스로 정서적, 인지적, 사회적 능력을 높여가는 형태로 발전할 것으로 예상된다.

Ray Kurzweil은 2005년 "The Singularity is Near"이란 책에서 '2030년경이면 컴퓨터가 인간과 대등한 수준의 지능을 갖게 될 것이다.' 라고 주장했다.

마지막에 이 보고서는 국가의 R&D 시스템과 사업정책에 대해 제언을 하고 있는데 아무리 미래 유망분야라 해더라도 속성상 수익성을 추구할 수박에 없는 민간 기업에 리스크가 큰 기술 개발을 전적으로 맡기는 것은 무리이므로 국가가 주도적으로 나서야 기술혁신이 원활하게 이루어질 수 있으며 R&D 기획에서부터 신산업 창출까지 일관성 있는 정책이 수행될 수 있도록 국가과학기술위원회의 관제탑 기능을 강화해야 한다고 주장한다.

또한 국가 R&D 사업의 문호를 과감하게 개방하여 글로벌 시장으로부터 신산업 창출의 원천을 확보해야 하는데 그러기 위해서는 전체 R&D 사업의 2.5% 수준[출처: "글로벌 개방과 경쟁을 통한 과학기술혁신 역량 제고", 2007.02]인 국제협력사업의 비중을 늘려 기술력은 뛰어나나 자금력이 취약한 이스라엘 등의 해외 벤처기업을 적극 활용할 것은 제언하고 있다.

또 정부 R&D 사업비의 50% 이상을 쓰고 있는 공공연구소를 대학과 기업을 연계하는 Innovation Hub의 기능을 담당하게 해 공공연구소가 미래형 연구 주제를 선정하고 학제간 연구가 가능하게 내, 외부 네트워킹 역할을 담당해야 한다고 하였다.

마지막으로 불확실성이 크거나 기술 개발이 초기 단계인 산업은 미국과 같이 정부 스스로가 미래 기술에 대한 적극적인 수요자가 되어 시장을 형성해 주는 것이 중요하다고 제언했다. 이에 따라 국방, 보건복지, 에너지/환경 등 사회적 수요가 있는 분야는 국가가 1차적인 수요자가 되어 기업들에 초기 시장을 제공해야 하고 신재생 에너지 등 정부의 직접 보조가 가능한 분야를 적극적으로 발굴해야 하며 그와 함께 개발된 미래 기술을 활용한 창업 활성화를 위해 민간과 공동으로 Seed Money를 제공하는 펀드 조성 등 기술금융을 활성화해야 한다고 제안했다.

7.3.4 글로벌 트렌드에 따른 10가지 세부적인 기술

한편 LG 경제연구원에서 발표한 레포트에 의하면, 미래의 사회 예측에 따른 5대 글로벌 트렌드와 서브 트렌드로 부터 파생되는 여러 가지 기술들을 종합하면 주요 10가지 세부적인 기술 키워드로 미래를 이끌어 갈 기술들을 정리할 수 있을 것이라 했다. 그 열 가지 키워드를 정리해 보면, 먼저 ***이동성(mobility)***을 들 수 있다. 글로벌화로 인해 인력, 물자, 자금, 제품의 전 세계적 이동은 폭발적으로 증가할 것으로 전망된다. 해운전문조사기관인 Drewry에 따르면, 세계 컨테이너 물동량은 1990년 0.9억 TEU[96]에서 2007년 4.9억 TEU로 5배 이상 증가하였다. 이에 따라 획기적인 운송량 증대, 이동 속도와 안전성 제고, 운송비용 감소 등 이 중요한 기술적 과제가 될 전망이다. 이러한 측면에서 향 후, 초고속/초대형의 차세대 수송수단의 연구 개발이 계속될 전망이다. 예를 들면, 바다 위를 나는 위그(WIG : Wing-in-Ground effect)[97] 선박, 최고 시속 400km 대의 고속 주행이 가능한 자기부상열차, 축구장 2~3개 크

96) TEU는 Twenty foot equivalent unit의 약자로 화물선박적재량의 단위 중 하나인데 말 그대로 20피트 컨테이너에 상당하는 볼륨(부피)를 말하는데 따라서 스탠다드 20 피트 컨테이너의 부피는 대략 $33m^3$ 정도이다.

97) 해면 효과를 이용해 해수면 가까이 떠서 달리는 비행체, 즉 날아다니는 배라는 뜻으로 수면 위 5m 이내에서 뜬 상태로 최고 시속 550㎞까지 달릴 수 있는 초고속선을 말한다.

기의 초대형 컨테이너선, 2층 구조에 800명 이상을 태울 수 있는 초대형 여객기 등이 그 대표적인 예이다. 한편 실제 이동하지 않으면서 같은 효과를 낼 수 있는, 따라서 저렴하고 편리한 물리적 이동/수송을 대체하는 기술도 활발히 개발될 것이다. 그 예로, 원격 화상진료(Telemedicine), 화상회의 시스템인 텔레프레즌스(Tele-presence), 3D 프린터 등이 있다. 텔레프레즌스란 원격지의 사람과 마치 한 방에서 회의하는 것처럼 임장감을 높인 화상회의 시스템으로 3차원 홀로그램 디스플레이를 이용한 화상회의도 시도될 전망이다.

다음 키워드는 *세계-지역성(Glocality)*이다. 글로벌 시대의 기업들에게 세계-지역성, 또는 세계성(Globality)과 지역성(Locality) 간에 적절한 조화를 창출하는 것이 큰 과제가 될 전망이다. 즉, 개별 지역별로 특화된 제품을 만들면 비용부담이 커지고, 세계적으로 동일한 제품을 만들면 경쟁에서 밀리기 때문에 이러한 딜레마를 해결하려면, 글로벌 플랫폼 기술과 신흥국 니즈 대응기술, 저원가 설계기술의 동시적 확충이 필요하다. 글로벌 플랫폼 기술이란 세계 시장을 겨냥한 다양한 모델들에 공통으로 적용되는 핵심 부분을 추출해 모듈화시키는 것이다. 글로벌 플랫폼을 개발하면, 부품 공용화로 구매원가가 절감된다. 또한 설계의 반복사용으로 신제품 개발기간이 짧아지고, 제조 품질향상도 기대할 수 있다. 글로벌 플랫폼 전략은 이미 1990년대 자동차업계에서 시작되어, 2000년대에는 다양한 분야로 확대되는 추세이다. 노키아의 휴대폰 플랫폼, 파나소닉의 비에라(Viera) TV 플랫폼, 구글의 검색 엔진 플랫폼 등은 대표적인 예이다. 한편 신흥국 니즈 대응 기술 개발도 중요한데 핵심 부품은 글로벌 플랫폼으로 공유하되, 문화, 기후조건, 생활패턴 같은 지역별 차이를 명시적으로 반영해야, 비로소 현지 소비자의 니즈를 충족시킬 수 있다. 최근에 생산되는 핸드폰, 냉장고 들의 제품들은 국가에 따라 제품의 소프트웨어, 시스템, 기능이 각각 상이하다. 이러한 신흥국 니즈 대응을 위해 각 지역별 문화, 언어, 사용패턴에 대한 연구와 데이터베이스 구축이 선행되어야 한다. 또 저원가 설계기술도 필수가 될 것이다. 이것은 단지 기능 제거로 원가를 절감하는 것이 아니라, 근본적인 재설계로 원가를 절감한다는 것을 의미한다. 휴대폰, 노트북, 자동차 등 등 다양한 산업에서 신흥국의 초저가 제품들이 나오고 있으며, 이는 곧 다른 산업으로 확산될 전망이다. 대만의 PC 기업인 아수스(Asus)는 저원가 설계기술을 이용해, 최근 초미니 노트북 PC인 넷북(Netbook)을 선보여 크게 성공하였다.

세 번째 키워드는 *휴먼 케어(Human Care)*이다. 고령화 시대에 가장 주목받을 기술은 휴먼 케어분야이다. 2007년 일본은 "인간생활기술전략"을 통해 고령 친화사회를 위한 기술적 과제를 제시한 바 있다. 휴먼 케어는 바이오, 정보통신, 나노기술들이 어우러져 인류의 건강을 위한 다양한 신기술과 서비스가 창출되는 분야이다. 특히, 삶의 질 개선, 성인병 치료, 예방 의료기술 등이 주목할 분야이다. 먼저 노화방지, 신체 기능저하 극복을 통해 삶의 질을 개선하는 기술들이 중요해 질 것인데 화장품 시장을 목표로 피부 노화를 막는 안티 에이징(anti-aging) 부문이 빠르게 성장하는 추세이며 의약품 시장을 목표로는 심신의 기능저하를 막고 삶의 질을 높이는 *해피 드럭(Happy Drug)*[98] 부문이 블루오션으로 각광받을 전망이다.

성인병 치료기술도 활발히 개발될 전망이다. 국내 사망의 원인으로 성인병이 60% 이상을 차지하는데 혈압, 당뇨, 비만, 결석, 관절염, 알츠하이머병 등 다양한 성인병은 의료 및 제약 산업의 새로운 도전 대상이 될 것이다. 특히, 기존의 사용량이 많은 대형 약품들 중에 특허가 곧 만료되는 경우가 많아, 개량 신약개발이 활발히 전개될 것으로 예상된다. 장기적으로 볼 때 개인화 치료기술도 중요해질 것으로 예상되는데 개인화 치료란 개인 유전정보를 감안해 치료방법을 맞춤화하는 것으로 이를 통해 약물남용과 사용상 위험을 줄이고, 치료효과를 높일 수 있다. 한편 예방 의료기술에 대한 니즈도 증가할 것이다. 발병 후, 치료보다 사전 예방이 국가 재정과 삶의 질 측면에서 훨씬 중요해지기 때문이다. 대표적인 예방 의료기술은 조기 진단이나 상시 모니터링 분야로 최근, 몸에 부착해 각 개인의 열량, 대사, 활동 등을 기록하는 라이프레코더 개발 경쟁이 벌어지고 있다. 향후에는 다양한 모바일 휴먼 케어기기의 출현으로 이어질 전망이다.

네 번째로는 *거대도시(Mega-City)*이다. 급격한 도시화와 메가시티 간의 경쟁 강화에 따라, 향후 선진국 대도시를 중심으로 도시재생이 활발히 전개될 것으로 예상된다. 도시재생이란 쇠락한 구 도심부를 재건해 도시 경쟁력 향상과 삶의 질 개선을 도모하는 것이다. 현재 메가시티들은 대부분 주택 부족, 복잡성 증가, 환경오염 문제를 공통적으로 안고 있다. 따라서 도시 재생의 기술적 초점은 수직 도시화, u-City화, 청정 도시화에 맞추어질 가능성이 크다. 특히 50층 이상의 초고층 건물들을 신축하여 수직도시화가 본격적으로 이뤄질 전망이다. 이때 초고층 건물은 첨단과학의 복합체가 될 것이다. 지진, 바람, 무게 등을 복합적으로 고려한 구조역학과 첨단방재, 공조기술은 기본이고, 향후 신소재, 신구조, 신공법이 활발히 개발될 전망이다. 마찬가지로 *u-City*[99]화도 주목할 만한 미래의 변화이다. 도시가 하나의 시스템화 된 이 미래 도시를 위해서 지능형 대중교통(ITS), 메트로 무선네트워크, 카메라 네트워크 기반의 방범시스템 등이 활발히 시도될 전망이다. 그 와 함께 청정 도시화가 적극 추진될 것이다. 도심 내 태양광, 풍력 등 청정에너지 발전, 수 처리 기술, 도시 단위의 순환형 재활용 체제 구

98) 치명적인 병을 치료하는 약이 아니라 삶의 질을 개선하는 데 쓰이는 약을 의미하는데 라이프스타일 드럭이라고도 한다. 혼합비타민제, 조루, 탈모, 보톡스, 골다공증, 발기부전 치료제 등이 여기에 속한다.

99) 유비쿼터스 도시를 의미하며 도시의 경쟁력과 삶의 질 향상을 위하여 유비쿼터스 기술을 기반으로 건설된 도시로 도시 내의 모든 사물과 인간들이 네트워크로 연동되고, 나아가 도시 자체가 하나의 시스템으로 연동되는 미래형 도시

축, 환경 부하가 적은 차세대 대중교통수단의 도입 등을 통해 인구과밀에 따른 환경 오염과 삶의 질 저하문제를 해결하려는 노력이 계속될 것이다.

다섯 번째 키워드는 *친환경기술(Green Technology)*이다. 기후변화, 천연자원 희소화, 환경 오염 등에 대한 대응필요성이 국가적, 국제적으로 고조되고 있기 때문에 친환경기술은 높은 성장 잠재력을 보일 전망이다. Greentech Media에 따르면 미국의 친환경기술 벤처 투자는 2008년 3분기 28억 달러로 불황임에도 불구하고 2분기 15억 달러에 비해 크게 증가했다. 이 분야에서는 수 많은 신기술이 나타나고 있다. 일본이 2008년 2월 발표한 Cool Earth 기술 계획에서도 21가지나 되는 미래 기술을 제시한 바 있다. 이 중 특히 에너지 절감 및 온실가스 감축, 차세대 친환경/저탄소 제품 기술이 유망할 것으로 판단된다. 따라서 열병합발전(CHP), *그린 홈(Green Home)*[100], 이산화탄소 격리저장(CCS) 등에 주목할 필요가 있으며 친환경/저탄소제품도 Green IT 솔루션, 기기 및 소재, 차세대 자동차 등 다양한 산업에서 개발될 것이다. Green IT 솔루션이란 IT기반의 친환경기술로, 컴퓨팅 자원의 활용도를 극대화시키는 가상화(Virtualization) 솔루션이다. 소재 분야에서는 전력 소모를 획기적으로 줄인 저전력 반도체, 백열등을 대체할 고휘도 LED 조명이 각광받을 것이다. 한편 자동차 산업에서는 휘발유 기반의 기존 내연기관을 대체하려는 친환경 자동차가 경쟁을 이룰 전망이다. 현재, 세계의 자동차회사들은 하이브리드카, 전기자동차, 수소연료전지, 수소엔진 등 다양한 차세대자동차를 개발중에 있으며 일부는 상용화되어 있다.

여섯 번째는 *대체(Alternative)*를 주제로 하는 기술이다. 자원/에너지공급 측면에서의 친환경 기술로, 대체 에너지 기술과 대체 물질 기술이 활발히 개발될 것이다. 석유, 석탄 등 화석연료를 대체하는 대체 에너지 기술이 지속적으로 개발될 전망이다. 궁극적으로 국제적인 온실가스 감축 노력, 국가별 자원 안보차원의 필요성, 세계 경기회복 시 유가의 재반등 가능성이 있다. 대표적인 대체 에너지 기술로는 태양광/열, 풍력, 수력/조력/파력, 지열, 수소연료전지, 바이오/합성연료 등이 있으며 경제성 측면에서는 원자력발전, 석탄가스화 복합발전(IGCC)에 관심이 높아지는 추세이다. 한편 석유나 희소금속을 대체하는 물질의 개발이 진행될 것이다.

일곱 번째 키워드는 *감성(Emotion)*과 관련된 기술이다. IT기술의 성능 고도화는 계속될 것이며, IT기술의 수요 증진의 새로운 열쇠로 감성기술이 주목받을 전망이다. 대표적인 감성기술로는 사용 편의성 강화와 감성적 상호작용기술인데 사용 편의성기술에는 오감 센싱, 무신화, 인터페이스 디자인 등으로 궁극적으로 인간과 기계의 상호작용 형태를 바꿀 것이다. 그

100) 에너지 효율을 높이거나 태양광 등 신재생에너지를 사용하는 주거 형태로 창호/단열재 개선하여 첨단 단열공법을 이용하여 에너지의 낭비를 최소화하고 지열이나 태양열 활용을 통해 냉난방 없이도 살 수 있는 건축물을 의미하며 패시브 하우스라고도 한다.

예로는 직관적인 터치스크린이 휴대폰, PC 등 정보기기에 일반화되고 음성이나 동작을 인식하는 기기도 나올 것이다. 장기적으로는 뇌-기계 접속기술을 통해 생각만 해도 기계가 작동하는 기술이 등장하게 될 것이다. 감성적 상호작용기술로는 이미 로봇을 중심으로 소비자와 직접 교감하는 제품들이 등장하였다. 향후에는 지능형로봇을 넘어, 다양한 전자제품으로 적용이 확대될 전망이다.

여덟 번째는 *창조(Creation)*와 관련된 기술이다. 미래의 IT기술은 단순히 업무 효율화를 넘어, 인간의 다양한 창조활동을 지원하고, 나아가 디지털코드로 구성된 신공간을 창조하는 새로운 역할을 맡게 될 것이다. 즉, IT기술이 산업/과학과 융합되는 과정에서 서비스 사이언스, 자동차 전장관련 IT, 바이오/휴먼케어 IT 등 산업, 과학 분야에 특화된 전문 IT 솔루션들이 등장하여 인간의 지적 창조행위를 도울 것이다. 마찬가지로 예술 및 일반생활에서도 IT 기술이 적용된 개발/저작도구가 다양하게 등장할 것이다. 즉, 개인들이 고품질의 컨텐츠나 소프트웨어를 보다 쉽게 제작, 배포하도록 지원하는 소프트웨어 등이 개발될 것이다. IT기술은 물리적 공간을 넘어 새로운 디지털 신공간을 창조할 것이다. 이와 관련해 주목할 기술로 가상현실과 증강현실이다. 가상현실은 온라인 게임에서처럼 디지털 세계에 환상을 구현하거나 현실을 복제하는 것을 말하며 증강현실이란 현실과 비현실, 실재와 가상의 경계를 무너뜨리는 기술로 가상섹스 등이 이에 속하며 캐나다 캘거리대학은 2008년 3D 케이브맨(CAVEman)이라는 가상 인체모델을 개발한 바 있다.

아홉 번째는 *규제준수(Compliance)*와 관련된 기술이다. 21세기 환경, 온실가스에 대한 글로벌 규제강화는 제조 기업들을 중심으로 청정생산 공정기술에 대한 수요를 크게 진작시킬 것이다. RoHS, WEEE, REACH, EuP 등의 환경규제나 온실가스 배출규제에 제대로 대응하려면, 청정기술의 도입이 필수적이기 때문이다. 따라서 유해물질을 대체할 친환경물질의 개발, 부품/제품의 추적 및 재활용 체제 구축, 친환경기술에 기반 한 공정재설계 등 다양한 측면에서 규제준수와 관련된 청정공정기술개발이 필요할 전망이다.

또한 정보, 물자, 인력에 대한 국제적인 보안규제강화는 보안기술에 새로운 기회가 될 것이다. 왜냐하면 보안관리/검사의 대상이 크게 늘면서 보다 효율적이며 경제적인 보안기술이 요구되기 때문이다. 이미 정보/네트워크 보안시장은 지속적인 성장세를 보이며, 향후 컨테이너 등 물자보안과 관련해 RFID/USD 기술을 응용한 시스템 구축이 중요해 질 전망이다. 생체인증이나 전자여권 등 인적보안기술도 공공, 기업시장을 중심으로 확대될 것으로 예상된다.

마지막으로 *윤리(Ethical)*와 관련된 기술이다. 21세기 기술발전은 생명창조나 원자조작 등의 지금까지의 신의 영역에 접근해 갈 것이다. 이에 따라, 과학과 기술의 윤리성은 뜨거운 논쟁의 대상이 될 가능성이 매우 크다. 따라서 자사가 개발 중인 첨단기술의 미래 수익만을 생각할 것이 아니라, 잠재적인 윤리 및 규제 리스크와 이로 인한 손실 가능성을 다각적으로 검토해야 할 것이다. 연구개발 초기단계부터 다양한 대안기술 중 사회적 윤리에 저해되지 않거나 논란 및 규제의 가능성이 적은 기술로 선택하는 것이 매우 중요하다. 예를 들면 한때 큰 인기를 얻었던 나노화장품도 최근 장기간 사용 시 체내 축적 가능성과 관련된 안전성 논란이 제기되는 상황이다.

한편 로봇 분야도 다양한 사회적, 윤리적 논쟁의 대상이 될 수 있다. 단기적으로는 최근 의로봇 개발은 주로 경비, 짐 운반, 서빙, 안내 등의 허드렛일의 대행으로 인간 대체 목적의 로봇 개발이 주를 이루고 있지만 고용창출이 중요한 불황기에는 예상치 못한 사회적 질서나 반발에 직면할 수 있다. 중기적으로는 무인 전투로봇이 문제될 수 있다. 최근 전쟁에 투입되는 무인로봇이나 무인비행기는 폭탄 제거, 정찰 등 방어기능을 넘어 공격기능을 갖추는 형태로 발전하고 있다. 로봇이 민간인을 공격해 물의가 빚어질 경우, 오작동인지 조작실수인지에 대한 법적문제가 야기될 수 있다. 장기적으로는 인간형, 지능형 로봇이 보편화될 때, 로봇이라는 종을 어떻게 볼 것 인지가 이슈화될 수 있다.

그러면 이에 맞추어 기업의 대응방향은 어떻게 할 것인가? 5대 글로벌 트렌드와 10대 기술 키워드를 고려할 때, 자사의 기술을 바탕으로 돌파구 마련이 가능한 기술과제가 무엇인지 검토할 필요가 있다. 예를 들면 도요타는 자동차기술에 그린 키워드를 접목시킨 하이브리드 자동차를 통해 세계 자동차시장의 패권을 잡았다. 그리고 필립스나 BASF는 친환경 공정기술을 적극 도입해 글로벌 환경규제를 오히려 기회로 활용하려 한다. 또 IBM은 서비스 사이언스 분야의 연구개발을 강화하여 이를 새로운 신사업 영역으로 삼고 있다.

또한 각 기업은 10대 기술 키워드가 자사의 산업영역과 접목되며 나타날 기술 패러다임의 새로운 변화에 대해 주의를 기울여야 할 것이다. 선진기업들은 이러한 기술 패러다임의 변화에 발맞추어 자신들의 혁신 포트폴리오를 변화시키고 있으며 가능하면 패러다임 변화를 선도하려는 노력도 경주하고 있다. 그 예로 애플사는 감성과 IT의 결합을 선도하며 모바일 기기시장을 선도하고 있다.

세 번째로 10대 기술 키워드의 연장선상에서 미래 신기술산업에도 관심을 기울여야 할 것이다. 앞에서도 언급했고 아래 표에도 나와 있지만 최근 세계 각국이 추진 중인 미래성장동력산업은 상당 부분이 일치하고 있다. 그 예로 세계 각국은 공통직으로 바이오/휴먼케어와 그린테크놀로지산업을 미래 유망산업을 추진 중에 있고 차세대 IT/통신, 로봇, 나노, 지식/컨텐츠/서비스 분야에도 선택적인 관심을 보이고 있다. 따라서 기업들은 자신의 기술기반과 미래 신산업의 교집합을 찾아 이 영역을 지렛대로 활용할 방안을 검토해 볼 필요가 있다. 예를 들면 마이크로소프트사는 로봇 어플리케이션 저작도구인 로보틱스 스튜디오(Robotics Studio)를

<표 7.8 세계 각국의 미래성장동력산업>

	영국	독일	EU	일본	중국	대만	한국
	과학혁신 10개년 투자개획	첨단기술 전략 (HSD)	시장선도 계획 (LMI)	신사업 창조전략	중장기과학 기술발전 계획	4대 성장 동력계획	신성장 동력
BY/HT (바이오 헬스케어)	-생명과학 -보건의료	-보건의료, 식물연구, 바이오	-E-Health -바이오기반 제품	-건강/복지	-드론발현, 분자 설계, 유전자조작 줄기세포, 차세대 생물	-실버산업 -의료기기 -건강식약품	-바이오신약 및 의료기기 -Healthcare
GT (에너지 환경)	-에너지	-에너지,환경	-리사이클링 -대체에너지	-연료전지 -환경/ 에너지	-수소에너지/연료 전지, 분신에너지 고속중성자 스택 핵융합, 가스 하이드레이트	-내양광 -풍력	-태양전지, 연료 전지,원전플랜트, 무공해석탄 해양바이오 CCS
차세대IT/ 통신		-정보통신, 광기술		-정보가전		-Wimax -디지털홈	-반도체,디스플레이,차세대무선통신,LED, RFiD/USN,IT 융합시스템,방통융합미디어
로봇				-로봇		-지능형로봇	-로봇
NT(나노 신소재)		-나노,MEMs 신소재	-보호성직물				-신소재/ 나노융합
지식, 컨텐츠		-서비스		-컨텐츠 -비즈니스 지원			-소프트웨어, 문화 콘텐츠 디지인
기타(수송 제조,건설우주/해양)	-자연환경 -기반분야	-운송교통, 항공우주, 해양, 안전 제조	-지속가능 건설		-극한제조, 대형 시스템 설계검증 입체해양환경검사, 심해작업 해저환경쾌속관측	-지능형 자동차부품	-선박/해양 시스템 -차세대 친환경 자동차

선보인 바 있는데 로봇 하드웨어산업에 직접 뛰어들기보다는 로봇산업과 강점인 소프트웨어의 교집합인 로봇 알고리즘 및 소프트웨어 분야에서 시장 영향력을 확보한다는 계산을 가지고 있다.

결론적으로 각 기업은 미래 신기술산업, 유망 산업과 자사 기술기반의 교집합을 찾고 장, 단기적인 방향성을 점검하여 핵심 역량과 위협/기회 관점에서 혁신 포트폴리오를 전략적으로 구축해야 할 것이다. (그림 7.9 참조)

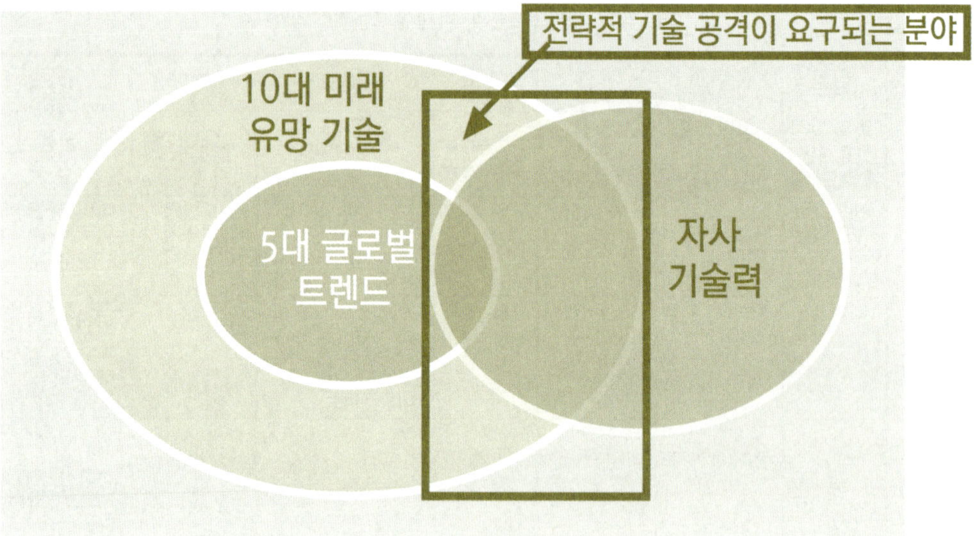

<그림 7.9 5대 글로벌 트렌드에 따른 각 기업의 전략적 기술 공격이 요구되는 분야>

이러한 전략은 기술적 관점에서 3가지 의미를 가진다. 첫 번째로는 새로운 글로벌 도전 과제를 제시하며 문제해결을 위해 기술의 역할이 중요하게 적용된다. 예를 들면 기후변화문제는 핵심 글로벌 의제로 대두되고 있기 때문에 이 기술변화 대응을 위해서는 대체에너지, 친환경 자동차, 그린 빌딩 등 GT(Green Technology)의 역할이 매우 중요하다. 두 번째로 기술 패러다임의 변화를 야기한다.

그 예로 인구 구조변화와 관련해 선진국의 노령화와 Woman Power 증대 등은 IT 부문의 기술 패러다임을 변화시킬 가능성이 크다. 즉, 고속화, 대용량화와 같은 성능 향상보다는 사용하기 쉽고 감성적 매력을 창출하는 기술 개발에 무게가 더 실리는 추세이다. 그 성공 사례로는 사용하기 편한 Universal Design 제품의 다양한 등장, 복잡한 조작없이 즐기는 게임기의 성공, IT기기 조작방식으로서 터치/햅틱 기술의 재조명 등이다.

마지막으로 기술기반의 신산업을 창출한다. 그 예로 선진국의 노령화는 휴먼케어산업이 장기적으로 부흥할 수 있는 기반이 될 것이며 또 환경/자원 희소화와 규제 지형 변화는 그린산업의 성장 원동력이 될 전망이다.

7.4 결 론

우리나라 산업자원부에서는 2000년 "21세기를 이끌어갈 미래기술" 분야로 6가지 분야를 선정하고 50여 가지 세부기술을 발전시킬 계획을 세웠다. 또한 이를 바탕으로 삼성은 2003년 우리나라가 21세기에 대응하여 선도적 국가가 되기 위해 집중적으로 개발할 10대 기술을 선정하였으며 2008년에는 미래기술에 대해 분석, 평가하여 "국가가 주도해야할 6대 미래기술"을 선정하였고 2009년 LG경제연구원에서는 21세기 5대 글로벌 트렌드와 서브 트렌드를 바탕으로 21세기에 발전할 주요 10가지 세부적인 기술 키워드를 발표했다. 우리는 앞에서 이러한 기술들에 대해 대략적으로 살펴보았다. 이러한 기술들은 앞으로 21세기 이후 우리나라를 발전시킬 그리고 세계를 선도할 기술임이 틀림없다. 그러나 이 전에 배웠듯이, 모든 기술에는 해롭게 사용할 소지가 있으며, 또한 인식하지 못하지만 결국 인간에게 해를 끼칠수 있는 가능성이 있다. 따라서 우리는 이 기술들에 대해 좀 더 세심히 연구하여 "과연 발전시킬 기술인가? 아닌가?"를 판단해야 하는 자세가 필요하다.

꧁ 참고자료 ꧂

1. 21세기 키워드(이인식, 김영사)
2. 21세기를 지배하는 10대 공학기술(장호남 외, 김영사)
3. 공학기술로 21세기 앞장서자(한국공학한림원)
4. 다시 기술이 미래다; 10년 후 한국을 준비하는 10가지 공학기술(김수삼 외, 생각의나무)
5. 공학과 공학자 그리고 기술(이택식, 서울대학교출판부)
6. 2025년 글로벌 트렌드(미국 국가정보위원회 저, 유지훈 외 역, 예문)
7. 미래기술경영 대예측(차원용, 굿모닝 미디어)
8. 글로벌 트렌드를 통해 본 10대 미래 유망 기술 키워드(나준호 외, LG경제연구원 리포트)
9. 산업판도를 바꿀 10대 미래 기술(임영모외, 삼성경제연구소 CEO Information 2003)
10. 국가가 주도해야 할 6대 미래기술(임영모 외, 삼성경제연구소 CEO Information 2008)
11. 다 수의 전략보고서

℘ 부록 ∽

MIT 선정 유망 10대기술

MIT는 2001년부터 매년 "Technology Review"지에 10대 유망 기술(Emerging Technology)를 선정하여 발표 하는데 전 세계적으로 연구가 진행되는 첨단 기술 중 5년 이후 경제, 사회적 파급 효과가 큰 기술을 선정하여 발표하는데 여기에는 기초 기술보다는 제품화가 가능한 산업기술의 특성을 가진다.

<표 7.10 년도 별 MIT 선정 유망 10대 기술(2001~2007)>

2001	2003	2004	2005	2006	2007
유연 트랜지스터 (Flexible ransistors)	양자보안기술 (Quantum Cryptography)	전력망 제어기술 (Power Grid control)	비행 네트워크 (Airborne Networks)	텐서이미징 (Diffusion Tensor imaging)	P2P 비디오 (P2P Peer Video)
마이크로 포토닉스 (Microphotonics)	무선센서 네트워크 (Wireless Sensor network)	유동형 광섬유 (Microfluidic Optical Fibers)	빛 이용칩 (Silicon Photonics)	인지 라디오 (Cognitive Radio)	모바일 현실 증강기(Mobile augmented Reality)
데이터마이닝 (Data Mining)	그리드컴퓨팅 (Grid computing)	자료분산 저장시스템 (Distributed Storage)	범용 메모리 (Universal Memory)	무선유비쿼터스 (Pervasive wireless)	컴프레시브 센싱 (Compressive sensing)
자연언어처리기술(Natural language Processing)	소프트웨어보증 (Software assurance)	만국어 번역 (Universal Translation)	컴퓨터환경과학 (Envionmatics)	범용인증기술 (Universal authentication)	뉴런제어 (Neuron Control)
컴퓨터 코드 해독 (Untangling Code)	주입식조직공학(Injectable Tissue Engineering)	베이시안 기계학습(Batsian Machine Learning)	휴대폰 바이러스 대응기술 (cell phone Viruses)	신축 실리콘 (Strethable silicon)	세포단위분석 (Single-Cell analysis)
생물측정기술 (Biometrics)	글리코믹스 (Glycomics)	RNA 차단 (RNAi Therapy)	박테리아 대량생산기술 (Bacterial Factories)	핵 유전정보 복제 (Nuclear reprogramming)	환자 최적화 모니터링 (Personalized Medical Monitor)
미세유체학 (Microfluidics)	나노태양전지 (Nano Solar cells)	개인 유전체학 (Personal Genomics)	대사체진단기술 (Metabolomics)	후생유전학 (Epigenetics)	나노치료 (Nano healing)
뇌와 기계의 연결(Brain-Machine interfaces)	나노프린팅(Nano imprint lithography)	나노와이어 (Nanowires)	양자와이어 (Quantum Wires)	비교상호유전체학 (Comparative interatomics)	메타물질 (Merta meterials)
로봇디자인 (Robot Design)	분자 이미징 (Molecular Imaging)	인공생물학 (Synthetic Biology)	자기공명 원자현미경 (Magnetic resonance Force Microscopy)	나오의약 (Nano medicine)	광학안테나 (Optical Antennas)
디지털 지적재산관리(Digital Rights Management)	메카트로닉스 (Mechatronics)	T 레이(T-rays)	바이오 메카트로닉스 (Biomechatronics)	나노바이오역학 (Nanobio mechanics)	양자점 태양전지 (Quantumdot Solar Power)

8
CHAPTER

환경오염과 환경기술

8.1 자연과 인간
8.2 환경오염
8.3 환경보호와 국제 환경회의
8.4 각국의 기후변화 대응 정책
8.5 환경 기술

8.1 자연과 인간

현재 지구의 역사는 약 46억년 정도 되었으며 이 지구상에 생명체가 출현한 것은 약 30억년 전쯤이다. 공룡은 2억8천만 년 전쯤 지구상에 나타나 약 2억년 동안이나 번성했으나 약 6,500만 년 전 ~ 3,500만 년 전쯤 갑자기 지구상에서 갑자기 멸종되었다. 그 이유는 확실하지 않으나 많은 학자들은 갑자기 지구상에 환경 변화가 일어났기 때문으로 추정한다. 그러면 인류는 지구상에 언제 나타났는가? 약 6,000년 전 인간은 지구상에 나타났다. 그리고 마야인들은 기원 전 부터 나라를 세워서 이룩한 고대 마야문명은 거의 10세기 동안 남미 최고의 문명을 이루었으나 10세기 말(약 1100 년 전) 갑자기 멸망해 버렸다. 그 이유가 사학가 출신인 플로리다 대학의 데이빗 호델 교수가 주장하는 이론에 의하면 고전 마야분명이 멸망하던 750년에서 850년경 까지 약 100년간 집중적인 가뭄[101]이 있었던 것으로 보아 가뭄에 의해 마야문명이 멸망했다고 보고 있다. 이러한 예는 생명체는 자연의 환경 변화에 너무나 약하고 또한 자연의 경이함은 예측 불허라는 것을 보여준다. 그런데 지구 역사를 볼 때 인간의 역사는 다른 생물체의 역사에 비해 보잘 것 없는데 이제 인간이 지구를 멸망할 수 있게 위협하며 많은 생명체를 위험에 빠뜨리고 있다. 현재의 기상이변을 보면, 기온이 상승하고 엘리뇨, 라니뇨 등 현상이 빈번하고 적조, 예측 불허의 기상 변화, 가뭄, 폭우, 폭풍 등이 수시로 생기며 독충이 증가하며 불개미, 메뚜기, 벌 등이 사람을 공격하고 농작물에 피해를 입히는 등 너무나 많은 자연의 변화를 맞고 있다. 바로 이러한 현상이 인간에 의해서 생겨난 것이다.

근대 이후, 특히 20세기 이후 기계 문명의 발전은 인간의 생존을 극대화시키고, 인간 생활의 편익을 증대시키는데 크게 기여하였다. 그러나 급속한 기계 문명의 발전으로 인해 환경오염, 식량 및 에너지 자원의 고갈, 건강 저해 요인의 증대 등 제반 문제를 야기 시키게 되었다. 오늘날 인간은 자신이 만들어 낸 기술(수단)에 의해 자연을 파괴하고 환경의 변화를 초래하게 된 것이다. 그러나 이제는 이러한 환경 속에서 인간은 자신의 생존과 번영을 위하여 새로운 길을 찾아 나서야 할 위치에 놓이게 되었다. 이러한 환경문제가 대두된 것은 오래전의 일이 아니다. 20세기가 들어오면서 오염문제가 대두되기 시작하였다. 그것은 환경문제가 과학과 기술에 그 뿌리를 두고 있다는 것을 사람들이 인식한 후 이다. 즉 과학과 기술을 생산에 집중하여 비약적으로 증대하면서 인구가 증가하고 도시의 발달, 성장을 가져오며 인구는 또 도시에 집중하면서 서서히 환경 문제가 나타났다. 1940년대 후반 ~ 50년대 초 몇몇 학자가

101) 20세기에 들어와 마야문명이 존재하던 지역의 호수 밑바닥 퇴적물과 그린란드 빙하의 흔적 등을 통해서 당시 데이터를 추정해보면 이 기간 동안의 가뭄이 대략 7천년 이내에 최악의 가뭄이 근 100년에 걸쳐서 그 지역에 형성됐다는 것으로 추정되었다.

환경 문제를 제기하였으나 일반인들은 관심을 가지지 않았고 결국 학자들의 문제제기는 메아리로 끝날 수밖에 없었다. 그러다가 1952년 12월 런던의 스모그 현상이 나타나 약 5,000명의 인명 피해가 발생하면서 일반인들이 오염에 대한 심각성을 인식하기 시작했다. 그러나 환경 문제에 진정으로 관심을 갖기 시작한 것은 1972년 6월 스톡홀름에서 인간환경회를 개최하면서 부터이다. 인간생존을 위한 환경오염 문제에 대해 전 세계적 관심을 갖기 시작하였다. 또 사람들은 지구의 환경오염은 지구의 생태계[102]를 파괴시켜 결국은 인류를 멸망하게 할 수도 있다는 것을 인식했다.

중금속이나 분해되지 않는 화학물질이 토양과 물을 오염시키면 그것들을 흡입한 동식들은 *생물농축*[103]에 의해 결국은 하층 생물부터 생명을 잃게 되면서 생태계가 파괴되게 되는 것이다. 문명이 발전하고 근대화가 되면서 만들어진 새로운 종류의 산업 폐기물이나 화학물질들이 이러한 문제를 일으키는 환경오염을 가져왔다. 이러한 물질들을 분해해 주는 새로운 생물종이 나오는데 거의 50만 년의 시간이 걸린다. 따라서 이러한 물질들은 분해되지 않고 생태계나 생물권에 점점 축적되어 간다. 20세기 중반에 들어오면서 매년 새로운 화학물질이 수천 가지(약 5,000종으로 추산)씩 생산되고 있어 현재는 10만 여종 이상의 화학물질들이 존재하는 것으로 추정하고 있지만 이것이 인간이나 생물 집단에 어떠한 영향을 미치는 지는 아직 예측할 수 없다. 실제로 그로 인해 생물체에 암 발생, 선천이상 등 화학물질과의 부적응 현상이 자주 나타나고 있다. 그 이후 20세기 후반에 생태학을 통한 환경오염 해명과 환경문제 해결과 인간 생존을 위한 환경과학의 중요성이 크게 부각되었다.

그러는 사이 결국, 인류는 자원과 환경 문제에서 지구의 유한 용량이라는 한계에 부딪치게 되었고, 기계문명의 무한한 발전 가능성에 제동이 걸리게 되었으며 또한 당연히 지금까지의 기계문명의 발전에만 힘을 기울였던 생각을 고쳐야만 하게 되었다.

지금 자연을 망가뜨린 환경을 다시 되돌리기 위해서는 먼저 어떻게 해서 자연의 환경을 훼손하였나에 대해 자세히 알아보고 지금이라도 환경오염을 줄이기 위해 어떠한 노력을 해야 하나에 대해 알아보기로 한다.

---

102) 지구상의 생태계는 생산자, 소비자, 분해 및 환원자가 공존의 관계를 유지하고 있다. 일반적으로 생산자는 엽록소를 지닌 녹색 식물이며, 소비자는 인간을 포함한 동물류, 분해 및 환원자는 곰팡이, 박테리아 등 미생물이다. 이 중 어느 하나가 과부족하거나 불안정하면 생태계가 파괴하게 되는데 그 중요 요인이 환경오염이다.

103) 체내에 흡수된 중금속이나 화학물질이 생물 내에서 분해되어 배출되지 않고 지방이나 단백질과 결합하여 축적되는 현상으로 먹이 사슬에 의해 작은 저등 생물에서 커다란 고등생물로 진행될수록 축적량은 기하급수적으로 증가한다,

8.2 환경 오염

먼저 환경오염의 형태를 알아보면, 환경오염의 종류에는 크게 대기오염, 수질오염, 토양오염이 있다. 대기오염은 막대한 에너지의 연소 결과로 생겨나며, 현재 대기 오염의 70%는 자동차 배기가스로 부터 나온다고 알려져 있다. 그로 인해 온실효과, 오존층 파괴, 산성비, 스모그 등의 현상이 일어나고 있으며 현재 다른 오염도 심각하지만 대기오염이 우리를 가장 위협하고 있다. 수질 오염은 하천오염과 해양오염이 있는데 주로 산업폐기물의 방류, 도시 폐수(세제 등에 의한) 등에 의해 오염되고 있다. 토양오염은 주로 쓰레기(일반쓰레기, 산업쓰레기의 토양매립)에 의해서 일어나나 빈도는 많지 않지만 방사능 물질에 의해서도 일어난다.

이제부터 환경오염을 줄이고 최종적으로는 좋은 환경으로 복원시키기 위해 각 오염의 심각성에 대해 자세히 알아본다. 순서는 대기오염으로 인한 심각성부터 알아보기로 한다.

8.2.1 대기오염

대기오염은 막대한 에너지의 연소 결과로 생겨났다. 그 주원인은 매년 사용하는 막대한 에너지의 증가에 있다. 지금까지 인류는 동물이나 목재로부터 얻는 태양 에너지원과 석탄, 가스, 석유 및 핵연료 등 축적 에너지에 의존해 왔다. 20세기 문명은 석유와 석탄에서 나왔다 해도 과언이 아니다.

그런데 대기오염으로 나타난 가장 심각한 현상은 당장 지구상의 생명을 위협하고 있는 온실효과(지구 온난화)이다. 이로 인해 지구는 점점 사막화와 해수면 상승으로 인간의 생존할 땅은 점점 적어지고 생명체의 수는 점점 줄어들고 있다. 그런데 이 온난화의 주범은 바로 탄산가스(이산화탄소)와 메탄가스이다. 이산화탄소와 메탄 등의 온실가스로 인한 지구 온난화는 더 이상 방치할 수 없는 수준에 이르렀다. 2007년에 유엔 정부 간 패널(IPCC) 보고서에 따르면, 대기의 이산화탄소 농도가 450~500 ppm일 때 지구 평균 온도가 2℃ 올라가는데 현재 농도는 이미 385 ppm을 넘었다고 한다. 그리고 현재도 매년 평균 0.4%씩 증가하는 것으로 추정하며 21세기 중반에는 산업혁명 당시의 2배 정도가 될 것으로 예상하고 있다.

또 2020년까지 지구 평균 기온이 3.5℃ 오를 경우 생물 종의 40~70%가 멸종할 뿐만 아니라, 해수면이 넘쳐 수백만 명의 이재민이 발생하며 아프리카에서는 2억5,000만 명이 물 부족 사태를 겪게 된다는 전망도 나왔다. 이러한 경고들은 현재 인류가 얼마나 절박한 상황에 직면해 있는지를 일깨워주고 있다.

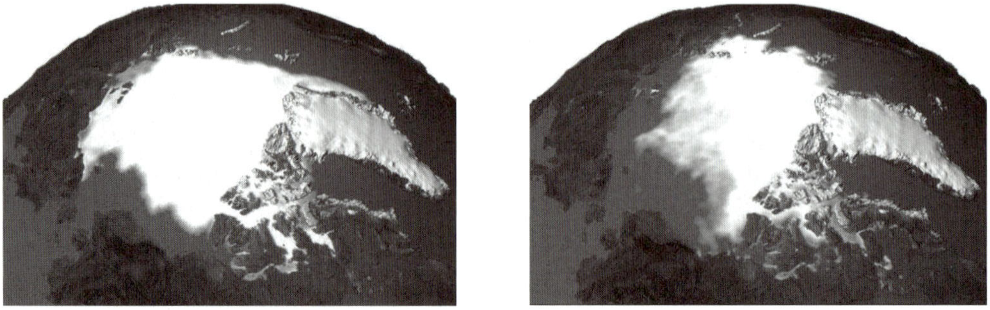

출처 :조선일보

<그림 8.1 15년 동안의 북극해 부근의 얼음 변화>

앞에서 언급했듯이 지구 온난화의 주범은 지구 대기 중에 증가하는 이산화탄소와 메탄가스의 양 때문이다. 태양으로부터 오는 태양빛은 지구에 적외선을 복사하게 되는데 지구로 오는 적외선과 반사되어 나가는 적외선을 탄산가스와 메탄가스가 흡수하여 지구의 표면 온도가 올라가 결국 지구를 뜨겁게 만드는 것이다.(온실효과). 따라서 탄산가스와 메탄가스의 양을 줄이면 되지만 결국 그러기 위해서는 가장 중요한 것이 에너지 사용, 특히 화석연료로 인한 에너지를 줄이는 게 가장 좋은 방법이다. 또한 이렇게 탄산가스의 양이 늘어나는 요인에는 에너지 사용량의 증가 뿐 아니라 수목의 벌채로 인해 식물의 동화작용에 의한 탄산가스의 고정능력이 줄어들며 한편으로는 수목을 재료로 하여 만든 목재 및 종이들을 결국은 태움으로써 대기 중의 탄산가스 양을 늘리게 되는 것이다. 한편 세계적인 인구 증가로 인해 쓰레기와 배설물, 그리고 동물들의 배설물들로 메탄가스가 증가하는 것도 원인이 된다. 비록 늘어나는 양은 탄산가스에 비해 메탄가스의 양이 미미하지만 적외선 흡수능은 탄산가스의 약 20배 정도 되므로 역시 무시할 수 없다.

여기서 지금까지 나타난 그리고 향후에 예상되는 지구 온난화의 피해를 자세히 알아보자. (표 8.1 참조) 미 항공우주국(NASA)은 2007년 12월, 지구온난화로 인해 "그린랜드 빙하를 포함해 2007년 여름 북극 얼음의 전체 부피는 2003년에 비해 절반 수준으로 줄었고, 얼음 표면적도 2006년에 비해 23%나 줄어들었다"고 발표하였으며 북극해에 떠 있는 얼음 중 녹는 양만 계산해도 2007년 여름 미국 알래스카주의 크기와 맞먹는 170만 ㎢ 넓이의 빙하가 녹아내렸다고 알렸다. 일부 전문가들은 2013년 여름쯤에는 북극해에서 빙하를 찾아 볼 수 없게 될 것이라고 경고하기도 한다. 그림 8.1은 북극해 부근의 얼음 변화를 나타낸 사진이다.

표 8.1 이외의 대표적 예를 보면 2004년 현재 중앙아시아의 아랄해가 1967년 이래 75% 줄어들었으며 아프리카의 차드 호수는 1963년 이래 95% 줄었고 사해의 수면은 50년 전에

<표 8.1 지구 온난화의 직접 원인과 대표적으로 나타난 결과>

원 인	결 과
◎ 산림 파괴, 벌채 -식물의 동화작용에 의한 CO_2 고정능력 감소 -벌채 수목; 목재, 종이로 변해 연소되어 CO_2 증가 CO_2 농도 매년 0.4%씩 증가 21세기 중반에 CO_2 농도는 산업혁명의 2배로 예측 CO_2 증가로 지구온실효과 발생 태양빛은 지구에 적외선 복사 - *탄산가스가 적외선을 흡수하여 온도가 올라감(온실효과)* ◎ 메틴가스도 온난화 가속	◎ 강수량 많아짐 수위가 1m상승;세계 4천만 세대가 물에 잠김. 강수량, 토양 수온의 변화 - 농업에 영향 ◎ 빙하가 녹아내림 100년전에 비해 바닷물이 25cm 상승 10년전에 비해 빙하가 3% 녹아내림 ◎ 북극 그린랜드가 녹으며(바다수위가 20cm 올라감.) 남극, 히말라야 만년설 등이 녹고, 고온에 의해 바닷물이 팽창하면 바닷물 수위가 1m 상상한다 ◎ 해안지방 침식한다. 방글라데시는 화석연료를 거의 사용하지 않는데도 가장 큰 피해를 받음(세계에서 가장 낮은 지역 중하나) 키리바티, 마셜 제도, 토켈라우, 투*발루*, 바누아타같은 태평양 섬들은 해수면 상승으로 모두 물에 잠길 위기에 처해 있다. *(투발루의 경우 가장 고도가 높은 지점도 해수면 보다 5m 높은데 불과해 언젠가 지도에서 사라질 예정이다.)*

비해 무려 25 m나 더 낮아졌다. 리오그란데, 황하, 콜로라도, 티그리스 강의 일부 지점은 매년 여름 물이 바짝 마르고 있다. 일년 중 일부 기간에 이 강들은 바다까지 이르지 못하는 경우가 나타났다. 아프리카 킬리만자로 산의 빙판은 지난 100년 동안 80% 이상 녹아버렸다.

또한 해수면 온도도 크게 상승했으며 앞으로 마찬가지라는 예상이다. 멕시코만의 수온은 2005년 9월 현재, 섭씨 31~32도에 이르며, 이는 예년보다 1℃ 높은 수준이고, 2005년 8월의 멕시코만 해수면 온도는 25년 만에 최고치를 보였으며, 해가 갈수록 점점 더 올라가고 있다는 보고가 있다.(2010년 6월은 대기 온도 측정 이래 6월 중 가장 더운 달이었고 7월의 유럽 일부 국가의 최고 온도는 38℃까지 올라갔다.)

최근 우리나라의 동해는 해수면 뿐 아니라 바다 속 온도도 매년 평균 0.0125℃로 오르고 있으며 지난 20년 동안 전 세계 대양의 해수면 온도는 매년 평균 0.0143℃ 올랐으며, 북반부는 남반부보다 3배 빠르게 상승하였고 북서태평양의 수온 상승은 동태평양에 비해 9배 이상 빠르다. 이러한 해수면의 상승은 태풍이나 허리케인의 폭풍효과를 극대화시켜 그 피해는 짐작하기 어려울 정도이며(미국 플로리다 남부를 초토화시킨 리타, 카트리나 등) 그 위력은 해가 갈수록 커질 것이라는 전문가들의 예상이다.

또 최근 캐나다 한 대학의 연구 결과[104]에 의하면 해수면의 온도 증가로 바다 먹이사슬의 기초가 되는 식물성 플랑크톤을 감소시키고 있다고 한다. 식물성 플랑크톤의 감소는 결국 생태계 붕괴를 가져와 어류들의 멸종을 이끌 수 있어 “전 세계 어업이 2050년쯤이면 완전 붕괴될 가능성이 크다”고 경고하고 있다. 이 연구는 바다의 식물성 플랑크톤 양이 1899년 이후 매년 1%씩 감소해 왔으며, 1950년대부터 감소 속도가 빨라져 최근 60년 사이엔 전체 플랑크톤의 40%가 사라진 것으로 나타났다고 밝혔다. 이러한 현상은 지구 온난화의 영향 때문에 해수면 온도가 상승해 얕은 바다와 심해(深海) 간 바닷물 뒤섞임 현상이 둔화된 것이 1차 요인으로 분석됐다. 해수 뒤섞임 현상은 심해에 많은 무기질 성분을 해수면 가까이 끌어올려 식물성 플랑크톤의 광합성 활동에 필요한 무기질 영양분을 제공하는데, 이 현상이 둔화됨으로써 플랑크톤 서식 환경이 열악해졌다는 것이다.

한편 온난화 현상으로 엘니뇨현상[105]이 일어나는데 엘니뇨현상이 강화되면 태평양상의 무역풍이 크게 약화되면서 높은 해수면 상태에 있는 서부 태평양 상의 따뜻한 바닷물이 낮은 동부 태평양으로 흐르게 되면서 가뭄, 홍수, 폭우 등 기상변화로 전 세계가 엄청난 사회, 경제적 피해를 입게 된다. 그 결과로 호주, 인도네시아 , 아프리카 일부 지역에서는 대규모 가뭄과 그로 인한 산불, 농산물 수확 감소되며 인도에서는 여름 몬순 악화로 가뭄과 태풍활동이 강화되며 지역적 인 집중호우가 빈번하게 발생하고 미국 서해안의 폭풍과 홍수, 페루 · 칠레 일부 지역의 폭우와 어획고 감소(특히 정어리)하게 되는데 한반도에 미치는 영향은 아직 뚜렷하지 않으나 특히 여름철은 저온에 강수량이 증가하고 겨울철 기온이 평년보다 다소 높은 경향이 나타난다. 특히 2009년 여름부터 우리나라에 뚜렷한 엘니뇨현상이 나타났다.

또 다른 현상은 ***산성비***[106]가 빈번하게 내린다는 것이다. 비의 pH가 5.0이 되면 호수나 하나의 물고기가 급격히 줄어들며 pH가 4.5 정도가 되면 물고기의 알이 부화하지 못한다. 한편 탄산가스가 아니더라도 화력발전소나 자동차 배기가스에 포함된 아황산가스도 산성비를 유발하며 눈이 녹아내릴 때 이러한 가스들에 의해 산성물이 되어 호수의 물을 산성화시킨다.

---

104) 캐나다 댈하우지 대학 연구팀 연구 결과, 'Global phytoplankton decline over the past century', Nature, 466, pp 591-596, 29 July 2010

105) 동태평양 적도 해역의 해수면 온도가 국지적으로 2℃~ 5℃씩 올라가는 현상 (발생간격은 불규칙적으로 2~7 년인데 점차 주기가 빨라지고 있다.)

106) 깨끗한 공기일 때도 대기 중의 CO_2가 비에 녹을 때 pH가 5.6 이하의 비가 되기 때문에 일반적으로 pH가 5.6 이하의 비를 산성비라 한다. 지구 온난화로 대기 중의 CO_2 양이 많아 최근에 내리는 비는 거의 산성비이다.

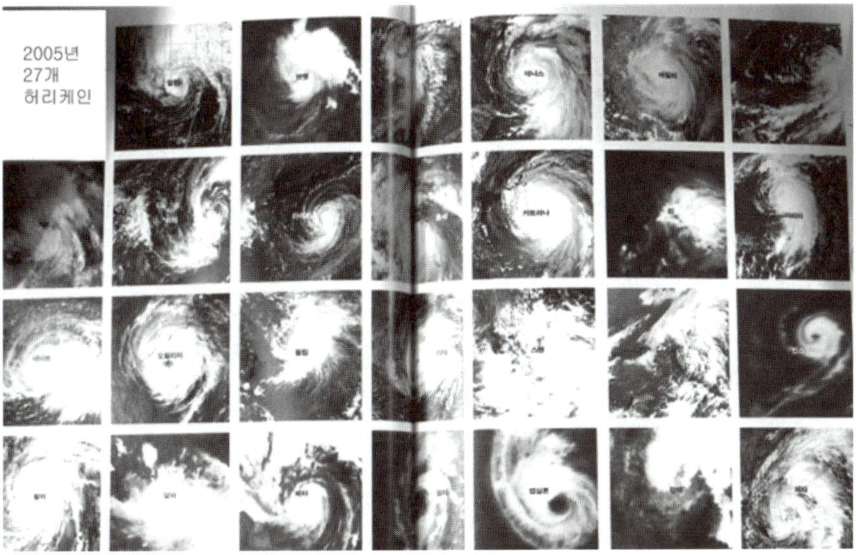

<그림 8.2 해수면의 상승으로 발생한 2005년도 허리케인>

그 예로 노르웨이 5,000 개 호수 중 1750개(35%) 호수에서 물고기가 떼죽음을 당했다는 보고도 있었다. 산성비는 국지적으로 발생하는 것이 아니라 바람이 부는 방향에 영향을 받아 전 세계로 확대 되는데 유럽 전역, 중국 남부, 중남미 동부가 가장 심각하게 나타난다. 그 예로 유럽의 청동상들이 산성비로 인해 녹색이나 진녹색으로 변한 것을 자주 보게 된다. 이러한 산성비는 토양과 하천을 산성화시키며 열대 우림을 감소시킨다. 열대 우림을 감소시키는 원인이 산성비만은 아니지만 최근 영국 에딘버러 대학의 과학자들은 연구를 통해 2050년을 전후해 아마존이나 동남아 등지의 열대 우림이 급격히 황폐화될 것이라고 밝히고 있다. 인류에게 열대우림은 매우 중요한 역할을 한다. 녹색식물들에 의해 산소를 생산하여 지구 전체의 CO_2 순환계를 조절하여 지구 전체의 기후 조절 역할을 한다. 일반적으로 열대우림의 감소의 원인으로는 지구온난화에 의한 수분량의 증발 및 산성비로 인한 산림 파괴가 주원인이며 그밖에 건축을 위한 목재 채벌과 연료 생산을 위한 벌채 등이 있다.

또 다른 온난화의 영향으로 전 세계가 크게 영향을 받고 있는 것은 지구의 사막화현상이다. 사막화의 결과로 거의 모든 토양이 불모화되고 있다. 토양의 침식으로 비가 오면 홍수가 발생하며 호우로 토양이 씻겨 흘러 내려 적토가 노출되고 비가 오지 않고 햇볕이 쪼이면 물 부족으로 가뭄이 발생하며 태양 볕에 토양은 벽돌처럼 굳어지며 갈라져 식물이 살 수 없게 만든다. 또한 지금 사막인 지역은 더욱 사막화가 심해지며 사막이 아닌 지역도 점차 사막화되는

1973년

2003년

<그림 8.3 1973년과 2003년 아마존의 열대우림 비교>

속도가 빨라지고 있다. 현재 사막화가 가장 빠르게 진행되는 지역으로는 사하라 사막 남부의 사헬 지대로 알려지고 있으며 과학자들은 최근 "50년 안에 스페인 국토의 3분의 1이 사막으로 변할 수 있는 것을 우려하고 있다"고 발표했으며 유럽환경청(EEA)은 100 년 안에 스페인의 평균 기온이 4℃ 정도 더 오를 것으로 예상하고 있어 스페인의 사막화가 매우 심각한 것으로 보고 있다.(지난 2005년 6월 전 유럽은 35~38℃ 의 고온 현상을 일으켰다.) 1997년 현재 지구 면적의 19%인 3천만 ㎢가 사막화되었고, 8천만 명이 사막화로 인해 생존을 위협받고 있으며 1984년 이후에는 매년 6만 ㎢ 씩 확대된 것으로 보고된 바 있다. 또 다른 조사에 이르면 2004년 현재 사막화의 영향을 받고 있는 토지는 세계 육지면적의 약 1/4 이상을 점하고 있으며, 역시 매년 6만 ㎢씩 사막화되고 있는 것으로 보고되고 있다. 한편 유럽우주국(ESA)이 주도하는 '사막 감시'(Desert Watch)프로젝트 보고서(2004년)는 지중해 인근에서 30만 ㎢에 1650만 명이 거주하는 지역이 '사막화'(desertification) 위협에 직면했다고 발표하였고 2004년 유엔은 2025년에는 아프리카의 3분의 2, 아시아의 3분의 1, 남미의 5분의 1에 해당하는 지역이 사막으로 변할 것이라고 발표한 바 있다. 세계의 사막화는 지구상의 물 부족 현상으로 이어지고 있다. 2006년 유엔개발계획(UNDP)의 '2006 인간개발 보고서'에 따르면 세계 인구 60억 명 중 10억 명이 깨끗한 식수를 공급받지 못하고 있으며 26억 명은 기본적인 공중위생 시설을 갖지 못한 것으로 나타났다.

한편 중국 및 몽골의 사막화도 매우 심한 것으로 알려져 있다. 중국 서부에 위치한 칭하오호의 사막화도 매우 심각하여 매년 평균 수위가 8~10 cm식 낮아져 1975년에 비해 2000년

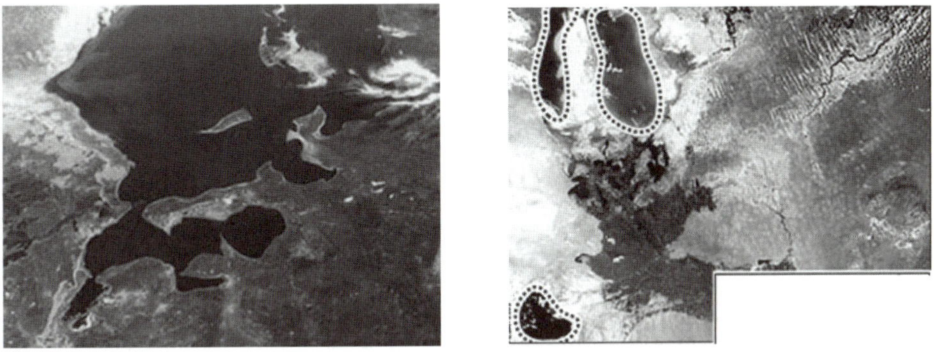

(오른쪽 3개의 점선으로 나뉘어졌으며, 크기는 1/4로 줄었다.)

<그림 8.4 70년대의 우즈벡의 아랄해 모습(왼쪽)과 2003년의 모습>

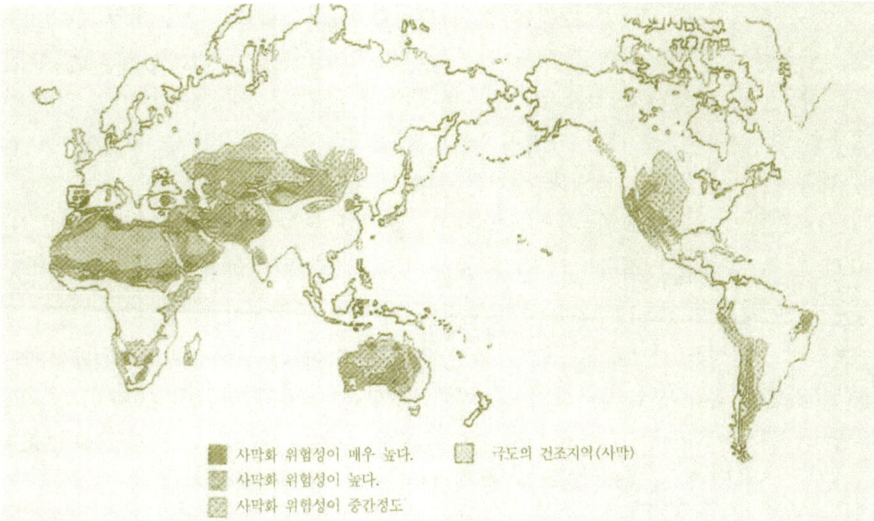

출처: '인간과 환경, 김광렬 외, 동화기술, 2005'

<그림 8.5 세계의 사막화 지도>

호수면의 면적이 150 ㎢나 감소한 것으로 나타났다. 2004년 자료에 의하면, 중국의 사막화 면적은 약 260만 ㎢로 전체 국토면적의 27%에 달하며, 금세기에만 약 72,000 ㎢의 사막이 새로 생겨났고 부분적인 조림 및 효과적인 통제와 개선책에도 불구하고 지금도 매년 약 2,460 ㎢씩 사막화가 진행되고 있고 약 4억 명에 가까운 주민들이 불편을 겪고 있다고 한다. 최근 중국의 베이징이 곧 사막화 될 수 있다는 설이 있어 수도를 조만간 옮겨야 한다는 의견

이 나오기도 했다. 이에 중국인과 중국 정부에서는 사막화를 막기 위해 '퇴경환림(退耕還林)' 정책을 채택하여 나무심기에 노력을 하는 등 여러 가지 정책을 추진하고 있다.

한편 중국의 사막화가 가속화되면서 그 피해를 우리나라가 크게 보고 있다. 매년 시기와 관계없이 황사가 우리나라로 불어와 호흡기 질환과 농작물 피해 등 많은 부작용을 받고 있다. 이에 중국, 한국, 일본인 사막화 방지 및 황사 피해를 줄이는 방안을 강구하기 위해 많은 회의를 거듭하며 협력하고 있다. 한편 1994년 6월 17일 UN에서는 전 세계의 사막화 방지를 위하여 파리 회의에서 유엔사막화방지협약(UNCCD: United Nations Convention to Combat Desertification)을 채택하였고 유엔은 본 협약이 채택된 6월 17일을 세계 사막화 방지의 날(World day to combat desertification)로 매년 기념하고 있으며 우리나라는 1999년에 156번째로 가입했다. 2010년 현재 193개 회원국이 있으며 본 협약의 제10차 당사국 총회(COP10)가 2011년 경상남도 창원에서 개최될 예정이다.

앞의 지구 온난화 현상으로 인한 여러 가지 심각한 피해 외에도 대기 오염에 의한 기타 부정적 현상이 나타나고 있다. 그 중 하나가 스모그의 발생이다. 스모그 현상이란 매연 가스나 유기가스가 자외선과 반응하여 안개 모양의 유해한 물질을 생성하는 현상으로 일반적으로 런던형과 로스앤젤레스형의 두 가지 타입이 있다. 런던형은 주로 공장들이 밀집한 지역에서 공장의 연기(대부분 일산화탄소)에 의해 생기는 것이고 로스앤젤레스형은 대도시의 많은 자동차 매연(주로 산화질소 가스)에 의한 것으로 이것을 ***광화학 스모그***[107]라 한다. 이러한 스모그 현상은 인간의 호흡기 계통과 식물에 커다란 피해를 주며 현재는 공장지대나 대도시 뿐 아니라 유럽과 미국에서 매연이 바람에 실려 북극까지 도달하여 북극에서도 스모그 현상이 일어나고 있다. 또한 프레온 가스에 의한 오존층 파괴가 매우 심각하다. 지구 위 성층권에 있는 오존층은 유해한 자외선을 흡수하여 지구상의 생명체 보호하는 역할을 하는데 1985년 영국의 한 발표에 의하면 1977년~1984년 사이에 오존층 40%가 감소한 것으로 조사되었으며 또한 1986년 NASA에서는 남극 대륙 위의 오존층 감소량이 남극 대륙 크기 보다 더 크다고 발표하였다. 오존층 파괴의 주원인은 일반적으로 프레온 가스라고 부르는 불화염화탄소 화합물(CFC ; chlorofluorocarbon)로 그 수명은 70~120년으로 아주 길다.

이러한 프레온 가스는 지난 30년간 급속 성장을 하였는데 프레온 가스 구조 중 Cl원자 한 개가 오존분자 10,000개를 파괴할 정도루 파괴력이 클 뿐 아니라 파괴 후 다시 Cl원자로 복귀해 오존분자 파괴를 계속한다. 오존층 파괴로 자외선 량이 증가하면 피부암, 백내장, 면역기

107) 산화질소 가스가 대기 중의 자외선과 반응하여 나타나는 스모그 현상으로 보통의 일산화탄소에 의한 스모그에 비해 보다 심각하다.

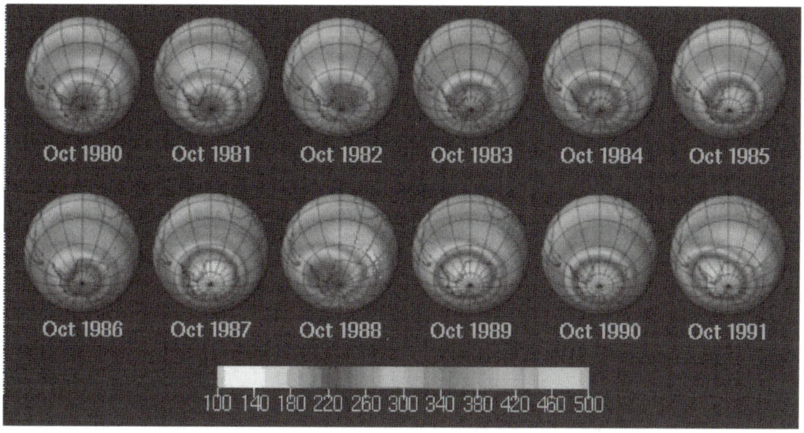

(http://www.atm.ch.cam.ac.uk 자료)

<그림 8.6 년도 별 10월 남극의 오존층 파괴모습>

능 약화 등 여러 가지 부작용이 나타나는데 지구상의 약 200여종의 식물이 영향을 받고, 얕은 바다의 물고기, 어폐류에 영향을 주며, 플랑크톤에는 치명적이다. 미국 환경청 조사에 의하면 앞으로 프레온가스 방출량이 지금 수준으로 계속된다면 2075년까지 4,000만 명의 피부병 환자 발생하고 그 중 80만 명이 사망할 것으로 추정했는데 현재는 교토의정서에 의해 이러한 프레온 가스류의 사용은 금지되어 있다.

한편 산업용 쓰레기를 소각하게 되면 ***다이옥신***이란 물질이 발생하는데 다이옥신은 2개의 벤젠핵을 산소로 결합시킨 유기염소화합물을 말하지만 그 밖에 퓨란, PCB(polychlorinated biphnyl) 등도 다이옥신 류에 속한다. 현재 다이옥신 류 중 17가지 화합물이 독성이 있는 것으로 알려져 있다. 다이옥신은 발암물질로서 청산가리의 1만 배 정도의 맹독성을 갖고 있다. 인체에 침투하는 다이옥신의 97~98%는 음식물에서, 나머지는 호흡에 의한 것이지만 소각장, 공장에서 배출된 다이옥신은 쉽게 분해되지 않아 대기, 산림, 토양, 농축산물을 오염시키기

<표 8.2 각국의 생활폐기물 소각시설의 다이옥신 배출 기준>

국 가	한국	일본	미국	스웨덴	독일
배출기준 (ng-TEQ/sm^2)	신설 0.1* 기존 0.5	신설 0.1 기존 0.5	0.14~0.21	신설 0.1 기존 0.1~2	0.1

* 한국의 경우 신설 소각장이란 1997년 7월19일 기준으로 공사 중이거나 그 이후 설치된 시설을 의미

때문에 일반적으로 음식물의 다이옥신은 바로 대기 중에 배출된 다이옥신이 원인이 된 것이다. 사람은 소고기, 낙농제품, 유제품(우유), 닭고기, 돼지고기 등을 통해 매일 약 100~200 피코 그램(10^{-12}g) 정도를 섭취하는 것으로 추측되는데 다이옥신도 중금속과 마찬가지로 인체의 지방에 축적하여 생식 장애(정자 수를 줄임), 호르몬 이상, 면역기능 약화 등을 가져오며 각종 암의 원인이 된다. 모유 속에 다이옥신이 들어 있을 경우에는 태아에게도 위험하다. 미환경보호청(EPA)에서는 1일 섭취 기준 허용량으로 1 pg/kg/일을 정하고 있고 세계보건기구(WHO)는 4 pg/kg/일 이하의 섭취를 권장한다. 일본도 4 pg/kg/일로 정했으나 우리나라는 따로 제한양이 규정되어 있지 않고 일본 기준량을 따르고 있다. 보통 일일 섭취량은 사람이 한 평생(70년 기준)을 섭취했을 때 100만 명 중 1사람이 암에 걸릴 수 있는 양(농도)을 기준으로 하고 있다. 베트남전 때 미군이 밀림의 나무들을 제거하기 위해 사용한 고엽제의 주요 성분이 바로 이 다이옥신으로 이 때 참전한 군인들이 결혼 후 기형아를 출생하는 원인이 되었으며 베트남전에 참전한 우리나라 병사들도 고엽제 후유증으로 많은 고생을 하고 있다.

한편 소각장에서 대기 중으로 나오는 다이옥신 양은 각국마다 따로 기준을 정하고 있다.

8.2.2 수질오염

수질오염은 크게 하수오염과 해양오염으로 나뉘는데, 하수오염은 도시폐수의 세제와 공장폐수의 수은 등 중금속 및 PCB 등, 또 농업폐수의 농약(살충제, 제초제, 살균제 등)에 의해 일어나는데 특히 수은이 인간 뇌 속에 축적되면 뇌 중추신경이 마비되며 수은 중독에 의해 죽음에 까지 이르게 되며 농약들은 보통 박테리아의 작용을 받지 않으므로 분해속도가 느려 환경 속에 광범위하게 오랫동안 축적되어 토양까지도 오염시킨다.

이러한 하수오염은 결국 바다로 흘러가 해양오염의 주원인이 된다. 이러한 DDT와 같은 농약들과 PCB 등은 기류나 조류에 의해 확산되어 토양과 바다의 동식물들 몸에 축적되어 암과 태아 기형을 유발하며, 피하지방과 내장지방에 축적되며 모유에 포함되기도 하며 출산율을 떨어뜨리고 심할 경우 생명체를 죽이게 된다. 기러기 연구에 의하면, 알 부화가 많이 줄어들며 기형률이 증가하는 것으로조사 되었다. 이와 함께 산업폐기물의 바다에 무단 방류도 해양오염의 주원인이 된다. 이로 인해 바다표범이 떼죽음을 당하는 것이 발견되기도 했는데 그 원인은 폐기물에 의한 바이러스 오염이며 면역체계에 영향을 미쳐 전체적으로 신체를 약하게 하여 작은 상처에도 덧나고 이빨이 쉽게 빠지고 턱뼈를 약하게 만들었으며, 지방층에서 중금속, DDT, PCB, 다이옥신 등 유독물질 발견되기도 했다.

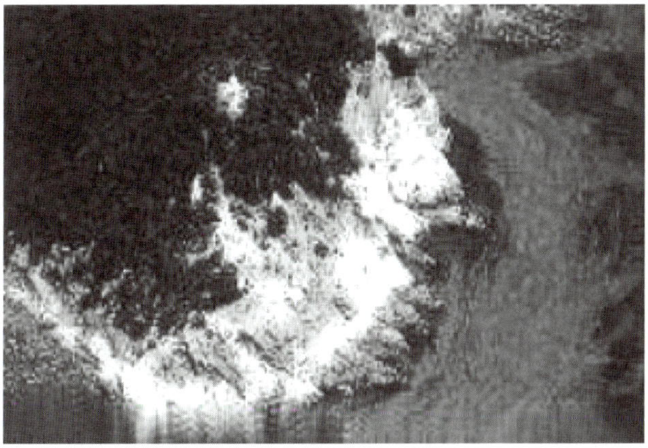

<그림 8.7 남해안의 적조현상>

한편 바다 속으로 생활하수를 통해 음식물들이 들어오게 되어 해수 중 질소나 인 등 영양염류가 과량 유입되고, 해수의 온도가 21~26℃ 정도 되면, 해수 중에 붉은 계통의 해조류가 이상 증식하여 바닷물 색이 붉은 색으로 변하는 현상이 나타나는데 이것이 ***적조현상***이다. 적조현상이 생기면 바다 속 용존 산소를 고갈시켜 바다의 동식물을 죽게 만들며 이들 조류가 물고기의 아가미에 달라붙어 호흡 곤란을 유발하여 죽이기도 하며 또한 조류들이 내뿜는 독소에 의해 어패류가 죽기도 한다. 이러한 적조현상의 대책으로는 바다인 경우는 진흙이나 황토를 투입하거나 호수인 경우에는 황산동을 투입하는 방법 외에는 경제적이며 좋은 방법이 마땅히 없다. 따라서 적조현상을 예방하는 것이 중요한데 가두리 양식장에서 사료를 과다 사용하는 것을 억제하며 농경지에서 요소 등 화학 비료의 사용을 억제하고 생활하수 및 축산분뇨의 관리를 철저히 하며 하수, 폐수와 폐기물의 해양 투기를 금지해야 한다.

8.3 환경보호와 국제 환경회의

1970년대 초부터 인간생존을 위한 환경오염 문제에 대해 전 세계적 관심을 갖기 시작하면서 선진 국가에서는 시민들에 의한 대기나 오염 감소와 공해 반대 등 환경보호운동들이 나타나기 시작했다. 그 결과로 선진 국가들의 주도 하에 국제 환경회의들이 나타나기 시작했다. 이러한 배경에는 환경오염의 부메랑 현상이 또한 작용하였다. 즉, 선진국들에서는 공해를 유발하는 공장들을 자국으로부터 개발도상국으로 이전하여 생산하기 시작했는데 이렇게 개발도상국에서 생산된 오염된 농작물들이 다시 선진국으로 돌아오고, 또 새로운 공해 공장들이 다시 개발도상국에 세워지고, 그 제품들은 다시 선진국으로 돌아오는 악순환이 이어졌다. 결국은 공해 화학물질들이 전 지구를 오염시키는 결과를 가져왔다.

드디어 1972년 6월, 스톡홀름에서 “하나뿐인 지구를 구하자”라는 캐치프레이즈 아래 '인간환경회의'를 개최하여 지구 환경문제를 논의하였고 1979년 G. 우델과 G. 맥도날드 등의 과학자들이 지구온난화를 경고한 뒤 국제회의는 더 활발해 졌다. 1979년 기후변화에 관한 최초의 국제회의인 제1차 기후변화 회의("인간 활동에 의한 잠재적 기후변화를 예측, 방지하기 위한" 세계기후회의)가 개최되었으며 1987년에는 제네바에서 열린 제1차 세계기상회의에서 CFC, 탄산가스 배기 규제, 대체에너지 개발, 에너지 절약 등에 대해 논의하는 ‘정부 간 기후변화패널(Inter-Governmental Panel on Climate Change: IPCC)’이 개최되었다.

1988년 6월 캐나다 토론토에서 주요 국가의 대표들이 모여 지구온난화에 대한 국제협약 체결을 공식으로 제의하였고 1989년 세계 최초로 “세계기후회의”가 열리게 되었다. 1990년 제네바에서 열린 제2차 세계기후회의에서는 기본적인 협약을 체결했으며 마침내 1992년 5월 브라질 리우에서 개최된 ‘유엔환경개발회의’에서 정식으로 “기후변화협약 ”을 체결하게 되었으며 1995년 독일의 베를린에서는 체결된 *‘기후변화협약’*[108]의 구체적 이행 방안을 논의하기 위한 제1차 당사국총회가 개최되어 2000년 이후의 온실가스 감축 목표에 관한 의정서를 1997년에 열리는 제3차 당사국총회에서 채택하기로 결정하였다. 이에 1997년 일본의 교토에서 열린 제3차 당사국총회에서는 온실가스의 구체적 감축목표를 설정한 *'교토의정서(Kyoto Protocol)'*[109]를 채택하여 38개 회원국이 2008~12년 사이에 온실가스 총배출량을 1990년수준보다 평균 5.2% 감축할 것을 채택하였다. 이 의정서의 주요 사항은 탄산가스 등 6가지 온실가스를 줄이자는 것과 탄소배출권 문제였으나 선진국과 후진국의 의견차가 매우 컸다. 왜냐하면 선진국은 인구가 전 세계의 25% 정도인데 반해 자원을 75%를 사용하고 있기 때문이었다. 그러면서 모든 국가가 자원 사용을 줄여 온실가스를 줄이자는 의견에 개발도상국들은

---

108) 기후변화협약 ; 지구의 온난화를 규제·방지하기 위한 국제협약으로 정식명칭은 '기후변화에 관한 유엔 기본협약(United Nations Framework Convention on Climate Change)'이며 1992년 6월 브라질의 리우데자네이루에서 체결되어 1994년 3월에 발효되었다. 현재 참여국가는 192개국

109) 지구 온난화의 규제 및 방지를 위한 국제 협약인 기후변화협약의 수정안으로 이 의정서를 인준한 국가는 이산화탄소를 포함한 여섯 종류의 온실 가스의 배출량을 감축하며, 배출량을 줄이지 않는 국가에 대해서는 비관세 장벽을 적용하게 된다. 1997년 12월 11일에 일본 교토의 국립교토국제회관에서 개최된 지구온난화 방지 교토회의(COP3) 제3차 당사국총회에 채택되었으며, 2005년 2월 16일 발효되었다.

동의하기 어려웠다. 마침내 2009년 12월 덴마크 코펜하겐에서 유엔기후변화협약 15차 당사국 총회 및 제5차 교토의정서 당사국총회가 개최되어 포스트교토 체제의 구체적 방안을 본격적으로 논의하였는데 이 회의에서 처음 EU가 관철하려던 목표는 기온 상승 상한선을 2℃로 하고 오는 2050년까지 온실가스 배출량을 1990년 대비 50% 감축(선진국은 80~85% 감축)하며 선진국의 개도국 기후변화 대응 노력 지원하며 공정하고 구속력 있는 합의 시도 등이었다.

그러나 회의 후 코펜하겐 협정(Copenhagen Accord)이 체결되었지만 법적 구속력이 없고 낮은 수준의 합의문을 채택하는 데 그쳤다. 온실가스 감축을 위한 구체적 실행 목표와 시기, 협약의 법적 구속력에 관한 논의는 2010년 11월 멕시코시티 총회에서 논의하기로 했으며 정해진 것은 2050년까지 산업화 이전 시기보다 2도 이상 기온상승을 제한하며 개발도상국에게 2012년까지 총 300억 달러, 2020년까지 연간 1000억 달러 지원하기로 했고 선진국은 2010년 1월까지 교토 의정서보다 강화된 탄소 감축 목표를 제출하고 개발도상국은 2010년 1월까지 실행 방안을 포함된 감축 계획 보고서를 제출하며 열대 우림 훼손 방지를 위해 산림이 흡수한 탄소량에 따라 배출권을 제공하기로 합의했다. 이렇게 절반의 합의 정도로 끝난 가장 큰 이유는 이산화탄소를 가장 많이 배출하는 미국, 중국, 인도 등의 반대가 컸기 때문이었다. 때문에 제15차 유엔 기후변화협약(UNFCCC) 당사국 총회에 대해 스웨덴 환경장관이 "재앙"이라고 강하게 비난했다.

8.4 각국의 기후변화 대응 정책

2008년 기준으로 보면 세계 탄소배출량은 1위는 중국(68억970만t), 2위 미국(63억6천980만t), 3위 러시아(16억8천760만t), 4위 인도(14억850만t), 5위 일본(13억9천150만t), 6위 독일(8억5천730만t), 7위 한국(6억6350만t), 8위 캐나다, 9위 영국, 10위 이란 순이다. 비록 코펜하겐 제15차 유엔 기후변화협약(UNFCCC) 당사국 총회에서는 전 세계적으로 공통된 2050년까지 온실가스 배출량을 규정하지 못했지만 대부분의 나라에서는 온실가스 배출을 줄이기 위해 기후 변화 대책을 내놓고 있으며 EU 국가들이 매우 적극적이다. 그 면면을 살펴보면, 먼저 EU는 2020년 온실가스 배출량을 1990년 대비 최소 20% 감축(타 선진국 동의 시 30% 감축)하는데 서약하였다. 영국은 세계 최초로 2008년 11월 법적 구속력을 가진 기후변화 법(Climate Change Act)을 제정하여 2050년까지 온실가스를 1990년 기준 80%를 감축하겠다고 선언했으며 2020년까지는 26%를 줄이겠다는 구상이다. 영국은 이미 2001년부터 기후변화

부과금(Climate Charge Levy; 가스, 전력, 석유, 석탄 등 연료 소비에 부과하는 세금)제도를 전력 생산자와 일반 가정은 제외하고 공공사업체와 산업체에 부과하고 있으며 이와 함께 기후변화협약 제도(에너지를 많이 시용하는 산업체가 온실가스 감축 목표를 정하고 실천하겠다는 협약을 맺으면 기후변화 부과금의 80%를 감면하는 제도)를 운영 하고 있으며 2009년 예산에 법적 구속력이 있는 탄소예산(Carbon Budget)을 발표하는 등 EU 중에서도 가장 온난화 방지에 가장 적극적이다.

한편 독일은 2020년까지 온실가스를 30% 줄이겠다는 선언했으며 일본은 2050년까지 온실가스 배출량을 1990년 대비 최소 50% 감축한다고 발표한 바 있다. 코스타리카는 향후 신재생에너지(수력, 풍력, 지열, 태양열 등) 비중을 현 90% 수준에서 2021년까지 100%로 향상시키는 것을 목표로 전력공급 확대사업을 추진 중이며, 석유제품과 탄소배출량을 줄여 궁극적으로 탄소중립국 수준에 도달하는 것을 목표로 하고 있다.(뉴욕타임즈는 2009년 코스타리카를 21C형 “지속가능한 경제성장 모델”로 제시한 바 있다.) 우크라이나는 `90년대 온실가스 배출수준을 유지하고, 2020년 까지 20% 감축, 2050 년까지 50% 감축을 목표로 삼고 있으며 싱가포르에서는 싱가포르국립대(NUS) 프로젝트팀이 수소를 연료로 하는 최초의 싱가포르산 친환경자동차 "KRUCE" 제작에 성공하여 상용화하고 있으며 환경자동차를 구입할 경우 부가등록세(차량가격의 100%)를 40%를 감해주는 Green Vehicle Rebate(GVR) 제도를 2001년부터 시행하고 있고 미국은 2009년 6월 미국 청청에너지안전법이 하원을 통과했지만 현재 상원에 계류 중이고 2005년 기준 2020년까지 17% 감축, 2050년까지 80% 감축을 목표로 삼고 있으나 중국, 인도에 대해 구체적인 감축안을 요구하고 있는데 두 나라가 감축안을 구체적으로 밝히지 않는다면 미국 역시 적극적으로 추진할 지는 미지수이다.

프랑스는 2009년 2월 그레넬 환경법(Grenelle Act) I[110] 제정하였고 현재 그레넬 환경법 II 제정 중에 있다. 한국은 앞에서 밝혔듯이 2008년 기준 세계 7위의 온실가스 배출국이다. 2009년 현재는 경제협력개발기구 (OECD) 국가 중 우리나라와 멕시코 만 의무감축국에서 제외되어 있으나 post 교토체제(2013년)부터는 우리나라도 적용이 예상되어 정부에서도 대책기구를 내세워 추진하고 있다. 2008년 9월, 한국 기후변화대책기본법 제정(배출권 거래제 및 탄소세 등의 근거 정립 및2012년 이후 온실 가스 대책 2050년까지 온실가스 배출량을 2010년 기준의 60%까지 감축 목표로 하고 있음)을 2009년 1월 14일 발의하였으나 현재 계류 중에 있다.

110) 2007년 그레넬 환경계획에 따라 만들어진 환경법으로 향후 4년 동안 1억 유로를 클린에너지에 투자라며 2020년까지 프랑스의 에너지 사용량을 20% 줄이고 신재생에너지를 20% 증가시키며 운송수단으로 고속도로 보다는 고속철과 수로를 건립하며 일련의 녹색세를 제정하는 것을 주요 골자로 하고 있다.

이와 별도로 2009년 2월 정부는 '저탄소녹색성장기본법(' 탄소세' 및 '탄소 배출권 거래제'를 도입)'을 추진하여 2010년 4월부터 실시하고 있으며 2009년 7월부터 "탄소 포인트제도"를 본격적으로 실시하고 있으나 홍보 부족으로 미비한 상태이다. 가장 탄소배출량이 많은 나라 중 하나이면서도 중국은 온실 가스 감축안에 반대하며 선진국의 온실가스 감축, 기술 및 재정 지원 등을 요구하면서 적극적으로 온실가스 감소에 참가하지 않고 있다. 중국과 인도가 온난화 방지에 대한 세계적 합의안을 이끌어내는데 가장 걸림돌이 되고 있다.

8.5 환경 기술

21세기에 들면서 환경에 대한 패러다임이 변했다. 즉, 21세기는 "환경의 세기"가 된 것이다. 전에는 개발과 환경 보전이 대립적인 개념으로 인식되어 왔으나, 최근에는 경제 성장 정책과 환경정책의 조화를 통해 상생하는 개념으로 변화되고 있다. 또한 환경 관리도 사후 대응적 환경 관리에서 사전 예방적인 환경 관리로 전환되고 있으며 중앙집권적인 규제와 단속 위주의 환경 관리에서 탈피하여 시민 참여와 파트너쉽을 바탕으로 하는 자율적인 환경 관리를 지향하고 있다.

이와 함께 환경기술의 발전 양상도 달라지고 있다. 아직까지는 1세대 기술 수준에 머물고 있지만 얼마 지나지 않아 2세대 기술로 마뀌게 될 것이며 궁극적으로는 3세대 기술을 발전시

<표 8.3 21세기 환경정책 패러다임의 전환과 정책 목표>

구 분	패러다임 전환		정책목표
	과거유형	새로운 대안	
자연관	인간을 위해 존재하는 자연 (자연=정복,지배, 이용의 대상	**환경 자체로 가치와 존재 이유를 갖는 자연**(자연 =생명 중심 더불어 사는 터전)	자연과의 공존, 공생
성장/발전관	인간의 욕구를 충족시키는 물질적, 경제적 성장(척도는 더 많은 소비와 양적 생활 수준)	단순한 삶의 방식과 심미적인 만족(기준은 삶의 질이 라는 가치)	환경적으로 건전하고 지속가능한 개발
사회관	국가적 도는 중앙집중 동체, 피라미드 위계	지역공동체 중심, 개인의 **자율적 참여 기반 사회**	자율, 책임관리, 소규모 환경공동체

<표 8.4 환경기술의 발전 양상>

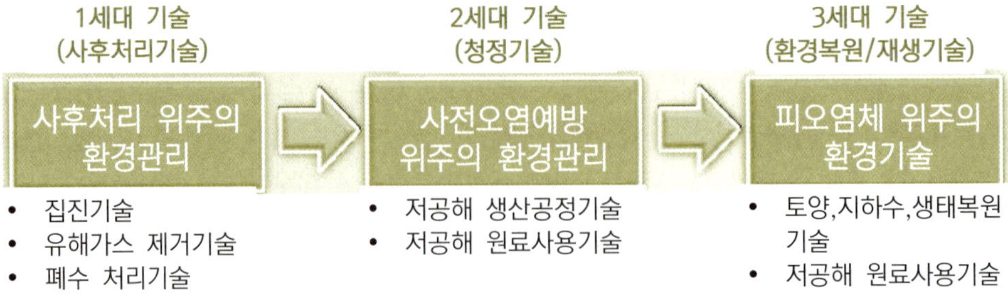

켜야만 풍요롭고 안락한 환경에서 인간이 생활할 수 있을 것이다. 즉 현재는 현안의 환경 문제의 해결을 위한 기술에 거의 의존하고 있지만 점차 환경 정책의 요구에 부응하기 위한 환경 산업 및 기술로 발전하게 될 것이다.

사실 현재의 환경기술은 〈표 8.4〉의 1세대 기술이 거의 대부분을 차지하고 있다. 가장 발전되어 있는 것이 수 처리 기술이며 대기오염 기술 중 입자를 줄이는 기술은 거의 집진기술에 머물러 있다. 폐기물 처리 기술은 소각기술과 소각된 잔유물 처리 기술이 주이다. 토양오염 방지기술은 뚜렷한 것이 없고 생활용품 재료로 가장 많이 사용되고 있는 분해가 어려운 고분자 수지 제품들을 생분해성 재료로 대체하는 기술들이 개발되고 있다. 그리고 대기오염을 줄이는 기술은 현재 궁극적으로 화석연료를 대체할 신에너지 기술에서 찾으려는 노력이 더 많이 진행되고 있는 실정이다. 또한 폐기물은 소각하는 방법이 가장 일반적인 방법이나 심한 다이옥신 등 독성 가스 물질의 배출이 문제가 되는 것은 근해의 해저에 매립하고 있다. 그러나 최근 해양 오염의 문제로 인해 해양 매립도 제한을 받고 있다. 따라서 현재의 환경오염 정도에 비해 환경기술은 매우 미비한 상태이다. 〈표 8.5〉는 현재의 대표적인 1세대 신기술을 나타낸 표이다.

그러나 앞에서 말했듯이 현재의 환경에 대한 패러다임이 바뀌었으므로 21세기 환경기술은 급속도로 발전할 것으로 예상된다. 그 예로 아직은 발전 단계는 아니지만 최근 2세대 기술의 개발이 점점 두드러지고 있다. 탄산가스를 포집하는 기술 개발이 초기 상태에 있는데 탄산가스가 가장 많이 나오는 화력발전소의 발생량을 줄이는 기술이 어느 정도 상용화되고 있으나 아직은 만족할 만하지 못하다. 그러면 앞으로 환경오염을 줄여 줄 현재 개발되어 사용되고 있는 기존 기술과 최근의 개발되었거나 조만간 개발될 신환경 기술에는 어떤 것들이 있는 가 중요한 기술을 중심으로 알아보기로 하자.

<표 8.5 1세대 대표적 신기술>

유망 기술명		세부 기술명
대기오염 방지기술	배연탈황, 탈진기술	SCR 촉매제조기술, 배연탈황, 탈질 동시처리기술
	고효율 집진기술	세라믹필터를 이용한 먼지/Sox/Nox 동시처리기술 미세입자 제거를 위한 하이브리드 전지집진기술
	특정대기오염물질 처리기술	고효율 일반 및 특징 대기오염물질 동시처리기술 VOC 및 악취물질 처리기술
수질오염 방지기술	산업폐수 처리기술	난분해성 폐수 처리기술, 고농도 유기폐수 처리기술
	오,폐수 처리기술	하수처리장의 탈질소, 탈인기술 부유상 담체를 이용한 유기물질 처리기술 생물학적 폭기여과, 반회분식 활성스러지(SBR)
폐기물 처리기술	폐기물 소각기술	액상주입식 소각시스템, 다이옥신 함유 배기가스 처리
	유해폐기물 처리기술	플라즈마를 이용한 전기로 분진처리기술 소각재 및 폐기물의 용융 처리기술
토양오염 복원기술	생물학적 처리기술	미생물을 이용한 지중 생물학적 처리
	물리화학적 처리기술	동전기공법을 이용한 혼합물질 처리기술 세척제를 이용한 지중 처리기술 저온에서의 고농도 오염토양의 탈착 처리 지중 고형유리화 기술(Vitrification)

8.5.1 수 처리기술

수처리 기술은 오,폐수의 처리기술을 의미하는데 생활하수를 포함한 각종 오염수와 폐수에는 아주 많은 물질들이 포함되어 있어 이것이 그대로 자연의 강이나 호수로 방출될 때는 자연생태계를 오염시키는 결과를 가져 온다. 따라서 이러한 오염 물질을 오,폐수로부터 분리, 제거해야만 한다.

오, 폐수처리 기술에는 오,폐수의 구성에 따라 물리적 처리, 화학적 처리, 생물학적 처리 등이 있으며 현재는 처리수의 수질 기준이 한층 강화되어 고도처리를 하고 있다.

1) 물리적 처리 방법

물리적 방법은 일반적으로 오, 폐수에 들어 있는 부피 큰 고형물질이나 모래 등 침전성

물질을 처리하는 방법으로는 스크린(screen)을 사용하는 방법, 침전, 응집, 농축조를 이용하는 침전법, 침사지를 이용하는 방법, 물 보다 가벼운 물질을 걸러내는 부상(flotation)법, 공극이 있는 매질층을 통과시키는 여과법, 활성탄, 이온교환수지 등 흡착제를 사용하는 흡착법 등이 있다.

2) 화학적 처리 방법

화학적 방법에는 산성이나 알칼리성 물질을 중화제를 사용하는 중화법, 오존이나 산화제 등을 이용하는 살균법, 콜로이드형 입자를 약품을 사용하여 응집, 침전시키는 약품응집 법이 있다.

3) 생물학적 처리 방법

생물학적 처리 방법은 오,폐수에 존재하는 유기물질 중에서 생물(주로 미생물)에 의해 분해 가능한 유기물을 분해시켜 제거하는 방법이다. 이때 이용되는 미생물은 균류, 조류, 원생동물 등이 있다. 처리 과정에서 미생물이 요구하는 산소의 정도에 따라 호기성, 임의성, 혐기성 처리 방법으로 나누며 호기성 방법에서는 물 속에 공기를 주입시켜야 한다.

생물학적 처리 기술에는 폐수처리 시설의 1차 처리 후의 폐수를 폭기조의 미생물에 의해 미생물이 유기물을 섭취, 분해토록하고 성장한 성장한 미생무을 응결하는 활성슬러지법, 연못과 같이 넓은 면적의 공간에 오,폐수를 유입시켜 세균과 녹조의 상호작용에 의해 유기물을 제거하는 산화지법, 유기물을 무산소적 조건하에서 산 발효세균에 의해 유기산·알코올·알데하이드로 분해한 후, 다시 메탄 생성균에 의해서 메탄과 이산화탄소로 분해하는 소화법 등이 있다.

4) 고도처리법

오,폐수 중에는 물리적, 화학적, 생물학적 처리 방법을 사용해도 제거되지 않는 질소와 인등을 포함하는 영양염류가 있다. 질소와 인의 영양염류는 하천, 호수, 바다에 유입되면 부영양화가 발생, 수질의 악영향을 가져오며 심한 석소현상을 일으키는 경우가 다반사다.

고도처리법은 우선 앞의 세 가지 방법으로 처리하고 난 후 질소와 인의 영양염류는 생물학적 처리를 개선한 혐기조의 인축적 미생물과 호기조의 탈질미생물을 이용하여 제거하는 것이다.

8.5.2 대기오염 방지기술

모든 대기오염 물질은 자연 및 인공 오염원으로부터 배출 된다. 현재의 기술은 아직까지는 소극적 방지 기술에 머물러 있다. 자연 오염원으로부터 오염 물질이 배출되는 것을 제어하기가 매우 어려우므로 거의는 중력 침강, 분산, 흡수, 흡착 등 자연 제거 원리에 의해 제거되는 것에 의존한다. 한편 문제가 되는 인공 오염원으로부터 배출되는 것은 어느 정도 제어되지만 이것을 제어하는 가장 좋은 방법은 제로(0) 배출을 실시하는 것이나 이것은 우리가 이제부터 실현시키려는 대체 에너지를 사용하는 것이다. 그래서 현재 대기오염을 줄이려는 노력은 거의 대체에너지 기술 개발에 의존하고 있으나 아직은 초기 단계라고 볼 수 있겠다. 이것이 완전 실현되기 까지는 배출되는 오염 물질을 최소화하는 것인데 기존 기술과 최근의 기술 몇 가지에 대해 알아본다.

1) 입상 오염물질 방지기술

현재 입상 오염물질을 제거하는 일반적 방법은 거의 집진장치를 사용하여 입상 물질을 잡아내 밖으로 나가는 것을 막는 *집진 기술*인데 몇 가지가 있다. 사이클론 집진기, 세정집진기, 여과집진기, 전기집진기를 이용한 방법 들이 있다.

*사이클론 집진장치*를 이용하는 방법은 원심력을 이용하는 것인데 원심력을 이용해 처리 된 가스로부터 입자를 분리하는 방법이다. 장치로 들어 온 입자를 포함한 가스는 내부에서 선회류(vortex)를 형성하고 원심력을 얻은 입자들은 선회류를 벗어나 내벽에 충돌, 아래로 떨어져 제거되는 방식이다. 단점으로는 작은 입자의 제거 효율이 낮고 유량 변동에 민감하다.

*세정집진장치*를 이용한 방법은 입상 물질을 액체 물질과 접촉시켜 가스로부터 분리하는 기술이다. 이 장치에서는 입자의 확산에 따라 입자가 액체에 접촉하고 액체에 의해 입자가 응집하면 무거워져 가스와 쉽게 분리되어 중력에 의해 아래로 떨어지면 이 액체는 재처리하여 다시 사용된다. 이 방법은 가스가 고온 다습하여도 가능하며 폭발의 위험이 없다.

*여과집진장치*를 이용한 방법은 입자를 포함한 가스가 직물 여과재를 통과할 때 입자는 여과재에 걸러지고 청정화된 가스만 빠져 나가게 하는 기술이다. 여과속도, 압력 손실, 여과재의 물성에 따라 효율이 크게 달라진다. 건식집진이나 미세 입자에 유리하나 고온 가스의 처리가 불가능하며 압력에 의해 폭발의 위험성이 있다.

*전기집진장치*를 이용한 방법은 처리 가스를 이온화한 후 입자의 대전과 이동하여 집진판

에 입자가 포집된 후 세정액에 의해 입자가 제거되는 원리를 이용한 것이다. 이 방법은 압력 손실이 적고 미세입자에도 고효율을 나타내며 고온, 습식, 건식 가스에 모두 적요 가능하나 설치비가 많이 들며 산업용의 경우 안전장치가 필요하다.

2) 가스상 오염물질 방지기술

현재 가스상 오염물질을 제거하는 일반적 원리는 3가지 원리를 사용하는 방법인데 기상물질을 액상 물질(흡수액)으로 이동시켜 **흡수**, 제거하거나, 고상 물질(흡착제)로 이동시켜 ***흡착***, 제거하는 방법, 기상오염물질을 ***연소(산화)***에 의해 물과 이산화탄소로 전환시키는 방법이다.

그러나 현재 이산화탄소가 온난화의 주범이므로 생성된 이산화탄소를 포집해야 되는 이차 기술이 필요하다.

이러한 방법들을 이용하는데 있어 각 가스 상 물질에 따라 특별한 방법들이 알려져 있다. 그 기술에 대해 알아본다.

◆ NOx 제거 기술

대기 중에는 주로 N_2O, NO, NO_2의 형태로 존재하며, 연료의 연소로 발생되는 기체로서 인체에 헤모글로빈과 결합해서 산소 운반능력을 방해하고, 호흡기에 장애를 주며, 식물의 변색에도 영향을 주고 있다. 이 가스의 주원인은 자동차의 운행 및 소각로, 발전소 등으로 대기 중으로 방출되어 태양의 자외선을 받아 오존을 축적시키고 탄화수소(HC)와 만나 광화학 산화물을 만든다.

저감 원리는 연료(석유나 휘발유)를 연소함에 있어서 ***이단연소 방법***을 사용하는 것인데 가능한 산소를 적게 넣어 주어(필요한 이론적으로 계산한 공기의 양만 넣어 준다) NO_x의 양을 줄이고 이 배기가스를 20-30%의 공기로 다시 연소시켜준다.(왜냐하면 불완전 연소로 인한 이산화탄소가 많이 발생하게 되므로) 이런 방법으로 발생되는 NO_x의 양을 30% 가량 줄일 수 있다. 이 방법은 가장 실용 가능한 방법으로, 연소하고 나오는 배기가스의 일부분을 다시 연소로 안으로 넣어주므로, 연소를 위한 예열공기의 역할을 하므로 비용을 줄일 수 있으며, 좋은 효과를 얻을 수 있습니다.

이미 연소되어 나온 가스는 촉매를 사용하여 N_2와 CO_2로 환원시켜 제거하는 ***촉매환원법***을 사용하는데 NO_x외에 일산화탄소나 탄화가스는 촉매를 사용하여 CO_2와 H_2O로 분해하는 ***촉매분해법***을 사용하며 현재 버스 등 자동차 배기 가스의 오염 물질 제거에 많이 사용하는 방법은 3원촉매법[111]이다.

◆ SOx 제거 기술

대기 중으로 배기가스가 나오면 SO_2로 가장 많이 존재하며, 산성비의 원인이 되고 안개와 결합해서 백무를 현상을 일으켜 시야 방해를 하며, 안개가 황산으로 변해 가죽이나 종이, 금속 등의 부식을 일으킨다. 사람의 호흡기에 피해를 주며, 식물의 잎에 황색이나 황갈색의 반점이 생기는 피해를 주기도 한다. 제거 방법으로는 ***금속산화물을 이용한 흡착 제거, 접촉수소화제거, 생물학적 제거*** 등이 있지만 가장 많이 사용하는 방법으로는 접촉수소화제거가 있다. 석회석이나 산화알루미나, 활성산화망간 등의 첨가제를 넣어 제거하기도 하고, 실리카겔이나 활성탄을 사용하여 흡착하기도 하며, 물 등을 사용하여 세정하기도 한다.

◆ VOC 제거 기술

휘발성 물질(VOC)을 제거하는 방법은 여러 가지가 있는데 물리, 화학, 생물학적으로 제거하는 방법이 있다. ***화학적인 방법***은 가스를 모아서 연소시키는 직접연소방법, 촉매를 사용하여 연소하는 접촉연소방법이 있으나 폭발의 위험이 있다.

물리적인 방법으로는 물로 씻어내는 세정이 있으나 친수성이 아닌 가스는 처리하기가 힘든 단점이 있다. 여과 방법은 여과재의 재질이 비싸고, 부식의 우려가 많다. 그 외 방법으로는 깨끗한 공기로 희석해 버리는 방법으로 마스킹법이 있는데 별로 추천할 방법은 못되며 여타의 다른 대안이 없을 경우 사용한다.

생물학적인 방법으로는 토양에 가스를 통과시켜 토양의 미생물이 가스를 분해하도록 하는 방법인데, 부지가 많이 들고, 토양 미생물에 대한 연구가 있어야 하는데 아직 미비한 상태이다.

---

111) 알루미나의 담체(擔體) 표면에 백금, 파라듐 등을 부착시킨 펠릿을 이용하여 일산화탄소, 탄화가스, NOx를 동시에 처리한다.

◆ CO_2 제거 기술

근래에 이산화탄소가 온난화의 주범으로 심각해 지자 이산화탄소의 제거 기술에 각 나라들이 기술 개발에 몰두하고 있다. 크게는 화력발전소에서 나오는 이산화탄소를 줄이는 기술인 ***이산화탄소 저감기술***과 이미 배출된 이산화탄소를 제거하는 ***이산화탄소 처리기술***(그림 8.8참조)로 나누는데 ***이산화탄소 처리기술***은 다시 공장, 자동차로부터 배출되는 이산화탄소나 이미 공기 중에 배출된 이산화탄소를 걷어(모아)드리는 기술인 ***이산화탄소 포집기술***, 그리고 모아진 이산화탄소를 안전하게 저장(주로 바다 속에)하는 기술인 ***이산화탄소 저장기술 및 고정화 기술***로 나눌 수 있다. 이중 일부 기술은 이미 어느 정도 상용화된 것도 있다.

이산화탄소 저감기술 중 현재 가장 실용화 가능성이 높고 효율이 좋은 방법이 ***고온 순산소 연소기술***이다.(그림 8.9 참조) 현재 이산화탄소가 가장 많이 배출되는 곳은 전력을 생산하기 위한 화력발전소와 공장 들이다. 특히 최근 지구 온난화 문제로 화력발전소 건설

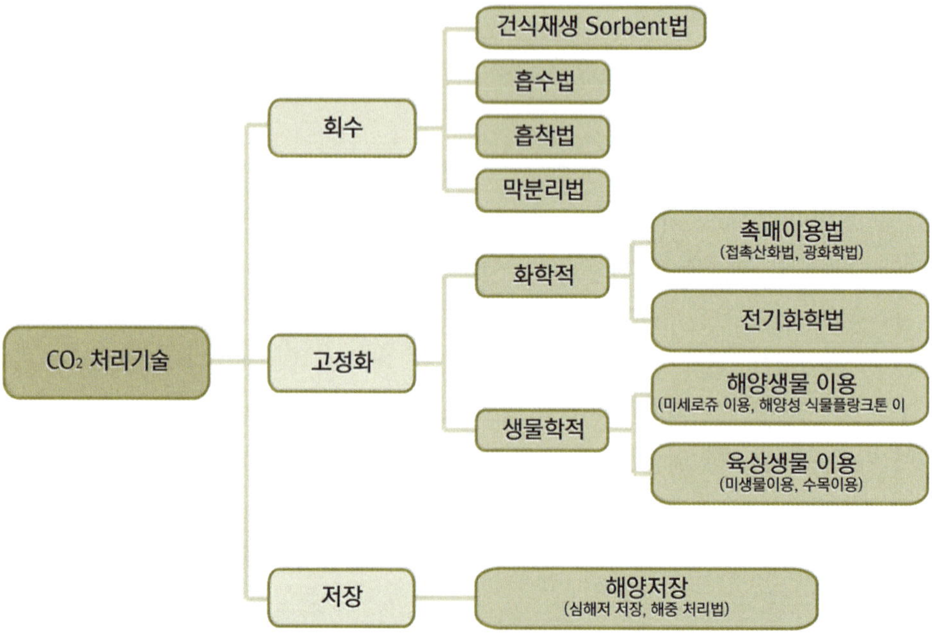

출처 : http://www.cdrs.re.kr/

<그림 8.8 이산화탄소 처리기술>

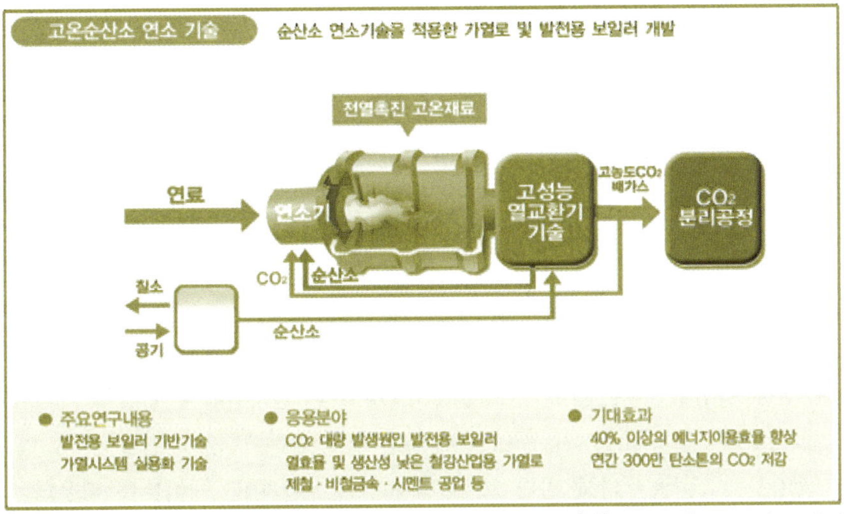

출처 : http://www.cdrs.re.kr/

<그림 8.9 고온순산소 연소기술 시스템>

이 많이 줄어들었지만 아직도 중국이나 인도에는 많은 화력발전소가 존재한다. 그리고 석유를 원료로 사용하는 많은 공장들이 존재한다. 따라서 화력발전소나 공장에서 연소 후 밖으로 배출되는 이산화탄소를 줄이는 새로운 연소 기술이 개발되었다.

고온 순산소 연소기술은 연소에 사용되는 산화제로서 공기대신 산소를 사용함으로써 약 30% 정도의 에너지를 절감할 수 있는 매우 유망한 기술이다. 즉, 산소 및 회수한 이산화탄소를 사용하기 때문에 배기가스 중에 질소 분율이 감소하여 배기가스에 의한 현열(顯熱) 손실 및 배기 가스량(이산화탄소 및 질소산화물(NO_x)을 현저히 줄일 수 있으며 또한 배기가스 현열을 회수하여 산소를 고온으로 예열시켜 에너지를 추가적으로 절감할 수 있다. 한편으로는 고농도의 이산화탄소를 얻을 수 있으므로 이산화탄소 회수 비용을 줄일 수 있다. 이외에도, 산소 연소에 의하여 연소시스템을 소형화할 수 있으며 열전달 효율을 극대화할 수 있는 등 많은 장점을 가지고 있다.

이산화탄소 포집(회수)기술은 크게 흡수법과 흡착법이 있는데 흡수법은 저압 배기 가스 회수에 매우 유용하며 선진국에서 이미 상용화되어 운전하고 있는데 새로운 흡수액의 개발 및 이산화탄소를 흡수한 흡수액의 재사용 등이 중요 과제이다. 흡착법은 실증 실험 단계이다. 또한 고압 배기가스의 회수에는 물리흡수법과 막분리법이 유용한데 물리흡수법은

이미 화학공장에서 상용화된 바 있다. 막분리법은 고분자막, 무기막, 탄소막 등을 이용하는 것인데 현재 연구개발 단계에 있는데 수산화폴리아미드아민 덴드리머112)를 붙인 고분자막이 가장 실용성이 큰 것으로 확인되었다.

이산화탄소 저장기술은 이산화탄소를 50기압으로 액화 후 해저 500 m 아래로 파이프를 통해 방출, 용해시키는 방법으로 이는 40℃에서 밀도를 이용한 원리로써 1.07 g/cm^{2}인 액체 CO_2는 해수의 밀도가 이보다 낮아서 해저 3000 m로 침강 할 수 있다. 약 1000년 간 저장이 가능한 것으로 알려져 있다.

한편 회수된 이산화탄소를 단순 저장하는 대신, 이를 고정화하고 재활용하여 고부가가치를 지닌 상품 생산을 위해 화학적, 생물학적, 광학적, 전기화학적 기술이 개발 진행 중이다. 그 밖에도 이산화탄소를 저감하고 처리하는 신기술들이 많이 개발 중에 있으며 또한 연료로 석유를 사용하는 대신 바다 속에 존재하는 메탄하이드레이트를 활용하는 기술 등이 개발되어 있거나 개발 중이다.

3) 토양오염 방지기술

◈ 분해성 고분자를 이용한 플라스틱의 개발

앞에서 설명했듯이 토양 오염을 줄이기 위해 기존에 많이 사용하는, 분해되지 않는 고분자 플라스틱 대신 20세기 후반부터 분해성 고분자들이 개발되기 시작했다. 현재 개발되어 있는 분해성 고분자에는 광분해성 플라스틱, 산화분해 플라스틱, 가수분해 플라스틱, 생분해 플라스틱 등이 있으며 이 외에 복합분해 플라스틱 (열분해, 화학분해, 생분해 등 한 가지 이상의 분해 방법으로 물과 이산화타소 또는 메탄으로 분해되는 플라스틱)이 있다. 분해성 플라스틱 개발 초기에는 완전 분해는 되지 않는 생붕괴성 고분자나 광분해성 고분자 플라스틱들이 개발되었다.

생붕괴성 고분자는 일반적으로 가격 면을 고려, 생분해성 고분자 물질을 일반 플라스틱과 분해촉진제를 섞어 만든 고분자를 말하는데 주로 미국과 이태리에서 연구를 진행하여 1980년대 초부터 각광을 받으며 산업적 활용도 다른 생분해성 플라스틱 보다 신속히 진행되어 쓰레기 주머니, 쇼핑백 외 일회용 제품에 사용되었으며 일부 현재에도 사용되고 있다. 그러나 완전 분해에는 한계가 있기 때문에 환경오염을 줄이는 데는 한계가 있다.

또 ***광분해성 고분자***는 일반적으로 태양의 자외선을 이용 플라스틱의 분자 고리를 끊어

112) 선상 고분자와 달리 단분산계로 분자량이 일정하며 별모양 구조의 다분기 고분자를 말한다.

궁극적으로 분자량을 저분자로 만들어 분해되는 플라스틱을 말하는데 1980년대 초 부터 활발히 개발, 사용되었으나 역시 완전 분해에는 한계가 있고 최근에 와서 플라스틱 제조 시 같이 사용되는 분해촉진제의 중금속에 의한 2차 오염 문제로 사용이 제한되었다.

한편 *생분해 플라스틱*의 발전 과정을 살펴보면 1970년대 폴리카프로락탄이 생분해성을 갖는 것이 확인된 후 이를 계기로 영국의 ICI사가 미생물에 의한 생분해성 플라스틱 연구 시작하여 1990년 Biopol이라는 상품명으로 생분해성 플라스틱을 시판했으나 가격이 너무 비싸 크게 성공하지 못했다.

그 후 일본에서는 1990년~1997년 국가프로젝트로 생분해성 플라스틱 개발 연구를 진행하였고 최근 들어 BASF, 바이엘, 듀퐁 등 여러 다국적 업체들이 폴리에스터, 이미드계 생분해성 플라스틱을 개발하였고 일본에서는 폴리에스터 카보네이트계 개발하여 한 바 있으며 1997년 미국의 몬산토사가 유전자 조작기술로 식물로 부터 생분해성 플라스틱 합성 성공한 바 있다. 그러나 이러한 제품들은 가격이 너무 고가라 일부 의료용에 사용이 국한되어 생활용품의 적용과는 거리가 멀었다. 그리고 마침내 많은 과학자들로부터 향 후 10여 년간 가장 유망하게 사용될 것으로 전망되는 *폴리유산(Poly Lactic Acid, PLA)* 플라스틱이 2001년 미국의 카길다우사에서 개발 생산되었으며 2002년 일본 기업들이 이를 상품화시켰고 우리나라에서도 원료를 수입하여 생활용품을 제조하고 있으나 아직 까지는 가격에 문제가 있다. 그렇지만 지구상에서 가장 많이 사용되고 있는 폴리에틸렌 플라스틱을 대체할 것으로 믿고 있다. 한편 최근에는 식물 바이오매스로 부터 생분해성 고분자를 개발하려는 연구가 활발히 진행되고 있으며 향후에는 이러한 방법들이 매우 주목 받을 것으로 예상하고 있다.

전체적으로 분해성 고분자 플라스틱의 전망을 보면 분해성 고분자는 지구 환경 보존, 지구 오염 방지라는 측면에서 앞으로 꼭 해결 과제이다. 아직까지는 기능, 종류 등에 제한이 있어 기존 플라스틱을 완전 대체하기는 불가능하지만 점점 유럽 및 미국에서는 생분해성 플라스틱 사용을 의무화하고 있으므로 현재 추세로 봐서 국내에서도 이에 대한 연구 및 개발, 산업화가 필요하나 아직까지는 준비가 미비한 상태에 있다. 기대되는 응용분야로는 농수산업 자재로 어망, 낚시줄, 원예용 필름, 모종 이식용 포트 등이 있고 토목, 건설자재로는 단열재, 토사방지제 등이 있으며 기타 야외, 레저용품, 일회용품, 쓰레기봉투, 기저귀 등 위생용품, 사무용품, 의약품, 농약, 비료 등의 포장재 및 의료용 재료에 널리 쓰일 것으로 예상된다.

PLA의 특징

폴리유산(PLA)은 투명하며 강도가 높고, PS 및 PET 에 가까운 수지다. 융점은 170℃, 유리전이점은 59℃의 열가소성폴리머로 필름 및 용기 등의 압출성형, 사출성형과 섬유, 병, 라미네이트, 발포체로의 가공이 가능한 특징을 가지고 있다. 이 폴리머는 수분에 따라 완만히 분해되어 유산으로 돌아가는 성질을 가지고 있어 이전에는 생체 내 흡수성 재료로써 의료용에 사용되었다. 또한 안정성과 연소열이 작으며 원료인 유산(젖산)은 옥수수와 감자를 가공해서 전분을 얻은 후 이 전분을 발효해 얻는데, 이 유산은 식품 첨가물 등 다용도로 사용되는 인체에 해가 없는 물질이다.

PLA 프라스틱의 분해는 일반적으로 3단계에 걸쳐 분해되는 것으로 알려져 있는데 먼저 주쇄 간의 가교점이 분해되고, 다음에 측쇄의 분해가 일어나며, 마지막으로 주쇄의 에스터 결합에서 분해가 일어난다. PLA는 아래와 같은 구조를 가지며 원으로 표시한 바와 같이 에스터(ester) 결합이 존재하여 이 부분이 미생물에 의해 가수분해되어 절단된다.

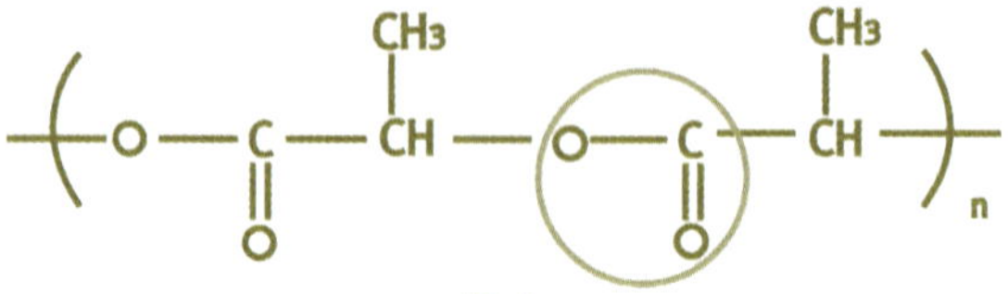

PLA

PLA플라스틱의 생산부터 분해까지의 과정을 보면 아래 그림과 같다.

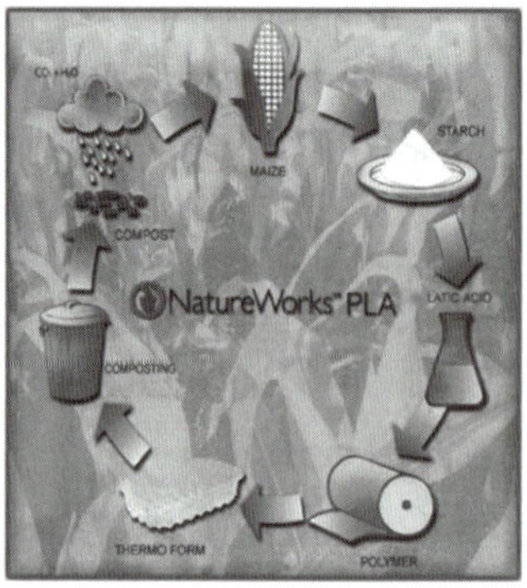

8.5.3 환경 기술의 현황 및 전망

근래의 우리나라 환경기술의 현황을 알아보면, 1992년 G-7프로젝트에 환경공학기술개발사업이 포함되면서 본격화되기 시작했고 각종 제도개선을 통해 기술 선진화와 경쟁력 확보를 위한 정부 차원의 지원이 지속되고 있지만 환경기술의 수준은 선진국의 50~70% 수준에 머물고 있다. G-7프로젝트의 연구개발 과제 중 결과가 상업화된 건수는 전체의 20%에 그치는 등 실용화가 미흡하고, 외국기술의 도입에 의한 기술 확보 비중이 큰데 환경공학기술개발을 체계적으로 추진하지 못하였으며, 환경기술 관련 인력이 부족한 것도 주요 원인으로 나타나고 있다. 또한 국가 지원 사업의 대부분이 응용연구에 집중되고 있으며, 기초기술 지원이 빈약하다. 따라서 환경 모니터링 기술을 포함하여 측정, 평가, 예측 기술에 대한 장기적인 발전 계획이 수립되어야 한다고 본다. 그러나 우리나라가 확대될 기술 수요에 적합하게 기술을 발전시키기 위해서는 환경 분야의 기초 기술 뿐 아니라 응용 기술, 그리고 실용화 기술이 조화 있게 발전되어야 하며 환경시장의 성장에 대응하는 경쟁력 있는 원천 환경기술을 개발해야 된다.

그러면 과연 환경기술의 수요 전망은 어떤가? 환경 문제가 지구 전체의 문제로 대두되어, 지구 환경 보전을 위한 국내외 기준과 규제가 점차 강화될 것으로 전망이며 환경산업시장이 지구 전체로 확대될 것으로 예상된다. 환경전문조사기관인 EBI(Environmental Business International)에서는 세계 환경시장은 연평균 5.5% 비율로 성장할 것으로 예측하고 있으며 2004년 5,900억 달러 규모였던 세계 환경 시장이 오는 2010년에는 약 9,000억 달러 규모로 크게 성장할 것으로 전망하고 있으며 한국무역협회 국제무역연구원에서 2009년에 발표한 "***우리기업의 친환경시장 진출방안***" 보고서에 따르면, 세계 환경기술시장은 2005년 1조 달러 규모에 달하는 것으로 추산되며, 2020년에는 2조 2천억 달러 규모에 이를 것으로 전망되고 있다. 또한 일본기계공업연합회의 한 조사연구보고서에 의하면 2009년 현재 세계 환경시장 규모는 약 7,230억 달러, 미국이 2,603억 달러로 전 세계의 약 36%를 차지하며 2020년경에는 전 세계적으로 약 2조 달러에 이를 것으로 보고했다. 보고서마다 차이는 있지만 선진국들은 친환경산업이 산업 생산에서 가장 규모가 큰 산업 중 하나가 될 미래 유망산업이라 판단하고, 전략적인 육성에 경쟁적으로 나서고 있다. 선진국의 사례를 보면 미국의 오바마 행정부는 향후 10년간 1,500억 달러를 투입하는 대규모 녹색산업 육성책인 '뉴 아폴로 프로젝트'를 발표하였으며 일본은 2008년 5월, 21개 핵심 녹색 기술개발을 위한 '쿨 어스(Cool Earth) 계획을 마련하여 추진 중에 있다.

<표 8.6 국내외 연구기관에서 발표한 환경산업 국내시장 규모 (단위: 억 원)(출처 : 불명)>

구분	1999년	2005년	2010년	연평균성장률(%)	
				1999~2005	2005~2010
환경서비스업	38,980	78,850	136,390	12,5%	11.6%
환경자원 이용업	28,380	62,770	118,540	14.1%	13.6%
환경설비업	22,610	46,350	62,620	12.7%	6.2%
합계	89,970	187,970	317,550	13.1%	11.1%

<표 8.7 국내외 연구기관에서 발표한 환경산업 국제시장 규모 (단위: 억 달러)(출처 : 불명)>

구분	1999년	2005년	2010년	연평균성장률(%)	
				1999~2005	2005~2010
환경서비스업	2,500	3,340	4,180	4.95%	4.6%
환경자원 이용업	1,270	1,940	2,600	7.3%	6.0%
환경설비업	1,180	1,660	2,070	5.9%	4.5%
합계	4,950	6,940	8,850	5.8%	5.0%

한편 독일은 녹색산업을 차세대산업으로 육성하고 있으며, 또한 세계 최고 수준의 기술을 보유하고 있다. 또한 앞에서 언급했듯이 향후는 사후처리 중심에서 사전예방으로 환경 관리의 패러다임이 변화하면서 사전예방 환경 분야의 기술에 대한 투자가 증가할 것으로 예상된다.

이에 따라 신환경산업의 창출이 예상되는데 산업생태학을 이용한 청정기술 수요의 증가가 예상되며 현재 자국의 환경 문제를 중심으로 하는 지역 중심의 환경 이슈가 광역적, 전 지구 차원의 환경 이슈로 관심이 확대되면서 전 세계 공통적으로 관심을 갖는 지구 환경 피해 유발 물질 대체 및 CO_2의 제어, 이용 기술의 개발이 증가할 것이다. 이미 어느 정도는 상업화 단계까지 이른 기술들도 있다. 또한 공산품 제조 시 재활용, 재사용 가능한 재료로 생산하는 등 에너지와 자원의 고갈을 최소화하도록 자원, 에너지 전 과정 평가에 기초한 자원 재활용, 재이용기술이 확대될 것이며 오염원 관리 중심에서 실제 피해를 보는 인간 및 자연 생태의 수용체 중심 관리로 전환되면서 생태학적 환경 관리 기술의 창출이 예상되며 이에 따른 자연 복원 및 자연 정화 관련기술 수요가 증가하게 되면서 관련 있는 생명공학/ 유전공학 기술도 더욱 발전하게 될 것이다. 한편 환경오염 현상에 대한 규명, 평가, 예측 및 관리 방법 개발의 소프트웨어적 기술 수요 증가가 예상되면서 GIS(지리정보시스템) 기술과 연계된 모델 개발 기술과 산업체 청정관리 기술의 컨설팅 서비스 산업이 발달하게 될 것이다.

8.5.4 우리나라의 환경산업 현황 및 문제점

EBI에 의하면 2006년 우리나라 환경산업 시장 규모는 85억 달러(8.1조 원)로 전 세계 환경시장의 1.1%를 차지하고 있다. 이는 전자, 철강, 섬유 등 기존 산업의 세계 시장 점유율에 비하면 어주 미비하다. 그러나 환경부의 환경산업통계조사에 의하면 2006년 국내 환경산업 시장은 약 29.2조원으로 EBI 추정치의 약 3.6배에 이르고 있다. 이는 통계대상의 차이 때문인 것으로 보이는데, 세분화된 통계자료를 제시하고 있는 환경부 자료를 근거로 살펴보면 국내 환경산업 시장은 매우 빠른 성장세를 보이고 있다. 환경부 통계는 OECD의 9개 세부 항목 가운데 5개 항목을 대상으로 통계를 작성하고 있는데, 이들 분야의 총계는 2005년 23.9조 원에서 2007년 34.1조 원으로 연평균 19.5% 성장하고 있어 세계에서 가장 빠른 성장세를 보이고 있다. 이 가운데 대기오염 통제 기기 생산, 폐수처리 건설 및 폐기물 처리 서비스의 비중이 매우 높은 것으로 나타나고 있다. 지난 10여 년간 우리나라의 대기 오염 개선은 전 세계적으로 성공적인 사례로 거론될 정도로 괄목할 만한 성과를 냈기 때문에 향후 이 분야의 성장세는 다소 주춤할 것으로 예상되는 반면, 향후 정부의 저탄소 녹색성장 정책에 따라 4대강 사업과 관련한 물 산업(폐수), 폐기물 에너지화와 관련한 폐기물 분야의 급성장이 예상된다.[113]

그러나 아직 우리나라의 환경산업의 여러 가지 현황이나 미비한 것이 많다. 앞으로 우리나라의 환경산업을 육성하기 위해서는 여러 가지 정책 변화가 있어야 될 것이다.

그 동안 환경부는 R&D, 개발 기술의 사업화 및 상용화, 전문 인력 육성, 수출을 통한 판로 개척 등을 위해 융자 지원과 같은 다양한 정책 수단을 활용하여 환경산업을 육성해 왔다. 그러나 현재 우리나라 환경산업이 안고 있는 가장 큰 문제점 가운데 하나인 스타 기업의 발굴 및 육성은 미진했다는 점은 부인할 수 없다. 환경사업체의 규모가 영세하다는 점도 문제점으로 지적된다. 국내의 환경산업체의 규모가 너무 영세(2006년 기준 매출액 5억 원 미만 업체가 전체의 50%, 종사자 5인 미만 업체가 전체의 약 42%)하여 분업화와 전문화가 부족한 실정이다. 또한 환경부가 가지고 있는 다양한 정책 수단 가운데 부족한 부분은 중소·벤처 기업을 위한 투자 분야라 할 수 있다. 보통 벤처기업들이 기술만 가지고 사업을 하면서 겪게 되는

113) 김갑철, Global Green Growth Policy, 11-2호, 2010, 환경산업기술원

빠져나오기 어려운 죽음의 계곡(death valley)을 잘 넘어설 수 있도록 하기 위해서는 사업화를 실질적으로 지원할 수 있는 투자가 뒷받침되어야 한다. 모든 벤처기업들이 안고 있는 자금 부족 문제를 융자로 해결하는 데 한계가 있기 때문이다. 이 밖에도 중소기업으로서 겪는 많은 어려운 점을 정부가 나서서 도움을 줘야 한다. 녹색산업 육성 정책에서 성공사례는 매우 중요하다. 벤처 기업이 R&D, 마케팅, 인력, 투자, 전략 지원 등 통합 지원정책을 통해 녹색산업 스타 기업으로 발돋움할 수 있다면, 이는 성공적인 사례가 될 것이다. 즉, 환경 관련 중소기업들에게 통합적 지원이 필요한 것이다.

또 다른 문제점은 환경 관련 인력이 부족하며 기술 인력의 체계적인 양성도 미흡한 실정이다(2000년 기준으로 인구 1만 명 당 기술 인력 수는 미국이 38.1명, 일본이 43.3명인데 비해, 우리나라는 22.5 명에 불과함).

마찬가지로 환경정책 측면에서의 문제점은 정부의 환경정책 및 기술개발 사업이 교육과학기술부, 환경부, 지식경제부, 보건복지부, 농림부 등 각 부서별로 추진되고 있으며, 종합적인 조정 기능이 이루어지지 않고 있고 사전 오염 예방 및 3세대 기술인 환경복원 및 관리기술 등 첨분 분야에 대한 원천기술 확보가 미흡 한 실정이다. 환경 분야 기술개발이 외국기술의 도입, 소화, 개량 위주로 진행되어 자체 기술의 개발 성과는 미미한 형편이다. 특히 해양오염 방지기술은 전무한 상태이어서 환경기술교육의 전문화가 시급히 요구되고 있다.

실제 정부의 R&D 예산을 보면 환경기술 R&D 예산이 전체 정부 R&D 예산의 약 4.5% 정도 밖에 되지 않는다(〈표 8.7〉 참조). 또 환경기술개발에 필요한 관련 기술 정보가 체계적으로 관리 보급되지 못함으로써, 환경 기술개발의 효율성이 저하되고 있으며 중앙기관, 공공기관,기업체 등에서 외국 기술을 선호하며, 국내 기술의 채택을 기피하고 있는 것도 큰 문제점으로

<표8.8 정부 R&D 예산 중 환경기술 R&D 예산 (단위: 억 달러)>

구 분 (단위:억 원)	합 계	2003년	2004년	2005년	2006년	2007년	연평균증가율
정부 R&D 예산	400,702	65,154	70,827	77,996	89,096	97,629	10.6%
환경기술정부 R&D 예산	17,950	3,070	3,468	3,249	3,798	4,365	9.2%
환경기술정부 R&D 예산비중	4.5%	4.7%	4.9%	4.2%	4.3%	4.5%	-

출처 : 교육과학기술부 외 10개 부처, 제2차 환경기술개발종합계획, 2008년

지적되고 있다. 이에 따라 국제사회에서 환경공학기술의 경쟁력을 확보하여 우리나라가 21세기 환경선진국이 되기 위해 시행해야 할 정책 방향으로는 1) 중장기 환경 공학 기술 개발 계획 수립, 2) 선택과 집중 원칙에 의한 전략적 기술 개발 추진, 3) 3세대 환경 기술에 대한 투자 확대, 4) 개발된 기술의 실용화 지원 및 환경 산업의 육성, 5) 공학 기술의 환경 친화적 발전 등이 필요할 것으로 생각된다.

8.5.5 우리나라의 환경기술 발전 전략

그러면 먼저 중장기 환경공학 기술개발 계획 수립을 하려면 어떻게 하여야 하나? 첫 째 다양한 수요의 우선순위를 정하여 수행하는 환경 기술개발에 대한 중장기 계획 수립이 필요하고 중복을 최소화하도록 하면서 경쟁력 확보가 가능한 분야를 정하여 중점 투자하는 방식으로 변환 하여야 한다.(이전까지는 소규모로 다방면에 걸쳐서 연구개발 투자가 이뤄져 왔다) 또 환경부 뿐 아니라, 민간 부문을 포함하여 국가 전체의 환경 기술의 미래를 전망하고, 목표 달성을 위한 역할 분담을 바탕으로 계획이 이루어져야 한다. 또한 환경 분야 기술의 분류 체계를 다시 정하고 각 분야의 수요를 장기적인 안목에서 판단하면서 과학적 근거와 신뢰성에 입각한 우선순위를 정하여 우리나라 환경기술이 기초부터 튼튼하게 발전할 수 있도록 해야 한다.

두 번째 선택과 집중 원칙에 의해 전략적인 기술 개발을 추진해야 할 것이다. 즉, 세계 환경시장 변화를 적극 수용하여 유망 환경 기술을 선정해서 집중 개발함으로써, 국제 환경시장에서 경쟁력을 갖추도록 "선택과 집중" 전략이 필요하다. 이를 통해, 선진국 수준의 기술 확보 및 일부 기술에 대해서는 선진국 대비 우위를 확보한다는 목표로 환경기술 개발 정책이추진되어야 할 것이다. 국제 환경시장에서의 전략적인 수출을 위해 유망한 환경 기술을 개발도상국과 선진국으로 구분(표 8,9 참조)하고 전략적 기술 개발에 집중해야 한다.

아시아 지역의 신규시장 확보를 위해, 기존 환경기술을 패키지화하고 선진국을 대상으로 환경친화적 신제품, 청정기술, 저 오염설비 생산 등 사전 오염물질 저감기술의 개발에 집중해야 하며 범지구적 환경 문제 해결에 앞장서기 위하여 국제 협약의 쟁점이 되는 현안들에 대한 철저한 분석을 통하여 적절한 대책을 강구하고 이에 대한 기술적 지원이 이루어질 수 있도록 해야 할 것이다.

세 번째로 3세대 환경기술에 대한 투자를 확대해야 할 것이다.

<표 8.9 개발도상국 수출을 위한 유망 환경 기술>

아시아	동구권	중남미
▪ 수질, 폐수처리 ▪ 환경측정기술 ▪ 대기오염 배출물진 관리 ▪ 생활 및 산업폐기물 ▪ 환경모니터링 부문	▪ 대기오염방지의 분진분야 ▪ 고유황석탄 탈황, 석탄청정 분야 ▪ 오염원 배출방지, 에너지관리 ▪ 수질, 폐수처리 ▪ 폐기물 소각처리	▪ 대기오염: 중공업, 광업 ▪ 석유화학 분야에서 배출가스 관리 ▪ 매연가스 세정 ▪ 도시폐기물, 수질 및 폐수 처리 ▪ 환경 모니터링, 환경영향 평가

출처 : 환경관리공단, “환경산업육성에 관한 연구”, 1998.12

<표 8.10 선진국형 유망 환경 기술>

유망 기술명		세부 기술명
대기오염 방지기술	배연탈황, 탈질기술	SCR 촉매제조기술, 배연탈황, 탈질 동시처리기술
	고효율 집진기술	세라믹필터를 이용한 먼지/Sox/Nox 동시처리기술 미세입자 제거를 위한 하이브리드 전지집진기술
	특정 대기오염물질 처리기술	고효율 일반 및 특징 대기오염물질 동시처리기술 VOC 및 악취물진 처리기술
수질오염 방지기술	산업폐수 처리기술	난분해성 폐수 처리기술, 고농도 유기폐수 처리기술
	오, 폐수 처리기술	하수처리장의 탈질, 탈인기술 부유상 담체를 이용한 유기물질 처리기술 생물학적 폭기여과, 반회분식 활성슬러지(SBR)
폐기물 처리기술	폐기물 소각기술	액상주입식 소각시스템, 다이옥신 함유 배기가스 처리
	유해폐기물 처리기술	플라즈마를 이용한 전기로 분진처리기술 소각재 및 폐기물의 용융 처리기술
토양오염 복원기술	생물학적 처리기술	미생물을 이용한 지중 생물학적 처리
	물리화학적 처리기술	동전기공법을 이용한 혼합물질 처리기술 세척제를 이용한 지중 처리기술 저온에서의 고농도 오염토양의 탈착 처리 지중 고형유리화 기술(Vitrification)

출처 : 환경관리공단, “환경산업육성에 관한 연구”, 1998.12

오염 복원 및 환경 관리기술의 개발을 위해 지속적인 투자가 필요하다. 특히 우리나라도 UN이 분류한 잠재적 물 부족 국가이기 때문에 오염된 지하수의 정화와 지하수 오염 예방을 위한 기술개발이 지속적으로 이루어져야 할 것이다.

또한 환경 분야에 생명공학, 전자공학, 나노공학, 우주공학 등의 기술이 접목되어 환경기술이 첨단기술의 하나로 자리 잡게 해야 할 것이다.

다음으로 개발된 기술의 실용화 지원 및 환경산업의 육성에 힘써야 할 것이다. G7 프로젝트 등을 통해 개발된 기술은 우선적으로 동남아시아나 중국의 환경 시장 진출을 목표로 해야 하며 공공 환경시설의 민영화 확대 등을 통한 환경산업체 육성 기반을 확충하는 방안을 모색해야 한다.

대규모 자본과 기술을 확보한 환경산업체로 성장할 수 있도록 법적, 제도적 장치가 보완되어야 한다. 현재 우리나라의 환경 기술개발 업체들이 대부분 중소기업이므로 환경 경영, 그린 마케팅 등의 도입을 통하여 기업들의 적극적인 환경 투자를 유도하고, 내수기반을 확충할 필요가 있으며, 전문 환경업체의 육성을 통하여 환경 산업의 전문화를 도모해야 한다.

고유기술 확보를 통하여 해외 대형 환경전문 업체와의 동반진출, 공동마케팅 등을 수행하고 해외사업 참여 기회를 확대시킬 필요가 있다.

세계 환경시장의 수요 변화 등 21세기 환경 인프라 시장 분석 및 효율석 대응을 통하여, 환경 시장의 높은 성장률을 보이는 아시아 지역에 적극 진출하는 전략이 경쟁력 확보에 유리할 것으로 평가된다.

마지막으로 공학기술을 환경친화적으로 발전시켜야 한다. 환경기술의 발전뿐만 아니라 과학기술의 환경 친화적 발전과 적용도 중요한 사안임을 알아야 한다.

환경호르몬, LMOs(Living Modified Organism 유전자 변형 생물체), 유해물질들의 개발은 심각한 환경 문제를 야기하고 있으며 굴착기술의 발달 등으로 심층 지하수까지 고갈시키는 사례가 발생하고 있다. 앞에 지적한 분해가 되지 않는 유해물질은 장기적인 피해를 유발하며 과도한 지하수 채취는 향후 물 부족을 유발하고 있다. 따라서 무절제한 기술 개발과 응용이 새로운 환경 문제를 야기하지 않도록 공학 기술의 환경친화성을 제고할 필요가 있다.

참고자료

1. 21세기를 지배하는 10대 공학기술 (장호남 외, 김영사)
2. 공학기술로 21세기 앞장서자(한국공학한림원)
3. 21세기를 위한 환경학(곽홍탁 외, 신광문화사)
4. 기타 인터넷 자료

9
CHAPTER

에너지 위기와 신재생에너지

9.1 서언

1970년대 2차에 걸쳐 발생한 오일쇼크 이후 많은 선진국들은 신재생에너지 기술개발과 보급에 관심을 갖기 시작하였다. 당시에는 석유와 화석에너지의 수입의존도를 줄이고 에너지 자급도를 제고하기 위한 것이 주요 목적이었으나 1980년대 후반부터 석유 및 화석에너지 사용에 의한 지구 온난화 현상이 심하게 나타나면서 세계적으로 환경문제에 대한 논의가 본격적으로 시작되었고 각국은 지속가능한 에너지 미래 구축 전략의 일환으로 신재생에너지의 개발과 보급에 심혈을 기울이게 되었다. 2007년 세계 신재생에너지 공급량은 세계 1차 에너지 총 공급량의 약 18%을 차지하였고, 신재생에너지발전은 총 발전용량의 5%를 차지하였다. 신재생에너지 투자비는 2005년 약 400억 달러, 2006년 약 550억 달러, 2007년에 약 710억 달러로 꾸준히 증가하고 있다.

최근에 와서 ***녹색성장***이란 말이 유행한다. 녹색성장이란 미래세대가 경제활동을 원활히 지속할 수 있도록 현 세대가 제한된 양의 자원을 효율적으로 사용하고 환경오염물질을 배출하지 않도록 노력하면서 경제성장을 이루는 것을 의미한다.

이 용어는 2005년 유엔 환경개발장관 회의(MCED)에서 처음 사용 되었으며 우리나라에 이 개념이 널리 알려지게 된 것은 이명박 대통령이 2008년 8.15 경축사에서 '***저탄소 녹색성장***'[114)]을 새로운 신 국가 발전 패러다임으로 제시한 종합적 국가전략을 발표하면서부터다.

지구촌 환경문제와 에너지 문제가 현실적으로 위협하면서 각국 정부는 자원고갈, 청정에너지, 물 문제를 국가의 미래를 결정하는 새로운 녹색성장 패러다임으로 인식하여 다양한 지원 제도를 통해서 신재생에너지 보급 확대에 노력하고 있다.

9.2 에너지 고갈

산업혁명 이후 특히 20세기로 들어오면서 세계 각국의 경제가 성장하여 국민소득이 증가하면서 에너지 수요가 급격히 증가하게 되었다. 우리나라 역시 1960 년 대부터 산업 발전이 급

114) 대한민국정부는 2008년 주요 정책으로 저탄소 녹색성장을 제시하였다. 여기서 녹색성장이란 '에너지, 환경관련 기술과 산업 등에서 미래 유망품목과 신기술을 개발하여 기존 산업과 융합하면서 새로운 성장을 이루는 것을 나타내고 있다.

속화되면서 에너지의 수요가 급격히 늘어났으나 우리나라의 경우는 에너지원이 부족하여 외국으로부터 에너지를 수입해야만 했으며 현재 에너지의 약 95%를 수입하는데 우리나라 총 수입액의 20% 정도를 차지할 정도로 많은 액수를 차지한다. 이와 함께 우리나라 석유 소비 증가율은 세계 3위일 정도로 에너지 다소비 국가이다. 참고로 중국은 매년 석유 소비 증가율이 세계 1위이다. 그러면 세계적으로 많이 시용하고 있는 화석연료의 현황을 살펴보자.

9.2.1 석탄

석탄은 인류문명을 형성하고 문명은 석탄에 의해서 번영되었다. 증기 동력의 출현과 함께 증기기관차, 증기선, 화력발전소의 증가는 석탄의 소비량을 급격히 증가시켰다. 그러나 1950년 이후 석유 사용량 급증으로 석탄 사용 비율은 하락했지만 아직도 중국, 인도 등 많은 개발도상국가들이 2000년대 들어와 전력 생산을 위해 화력발전소를 많이 건설하면서 그 사용량은 조금씩 늘고 있다.

석탄은 석유나 천연가스와 달리 지구상에 고루 매장되어 있다. 우리나라의 매장량은 약 8천만톤, 북한은 약 6억톤이 매장되어 있는 것으로 추정된다. 석탄은 매장량이 석유보다 월등히 많지만(2007년 현재 약 8,474억 8,800만 t 추정) 열량이 석유보다 훨씬 낮아 비효율적인 단점이 있다. 석탄은 동력원 뿐 아니라 화학공업의 원료로도 중요하기 때문에 그 쓰임새가 갑자기 줄어들기는 어려운 것으로 보고 있다. 에너지원으로 전 세계 석탄의 사용비율을 보면 1950년 50.7%, 1980년 25.3%, 1990년 32.5%로 90년대 들어 다시 증가하고 있다. 석탄을 현재 사용량 기준으로 볼 때, 학자들마다 의견이 조금씩 다르기는 하지만 앞으로 약 170년 정도 사용할 수 있을 것으로 추정된다. 또한 현재 석유가의 인상 및 환경문제로 인한 석탄 사용 증가로 더 앞당겨질 수 있다.

9.2.2 석유

석유는 현재 에너지원으로 세계에서 가상 널리 이용되고 있다는 것은 주지의 일이다. 미국은 에너지의 ¾을 석유와 천연가스에 의존하고 있을 정도이다. 석유는 현재 거의 모든 교통수단의 연료로 이용되고 있으며 석탄과 마찬가지로 화학공업의 원료로 다량 사용되고 있다. 이로 인해 1960년 이 후 석유 사용량은 세계적으로 평균 매년 약 7% 정도씩 증가하고 있다.

석유와 천연가스의 소비량 증가 추세를 보면 1960년~1970년 사이에 에너지 신장률 약 5%정도이며 에너지 공급원이 석탄에서 석유로 바뀜에 따라 1970년에는 전 에너지에 대한 석유 신장률 약 44%가 될 정도로 에너지를 석유에 의존하고 있으며 아직까지도 석유는 자동차와 석유화학의 2대 공업을 뒷받침하는 에너지원이다.

2007년말 기준 매장량 약 1조2,379억 배럴, 현재 사용량 기준 추산으로는 약 40년~50년 후 고갈될 것으로 보고 있다. 그러나 향 후, 유전이 계속 발견된다면 그 이상도 사용 가능하겠지만 한국, 중국, 인도 등 개발도상국의 사용량이 더 늘어난다면 이는 또 달라질 수 있다. 또한 석유의 문제점은 매장량 분포가 사우디 20%, 그 밖의 중동국가 60%, 중국과 소련 17%, 아프리카 9%, 미국 6%, 나머지 국가 8%로 편재되어 있다는 것이다.

9.2.3 천연가스

천연가스는 석유와 비슷한 특성을 가지며 미국은 전체에너지의 25%를 천연가스로 충당하고 있다. 이 역시 1930년 이 후 연료 뿐 아니라 화학공업의 원료로 사용량이 증대되고 있다. 석유나 석탄에 비해 유해물질이 적게 발생하여 매년 소비량이 증가하고 있는 추세이다.

미국을 비롯하여 전 세계가 각 지역에서 천연가스전 개발에 총력하고 있으며 우리나라 역시 마찬가지이다.

가격이 비싸고, LNG기지 설치비용이 비싸며 석탄, 석유보다 다루기 위험하다는 단점 외에 매장되어 있는 분포가 중동, 소련이 전 세계 매장량의 60% 차지할 정도로 편재되어 있다. 전 세계 매장량은 2007년 기준 약 177조3,600억 ㎥로 현재 사용량 기준으로 볼 때 이 역시, 약 60년 후에는 지구상에서 고갈될 것으로 추정된다.

9.3 대체에너지

앞에서 설명했듯이 화석에너지의 매장량과 소비율을 감안한다면 새로운 대체에너지 개발이 시급한 실정이다. 또한 현재 저장량으로 보아 화석원료는 화학공업의 원료로 사용하기도부

<표 9.1. 각 에너지원으로부터 얻을 수 있는 1차 에너지>

출처: 신재생에서지 조용덕,이상화 이담

동물	축력. 인력
식물	장작, 목탄
화석	선탄, 천연가스, 석유
태양	태양열, 태양광
자연	수력, 풍력, 파력, 조력(달)
지구	지열
핵	원자력(핵분열, 핵융합)

족한 현실이다. 각국은 에너지 자원의 수요를 충족시키기 위해서 뿐 아니라 20세기 들어오면서 화석연료의 과도한 사용으로 생긴 배기가스로 인해 지구온난화[115]가 심각해지면서 세계적인 환경 위험에서 벗어나기 위해서는 새로운 에너지 개발이 시급한 실정이다.

현재 우리가 이용할 수 있는 1차 에너지는 표 9.1과 같다.

동물이나 식물에 의해 만들어지는 에너지는 현재는 거의 사용되지 않으며 현재 화석에너지의 대체에너지로 사용할 수 있는 것은 크게 재생에너지와 신에너지로 나눌 수 있다. 재생에너지에는 태양과 자연에서 얻을 수 있는 태양열, 태양광, 바이오매스, 풍력, 수력, 파력, 조력, 지열, 해양에너지, 폐기물(쓰레기)에너지 등이 있으며 신에너지로는 석탄액화가스, 수소에너지, 연료전지와 핵 원자력(핵분열 및 핵융합)이 있다.

세계의 거의 모든 나라는 이러한 재생에너지 및 신에너지 개발에 몰두하고 있으며 우리나라에서도 2004년 산자부에서 대체에너지 중점 지원분야로 수소, 연료전지, 풍력, 태양광을 정했으며 또한 정부는 2009년부터 태양전지, 연료전지, 해양바이오연료, 해양에너지, 청정석탄에너지, 폐기물·바이오가스를 신성장 동력산업으로 지정하여 지원하고 있다.

그러면 지금부터 이러한 에너지의 특징 및 관련 기술에 대해 알아보기로 하자.

115) 이산화탄소(CO_2), 프레온가스(CFC), 메탄가스(CH_4), 질소화합물(NOx), 대류권오존(O_3) 등 대기중의 미량기체는 지구로 입사하는 태양에너지의 단파장 성분을 투과시키고 지구에서 반사하는 장파장 성분을 흡수하는 성질이 있다. 이 작용으로 지구의 온도는 이것들이 없는 경우와 비교 하여 33℃ 정도 높게 유지된다. 이 효과를 온실효과라고 하며 이들 가스를 온실효과 가스라고 부른다.

9.3.1 원자력

1) 개요

세계 각국은 제 2차 세계대전 이 후 원자력을 평화적으로 이용하기 위해 동력으로 사용하는데 관심을 갖고 연구하기 시작했다. 마침내 소련은 1953년 원자력 발전소 건설에 착수하여 그 다음해인 1954년 6월에 완성하였다. 이 원자력발전소의 규모는 열출력 5만kw, 전기출력 3천kw, 열효율 17%로 5%의 농축우라늄 55kg를 사용하여 발전하였다. 이에 각국에서 원자력 발전소가 속속 완성되기 시작했다.

영국은 1956년 10월 발전용 원자로 1호기를 완성하였는데 전기출력 10만 kw의 규모였다. 그 다음해인 1957년, 미국 역시 열출력 25만 kw, 전기출력 6만 kw 규모의 1호기를 완성하였다. 우리나라는 원천적으로 화석연료가 부족한 상태였기 때문에 일찍부터 원자력발전소 건립을 추진하여 1978년 4월, 고리 원전 1호기가 발전을 시작했으며 2007년 현재 20기가 가동되고 있으며 전기출력은 총 약 1,771만KW로 세계 6위의 발전량을 보이고 있다.

2) 원자력 발전량

2009년 8월 IAEA의 발표에 의하면 2030년까지는 전세계 원자력 발전량이 현재보다 40% 증가할 것으로 예상하고 있으며 2007년 말 현재 세계에서 운전 중인 원자력발전소는 31개국에서 436기, 총출력 3억9,049.2만 kW, 건설 중인 원자력발전소는 52기, 계획 중인 원자력발전소는 66기이며 2007년 말 현재 세계의 총 원자력발전량은 약 2조950억 kW로 세계 총 발전량의 약 16%를 차지하고 있으며 이는 연간 약 4억5천만톤의 석유에 해당하는 양이으로 중동 전체 연간 석유 생산량의 약 50%에 해당하는 상당한 양이다. 또한 2007말 현재 각 나라의 발전용량을 보면 미국이 104기에 출력 10,630.2만 kW(미국 내 전 발전량의 19%), 프랑스가 59기에 출력 6,602만 kW(프랑스 내 전 발전량의 78%), 일본이 53기에 4,958만 kW로 일본의 전 발전량의 30%를 생산하고 있으며 러시아가 31기에 2,319.4만 kW, 독일이 17기에 2,137.1만 kW, 우리나라는 2008년 기준, 고리, 영광, 월성, 울진 4곳의 20기에 1,771.6만 kw의 발전력을 가지고 있으며 6기가 건설 중에 있고 2기가 계획 중으로 세계 제6위인 1509.6억 kWh의 발전량으로 우리나라 전체 발전량의 약 36% 차지하고 있다.

최근 일본의 지진으로 인한 쓰나미 영향으로 원자로가 폭발하면서 각국에서 새로운 원자력발전소 건설을 재고하고 있지만 현재 상황으로서는 화석연료의 대체에너지로서 가장 경제적으로 전기를 얻을 수 있으므로 지역적으로는 몰라도 세계적으로 원자력발전소의 건설을 멈출 수는 없을 것이다.

3) 원자로

원자력발전의 원리는 핵폭탄(원자폭탄)의 원리와 비슷하다. 다만 원자폭탄이 핵원료의 급격한 원자핵 분열로 폭발과 함께 막대한 에너지를 한꺼번에 방출하는 것과는 달리 분해가 서서히 일어나도록 조절함으로써 얻어진 에너지로 스팀을 만들어 전력을 생산하도록 한 것이다. 실제 에너지를 얻는 곳이 바로 ***원자로***이다.

원자로는 원자핵분열 연쇄반응이 서서히 일어나도록 하면서 필요한 에너지를 안전하게 사용할 수 있도록 만든 장치로 그 구성은 크게 5부분으로 되어 있다.

연료봉은 핵연료를 보통 주석, 철, 크롬, 니켈이 함유되어 있는 지르코늄 합금으로 펠릿 형태로 만든 것으로 50~200개의 연료봉을 다발로 만들어 원자로에 장착하게 된다. ***제어봉***은 중성자를 잘 흡수하도록 카드뮴, 붕소, 또는 카드뮴 합금으로 만들어 핵연료 다발 사이에 장치하는 것으로 이것을 올렸다, 내렸다하여 반응을 조절한다. ***감속재***는 말 그대로 높은 에너지의 고속 중성자를 저속 열중성자로 변환하기 위한 재료로서 주로 경수, 중수, 베릴륨, 흑연 등이사용된다. ***냉각재***는 연료봉에서 핵분열로 인해 나오는 열을 제거하기 위해 사용되며 원자로에 따라 물, 액상 나트륨금속, 탄산가스나 헬륨 등을 사용한다. 마지막으로 이 모든 것을 덮고 있는 ***용기***는 높은 압력에 견뎌야 하며 두께는 압력에 따라 달라진다.

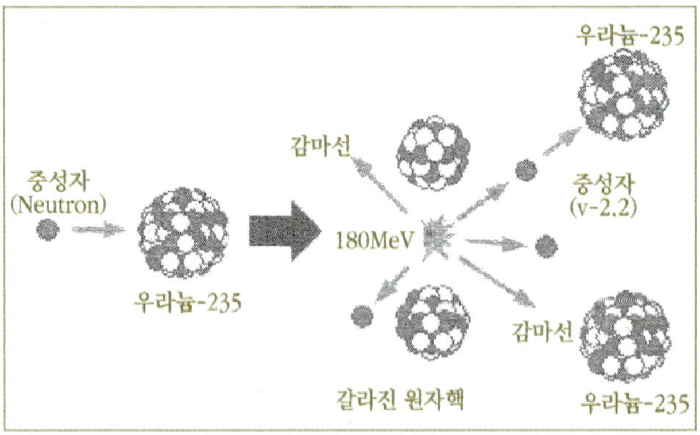

출처: 신재생에서지 조용덕,이상화 이담

<그림 9.1 핵분열>

원자로 중심에는 중성자가 밖으로 나가는 것을 막는 반사체가 있으며 그 바깥쪽에는 방사선 차폐를 위한 차폐벽(보통 철근 콘크리트)이 있다.

4) 원자로의 종류

일반적으로 원자로 내의 감속재에 따라 ***경수로, 중수로, 흑연로***로 나뉘며 경수로는 감속재로 일반 물을 사용하며 사용되는 연료는 2% 내외의 농축 우라늄 사용한다. 경수로에는 크게 ***가압수형 경수로***와 ***비등수형 경수로***가 있는데 ***가압수형 경수로***는 원자로 내의 물의 압력 및 온도를 350℃와 150 기압으로 높여 물이 끓지 못하게 하여 이것이 증기발생기를 순환하게 하여 증기발생기 내의 물을 증기화하여 이 증기로 터빈을 돌리는 방식이며 ***비등수형 경수로***는 원자로 내의 물을 직접 끓여 발생한 증기로 직접 터빈을 돌려 전기를 발생

<표 9.2 원자로의 종류>

원자로의 종류 / 구분	경수로		중수로	흑연로
	가압수형	비등수형		
연 료	2~4%의 농축 우라늄		0.7%로 농축된 천연 우라뉼	천연 우라늄
냉각제	물(경수)	물(경수)	중수	이산화탄소(CO_2) 헬륨 가스(He)
감속제	물(경수)	물(경수)	중수	흑연

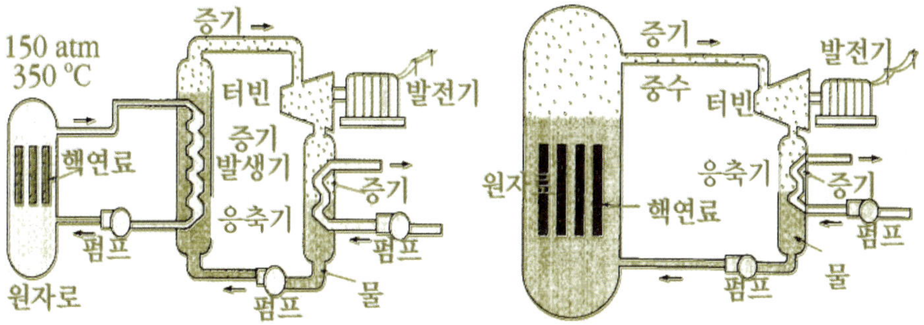

<그림 9.2 가압수형 원자로와 비등수형 원자로>

출처: 신재생에서지 조용덕,이상화 이담

하기 때문에 사고가 발생했을 때 방사능이 외부로 나갈 위험성이 크며 오염이 심한 단점이 있다.

*중수로*는 감속재로 중수를 사용하며 원료로는 천연우라늄을 그대로 사용한다. *흑연로*는 냉각재로 흑연을 사용하며 일반적으로, 원자폭탄에 사용하는 플루토늄을 생산하기 위한 원자로로 사용된다.

5) 원자력 발전의 경제성

원자력발전에 의한 전기 생산 단가는 다른 어떤 원료의 단가보다 상대적으로 적게 든다. 원자력 판매단가를 보면 2007년 한국의 기준으로 볼 때 원자력 39.4 원/kWh, 유연탄 40.9 원/kWh, 중유 117.0 원/kWh, LNG는 128.3 원/kWh, 수력 84.8 원/kWh이다. 특히 향 후에 탄소배출권(Emission Trading, 온실가스 감축 의무가 있는 사업장, 혹은 국가 간 배출 권한 거래를 허용하는 제도. 이산화탄소 배출권거래제라고도 함) 비용을 감안하면 유연탄의 발전 원가는 최소 27.2원 상승한 68.1원이 될 것으로 예상되며 석유의 사용량이 증가하고 생싱량을 조절하여 석유의 단가가 올라갈 경우 중유에 의한 판매가는 더욱 올라갈 것이다.

원자력 발전의 판매 단가는 크게 변동이 없는데 그 이유는 원료인 우라늄은 그 매장량이 지구상에 약 40억톤 정도로 추정할 만큼 풍부한데 현재 기술로 사용 가능한 양이 약 1,620만 톤으로 추정되나 향 후 기술이 발전하면 사용할 수 있는 양은 무한대라고 할 수 있으며 적은 양으로 큰 에너지를 내기 때문에 전기 생산에 사용되는 양도 매우 적으며 연료의 수송, 저장비가 다른 원료에 비해 단가에 차지하는 비율이 극히 적어 일단 발전소가 만들어지면 거의가 자동으로 이루어지기 때문이다. 예를 들면 석유의 경우 약 7,500만 배럴의 저장시설을 위해 약 4~5억 달러 소요되나 원자력발전을 위한 연료는 별도 저장시설 필요 없으며 7,000만 톤의 석유 수송에 20만 톤급 유조선 350척이 필요하지만 그만한 발전량을 위한 핵연료는 2,3천톤급 배 1척만 있으면 되기 때문이다. 또한 에너지 발생 시 산소가 필요 없으며 똑 같은 양의 전기를 생산할 때 CO_2 발생량이 화석연료의 1/30정도 나올 만큼 대기오염이 아주 적다는 장점이 있다.

<표 9.3 에너지별 판매단가 및 CO_2 배출량>

구 분	원자력	유연탄	중 유	LNG
판매단가(원/kwh)	39.54	42.18	68.82	235.34
CO_2 배출량(g-C/k조)	7.6	266	202	166

- 판매단가 : 한전전력거래소 발행자료(‘ 03.10)
- CO_2 배출량 : 일본 중앙전력연구소 Life Cycle CO_2 Emissions(2002년)

6) 원자력발전의 문제점

다른 에너지에 비해 경제성도 좋으며 여러 가지 장점이 있지만 원자력발전에도 역시 문제점이 있다. 그것은 원자로 사고 시 다량의 방사성 물질이 방출한다는 것이다. 예를 들어 아직까지도 정확히 밝혀지지 않았지만 1986년 4월에 일어난 체르노빌 원자로 사고로 6천 ~ 8 천명의 사상자가 발생했으며 우리나라 총면적에 해당되는 지역이 오염e한 것으로 추정하고 있으며 당시에는 거의 전 유럽이 방사능으로 직, 간접 피해를 입은 것으로 알려져 있다.

방사능 물질의 피해는 엄청나다. 플루토늄이 1파운드만 환경 속으로 들어가도 1년에 약 600건의 암 발생이 가능하며 사람이 방사능 물질에 노출될 경우 물집, 메스꺼움, 구토, 복통, 탈수 등이 일어나며 심할 경우에는 암, 백혈병 등을 유발하며 그것이 유전적 영향에 의해 자손에게도 영향을 미친다.

우리나라의 경우도 대형 사고는 없었지만 89년 ~ 2003년 15년간 약 290여건의 원자로 고장이 있었다. 이러한 방사능 물질의 유출에 의한 동물 및 자연의 피해가 심각하기 때문에 1971년 미국은 원자로 설치 지역의 방사능 물질 방출량을 5 mmg/년 이하로 결정하고 항상 감시하고 있다.

그러나 궁극적으로 원자로는 자기제어장치가 갖추어져 있기 때문에 최근 일본에서와 같은 전혀 예상치 못한 자연재해가 아니고서는 운전에 따른 안정성은 보장되어 있다고 볼 수 있다. 그럼에도 안정성 문제는 계속 논란의 대상이다. 한편 사고가 아닌 평상시에도 계속 가동할 경우 발생되는 방사성 폐기물 처리 문제도 역시 곤란한 일이다. 더군다나 최근 많은 나라의(우리나라도 예외는 아니지만) 소득수준이 늘어나면서 자연스럽게 국민들의 안전에 대한 욕구가 커지고 원자력의 위험성에 대한 두려움이 커지면서 지역 이기주의와 맞물려 각 나라마다 방사성폐기물 처리장을 자기 지역에 건설하는 것을 막고 있어 핵폐기물 처분장을 선정하는데 큰 어려움을 겪고 있다. 원자력 발전으로 많은 혜택을 봐 왔지만 핵폐기물 처리비용, 사용이 끝난 원자력발전소의 폐기 비용 등은 미래 후손들의 부담으로 남게 되어 세대 간 공평성 문제가 논란의 대상이 되고 있다.

현재 지구상에는 대략 43,071개의 핵발전소에서 세계 전체 전력소비량의 18%를 생산하고 있으나 선진국에서 원자력발전소 건설을 보류, 중단하는 가장 큰 원인은 핵연료인 우라늄을 채광할 때부터 방사능오염이 발생하며 원자력이 핵폐기물이나 핵발전소 폐기 비용까지 계산하면 결코 값 싼 에너지가 아니며 평균 용량 100만 kw의 원자로 1기에서 1년에 200 kg의 플루토늄이 생산되는데 이는 최소한 50개의 핵폭탄을 만들 수 있는 양이기 때문에 매우 위험한 에너지라는 주장이 점차 사람들에게 설득력을 얻고 있기 때문이다.

따라서 미래의 에너지원으로 원자력을 계속 사용할 것인가 선택하는 문제는 앞으로 정부가 아닌 국민의 선택과제일 것이다. 다만 정부가 에너지 정책의 접근 방향을 에너지 이용효율을 극대화시키면서 신, 재생에너지의 공급 비중을 증가시키며 위험성이 논란의 대상이 되고 있는 원자력 발전의 비중을 점차적으로 줄여 나가는 것이 바람직한 것으로 생각된다.

9.3.2 수소에너지

1) 수소 에너지의 장, 단점

이미 잘 알려져 있듯이 수소에너지는 미래의 청정에너지원 가운데 하나이다. 수소는 연소시 극소량의 질소가 생성되는 것을 제외하고는 공해물질이 거의 배출되지 않으며, 직접 연소를 위한 연료 또는 연료전지 등의 연료로 전기 생산이 가능하여 동력원으로 사용할 수 있다. 또 무한정인 물을 원료로 해 제조할 수 있으며 아직까지는 경제성이 떨어지지만 기타 여러 가지 방법으로 생산이 가능하며 가스나 액체로 쉽게 수송할 수 있고 다양한 형태로 저장이 가능하다는 장점이 있다. 따라서 수소에너지는 산업용 기초 소재에서부터 일반연료, 자동차, 비행기, 연료전지 등 현재의 에너지시스템에서 사용되는 거의 모든 분야에 응용될 수 있으며 따라서 미래의 에너지시스템에 가장 적합한 에너지원으로 평가되고 있다.

그러나 수소에너지는 사용상 안전성에 문제점이 있다. 즉, 폭발성이 강하며 범위가 크고, 착화기 용이하며 수소는 무색으로 식별이 어려운 반면 가스의 확산 및 화염 속도가 매우 빨라 대형 사고의 위험성이 있다는 단점이 있다. 또한 현재 기술로는 순수한 수소를 얻는데 비용이 많이 들며(2003년 기준 천연가스에서 추출할 때 1kg당 1.4달러, 원자로 열분해로 추출할 때 1.53달러 정도) 액화하는데 비용이 많이 들기 때문에 경제성에 있어 아직은 적용하기 어려운 실정이다.

2) 수소 에너지에 대한 연구개발

앞에서 언급했듯이 수소 에너지는 미래의 에너지시스템에 가장 적합한 에너지원으로 평가되고 있기 때문에 세계적으로 이 에너지 연구개발에 많은 돈을 투자하고 있다. 미국의 경우 이미 10여년 전부터 우주개발 군사용 등 특수 분야에서는 실용화 기술을 확보하고 있으며 상용 응용을 위해 2003년부터 5년간 12억$을 투자했으며 정부에서 계속적인 지원을 해주고 있다. 일본도 뉴 선샤인 계획, WE-NET프로그램(1993년~2002년, 예산 1.6억$)등 연구 를 진행했으며, 2003년 부터 NEP 프로젝트(상용화)를 진행하면서 예산을 증액했으며, 이후 2020년 까지 수소인프라 확장을 위한 차기 프로젝트를 진행할 예정으로 있다. 한편 독일의 경우는 최근 대체 전원으로 부터 수소의 제조와 저장, 그리고 이를 연료전지, 수소보일러, 수소자동차 등에 이용하는 수소에너지 시스템기술 실증 플랜트를 설치, 운용하는 등 수소에너지 시대에 대비하고 있으며 2000년 부터 매년 평균 5.5천만 유로를 투자하고 있다. 유럽의 개별 국가들과 별도로 EU는 2001년~2006년 사이 신재생에너지 6개년 계획을 통해 1.2억$의 수소에너지 연구개발비를 지원하고 있으며 또한 2001년~2006년 사이 CUTE (Clean Urban Transfort for Europe), ECTOS(Ecological City Transport System) 등 수소연료자동차 실증 프로그램 실행하고 있다.

우리나라의 경우 '80년대부터 관련기초연구에 착수, 2000년 대 초 대체에너지 기술개발사업단 및 에너지기술연구소 등의 중, 장기 계획에 따른 연구가 수행되고 있으며 2007년에는 수소에너지 개발에 약 600억 원을 투자했으며 수소에너지 생산을 신성장동력산업으로 지정해 지원하고 있다.

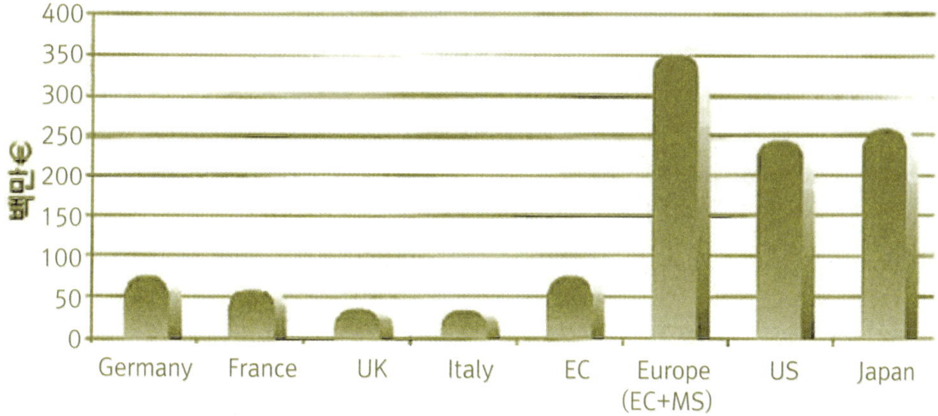

출처: 한국에너지기술연구원, 〈국제에너지현황 및 수소에너지 연구개발 동향〉.2007.02

<그림 9.3 주요국 2006년 수소연료전지 연구개발 비용>

자료:한국에너지기술연구원.〈국제에너지현황 및 수소에너지 연구 개발 동향.〉. 2007.02

<그림 9.4 CUTE 프로그램 참여국의 연료전지 버스 및 인프라>

3) 수소에너지의 이용

수소에너지는 다양한 용도로 사용이 가능하다. 이미 미국에서는 오래전에 우주선의 연료로 이용해 왔다. 액체-고체수소 혼합물에 의한 에어로 스파크 로켓 엔진을 개발 사용함으로써 연료통의 크기를 1/3으로 축소시킬 수 있었다. 한편 자동차, 비행기 등의 운송 수단의 연료로 사용될 수 있는데 배기가스로는 물, 질소산화물이 약간 배출될 뿐으로 상당히 친환경적이다. 즉, 수소는 궁극적으로 무한정한 물을 원료로 사용하여 제조하며 사용 후에는 다시 물로 재순환된다. 그러나 현재 수소자동차 실용화에는 문제점이 여러 가지가 있다. 우선 수소를 자동차에 싣고 다니려면 수소를 액화시켜 액체수소저장 탱크에 저장해야 되는데 수소의 액화가 어렵고 저장 중 소실되는 양이 많으며 현재 주유소만큼의 많은 충전소가 필요하며 그 충전소에 안전하게 수소를 공급해야 되는 문제점이 있다.

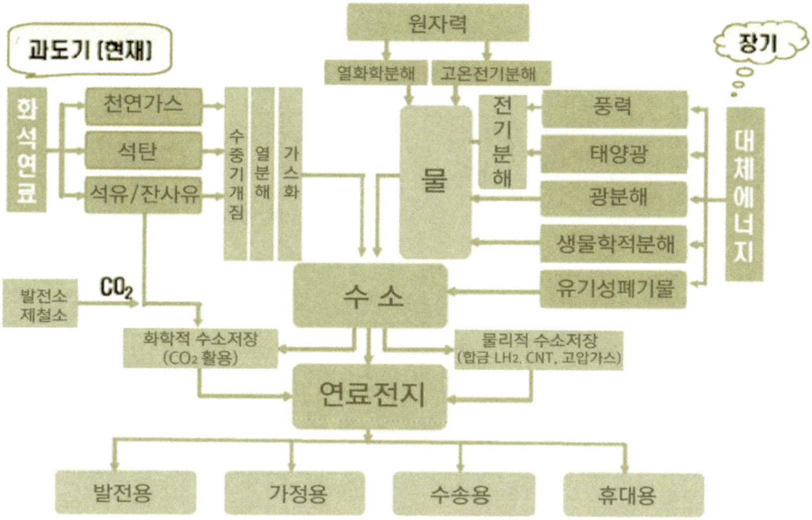

자료 : 에너지관리공단, 「신 · 재생에너지 R&D 전략 2030」, 2007. 11.

<그림 9.5 수소에너지 제조 ,이용 체계도>

그림 9.5의 수소 제조 및 저장체계도를 조금 더 자세하게 표로 나타내면 표 9.4, 9.5와 같다. 한 때 독일에서 *금속수소합금*[116]을 저장탱크로 이용하려는 시도가 있었으나 금속수소합금의 경우 무게가 무거워 자동차에 40L의 연료통을 부착할 경우 무게가 300kg 정도 무거워지는 단점 때문에 실패했다.

4) 수소연료전지

최근에 와서는 대부분의 나라가 수소 연료전지 개발에 집중하고 있다.

수소 연료전지를 실용화하기 위해서는 아직도 많은 연구가 필요하다. 표 9.4에서와 같이 순수한 수소를 얻기 위한 방법은 많지만 경제성을 갖기 위한 방법의 개발이 필요하며 전지로 이용하기 위해 수소를 저장해야 하는데 현재까지는 경제적이고 마땅한 방법이 없다. 그러나 앞으로 탄소나노튜브 등 나노물질을 이용하려는 것이 과학자들의 생각이다.

116) 수소저장합금이란 금속과 수소가 반응하여 생성된 금속수소화물로 수소를 안전하고 효율적으로 저장하기 위해 개발되었는데 이러한 합금은 가열하면 다시 수소가 방출(금속에 따라 흡수,방출되는 양이 다름)된다. 1960년 네덜란드 필립스사에서 최초로 La-Ni계 수소저장 합금을 개발하였으며 그 밖에 Ti-Fe, La-Ni, Mg-Ni 합금이 실용화되어 있다.

<표. 9.4 수소 제조방법>

대분류	중분류	기술 개발 내용
제조	물로부터 수소제조 (세계적으로 연구 단계임)	전기분해(SPE, 태양광 풍력 등 대체적원 이용 등)
		저온열분해(산화물, 유황화합물, 염화물, 불화물, 요오드화물 등)
		광촉매(금속산화물, 페롭스카이트, 제옵라이트 등)
		바이오(공합성 직·간접, 협기 발효, 광합성 발효 등)
	화석연료로부터 수소 제조	수증기 개질(상용화되어 있음)
		플라즈마 개질(반용기, 플랜트 건설) ⇒ 미국 상용화
		고온열분해9이론정립, 촉매, 반응기) ⇒ 미국 개발 단계
	수소 정제	고순도 수소 제조(PSA, MH 이용등) ⇒ 선진국 기술 확립
저장	저장	기체저장(상용화되어 있음)
		액체저장(저장용기, 극저온 연구 등) ⇒ 독일 상용화
		고체저장(재료, 고용량 저장, 무게 등) ⇒ 일부 상용화
		CHT(재료, 합성, 공정기술 등) ⇒ 선진국 개발 단계
	화학적 저장	CO_2 이용 메탄올, 에탄올 합성(상용화되어 있음)
이용	이용	가정(전기, 열), 산업(반도체, 전자, 철강 등), 수송(자동차, 배, 비행기) ⇒ 수소의 제조, 저장기술이 확립되지 않아 실용화된 사례가 없음
	안전대책	역화 방지 등

<표. 9.5 수소 저장방법>

방법	압축가스	액체수소	지하저장	수소저항합금
내용	• 고압 · 상온 • 내압탱크 : 10~30 atm, 25000Nm^3 • 봄베 등 : 150~200 atm, 2800Nm^3	• -253℃ · 상압 • 70.8kg/m^3 • 단열용기(탱크 또는 Dewer) 최대 : 3,200m^3	• 고압 · 상온 • 폐갱, 암영층, 대수층에 압입 106~109Nm^3 • 실용실적 있음	• 상온상압근방 • 금속수소화물의 생성 • 1/1,000로 축소 • 열교환형식의 반응용기 필요 • 실용실적 있음.
장점	• 보급기술 양호 • 저에너지소비(저장)	• 고중량 밀도 • 체적밀도도 큼 • 내량저장 가능	• 비용이 저렴 • 대량저장 가능 • 장기저장 가능	• 안전성이 큼 • 체적밀도가 큼 • 열에 의한 방출
단점	• 고압 • 저충진 밀도 • 소중용량	• 액화의 동력요 • 비용이 큼 • voil-off flush	• 적지가 한정	• 함금 값 비싸다 • 무거움 • 초기 활성화

출처: 신재생에서지 조용덕,이상화 이담

수소연료전지의 원리는 물의 전기분해 역반응을 이용, 수소와 산소로 부터 전지와 물을 만드는 것으로 일반전지와 달리 수소와 산소가 공급되는 한 계속 전기를 생산할 수 있다. 앞의 수소 제조도에도 나와 있지만 천연가스, 메탄올, 석탄가스 및 수증기에서 수소를 생성할 수 있으며 순수한 수소를 연료 전지의 연료극에 공급하며 그 반대 전극인 공기극에는 공기(O_2)를 공급하면 전해질과 반응하여 이온을 형성하고(전기 화학 반응)에 의해 직접 발전, 물이 생성되는 과정에서 연료극에서 전자가 발생하여 공기극으로 이동하면서 전기가 발생하게 되는 것이다. 이 과정을 간추려 보면,

① 연료극(Anode)에 공급된 수소는 수소이온과 전자로 분리 ⇒
② 수소이온은 전해질층을 통해 공기극으로 이동하고 전자는 외부회로를 통해 공기극으로 이동 ⇒
③ 공기극(Cathod)쪽에서 산소이온과 수소이온이 만나 반응생성물(물)을 생성 ⇒ 최종적인 반응은 수소와 산소가 결합하여 전기, 물 및 열이 생성

이 과정을 화학식으로 나타내면,

Anode side: $2H_2 \Rightarrow 4H^+ + 4e^-$

Cathode side: $O_2 + 4H^+ + 4e^- \Rightarrow 2H_2O$

Net reaction: $2H_2 + O_2 \Rightarrow 2H_2O$

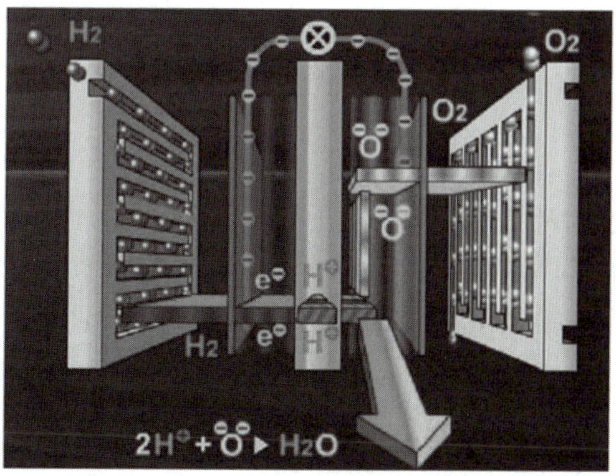

수소 - 산소 연료전지
<그림 9.6 수소 연료전지의 원리>

출처; 인터넷 자료

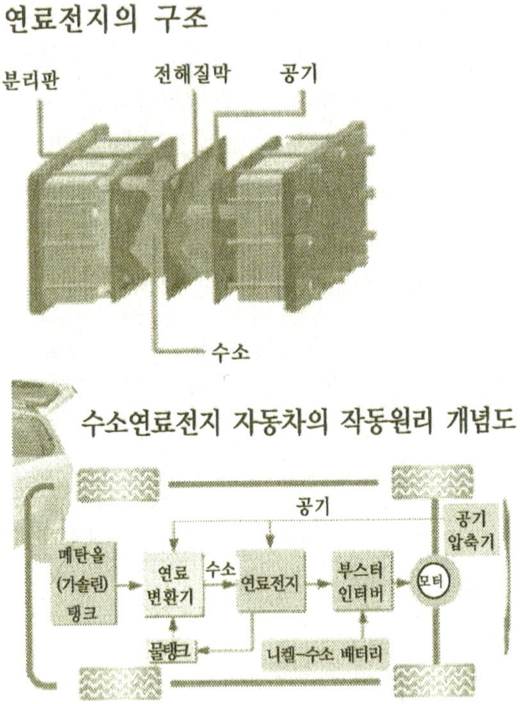

<그림 9.7 수소연료전지 및 자동차의 이용>

출처: 신재생에서지 조용덕,이상화 이담

9.3.3 태양에너지

1) 태양에너지

태양에너지는 태양 내부에서 진행되는 핵융합 반응에 의해 발생되는 전자기파로 방출되는 에너지이다. 태양을 이용할 수 있는 에너지는 태양열과 태양광, 그리고 태양이 에너지를 발생시키는 원리를 이용한 핵융합, 그 밖에 태양과 달의 배치 관계를 이용한 조력이 있다.

태양 에너지가 지구에 도달하는 양은 처음 태양에서 나온 양의 20억분의 1정도지만 2000억 KW 정도의 엄청난 양이다. 이를 환산하면 지구상 1 m^2에 1 KW의 에너지가 도달하는 셈이다. 많은 학자들, 그리고 선진국에서는 우주 공간에 태양열발전소를 건설할 생각과 계획을 가지고 있다. 그 이유는 지표면의 평균 일조량이 18%임을 감안하면 우주 공간은 지구 표면보다 태양에너지를 약 15배 더 받을 수 있기 때문이다. 따라서 만약 우주 공간 그대로 서로 마주보는 반대쪽에 2개 이상의 발전소를 세운다면 비록 건설비가 매우 비싸지만 지구 인류는 무한정으로 값싸고 청정한 에너지를 사용할 수 있을 것이다.

앞에서 언급한 핵융합이나 조력 에너지를 제외하면 순수한 태양에너지를 이용하는 방식은 크게 두 가지로 볼 수 있다. 즉, 태양광을 전기 생산에 이용하는 태양광 발전과 태양에너지를 집열 장치를 통해 모아 열을 생산하는 태양열장치로 나눌 수 있다. 그 밖에도 태양열 발전기, 태양열을 이용한 건조, 냉방장치 등이 있지만 현재 세계적으로 가장 널리 사용되고 있고 확산되고 있는 것은 태양광 발전기와 태양열 집열장치이다. 한편 최근 들어 각국에서 태양열 발전시설의 증가가 나타나고 있기도 하다.

태양에너지를 이용한 발전은 태양열발전과 태양광발전이 있는데 태양열발전은 태양이 복사하는 열에너지를 흡수하여 열기관과 발전기를 연결하여 발전하는 방식이고 태양광발전은 태양전지를 이용하는 방식이다. 어째든 어느 방식으로 얻든 태양에너지로부터 얻은 전기는 아주 광범위하게 사용될 수 있다.

2) 태양에너지의 장, 단점

태양에너지는 깨끗하며 공해가 없으며 태양이 없어지지 않는 한 무한정으로 값싸게 사용할 수 있기 때문에 역시 미래형 에너지로 볼 수 있다. 또한 발전 용량에 신축성이 있고 발전시설의 유동성이 있다. 얻은 전기나 열을 다양한 분야에 적용이 가능하며 태양광발전에 사용되는 태양전지의 경우 20년 이상 수명을 유지할 수 있다. 그러나 단점으로는 현재의 기술로는 에너지 밀도가 낮아 수집하여 이용하는데 많은 비용이 필요하며 지표면에서는 자연 조건에 따라 출력의 변동이 심하다. 또 태양광 발전을 위한 대부분의 태양전지 원료인 반도체가 오염물질을 발생한다는 것이다.

3) 태양광 발전

태양광발전은 앞에서 언급했듯이 반도체를 이용한 태양전지에 의해 전기를 만들어내는 발전이다. 즉, 태양전지에 빛 에너지가 투입되면 전자의 이동이 일어나 전류가 흐르고 전기를 발생하는 원리를 이용한 것이다.

태양전지는 하나의 크기가 대략 10×10 cm^2으로 빛을 받으면 대강 0.6 v의 전압이 생기고 최대 1.5 W의 용량을 갖는다. 전류의 크기는 태양전지의 크기에 따라 달라진다.

<표 9.6 태양전지의 원료에 의한 분류>

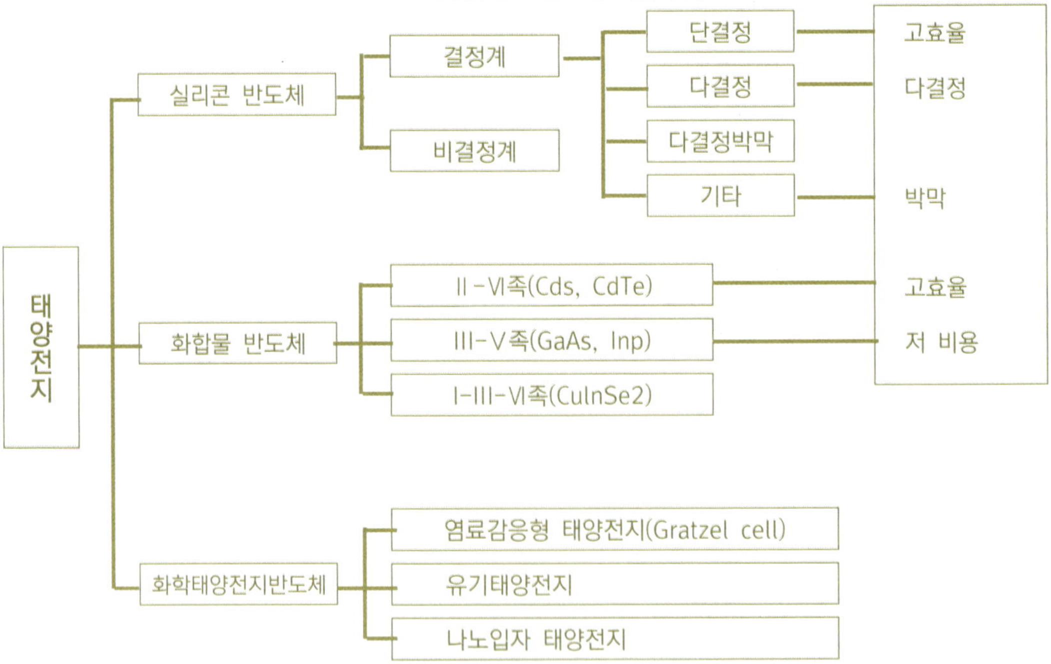

<표 9.7 태양전지의 구조에 의한 분류>

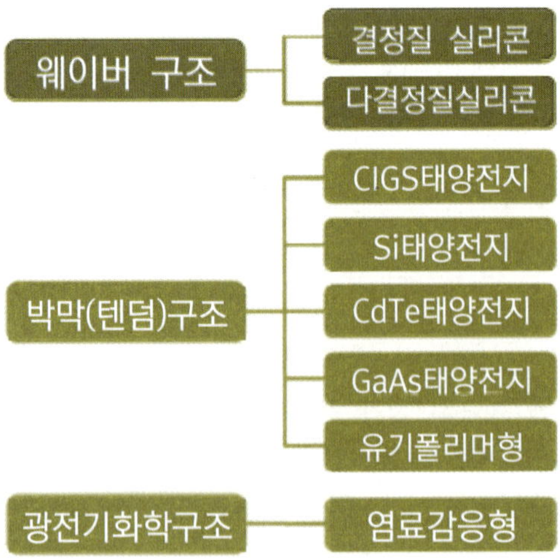

출처: 신재생에서지 조용덕,이상화 이담

4) 태양전지

중국 Shanghai Institute of technical Physics에 의하면 1950년 대 미국의 Bell 연구소에서 태양전지가 처음으로 개발된 후 1977년에는 125.8 MW, 2007년에 3733.4 MW에 이어 2012년에는 약 13,000 MW의 전기에너지가 태양전지에 의해 생산될 것으로 전망했다. 2008년에는 전 세계 태양전지에 의한 전기 생산의 약 33%가 중국에서 생산되었으며 앞으로도 중국과 독인이 태양전지 발전의 선두주자가 될 것으로 예상된다.

초기의 태양전지는 실리콘 반도체가 사용되었다. 태양전지는 원료와 구조에 의한 분류로 나눌 수 있는데 표 9.7과 같다.

실리콘, 황화카드뮴, 갈륨비소와 같은 소재로 P형 반도체와 N형 반도체를 만들고 그 접합면에 태양광을 비추면 흡수된 태양빛이 가지고 있는 에너지에 의해 광자를 흡수하여 1쌍의 전자와 양공(또는 정공)이 생기고 반도체 내부를 자유로이 이동하는 상태가 된다. 자유로이 이동하다가 P-N접합에 의해 생긴 전계에 들어오게 되면 전자(-)는 N형 반도체에, 양공(+)은 P형 반도체에 이동하여 전위차가 발생된다. 이 때 양단의 전극에 외부회로를 연결하게 되면 N형 쪽의 전자가 도선을 통해 N형에서 P형 쪽으로 이동하게 되면서 전류가 흐르게 된다. 이 원리는 실리콘 트랜지스터와 비슷하다.

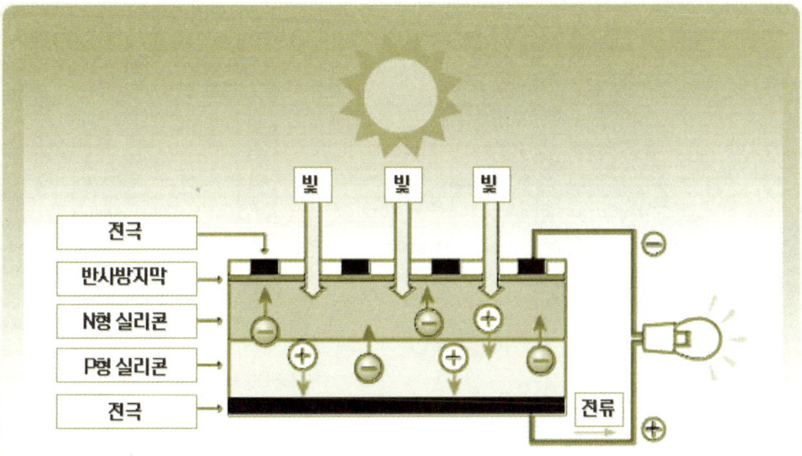

자료: http://www.keckorea.com/jepum04.html

<그림 9.8 실리콘 태양전지의 원리>

그림 9.8은 실리콘 태양전지의 원리를 나타낸 그림이다. 태양전지는 이미 전자식 시계, 탁상용 계산기와 같은 가정용품이나 등대, 인공위성 전원으로 사용되어 왔으며 21세기 이후에는 본격적으로 태양광발전에 의한 전기 이용시대가 될 것이다.

현재의 기술로는 아직 발전 비용이 화석연료에 의한 비용을 따라가지 못하고 있다. 현재의 비용을 1/3~1/4 수준으로 낮추어야만 경쟁력이 있다. 그리기 위해서는 현재 태양전지 대부분(87% 정도)을 차지하는 실리콘 태양전지의 광전변환율을 높여야 한다. 고순도 결정형 실리콘 태양전지의 변환율이 15~20%로 개선되고 수명도 반 이상 늘어났지만 아직도 생산비가 비싸다. 반대로 나중에 개발된 비결정형 태양전지는 생산비가 결정형의 수십 분의 1 정도이나 광전변환율이 너무 떨어진다. 따라서 실리콘 태양전지의 광전변환율을 높이는 연구를 위해 각 나라에서는 많은 투자를 하고 있다. 한편으로는 기존의 결정, 비결정형 실리콘 반도체가 아닌 가격이 저렴한 새로운 소재를 개발하려는 노력도 지속되고 있다.

한편 박막형 태양전지에 속하는 화합물반도체를 사용하는 태양전지는 높은 효율을 갖는 태양전지 개발이 보고되고는 있지만 아직은 결정형 실리콘 태양전지에 비해 낮은 효율 뿐 아니라 박막이므로 쉽게 수분 등에 영향을 받고 층간의 분리가 쉽게 일어나는 문제점이 있다. 그러나 이런 문제점이 있는데도 불구하고 제작비가 적게 들고 가볍고 유연하여 넓은 범위에 작용할 수 있다는 장점이 있다. 따라서 2012년까지는 태양전지 시장의 약 25%를 박막 태양전지가 차지할 것으로 예상된다.

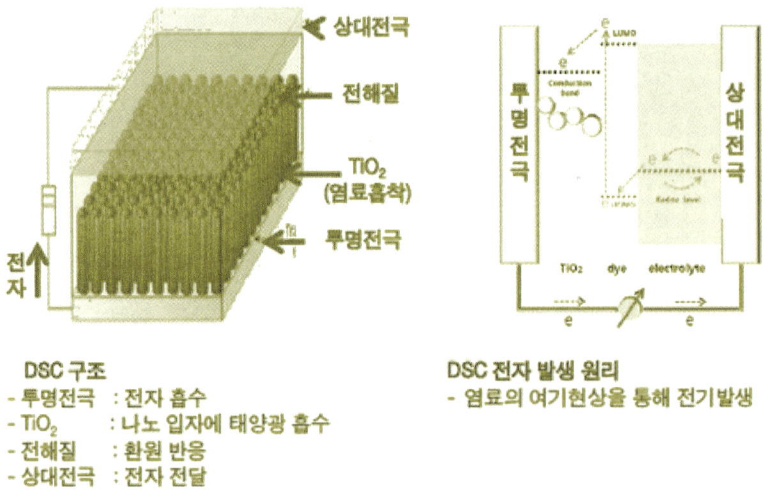

<그림 9.9 염료감응 태양전지의 구조 및 원리>

5) 염료감응 태양전지(DSSC)

염료감응형 태양전지(Dye-sensitized solar cell)는 1991년 스위스의 연방 기술원(EPFL) 화학과의 마이클 그라첼(Gratzel) 교수에 의해 처음으로 도입되었다. 염료가 흡수된 빛이 실리콘 외의 반도체 물질 사이에서 전자를 생성하게 되고 이것이 전류를 생성하는 원리를 기반으로 하여 전지로서 작동하게 된다. 이 태양전지의 원리는 염료감응 태양전지의 표면에 염료 분자가 화학적으로 흡착된 N형 나노입자 반도체 산화물(대개 TiO_2) 전극에 태양빛(가시광선)이 흡수되면 염료분자는 여기되어 전자-양공 쌍을 생성하며, 전자는 반도체 산화물의 전도띠로 주입된다. 반도체 산화물 전극으로 주입된 전자는 나노입자 간 계면을 통하여 투명 전도성 막으로 전달되어 전류를 발생시키게 된다. 염료 분자에 생성된 홀은 산화-환원 전해질에 의해 전자를 받아 다시 환원되어 염료감응 태양전지 작동 과정이 완성된다. 따라서 이 전지의 중요 요소는 염료, 염료를 최대로 흡착할 수 있는 TIO_2 나노입자 막, 광전자의 재생에 필요한 요오드 전해질, 전극이다.

염료감응 태양전지는 생산 단가가 낮고 생산과정이 용액 기반으로 이루어져 공정이 쉬우며 안정성이 매우 높아 10년 이상 사용하여도 초기 효율을 거의 유지한다는 장점이 있고 특히 유연하고 투명하다는 것이 큰 장점이지만 아직까지는 광전 효율이 낮아 현재 개발된 최대 효율이 약 11%로 알려져 있으며 전해질의 안정성이 높지 못하고 액체 전해질의 경우 휘발하는 성질이 있다. 현재 효율 증진 및 사용되는 전해질 단가를 낮추는 연구가 진행되고 있다. 얼마 안 있어 8~9% 정도의 광전효율을 가지는 염료감응 태양전지가 상용화될 것으로 전망된다.

자료 : KIST, 2008

<그림 9.10 염료감응 태양전지 유리창호 시제품>

자료: 김희제, 박종규 "차세대 태양전지

<그림 9.11 태양전지의 다양한 이용>

<그림 9.12 미래의 태양전지를 이용한 자동차>

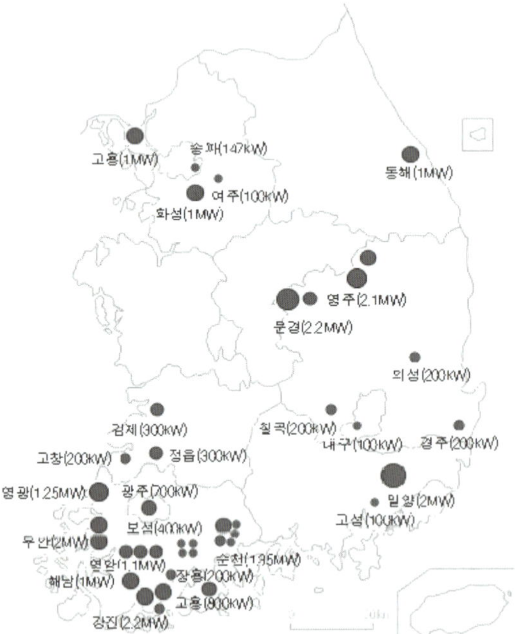

<그림 9.13 2007년 현재 우리나라의 태양광 발전 현황>

6) 유기고분자형 태양전지

일반적으로 유기고분자 태양전지는 ***전도성고분자***를 기반으로 하는 태양전지로 생산단가가 낮아 저가의 대면적 제작이 가능하여 잠재적으로 태양전지시장으로 진출할 가능성이 매우 높다.

이 전지의 원리는 전자를 받을 수 있는 유기물질과 정공(양공)을 받을 수 있는 유기물질이 적층 또는 블랜딩 형태로 구성되어 있어 다른 태양전지와 같이 광에너지를 받으면 두 물질 사이에서 전자가 이동하게 되고 두 물질 사이에 회로를 연결하면 전기가 흐르게 된다.

이 전지의 장점은 용액공정과 저온공정이 가능하여 기존의 태양전지에 비해 다양한 적용이 가능하다는 것이지만 현재 상대적으로 효율이 매우 낮으며 안정성에 문제가 있다. 2010년 현재 가장 최고의 효율을 보이는 것은 PBDTTT(poly[4,8-bis-substitued-benzo[1,2-b:4,5-b'] dithiophene-2,6-diyl-alt-4-substitued thieno[3,4-b]thiophene-2,6diyl]) 유도체를 이용한 것이 7.4% 정도이다. 또한 안정성에서 최대 3~5년 정도 밖에 가지지 못하는 것으로 알려져 있다. 이러한 태양전지의 안정성과 효율을 개선하기 위해 새로운 형태의 고분자를 합성하고 고분자의 나노 구조체를 제어하는 기술 연구가 활발하게 진행 중이다.

7) 태양열발전

태양열발전은 태양의 복사에너지를 효율적으로 모아 열기관과 발전기를 돌려 전기에너지를 만들어내는 방식이다.

대용량 태양열발전 방식으로는 탑집광이나 전력타워 형태인 중앙집중형 방식과 포물면집광 형태인 홈통형 방식이 있다. 중앙집중형은 높은 탑 위에 물탱크를 설치하고 탑 주위에 수많은 반사경을 설치하여 반사된 태양 빛으로 물탱크의 물을 가열하여 물탱크에서 발생한 증기로 터빈을 돌리는 방식이며 홈통형 방식은 태양을 향해 일렬로 배치된 포물면의 거울의 초점 위치에 물이 흐르는 도관을 설치하여 그 속에서 발생한 증기로 터빈을 돌려 발전하는 방식이다. 일반적으로는 집열온도가 300~550℃일 경우는 증기터빈을 쓰지만 집열온도가 낮으면 프레온가스를 매체로 하여 유기매체 터빈을 사용한다.

태양열발전 시스템이 어떤 것이던 모두 ***집중장치(concentrator), 흡수장치(receiver), 전달/저장장치, 변환장치***의 4개의 핵심장치로 구성되어 있다. ***집중장치***는 파라볼 반사판과 같이

햇빛을 한 곳으로 모아주는 역할을 하며 *흡수장치*는 집중장치에 의해 모아진 햇빛을 흡수,

<그림 9.14 중앙집중형 태양열발전기>

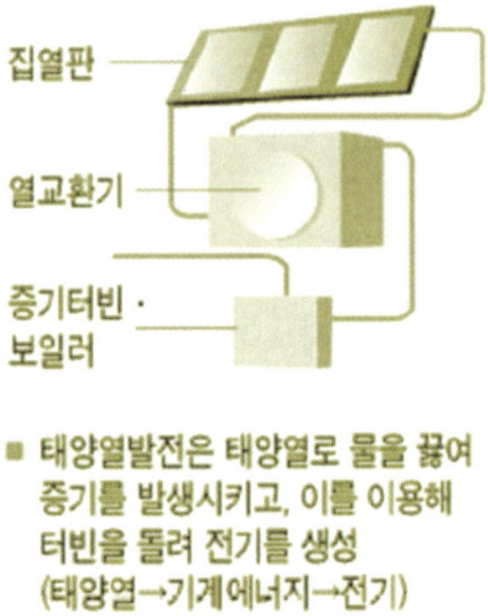

<그림 9.15 태양열발전의 원리>

그 열에너지를 매체에 전달하는 작용을 하며, *전달/저장장치*는 이 작용매체를 에너지변환기로 전달하며 *변환장치*는 전달된 열에너지를 전기에너지로 바꾼다.

9.3.4 바이오매스 에너지

보통 생물유기체를 이용한 에너지를 바이오매스(biomass) 에너지라 하는데 생물유기체를 각종 가스, 액체, 고체연료로 변환하거나 이를 연소하여 열, 증기, 전기를 얻는다.

따라서 거의 모든 형태의 에너지를 얻을 수 있는 장점이 있으며 목재, 곡물을 포함한 농산물, 사탕수수 등 당질계 자원, 농임축산 폐기물, 분뇨, 사체와 미생물의 균체 등 단백질계 자원이 여기에 해당되므로 많은 물질이 사용될 수 있다는 장점이 있다.

바이오메스를 구성하는 탄수화물은 이론적으로 모든 화학제품을 만들 수 있으나 현재까지는 제조시설이나 기술이 부족한 상태이다. 그러나 이러한 에너지는 석유 소비를 줄이며 환경오염을 줄일 수 있기 때문에 향후 계속 연구, 개발 필요하다.

그림 9.16은 바이오매스 에너지의 종류 및 사용 가능한 형태를 나타낸 것이다.

1) 바이오에탄올

바이오에탄올의 생성 원리는 기본적으로 효모가 포도당을 에탄올과 이산화탄소로 분해하는 원리를 이용하는데 전혀 산소가 필요로 하지 않는다. 즉, 효모는 산소가 없는 상태에서 포도당을 분해해 에탄올과 이산화탄소를 생성해 내는 일종의 균이다. 효모가 포도당을 분해해 만들어 낼 수 있는 에탄올의 최대 농도는 약 13% 정도이다.

이와 같이 바이오에탄올은 미생물이 혐기성 조건 하에서 바이오매스를 기질로 이용하는 것이다. 바이오매스들은 미생물의 물질대사 과정에서 분해산물로 바이오에탄올을 생성하게 되는 것이다.

일반적으로 사탕수수, 밀, 옥수수, 감자, 보리 등 주로 녹말(전분)작물에서 포도당을 얻은 뒤 이를 발효시켜 만든다. 즉 바이오매스 안에 있는 탄수화물을 글루코스(포도당)로 전환시킨 뒤, 다시 포도주나 양조 맥주를 발효시키는 것과 비슷한 발효과정을 거쳐 만든다.

바이오에탄올은 화석연료와 달리 환경오염물질이 전혀 없고, 식물로부터 연료를 얻기 때문에 언제든지 재생이 가능하다. 휘발유와 섞거나 광물류 연료와 함께 사용할 때 이산화탄소를 많이 만들어내지 않는 친환경에너지로 각광받고 있으며 또한 전 세계적으로 휘발유를

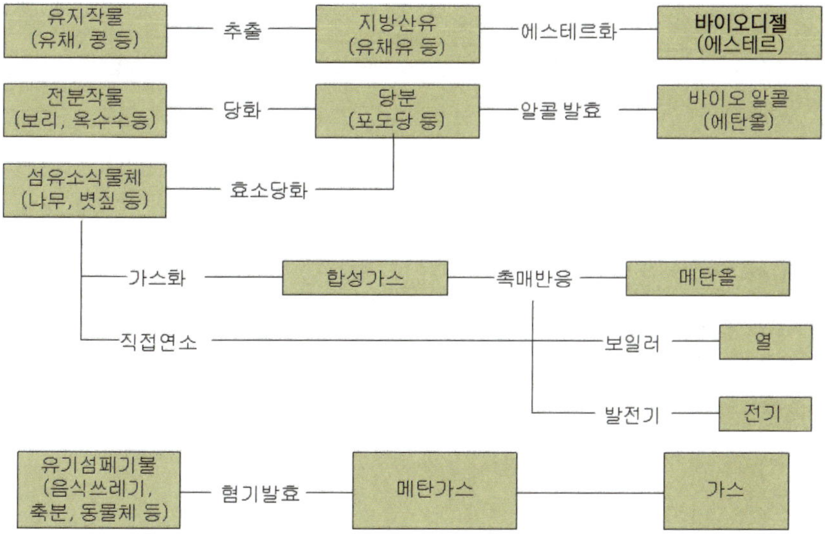

<그림 9.16 바이오메스 원료 및 제품>

대체할 수 있는 대체에너지로 떠오르고 있는데 원료가 대개 곡물이기 때문에 국제 곡물가를 급등시키는 주요 원인이 되기도 한다.

가장 널리 사용되는 바이오에탄올의 원료는 사탕수수이다. 사탕수수가 많이 생산되는 브라질에서는 차량의 70% 정도가 바이오에탄올을 연료 첨가제로 사용할 만큼 일반화되었다.

2010년 현재 세계 바이오에탄올산업 시장규모는 총 1,159억$로 전년대비 52.9% 급성장하였다. 2008년 세계 바이오에탄올 생산량은 170억 갤런이며 바이오디젤과 합친 바이오연료 시장은 2018년까지 2,000억$ 규모로 확대 예상된다. 현재 바이오에탄올의 소비량은 미국과 브라질이 합쳐 전 세계 소비량의 86% 차지하는데 2000년 0.86억 배럴→ 2006년 2.43억→ 2007년 3.11억→ 2008년 4.14억 배럴로 계속 증가하였다.

미국의 경우 2005년에 에탄올 의무사용 법안이 마련되었으며 2010년 옥수수를 이용한 바이오에탄올을 16.6백만kℓ/년 생산하였는데 이 양은 전 세계의 35.2%로 5년 사이 2.5배 증가하였다. 미국 옥수수 생산량의 11%를 바이오에탄올 생산에 이용하고 있을 정도로 많아 최근에는 원료로 고구마를 검토 중에 있다.

중국의 경우 1999년 묵은 잉여 식량문제를 해결하기 위한 목적으로 처음 고려하기 시작하였으나 2005년 이후 대량의 잉여 식량이 없어지면서 바이오 에탄올 산업의 성장이 크게 제한되었다. 2005년을 기점으로 식용으로 사용이 불가한 잉여 옥수수 등으로 바이오 에탄올을 생산했으나, 2007년에는 햇옥수수가 생산 원료에서 차지하는 비율이 이미 86%에 도달하였다. 이 상황이 지속될 경우 중국 식량 안전을 위협할 수 있는 문제로 불거지면서 점점 옥수수의 사용은 줄어들고 사탕수수를 원료로 대규모로 보급되고 있다. 그러나 단가가 비싸 최근에는 원료가 식량작물에서 비식량 작물로 전환되고 있으나 아직 생산기술이 부족한 상황이다. 2010년 현재 중국 연료용 바이오 에탄올 생산량은 173만t 정도 이다.

우리나라는 바이오에탄올 총생산량이 3,000천kℓ/년 정도인데 93%가 주류용, 나머지는 산업용으로 사용되며 현재 국내 수송용 바이오에탄올 보급률은 0%이다. 음료용은 국내 맥주용으로 원료로 쌀보리 사용하며 산업용으로는 솔벤트로 가장 많이 사용되며 그밖에 식품방부제용, 세정용, 냉동제용, 화학공업용(화장품, 의약품, 세제, 향료, 잉크 등)으로 사용된다.

국내의 수송용 바이오에탄올 실증평가가 완료되어 전국 4곳(용인, 청주, 광주시, 울산)에서 시범운행중이며, 2011년 상용화 전망이다.

한편 우리나라는 최근 한국해양연구원과 강원대 공동연구팀이 녹조류인 '*구멍갈파래*'를 이용해 바이오에탄올을 생산해 내는데 성공했다고 밝혔는데 수질오염을 일으키고 제주연안 바다의 녹조현상의 원인이 되는 해조류인 '*구멍갈파래*'를 생산 원료로 이용했다는 것과 곡물을 사용하지 않는 다는 점이 바이오에탄올 생산의 진보를 가져온 것으로 평가된다. 이에 해조류 바이오에탄올 실증공장 구축사업이 2009년 12월 국가과제로 선정되어 총 150억 원(국비 90억 원, 민간 60억 원)이 투자되어 2012년 40만ℓ/일 생산을 목표로 하고 있다.

2) 바이오디젤

바이오디젤이 처음 개발된 것은 1937년 8월 독일의 Chavanne G.가 식물성기름을 에탄올과 에스테르 반응시키는 특허(독인 특허번호 No. 4223837)를 출원하면서 부터이다.

바이오디젤 원료로는 옥수수유, 면화유, 대두유 및 유채유를 포함한 많은 종류의 식물성 기름이 사용하는데 적합하다. 초기에는 옥수수 및 사탕수수 등 곡물류가 원료로 사용되었으나 이는 바이오에탄올과 마찬가지로 곡물가를 올리고 식량을 감소시킨다는 문제로 최근에는 식량으로 쓰지 않는 식물의 기름을 이용하고 있다. 그 중 유채유(Rapeseed oil)가 바이오디젤 연료용으로 가장 적합한데 그 이유는 화석 디젤 연료 특성에 가장 가까운 기름 조성을 함유하고 있기 때문이다.

현재 *유채유 메틸에스테르(RME; Rapeseed oil methyl ester)* 단독이나 유채유 메틸에스테르와 디젤과 혼합유가 바이오디젤로 주로 판매되고 있으나 효율을 감안, 대개 혼합유를 많이 생산하고 있다. 최근에는 동물성 유지를 이용한 바이오디젤 개발을 연구 중에 있다.

바이오디젤의 제조 공정은 비교적 간단하다. 바이오디젤은 에스테르화 반응이나 전이(trance)에스테르화 반응에 의해 식물성오일과 메탄올을 촉매와 같이 적정한 온도와 압력에

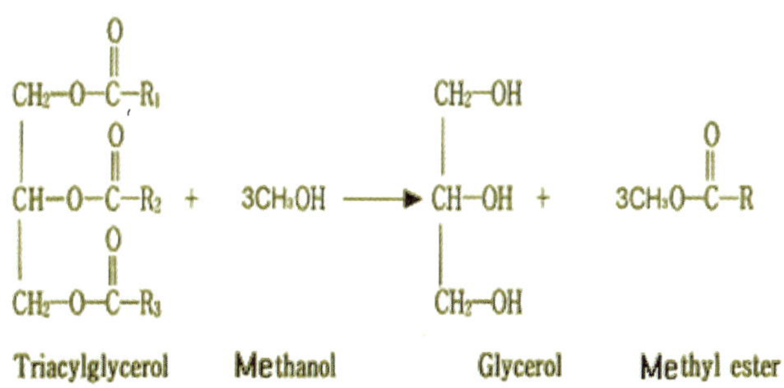

<그림 9.17 전이에스테르화 반응>

서 반응시키면 바이오디젤과 글리세린이 생성되는데 이 두 물질을 분리, 정제하면 된다. 그림 9.18은 바이오디젤의 생산 화학반응 및 제조 공정을 나타낸 것이다.

미국에서는 그동안 바이오에탄올 개발에 집중하면서 상대적으로 바이오디젤 생산이 미약했으나 최근 바이오디젤에 관심을 가지면서 최근 생산량과 소비량이 급증하였다. 브랜딩율은 자유이며 일부 지방정부나 회사에서는 순수 바이오디젤을 사용하고 있다. 1998년부터 바이오디젤에 대한 정책이 본격적으로 시작되어 바이오디젤 사용에 대해 일부 특혜를 주고 있으며 대기환경프로그램에 바이오디젤 개발을 포함하고 있다.

우리나라의 경우 2002년부터 정부에서 시범으로 바이오디젤을 공급했으며 2006년부터 상용화 단계로 들어가 업체에서 순수 바이오디젤을 공급해 주유소에서 바이오디젤 20%와 일반 경유 80%를 섞어 BD20으로 공급하기 시작했다. 2007년 현재 순수 바이오디젤 생산량은 약 7만톤 정도이며 2006년에 36,000 Kℓ, 2009년에는 288,000 Kℓ, 2010년에 380,234 Kℓ가 공급되었으며 현재 국내 바이오디젤 생산업체는 15개사이며 주원료는 대두유와 폐식용유이다. 일반 디젤에 바이오디젤을 혼합하여 판매할 경우 2010년까지 교통세, 주행세, 교육세 등 면세 혜택을 주어 생산 및 사용을 장려하고 있으며 2015년에 바이오디젤 보급을 경유의 4%까지 계획하고 있으며 국내 순수 생산량을 25만 Kℓ로 잡고 있다.

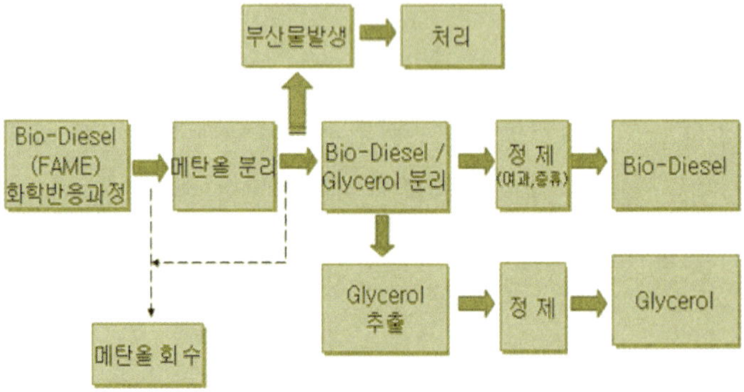

<그림 9.18 바이오디젤 제조 공정>

<표 9.8 미국의 바이오디젤 생산량>

(단위 : million of gallons)

1999.	2000	2001	2002	2003	2004	2005	2006	2007
0.5	2	5	15	20	25	75	131	182

자료 : National Biodiesel Board

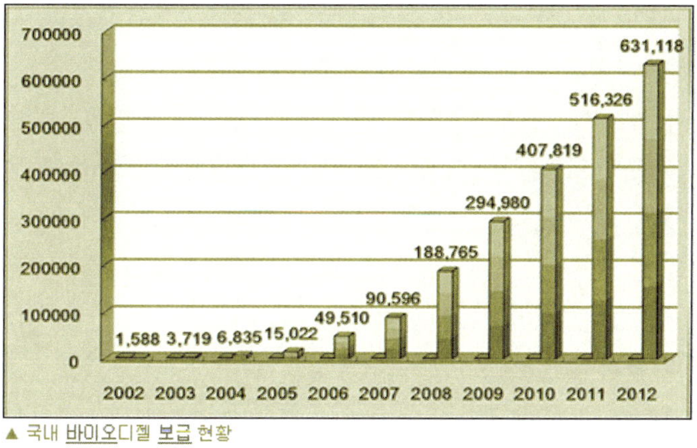

2007년부터는 추정치

<그림 9.19 국내 바이오디젤 보급현황>

9.3.5 풍력에너지

바람을 에너지로 이용하는 기술은 에로부터 네덜란드의 풍차를 비롯하여 범선에 이르기 까지 동력으로 많이 이용되어 왔다.

풍력에너지는 풍차에 의해 풍력에너지를 회전에너지로 변환하여 발전기를 구동시킴으로써 전기 에너지를 생산하는 것을 말한다. 지구상의 풍력에너지 가운데 1%만 이용할 수 있다면 인류의 에너지 문제를 해결할 수 있다.

풍차를 이용한 풍력발전기는 10 W 이하의 마이크로급에서 5 MW에 이르는 대형발전기까지 다양한 종류가 개발되어 있다. 3~5 MW급 발전기는 지름만 100여m, 지지대의 높이가 100 m 이상에 이른다.

이 에너지의 장점은 에너지원이 무공해, 무한정이며 국토를 효율적으로 이용할 수 있으며, 대규모 발전 단지의 경우에는 발전 단가도 기존의 발전 방식과 경쟁 가능한 수준이며 발전시스템 설치 소요 면적이 작으며 환경오염을 크게 줄일 수 있다는 것이다. 또한 도시, 산간, 오지의 전력공급이 가능하며 그밖에 대규모 풍력단지 조성으로 관광산업을 활성화시킬 수 있으며 공급이 안정되어 있다는 많은 장점이 있다. 그러나 최근 주위의 동식물이 살 수 없으며 자연이 황폐화된다는 지적으로 인해 육지 보다는 바다 위에 건설하는 추천하며 많은 나라에서 바람이 센 바다 위에 건설하고 있다.

1) 풍력발전의 원리

풍력발전은 풍차에 의해 생긴 풍력의 회전에너지로 발전기를 구동시켜 전기에너지를 생산하는 것이다. 풍력발전기의 꼭대기의 날개가 회전하면 그와 함께 발전기의 내부에 여러 개의 코일뭉치를 원형으로 배치한 고정자를 가운데 만들어 놓고 그 양쪽에 영구자석 여러 개를 원형으로 배된 회전자를 만들어 그 회전자가 회전하면 자석에서 나온 자기력이 코일에 전자를 발생시켜 전류를 흐르게 한다. 이 원리가 '*플래밍의 오른손 법칙*'이다.

2) 풍력발전기의 종류

풍력발전기의 분류는 다양한 방식으로 분류되고 있다. 날개의 회전축 방향에 따라 수직축형, 수평축형, 통합형이 있으며 운전방식에 따라 정속 운전형, 가변속 운전형, 전력사용 방식에 따라 계통연계, 독립전원형 등으로 나뉜다.

*수평형 발전기*는 날개의 수가 한 개, 두 개, 세 개인 나뉘는데 현재 시판되는 대형발전기는 보통 날개가 3개이다. 날개가 도는 힘이 발전기에 전달될 때 중개 장치가 있는가 여부에 따라 *기어구동식*과 *직접구동식* 등 2가지가 있다.

한편 지상 300 m 상공에 비행선을 띄워 전기를 생산하는 *수평축 공중부양 풍력발전기*가 있는데 이 장치는 헬륨가스를 채워 놓은 비행선 두 대를 연결해 그 사이에서 회전하는 날

좌로 부터 수직축형, 수평축형, 수직/수평 통합형

<그림 9.20 구조상 분류에 의한 풍력발전기 >

개를 설치해 전기를 생산하는 방식이다. 이 방법의 장점은 지역에 상관없이 항상 안정적으로 전기를 얻을 수 있다는 장점이 있으나 돌풍이나 태풍, 강한 비가 올 경우 파손될 위험성이 있으니 이에 대비해 지상에 설치된 제어장치를 통해 비행선을 제어할 필요가 있다.

*수직축 발전기*는 그림과 같이 땅위에 세워진 기둥 주위에 불룩한 형태의 큰 두 개의 날개를 설치해 서서히 도는 형태를 이룬다. 그러나 발전효율이 수평형에 비해 크게 떨어져 현재는 거의 판매되고 있지 않다.

3) 풍력발전의 현황

200 kw급 풍력 발전기 1대가 1년간 운전하여 400,000 kWh의 전력을 생산한다고 가정할 때, 화석에너지를 이용하여 발전하는 것에 비해 공해 물질의 배출량을 연간 아황산가스는 2~3.2톤, 산화질소 가스는 1.2~2.4톤, 이산화탄소는 300~500톤, 슬래그(slag)와 분진(ash)은 16~28톤, 부유 물질은 약 160~280 kg 정도 배출을 억제하는 효과가 있다.

<표 9.9 세계의 풍력 발전 현황(2005년말 기준)>

순위	국가명	백분율(%)	시설기준(MW/2005)
1	독일	39.0	18,428
2	스페인	19.3	10,027
3	미국	15.8	9,149
4	인도	7.5	4,430
5	덴마크	5.3	3,122
6	이태리	2.9	1,717
7	영국	2.3	1,353
8	중국	2.1	1,260
9	일본	2.1	1,231
10	네덜란드	2.1	1,219
소계	발전량	87.5	51,936
기타	기타 국가	12.5	7,368
총계	전세계	100	59,322

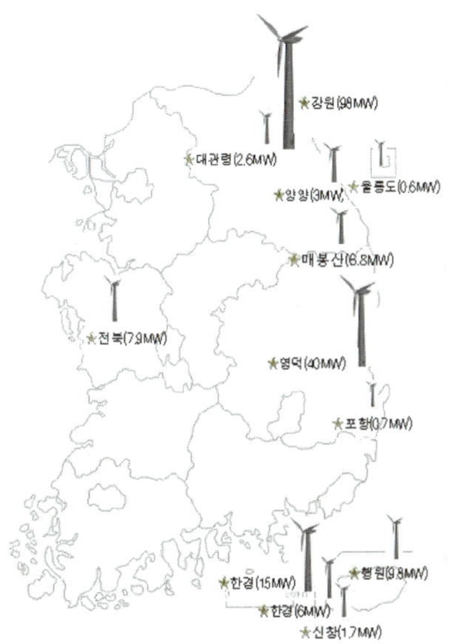

<그림 9.21 우리나라의 풍력 발전 현황(2007년말 현재)>

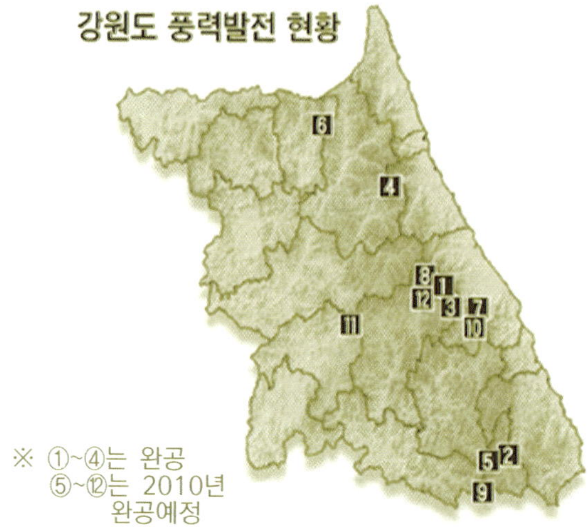

발전단지 명칭	발전용량
①대관령(시범단지)	2.64MW
②태백매봉	6.8MW
③대관령	98MW
④양양풍력	3MW
⑤태백풍력	20MW
⑥양구 대우산	20MW
⑦강원대기풍력	2.75MW
⑧오대풍력	66MW
⑨함백산	24MW
⑩강릉풍력	40MW
⑪횡성풍력	45MW
⑫국산풍력	7.5MW

<그림 9.22 강원도의 풍력 발전 현황(2007년말 현재)>

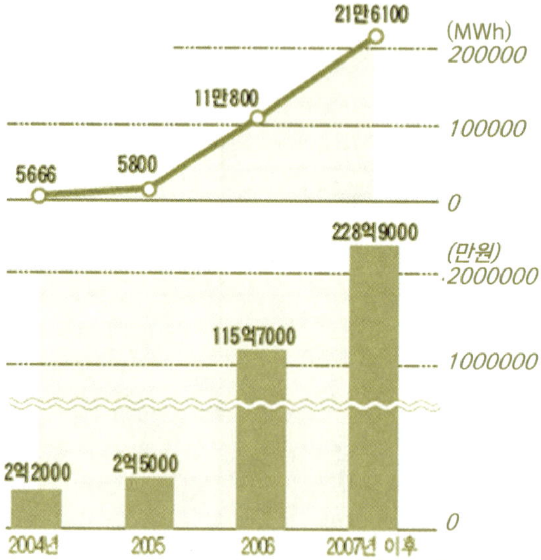

<그림 9.23 대관령의 풍력발전량 및 판매액 추이>

1998년 현재 미국은 캘리포니아의 대규모 풍력 단지를 중심으로 현재 총 1,619 MW 용량을 지닌 2만여 대의 풍력발전시스템에서 연간 38억 KW의 전력을 생산하고 있으며 2005년까지 영국이 2,200 MW, 독일이 1,550MW, 덴마크는 자국 전체 발전량의 약 22%에 달하는 양을 생산할 수 있는 1,050 MW 정도의 풍력 발전기를 보급할 계획을 세웠으며 특히 덴마크의 '롤렌드'섬에는 256개의 풍력발전기가 있다.

세계에너지기구(IEA)에 따르면 2020년에는 전 세계 전력소비의 12%를 풍력발전으로 공급하는 것을 목표로 하고 있다.

한국은 입지적으로 풍력에너지가 풍부(제주도, 서해안, 동해안, 대관령지역 등)하여 대체에너지로 적합한 것으로 평가되고 있다.

영덕에 39.6 MW(1,650 KW급 24기), 제주 행원리에 15기(약 10 MW), 제주 중문단지에 250 KW급을 운영하고 있으며, 월령에 소형 4기, 한경면에 대형 6기(6 MW), 강원도 대관령에 약 100 MW, 전라북도가 새만금 비응도에 4.5 MW(750 KW급 6기) 등이 현재 가동하고 있고 2012년까지 발전시설 용량의 3% 수준인 2,270 MW를 보급 예정으로 있으며 우리나라의 풍력발전소 총용량은 2006년에 175 MW, 2007년 말 현재는 192 MW(125기)이다.

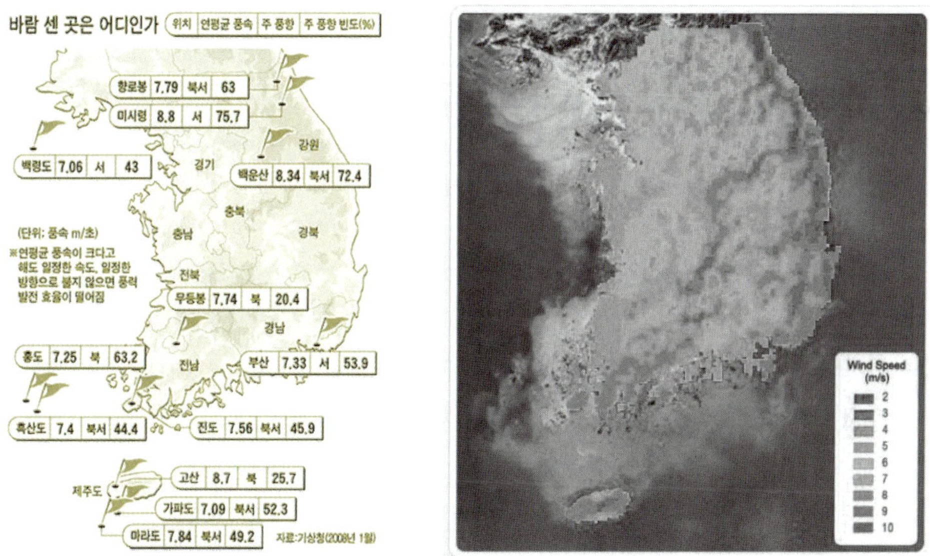

<그림 9.24 우리나라의 바람지도>

4) 바람지도

풍향, 풍속, 풍력밀도 등 시공간 풍력자원 정보를 지리 공간 상에 투영한 것을 말하며, 특히 기상학적인 요소인 바람에 한정하였기 때문에 *바람지도(wind atlas, wind map)*라고 한다. 2009년 환경부에서는 향후 풍력발전 단지 조성에 유리한 지역을 쉽게 선정하고 사전 평가를 할 수 있도록 하며 전국 '바람지도'를 만들었다. 현재 조사된 우리나라의 바람 센 곳은 그림 9.24와 같다.

9.3.6 해양에너지

해양에너지의 활용에는 조력, 조류, 파력, 해양 온도차에 의한 발전 등이 있다.

1) 조력발전

조력발전은 달이 지구에 가하는 중력의 힘에 의해서 일어나는 바닷물의 조석간만의 차를 이용하는 것으로 환경오염 없이 대규모 전력을 생산할 수 있다.

초기에는 간만의 차이가 심한 곳에 커다란 댐을 만들어 전기를 생산하였다. 그 이유는 당시에는 수력발전기 기술을 그대로 빌려온 것이기 때문이다. 따라서 이러한 기술의 조력발전은 밀물과 썰물이 강한 좁은 만이나 양쪽이 삐죽 나온 곳이 있는 곳이었다. 이곳에 조수의 방향과 직각으로 두 육지 사이에 댐을 세우고 댐 속에 터빈을 설치하는 것이다. 그래서 바닷물이 가장 높이 올라왔을 때, 물을 가두었다가 물이 빠지는 힘을 이용해 발전기를 돌리는 원리로 전기를 얻는 것이다. 그러나 조수가 방향이 하루에 두 번 바뀌고 힘이 계속 바뀌기 때문에 어느 정도 효율적인 전기를 얻기 위해서는 최대의 힘을 얻을 수 있는 때를 선정해 발전해야 한다. 또한 연중 변화가 계속된다. 그래서 달이 보름달(사리)일 때 조수의 힘이 가장 세며 반달(조금)일 때 조수의 힘이 가장 약하다. 따라서 일 년 내내 일정한 양의 발전량을 얻기가 어려운 단점이 있다.

조력발전방식은 *단류식*과 *복류식*이 있는데 *단류식* 운전방식은 '발전→ 대기→ 충수→ 대기'의 사이클이 계속 반복되므로 발전출력의 단속이 불가피하다. 그러나 발전방식이 간단하고 발전설비의 가격도 저렴하여 가장 실용적인 조력발전이다.

시화호의 경우 해가 질 때 수문을 개방하여 조지의 수위를 간조 수위까지 낮춘 후 아침 해가 뜰 때 발전하는데 이 경우 반대 방식 보다 발전효율이 떨어진다.

최근 세계 최대 규모의 인천만 조력발전소에 대한 친환경 개발안이 확정되었다. 2017년까지 3조 9214억 원을 들여 강화·장봉·영종도 일대 157.45 ㎢에 설비용량 1320 MW급으로 짓는 안이 유력하다. 이는 현재 세계 최대인 프랑스 랑스 조력(240 MW)과 2011년 6월 완공 예정인 국내 시화호 조력(254 MW)의 5배가 넘는 규모이며 원전 1기(약 1000 MW)보다도 용량이 크다. 국토부는 인천만 조력이 완공되면 연간 354만 배럴의 원유 수입이 줄고, 이산화탄소가 101만 t 덜 발생할 것으로 보고 있으며 8조 4000억 원의 생산유발 효과와 6만 4000개의 일자리도 생길 것으로 예상했다.

2) 조류발전

최근에 조력발전의 단점을 보완하기 위해 조력 발전기에 사용하는 수력터빈을 이용하는 것이 아니라 풍력발전에 사용하는 날개와 비슷한 날개를 돌려 발전시키는 새로운 방식이 개발되었다. 날개가 조수에 따라 회전하면서 전기에너지를 생산하게 되는 것이다. 따라서댐이 필요 없게 되었다. 그런데 이 방법은 바다의 조수의 힘을 이용하지 않고도 바다의 물

<그림 9.25 조류발전기의 개념도>

<그림 9.26 울돌목에 있는 조류 발전소[117]>

117) 울돌목은 시속 13노트(약 24 ㎞)의 강한 조류의 흐름이 발생하는 곳으로 세계적인 조류 발전의 적지

살의 흐름도 이용할 수가 있어 자연적으로 흐르는 조류가 강하게 흐르는 길목에 수차발전 설치해 발전할 수 있다. 이러한 발전 방식을 ***조류발전***이라 한다. 따라서 최근에는 옛날의 댐을 건설하는 형식의 조력발전소 건설이 거의 없기 때문에 최근에는 ***조력발전***과 ***조류발전***의 구별 없이 다 ***조력발전***이라 불러 혼동을 일으키기도 한다.

이 방식은 댐을 건설할 필요가 없기 때문에 기존의 조력발전에 비해 비용이 적게 드는 반면 수차발전기를 설치할 적합한 장소를 찾기가 쉽지 않다는 단점과 조력발전과 달리 발전량은 자연적인 흐름의 세기에 따라 좌우되기 때문에 발전량을 조절할 수 없다는 단점이 있다.

3) 파력발전

파력발전은 파도의 힘을 이용하여 전기를 얻는 방식으로 파동에 의해 수면이 상하 운동을 하면 물 입자는 전후로 움직이는데 이 운동을 에너지 변환 장치를 통해 전기에너지로 바꾸는 것이다.

설치 방법에 따라 부체식과 고정식이 있는데 부체식은 발전 플랜트를 바다위에 설치하는 방식으로 파에너지의 효율적인 이용에 유리하며 고정식은 고정되어 있는 기질에 설치하는

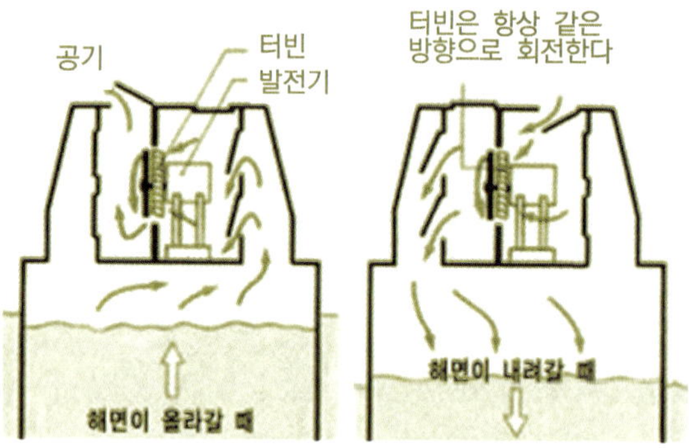

<그림 9.27 파력발전의 원리>

참조: http://blog.naver.com/baram317?Redirect=Log&logNo=70007324165

<그림 9.28 우리나라의 해양에너지 후보지>

방식으로 설계, 시공 상 유리하며 방파제 등 이미 만들어진 시설을 이용할 수 있어 얻어진 에너지 수용이 용이하다.

발전 방법은 보통 해면(海面)의 승강운동을 피스톤으로 공기의 흐름으로 만든 다음 공기 터빈을 돌려 발전기를 구동(驅動)하는 방식을 이용하며(그림 9.27 9.28 참조) 파고 2 m, 주기 6초인 파도에서는 폭 1 m 당 25 kW의 전기에너지를 얻을 수 있다. 이 방법은 대상지역이 많지 않고 심한 출력 변동과 특히 부체식은 대규모 발전 플랜트를 해상에 계류시키는데 기술적인 어려움이 있어 아직은 미비한 상태이다.

4) 해양 온도차발전

해양 온도차에 의한 발전은 수심에 따른 바닷물의 온도차를 이용한 발전 방식이다. 열대 해역에서 해면의 해수 온도와 심해의 온도 차가 20℃ 이상으로 이런 표층수와 심층수의 온도 차로부터 냉매를 이용하여 발전하는 기술이다. 따라서 이러한 조건을 갖출 수 있는 곳은 열대지방의 깊은 바다밖에 없다. 그러나 깊은 바다에 장치를 설치하는 것은 여러 가지 어려움이 따르기 때문에 온도차를 이용한 발전이 실용화되려면 상당한 시간이 걸릴 것으로 예상된다.

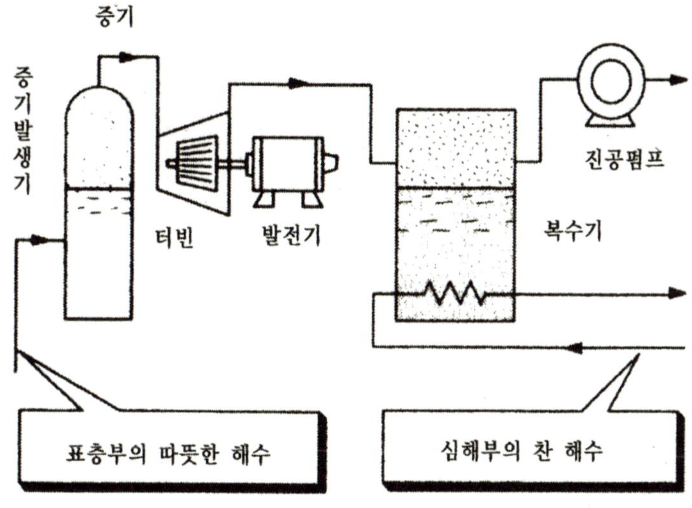

<그림 9.29 해양 온도차 발전의 원리>

이 발전의 일반적인 원리는 두 가지가 있는데 하나는 폐쇄된 회로에서 따뜻한 표층수를 이용하여 암모니아와 같은 끓는점이 낮은 액체를 끓여 그 증기로 터빈을 돌린 후 터빈을 통과한 더운 증기를 열교환기에서 차가운 바닷물을 이용해 냉각시켜 응축시켜 되돌리는 것이고 다른 하나는 따뜻한 표층수를 낮은 압력으로 증발시켜 이 증기로 터빈을 돌린 후 터빈을 통과한 증기를 차가운 심층수로 냉각시켜 응축시키는 방법이다.

1948년 프랑스의 '해양 에너지 개발공단'에 서아프리카 상아해안에 세계 최초의 온도차 발전소가 완성되었다. 프랑스 외에 미국, 이스라엘 등도 온도차 발전 개발을 하고 있다.

9.3.7 소수력에너지

대형 수력발전은 새로운 대체에너지로 보기 어려우며 종종 심각한 자연 파손 등 환경문제를 초래하기 때문에 세계적으로 비판을 받아왔다. 그와 함께 대형 발전소의 건설은 댐 바닥에 토사가 쌓이고 결국 강바닥을 높여 댐으로 들어오는 강물의 흐름을 느리게 하여 터빈을 통과하는 물살의 속도로 느리게 하여 효율을 감소시킨다.

소수력발전(小水力 發電 ;small hydro power)이란 설비 용량이 15,000 kW 미만의 소규모 수력 발전을 의미하나 국내에서는 보통 3,000 kW 미만을 이른다. 소수력 발전은 일반적인 대규모 수력 발전과 원리 면에서는 차이가 없으나 국지적인 지역 조건과 조화를 이루는 규모가 작고 기술적으로 단순한 수력 발전을 말한다.

소수력발전의 원리는 낙차가 큰 지역에 소규모 댐을 설치하고 그 물을 방류할 때 발전기 터빈을 놀려 전기를 생산해 내는 것이다. 그러나 최근에는 규모가 작을 경우 댐을 설치하지 않고 관을 통해 그 속을 흐르는 물의 힘으로 터빈을 돌리거나 낙차가 큰 곳에 발전기를 설치, 흐르는 물을 그대로 통과시켜 전기를 생산하는 방법들이 사용된다.

발전기에 사용되는 수차의 종류에는 ***펠톤형, 프랜시스형, 프로펠러형*** 등이 있다.

이미 알고 있듯이 수력 발전은 공해가 없는 청정에너지이다. 다른 대체 에너지원에 비해 높은 에너지 밀도를 가지고 있기 때문에 개발 가치가 큰 부존자원으로 평가하고 있으며 소수력 발전은 유럽과 미국 등 선진국을 중심으로 기술 개발과 개발 지원 사업이 경쟁적으로 활발하게 진행되고 있다. 관개용(灌漑用) 등 기존의 댐을 활용한 소용량 발전 시스템을 상용화(商用化)하고 개발되어 있는 저낙차(低落差) 시스템의 사용하면 공사비를 절감할 수 있는 장점이 있다.

우리나라의 경우, 세계 연평균 강수량이 973 mm인데 비해 우리나라의 연평균 강수량은

<그림 9.30 안동에 있는 소수력 발전소(용량 1,500kW급)>

1,274 mm로 세계 평균의 1.3배로 비교적 강수량이 많은 편으로 소수력 발전의 적극적 개발이 필요한 상황이다. 또한 소수력 자원의 적극적인 개발은 청정 대체 에너지원의 개발로서 매우 중요하며 경제·사회적으로 전력 수요 급증 시의 부하를 평준화하는 효과를 가지며 석유 수입 대체 및 지역 개발의 촉진과 이로 인한 경제적 파급 효과의 극대화 및 관련 기술의 수출 산업화 등의 부수적인 효과를 거둘 수 있다고 평가되고 있다.

그러나 자연낙차가 큰 소수력발전 입지는 매우 제한되어 있기 때문에 낙차가 작은 저낙차 소수력 발전소의 건설에 노력을 기울일 필요가 있다.

국내 소수력 발전은 2007년 현재 30여개 지역에 용량이 약 43,000 kW이며 발전량은 187,600 MWh이다.

9.4 대체에너지 현황 및 전망

9.4.1 세계의 대체에너지 현황 및 전망

현재 서방 선진국들의 대체에너지 비중은 전체 에너지의 평균 1~4% 수준이다. 향 후의 대체 비율을 높이려고 계획하고 있지만 대체에너지의 이용 및 보급 확대에 있어서 대체에너지

마다 여러 가지 문제점이 있지만 최대 관건은 경제성 문제이다. 즉 사용 가격이 너무 비싸다는 것이다.

예를 들어 우리나라에서 가장 기상조건이 좋은 남부지방의 경우 연평균 일사량은 3,100 kcal/m^2 정도이며, 현재까지 개발된 태양전지의 효율이 15~18% 수준임을 감안하면, 95만 kW급 원자력발전소 1기에서 생산되는 전기에너지를 얻기 위해서는 적어도 여의도 면적(87만평)의 11.5배인 1,000만평이 필요하기 때문에 우리나라와 같이 국토가 협소하고, 인구밀도가 높은 경우에는 현실적으로 타당성이 부족하다.

그럼에도 불구하고 세계 모든 국가는 대체에너지 개발에 많은 투자를 하지 않으면 안 된다. 그것은 너무나도 잘 알듯이 환경오염과 화석에너지 고갈 문제 때문이다.

1998년 미국의 조지 워싱턴대학교에서 발표한 '미국의 미래기술'에 의하면, 미국은 2010년쯤 에너지 소비량의 10%를 대체에너지로 충당하게 된다고 하며 이를 위해 군대에서도 이 정책에 따라 미 육군은 2007년 제정된 법에 따라 2025년까지 전체 사용하는 전기의 25% 가량을 풍력, 태양열 등 재생에너지를 이용해 발전한 전기를 사용해야 하며 공군은 2016년까지 4억갤런 가량의 대체에너지를 구매해야 한다. 해군은 2020년까지 현재 사용하고 있는 에너지의 절반가량을 재생에너지로 채워야 한다.

한편 또 유럽연합(EU)이 97년 발간한 '에너지백서'는 2010년까지 대체에너지 비중을 현재의 2배인 12%까지 끌어올리려는 계획을 갖고 있다. 또한 풍력발전의 메카라 할 수 있는 덴마크의 경우 4,900개의 풍력터빈에서 1,135 MW의 전기를 생산하여 전기소비량의 7%를 충당하고 있으며, '에너지 21' 계획에 의하면 2000년에 10%, 2030년까지 50%를 풍력으로 대체한다는 목표아래 대체에너지 개발과 활성화에 노력하고 있다.

바이오에너지의 경우 2000년 현재 유럽은 프랑스, 독일, 이탈리아를 중심으로 120만톤의 생산량을 기록하고 있는데 이는 유럽 각국이 바이오디젤에 대한 동일한 면세혜택을 부여하여 바이오디젤의 생산을 독려하고 있기 때문이다. 바이오디젤 산업은 대체에너지 개발분야 중 경제성과 동시에 대량 생산기반을 갖추고 있는 몇 안 되는 분야이다. 전 세계에 널려있는 밀림, 유휴지 및 2모작 용지의 이용을 통하여 각 지역, 기후에 알맞는 다양한 유지식물을 재배할 경우, 그 생산량은 상당할 것으로 추정된다. 이러한 관점에서, 유럽의 경우 2010년까지 전체 경유의 12%와 미국의 경우 2020년까지 20%를 대체하려는 전략은 큰 무리 없이 추진될 것으로 생각된다. 바이오디젤 정책입안자들은 2005년 이후에는 바이오디젤의 가격이 석유계 경유의 가격보다 저렴해질 것으로 판단하고 있다. 이럴 경우 바이오디젤은 세계에서 유일하게 상용화되고 대량생산되어지는 대체에너지가 될 것으로 확신되고 있다.

2003년 기준의 IEA의 자료에 따르면 나라별 전체 에너지 중 재생에너지의 비율은 핀란드가 23%, 캐나다 15.8%, 덴마크 11.1%, 프랑스 7.0%, 미국 4.5%, 일본 3.1%인데 비해 우리나라의 경우 2.1%에 불과하다. 이보다 5년 전인 1998년의 경우 덴마크 8.5%, 프랑스 4.5%, 미국 4.1%, 일본 2.1%, 한국 1.03%로 나타났던 것과 비교하면 나라별로 대체에너지 확보에 기울이고 있는 노력을 대충 짐작할 수 있다.

그 예로 미국은 2010년경에는 에너지 소비량의 10%를 대체에너지로 충당하겠다는 계획이며, EU도 2010년까지 대체에너지 비중을 12%까지 높이려는 계획을 추진 중이다.

러시아의 경우 현재까지는 신재생에너지에 대한 관심이 저조하다. 그 이유는 풍부한 에너지자원을 확보하고 있는 에너지자원 부국으로 신재생에너지 개발 가능성에 대해 국내외적 관심에서 제외되고 있기 때문이다. 따라서 현재 신재생에너지에 대한 투자규모는 전 세계에서 25위 밖에 위치하고 있다. 그러나 최근 세계적인 녹색성장에 대한 관심 증가로 러시아도 신재생에너지에 대한 관심을 유발하고 있으며 더군다나 러시아는 중국과 미국에 이어 탄소배출량 세계 3위국가로서 러시아 정부는 지구의 기후변화와 온난화 현상 문제해결에 대응하기 위해서, 또 풍부한 석유 및 석탄 매장량을 보유하고 있으나, 주요 매장지대의 매장량 감소로 최근 신재생에너지 개발에 대한 관심이 가질 수밖에 없다.

러시아의 경제적 가능성 면에서 전체 재생 에너지 중 지열 에너지가 40%, 소수력 에너지가 24%, 바이오 메스가 13%이며, 이 세 가지의 에너지들은 전체 재생 에너지 중 80% 이상을 차지 할 것으로 전망된다.

'러시아 에너지 전략 2030'에 재생에너지를 포함하여 전략적 추진계획을 발표하였는데 이는 화석에너지원의 매장량 감소와 세계적인 이슈인 기후변화와 온난화 문제에 적극 대응하기 위해, 재생에너지 이용에 대한 관심 증가와 넓은 지정학적 여건으로 재생에너지 주요 생산국으로의 부상과 화석에너지 수송비용으로 인해 에너지 수급사정이 열악한 지역까지 저비용으로 에너지를 공급하는 수단으로 재생에너지를 검토하게 되었다.

목표로는 2030년까지 수력을 제외한 재생에너지 분야에 1,130~1,340억 달러를 투자하여 녹색에너지, 저탄소경제 구조의 기반을 조성하는 것이다. 총 전력생산 중 수력을 제외한 재생에너지 전력 생산비율을 2020년 4.5%까지 수준으로 향상하고 2030년까지는 800~1,000억 kw/h를 생산할 계획이며 26 Mw급 수력발전소의 전력 생산량을 2010년 1,680억 kw/h에서 2020년 2,840억 kw/h로 확대할 계획이다.

일본은 2009년 정권 교체후 온실가스 감축량을 2020년까지 25%까지(1990년 대비) 상향 조정하고 '저탄소 사회' 비전 실현을 위해 중장기적으로 탄소를 전혀 배출하지 않는 혁신적인 기술 개발에 향후 5년간 300억불 투자 예정이다. 단기적으로는 태양광발전, 차세대자동차, 고효율 가전기기 및 건축물 등 기존 기술의 보급 확대를 위해 보조금 지급, 인센티브 제공, 인프라 구축 및 관련 산업 육성을 위한 산업정책 등을 추진하고 있다.

일본정부는 2009년 8월 발표한 장기에너지수급전망에서 1차 에너지 공급에서 차지하는 신재생에너지의 비중을 2005년 5.9%에서 2020년 9.0%, 2030년에는 11.6%로 확대할 예정이다. 따라서 신재생에너지 생산량을 2005년에는 1,160만Kℓ, 2030년에는 약 3,200만Kℓ로 늘릴 계획이며 특히, 태양광 발전은 도입 잠재성이 가장 크고 연관 산업이 많아 일본 정부가 신성장동력으로 신에너지 분야 중 가장 중점적으로 추진 및 보급 노력하고 있는데 2030년까지 가정용 전력의 1/2 대체를 목표로 발전비용을 전력비용과 동등한 'grid-parity'를 목표로 집중 육성할 계획이다.

한편 최근 소식에 의하면 태양광은 가장 이상적인 신재생에너지원이지만 2011년 태양광 시장은 최대 설치 국가인 독일의 보조금 축소에 따라 성장성 정체될 것으로 전망되며 세계적으로는 일시적 둔화가 예상된다. 태양광은 타 에너지원 대비 높은 발전 단가로 정부의 보조금 없이 설치하기에는 어려움이 있다. 소비 시장 측면에서 발전 차액 지원금 등 정책적 지원이 필수적이다. 그렇지만 계속적인 기술 개발로 향후 모듈 가격 하락으로 보급 활성화가 기대된다.

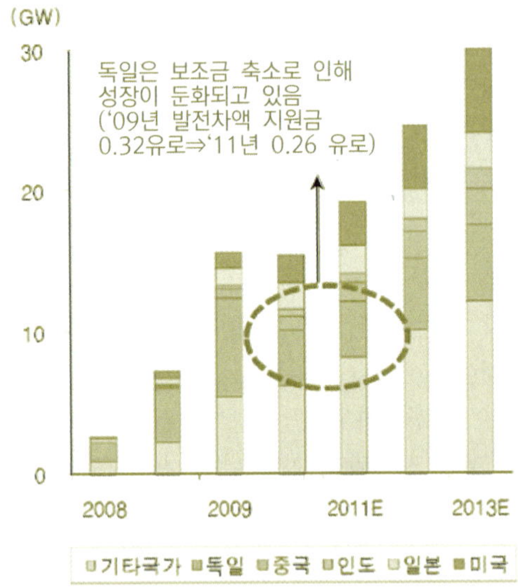

<그림 9.31 태양광시장 발전 추이>

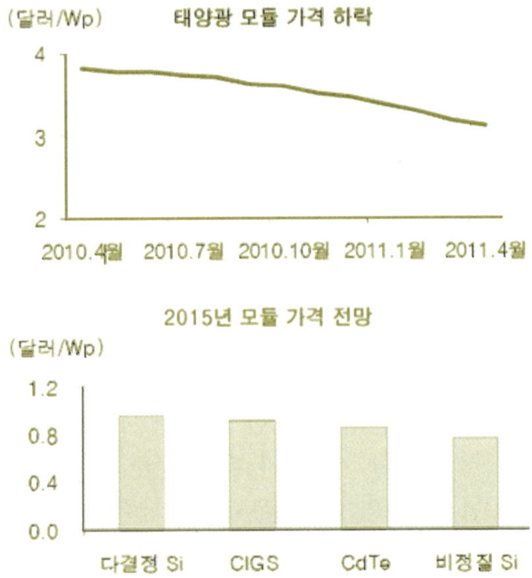

<그림 9.32 태양광 모듈 가격 추이>

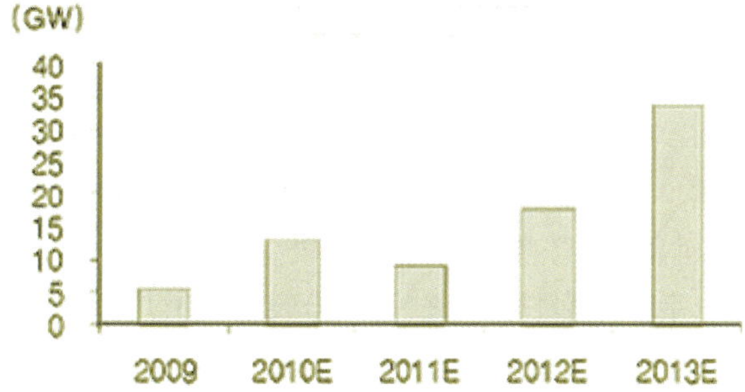

<그림 9.33 해상풍력시장 전망>

	해상풍력	육상풍력
평균풍속	8~12m/s	4~8m/s
평균 단지 규모	300MW	15MW
발전효율	40%	25%
초기투자비용	1200~1900 S/kW	850~1,350 S/kW

자료 : New Energy Finance, GwEC

<그림 9.34 해상풍력과 육상풍력의 비교>

2011년 풍력 시장은 중국, 미국, 인도 등 국토 면적이 넓은 국가를 중심으로 성장 전망이다. 특히, 중국은 2006년 기준 2,599 MW에서 2010년 기준 44,733 MW로 최대 설치국가로 자리매김하였다. 국토 면적이 넓은 국가일수록 전력의 송·배전 손실률이 크고 산간 오지 비율도 높아 풍력과 같은 분권화된 에너지원 강점으로 작용할 것이다.

풍력 발전의 트랜드는 발전시설이 더 커지고 육지 보다는 넓은 바다에 건설할 전망이 커진다. 그 이유는 최근 풍력 발전 트렌드는 풍력 발전기를 크게 제조함으로써 에너지 수율을 증가시키고 있으며 면적이 넓고 지속적으로 바람이 부는 바다를 중심으로 한, 해상 풍력에 대한 관심이 영국, 덴마크 등 중심으로 상승하고 있다.

한편 시장은 중국, 인도의 설치 증가로 가장 높은 성장세를 실현하고 있고 특히, 중국의 경우 최대 풍력 설비 생산국 및 최대 풍력 누적 설치국의 지위를 계속 유지할 전망이다.

2010년 호주 및 오세아니아의 풍력시장은 성장이 정체되어 있지만 호주에서 현재 1,000 MW가 추가 건설 중인 등 향후 성장성가 회복될 전망이다. 또한 북미도 2010년 현재 5 GW

급 풍력 설비가 건설 중이고 2011년 약 10 GW 풍력설비가 추가될 전망이며 미국을 중심으로 한 정부 지원책으로 향후 성장세가 회복될 전망이다.

이와 함께 최근 일본의 후쿠시마 원전 폭발로 전 세계가 탈 원전을 부르짖고 있다. 미국의 오바마 미국 대통령은 2011년 6월 워싱턴의 조지타운대학에서 에너지 정책 관련 연설을 통해 오는 2025년까지 국내 석유생산을 늘리고 자동차의 에너지 효율을 높이는 한편 대체에너지 사용을 확대하는 계획을 추진하겠다고 발표하고 2015년부터 미국내에서 판매되는 모든 신차는 하이브리드 자동차와 전기자동차를 포함해 대체연료를 사용하는 차량이 되도록 할 방침이라고 밝혔다. 또 중국은 일본 원전 폭발사건의 영향으로 앞으로 5년간 태양광 전지 생산설비를 당초 계획의 두 배인 10 GW 규모로 확대하는 방안을 검토 중이라고 발표했으며

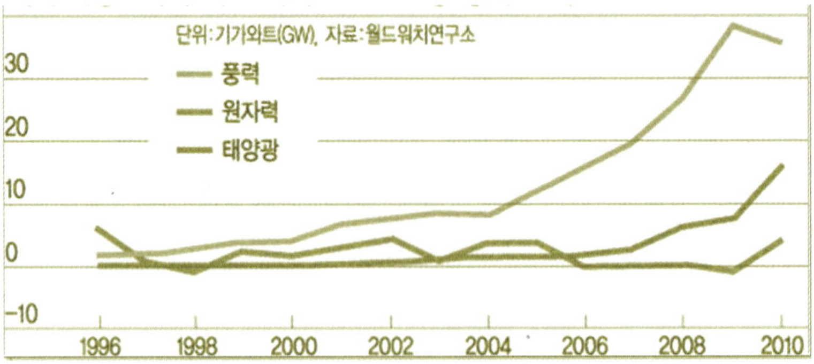

<그림 9.35 세계 재생에너지 및 원자력발전량 추이>

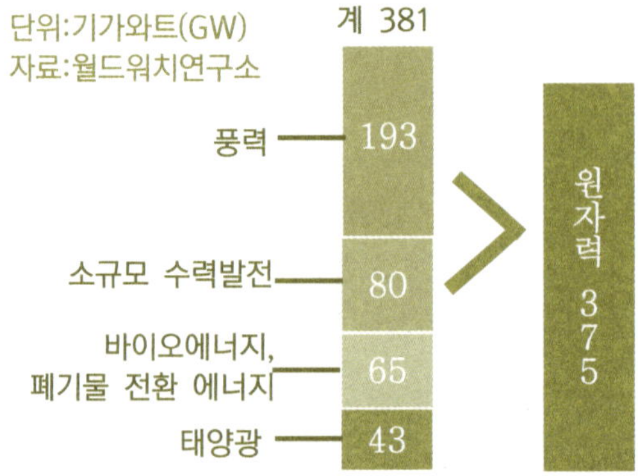

<그림 9.36 2010년 세계 재생에너지 및 원자력 발전 현황>

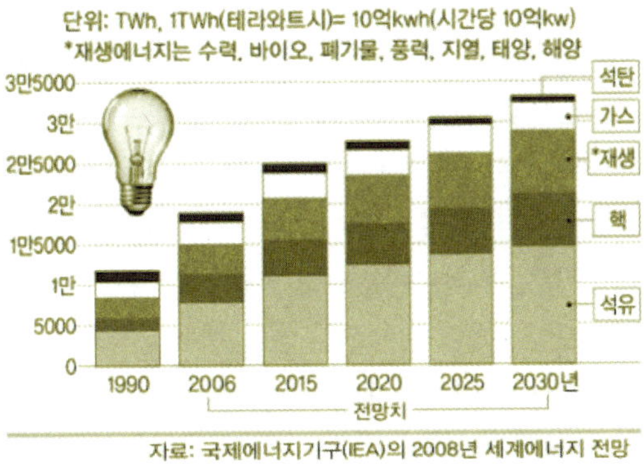

<그림 9.37 세계의 전력생산 발전방식 추이>

2020년까지 중국의 전력 공급량 가운데 최고 5%를 원자력 발전으로 충당키로 한 당초 계획을 3% 수준으로 낮출 계획이다. 독일정부는 자국 내 17개 원자력발전소를 폐쇄 속도를 가속화하기로 결정했으며 영국도 새로운 원전 건설 계획 백지화하는 움직임이 가속화되고 있다.

9.4.2 한국의 대체에너지 현황 및 향 후 대책

한국의 대체에너지의 비율은 2001년 기준으로 원자력을 제외하고 1.2%로 그 중 폐기물을 이용한 에너지 발생기가 전국에 433기가 설치되어 93.9%를 차지하며 나머지는 바이오 3.3%, 태양열 1.6%, 소수력 0.8%, 태양광 0.3%, 그리고 풍력 0.1%의 순으로 절대적인 양을 폐기물에 의존하고 있다. 2002년에는 그 비율은 1.4%로 폐기물 93.5%, 바이오 4.0%, 태양열 1.2%, 소수력 1.0%, 태양광 0.2%, 그리고 풍력 0.1%, 지열 0.005%의 순으로 역시 폐기물을 이용한 에너지 비율이 약간 낮아졌지만 역시 대체에너지 대부분을 폐기물에너지에 의존하고 있다. 2002년 대체에너지의 기술개발, 보급 지원에 투입된 금액은 약 515억 원을 투자하였으며 그 후 대체에너지 비율이 2003년 2.0%, 2004년 2.4%로 상당이 증가하고 있는 추세이다.

정부에서는 2002년 국가에너지 기본계획에 의하면 2011년까지 대체에너지를 전체에너지의 5%까지 확대 계획을 잡고 2003년 예산 858억, 2004년 1,964억, 2011년에는 3,415억 원씩 매년 예산을 증가시키고 있다. 이를 바탕으로 2011년까지 태양광, 풍력, 연료전지 등 생산으로 200만Kw의 발전 용량을 확보 예정이지만 역시 2011년에도 대체에너지의 90%는 폐기물에너지가 차지할 것으로 예상하였다.

한편 과기부에서 2003년 6월 수소에너지개발사업단을 발족 10년간 1,000억 투자할 계획을 잡고 2004년부터 착수 2019년까지 9,800억 원 투자하여 '수소생산용 원자로'를 개발 할 계획을 잡았다.

최근 지식경제부 발표에 의하면 2010년 우리나라의 신재생에너지산업 규모는 전년대비 기업체수는 12% 증가한 215개, 고용인원은 29% 증가한 13,380명, 매출액은 58% 증가한 8조 1,282억 원, 수출액은 77% 증가한 45.8억 달러, 민간투자는 22% 증가한 3조 5,580억 원으로 나타났으며 2011년도 전망은 전년대비 고용인원은 28% 증가한 17,161명, 매출액은 78% 증가한 14조5,072억 원, 수출액은 84% 증가한 84.2억 달러, 민간투자금액은 16% 증가한 4.1 조원으로 전망되었다.

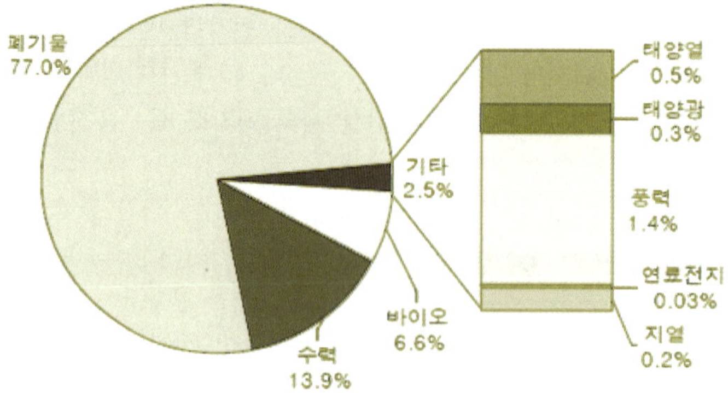

<그림 9.38 2007년도 신재생에너지 공급 비율>

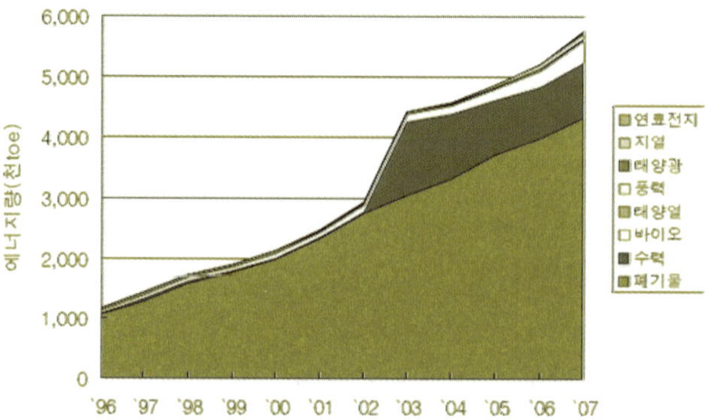

<그림 9.39 2007년 이전 년도별 신재생에너지 공급 추이>

이러한 신재생에너지산업 중에서도 특히 태양광과 풍력산업의 성장이 크게 두드러져서, 제2의 반도체 및 조선산업으로서의 성장가능성을 크게 엿볼 수 있었다.

2010년 태양광산업 규모는 2007년 대비하여 제조업체수는 3.2배 증가한 97개, 고용인원수는 7.4배 증가한 8,579명, 매출액은 13.4배 증가한 5조9,097억원, 수출액은 21.4배 증가한 37.9억불 수준이다. 한편 2011년 태양광산업은 전년대비 고용인원은 38% 증가한 11,807명, 매출액은 76% 증가한 10조 4,231억원, 수출액은 76% 증가한 66.7억 달러, 빈간투자는 13% 증가한 3조2,510억 원으로 전망되고 있다. 이러한 태양광산업의 급성장은 국내 Value-Chain별 산업이 완성되었고, 정부와 업계의 집중적인 투자와 세계 태양광 시장의 지속적인 확대 등에 기인하고 있는 듯하다.

2010년 풍력산업 규모는 2007년 대비하여 제조업체수는 39% 증가한 32개, 고용인원 수는 86% 증가한 2,654명, 매출액은 88% 증가한 1조1,678억원, 수출액은 33% 증가한 7.88억불, 빈간두자는 76% 증가한 7,200억원 수준이다. 2010년 풍력산업은 중국 내수시장(세계시장의 46% 차지)을 기반으로 한 중국 업체의 급성장과 최근 세계 풍력시장의 위축(2009년 38.6 GW에서 2010년 35.8 GW로 감소), 국내에 풍력발전기 설치에 대한 과도한 규제로 인한 국내 보급의 저조하며 Track Record 부족으로 인한 시스템 수출의 어려움 등으로 다소 저조한 성과를 나타냈으나 2011년은 풍력부품 수출 외에 풍력시스템 수출의 본격화, 해상풍력 개발 확대 등 세계풍력시장의 활력 회복 등에 따라 전년대비, 고용인원은 14% 증가한 3,016명, 매출액은 137% 증가한 2조 7,711억원, 수출액은 120% 증가한 17.3억 달러, 민간투자는 38% 증가한 7,200억 원으로 전망된다.

바이오에너지 매출액도 바이오디젤의 자율적 혼합정책을 바탕으로 2004년 5억원 ⇒ 2007년 1,361억 원 ⇒ 2010년 7,961억 원으로 꾸준히 증가하였다.

지식경제부는 태양광, 풍력 등 신재생에너지산업을 성장동력산업으로 보다 강력하게 육성하기 위해 2011년도 신재생에너지산업에 전년대비 24.1% 증가한 1조35억원을 지원할 계획이며 특히 기존의 보급보조사업 및 기술개발 사업 외에, 사업화에 어려움을 겪고 있는 신재생에너지 중소, 중견기업에 대한 지원을 위해 '신재생에너지 테스트베드(Test-bed)' 구축에 200억원을 신규로 지원하고 지속적으로 크게 증가하고 있는 신재생에너지수출을 보다 촉진하기 위해 해외진출지원에 90억 원을 신규로 지원할 계획으로 있다.

2008년 기준 신재생에너지 국내시장 규모는 3조 1220억 원이며 우리나라의 신재생에너지 발전설비 용량은 2.54 GW, 공급량은 약 631만톤이다.

태양광에너지의 경우 아직까지는 태양발전에 의한 판매가가 다른 신재생에너지에 상당히 비싸 실제 이용량은 미비하지만 전에비해 대규모 투자를 통한 생산능력 확대 및 수출량 증가로 산업성장의 토대 마련하였다. 예를 들면 태양광발전 분야에 지원을 집중(발전 차액 91.3%, 보급보조 52.3%, R&D 34.4% 등)하여 산업 발전에 일조하였다. 이 분야는 실리콘 태양전지, 차세대 전지(박막, 염료감응, 유기 등) 및 장비 기술 개발에 많은 투자를 하고 있다. 스페인, 독일 등 유럽지역에 집중적으로 수출하고 있으며, 향후 글로벌 투자 확대, 발전소 건설로 수출액 증가가 예상된다.

풍력발전은 조선, 중공업사가 투자하여 대용량 발전기(3~5 MW급)를 개발 중이며 부품 및 시스템의 해외시장 진출이 확대 추세에 있다. 캐나다 온타리온주에 2,5GW급(한전, 삼성물산), 파키스탄에 50 MW급(현대중공업), 네덜란드에 50 MW급(STX 윈드파워) 등 수출로 시스템 수출이 산업화되는 추세이다.

국내의 경우 2008년 현재 새만금 지역 등 양호한 입지를 대상으로 40 MW(잠정) 규모의 대형풍력 시범단지 건립 추진 중이며 해상 풍력발전은 민간 주도 시장이 확대되고 있으며 정부가 주도하는 해상풍력 발전단지(100 MW급)가 건설 추진 중이다. 이와 관련, 2011년 8월까지 타당성 조사 중에 있다.

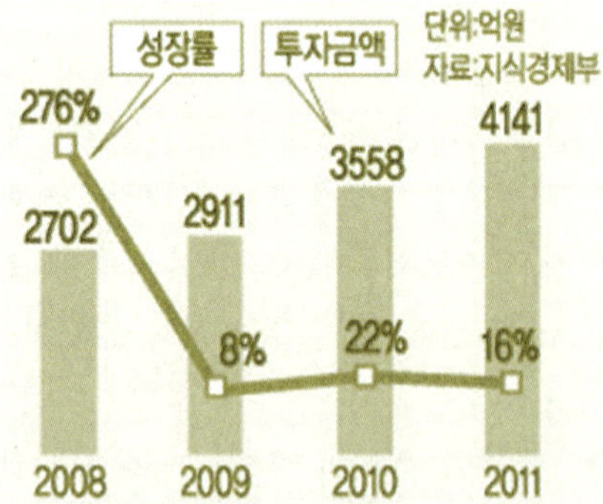

<그림 9.40 우리나라의 신재생에너지 투자 추이>

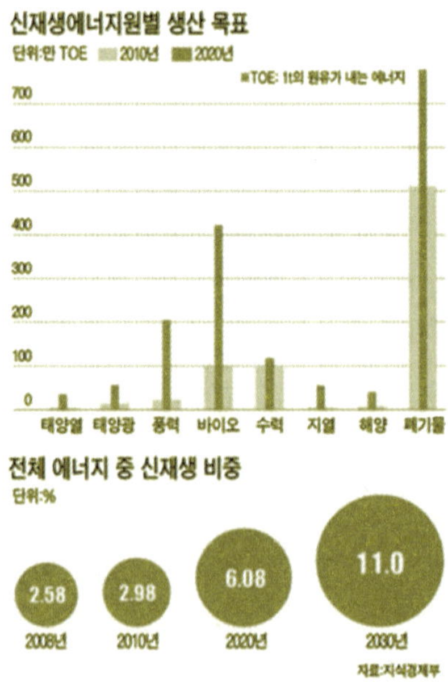

<그림 9.41 우리나라의 신재생에너지 목표>

<표 9.10 우리나라의 지자체들의 신재생에너지 개발 계획>

서울	• 2008년 태양열·지열에너지시설 11곳 설치 • 수소스테이션 건립·수소연료전지 자동차 운행	경북	• 동해안에너지클러스터 조성
경기	• 화성 동탄2신도시 탄소중립도시 건설	충남	• 내안 종합에너지특구 조성
강원	• 영월 50MW급 태양광발전소 건립	충북	• 오창~충주로 아시아솔리벨리 조성 • 음성 현대중공업태양광발전사업 1·2단계 (총330MW)추진
부산	• 가덕도 앞바다에 350MW급 해상풍력발전 단지 조성	전북	• 새만금 신재생에너지클러스터(2016만m^3 부지에 풍력, 태양광, 부품소재클러스터 구축)
울산	• 신재생에너지 생산·연구단지(40만평)조성	광주	• 솔라스티 건설사업 추진
경남	• 수소연료, 태양에너지 연구·생산할 에너지 콤플렉스 조성	전남	• 대불산단 신재생에너지 전요안지 조성
대구	• 신도시 신재생에너지 도입 의무화	제주	신재생에너지 연구기지 구축

<표 9.11 주요 국가별 신재생에너지 보급현황 및 목표>

구분	한국	미국	일본	독일	영국	덴마크
현황('08년, %)	2.43	5.3	3.2	8.4	2.8	18.5
목표('30년, %)	11.0	10.9	11.1	18('20)	15('20)	30('20)

향후 계획으로는 앞에서 언급했듯이 신재생에너지 보급 비중을 2015년 4.3%, 2020년 6.1%, 2030년 11%로 늘리는 것을 목표로 중장기적인 전략을 추진 중이다. 이를 위해 신성장 동력화를 위해 태양광, 풍력, 연료전지 등 기술력 확보가 필요한 분야에 대해 2030년 까지 총 111 조원을 투자할 예정으로 있다. 이는 보급 투자비로 약 100 조원, R&D 투자비로 약 11 조원을 계획하고 있다. 분야는 지열, 태양광 분야에 투자비가 집중되고, 풍력의 경우 에너지 공급량 대비 투자비는 저렴한 편이다.

한편 중앙 정부와 별도로 각 지자체는 자기 지자체에 적합한 신재생에너지 개발을 위해 개발 계획을 세우고 있다.

그러나 우리나라는 여전히 원자력 위주의 에너지정책에서 탈피하지 못하고 있으며 오히려 2015년까지 원자력발전의 비중을 1998년 27.5%에서 34.2%로 늘릴 계획이다.

그러나 2011년 외교통상부 자료에 의하면 정부는 2008년 2.4% 수준인 대체에너지 비중을 2015년까지는 5%, 2020년에는 비율을 6%, 2030년에는 11%까지 끌어올릴 계획으로 2011년에는 선진국 대비 70~90%의 기술 수준 달성을 목표로 추진 중이지만 선진국에 비하면 여전히 낮은 실정이다. 따라서 예산이나 여러 가지 어려움이 많겠지만 에너지 자급을 위해서도 신재생에너지 개발 및 보급에 정진해야 할 것이다.

9.5 결론

세계의 경제 발전이 급속히 발전하면서 야기된 환경오염과 화석연료를 포함한 자원 고갈 등은 현재 세계적으로 심각한 문제로 대두되고 있다. 우리는 이제 이러한 생태계 변화 속에서 인간이 좀 더 오래 지구상에 살아남을 수 있는 길은 생각해 보지 않을 수 없다.

그러기 위해서는 기존의 기술을 바탕으로 한 발전만을 고집해서는 안 되며 가능한 한 지구의 자원과 에너지의 소비 속도를 둔화시켜야 할 것이다. 즉, 석유에너지의 소비 속도를 줄이고 생태계를 파괴하는 산업공해를 최소한 줄일 수 있는 탈공업화로 구조적 변화를 가져가야만 할 것이다. 또한 산업은 에너지 절약형 산업으로 재생 가능한 에너지원을 이용하도록 해야 하며 자연의 바이오매스 에너지를 사용하여 얻을 수 있는 에너지 개발 및 사용 등과 같이 무공해 대체에너지 개발에 적극적으로 많은 투자를 해야 하며 환경오염과 화석에너지의 최대 사용처인 수송기관에 무공해 에너지를 사용하는 바이오에탄올 차, 전기자동차, 수소연료 자동차 등 개발에 많은 투자를 해야 할 것이다.

이러한 우리의 자구 노력만이 우리 후세 세대를 안전하게 이 지구상에서 오래 동안 살아남게 할 수 있을 것이다.

이미 각 나라에서는 녹색성장을 국가경제 발전의 패러다임으로 정해 이에 맞는 국가 환경 및 에너지 정책을 수립하고 있다. 아무쪼록 이 패러다임이 성공하기를 우리 모두 빌어야 할 것이다.

ꙮ 참고자료 ꙮ

1. 에너지환경개론, 하상완 외 저, 형설출판사(2009)
2. http://www.nier.go.kr
3. http://www.environet.co.kr
4. 대체에너지 보급관련 자료실, 산업자원부 에너지공단
5. 21세기 대체 가능한 신재생에너지 기술탐색, 한국에너지기술연구원(2000)
6. 국산 바이오디젤 원료시장 확대의 경제 파급 효과 분석, 에너지경제연구원 기본연구보고서 09-16(2010)
7. 바이오디젤 보급 전략 및 방향(에너지경제연구원 기본연구보고서(2008)
8. 풍력발전기술, 박광현 외 저, 겸지사(2007)
9. http://www.kemco.or.kr
10. http://www.kier.re.kr
11. blog.naver.com/hayeon
12. 글로벌경쟁시대의 에너지산업, 박수억, 한국에너지협회(2000)
13. 에너지 대안을 찾아서, 이필렬, 창작과비평사(1999)
14. 대체에너지, 윤석천 저, 인터비젼(2004)
15. 신재생에너지, 조용덕 외 저, 이담(2011)

10
CHAPTER

생명공학기술(BT:Biotechnology)

10.1 서언

오늘날 인류가 당면한 가장 큰 문제, 3대 과제는 질병과 기아로부터의 해방, 그리고 필요한 소재와 에너지를 계속적으로 공급받는 것으로 나눌 수 있다. 지금까지 의학·농학·화학 분야의 발전은 이러한 문제를 해결하는 데 많은 기여를 했지만 아직도 그것들만으로는 충분한 해결책을 찾지 못한 상황이다.

20세기 말 시작된 BT기술의 진보는 우리에게 많은 변화를 가져다주었다. BT 기술을 '생물(공학)기술'이라고 지칭하는 학자들도 있고 '생명(공학)기술'이러고 말하는 학자들도 있는데 여기서는 생명공학기술로 통일하기로 한다. BT 기술이 탄생한 초기에는 의료생명공학, 그 이후 농업생명공학이 발전했으며, 현재부터 향후 산업생명공학의 발전이 기대되고 있다.

유럽에서는 의료생명공학을 레드 바이오테크(Red Biotech.), 농업생명공학을 그린 바이오테크(Green Biotech.) 그리고 산업생명공학을 화이트 바이오테크(White Biotech.)라고 부르고 있다. 그래서 최근에는 "생명공학의 세 번째 물결인 화이트 바이오테크시대가 오고 있다."고 말하곤 한다.

21세기는 본격적인 BT의 시대라고 볼 수 있다. 이제부터 생명공학의 발전된 초기의 배경부터 현대의 BT기술과 인류의 3대 과제에 해결해 줄 수 있는 미래의 기술에 대해 알아보기로 한다.

10.2 생명공학의 발달과정과 사회적 배경

생명공학의 발자취는 생명이란 무엇인가에 대한 해답을 구하려 했던 생물학자들의 노력으로부터 시작되었다. 그러나 이러한 생물학자들의 노력은 생명체에 대한 해답을 얻고자 하는 순수하고 개인적인 지적 호기심에서만 비롯된 것은 아니며, 자연과 세계에 대한 탈 신비화와 개조 및 이용을 통해 인간중심의 우주관을 확립하려 했던 근대 과학혁명의 논리, 즉 역사적 · 사회적 세계관이 맞물려 작동했다고 보는 것이 타당하다.

또한 많은 과학적 원리의 증명이 그렇듯이 이를 이루기 위해서는 다른 과학이나 공학 기술의 뒷받침이 없으면 안 된다. 마찬가지로 생명체의 기본원리를 관찰하고 발견하는 데는 현미경의 발명 힘이 컸다. 만약 현미경 기술이 발전되지 않았더라면 생명체의 기본 단위인 세포,

염색체, 유전자 DNA 구조를 육안으로 확인하기 어려웠을 것이며 정보기술의 발전은 수많은 유전자정보의 해독과 저장, 염기 서열의 지도를 그리는데 도움이 되었다.

산업혁명 이후 과학 발전에 있어 후발주자였던 생물학자들은 19세기 초 이르러 모든 생물체가 세포로 이루어져 있고 세포는 생명체와 생명 기능의 기본적 단위는 세포라는 ***세포설***[118]을 발표하였다.

이후 ***다윈(Charles Darwin)***의 진화론과 1866년 ***멘델(Gregor Mendel)***이 발견한 ***유전법칙***[119]을 통해 모든 생물체는 같은 조상과 관련되어 있으며 생물체의 어떤 특성이 다음 세대로 전달되는 데에는 일정한 법칙에 의거한다는 것을 알게 되었고 이는 후에 유전형질을 조절하는 유전자와 그 구조를 밝힌 분자 생물학의 기초가 되었다.

멘델의 유전법칙은 농작물의 품종개량에 크게 기여하여 농작물의 수확량을 증대시켰다. 3년 후 1869년 스위스의 생물학자 *프리드리히 미셔(F. Mischer)*는 세포의 핵 속에 들어 있는 물질을 분석하다가 산성(酸性)을 나타내며 인(燐)을 함유하는 유기화합물을 발견했는데 바로 이것이 ***핵산(核酸, Nucleic acids)***이었다.

이후 20세기에 들어와 미국의 ***에이버리(Oswald T, Avery)***에 의해 DNA(Deoxyribonucleic acid)가 세포의 기본 물질이며 유전정보의 매개체로 작용한다는 것이 밝혀졌고 마침내 1950년 미국의 ***허시(Alfred Day Hershey)***와 ***M,체이스(Martha Cowles Chase)***는 실험을 통하여 DNA가 유전물질임을 결정적으로 밝히게 되었다. 그리고 드디어 1953년 ***왓슨(James Watson)***과 ***크릭(Francis Crick)***의 DNA이중나선구조의 발견에 의해 DNA가 어떻게 유전정보를 기록하고 복제해나가는 지를 밝혔다. 그리고 DNA 이중나선구조의 규명은 생명공학 혁명, 즉 유전자조작의 가능성을 여는 출발점이 되는 위대한 발견이었다. 이후 1973년 미국의 유전학자 ***보이어(Herbert Boyer)***와 ***코헨(Stanley Cohen)***은 재조합 DNA를 박테리아에 넣는 방식으로 유전자 복제에 성공함으로써 유전자 조작 및 복제에 중심을 둔 현재의 생명공학발전의 토대를 마련하게 되었다.

생명공학기술은 1970년대 이후 급속도로 발전하게 되는데 이는 현미경의 발명으로 17, 18세기에 걸쳐 각종 세포를 발견했지만 세포가 생명기능의 기본 단위임을 인식한 것은 19세기에 들어와서야 이루어진 점과 비교해 보면 정말 엄청난 속도라 하겠다.

---

118) 슐라이덴(Matthias Jakob Schleiden) 및 슈반(Theodor Schwann)에 의하여 1839년 주창된 세포학상의 한 학설로 생물은 외형이 어떻든 모두 세포로 이루어져 있고, 세포야말로 생물의 구조와 기능의 궁극단위이며, 생명의 본체라는 학설이다.

119) 멘델이 완두콩을 이용한 7년의 실험을 정리하여 발표한 법칙으로 부모의 형질이 자손에게 전해지는 유전 현상에 관한 법칙으로서 우열의 법칙, 분리의 법칙, 독립의 법칙이 있다.

생명공학 발전의 사회적 배경이 된 것은 인간중심의 우주관을 확립하고자 했던 근대적 과학관의 연속선 속에서 생명체에 대한 기술적 개입을 통해 이윤을 확보하고자 했던 기업자본 및 의료자본의 적극적 개입과 생명공학의 발전을 통해 독자적이고 전문적인 영역을 확보하고자 했던 과학기술자들의 요구가 맞물려 자동하고 있다고 볼 수 있다.

이렇게 1970년대 생명공학기술이 급속히 발전할 수 있었던 첫 번째 원동력은 의료적 목적과 상업적 목적을 위한 자본의 적극적 개입이었다. 실제로 유럽 여러 국가에서는 이 시기에 생명공학분야에 대한 자본가들이 엄청난 물적, 인적 자원을 투자했으며 각 정부에서는 성과물에 대해 특허권을 부여함으로써 생명공학의 자본화, 산업화를 안정적으로 구축되는데 일조하게 된다. 서구사회에서 생명공학의 발전과정의 핵심적 역할을 담당한 것이 의료 자본 및 기업자본이었다면, 우리나라에서는 정부가 주도한 생명공학진흥정책이 그 원동력이 되었다. 1980년대와 90년대에 걸쳐 정부는 생명공학이 21세기에 세계적 국가경쟁력을 높일 수 있는 중요한 분야임을 밝히고 유전공학육성법 및 생명공학기본계획 등을 수립하여 많은 바이오벤처 기업들이 양산되는데 커다란 역할을 하였다. 또한 또 하나 커다란 역할을 한 것은 산·학 협력이었다. 즉, 과학적 지식과 응용기술의 연계가 활성화되었다는 것이다. 대학에서는 기업체로부터 연구비를 지원받아 연구, 개발을 한 후 이를 다시 기업체에서 생산하여 이윤을 창출하고 재투자하는 것이 활성화되었다. 이러한 과정은 바로 산학협력이라는 정부의 교육정책에 의해 장려되었다.

생명공학 발전과정을 보면, 1970년대 이전의 생명공학이 생명체 또는 생체기능을 규명하고 이용하는 기술이 중심이었다면 1970년대 이후에는 유전자와 유전자구조를 밝힌 분자생물학의 도움으로 유전자를 변형하거나 재조합하는 유전공학, 동일한 유전자를 가진 생물을 무제한적으로 복제하는 유전자복제 기술이 중심이 되고 있으며 이와 함께 줄기세포를 이용한 난치병 치료 기술 개발에 힘을 기울이고 있다.

이를 위해 1990년 '***인간게놈프로젝트***[120)]'가 본격적으로 시작되었는데 생명공학이 21세기 세계를 주도할 핵심기술임을 간파한 미국의 주도 하에 이미 1980년대 후반부터 착수되어 수행하는 동안 수많은 자본과 인력이 동원되었다. 이에 초기 논의 과정에서 많은 과학자들이 생물학의 거대 과학화에 반대하기도 했지만 프로젝트가 출범하면서 초기에 반대했던 많은 과학자들도 동참하게 되고 마침내 2003년 인간게놈프로젝트가 완성되었다.

인간게놈프로젝트를 통하여 얻은 인간 게놈의 유전자의 위치와 염기서열을 바탕으로 얻을

120) 인간 질병의 원인을 알기 위해 인간이 가진 모든 유전자의 위치와 염기서열을 알기 위한 연구 계획으로 1990년 시작되어 2003년 4월 12일 프로젝트가 완료되었으며 2006년 99.99%의 인간 게놈을 밝혀낸 논문이 발표되었다.

수 있는 기술들을 모두 바로 실용화 할 수 있는 것은 아니나 생물학·의학·약학 분야에 기대가 크다. 예를 들어 현재로서는 판단하기 힘든 질병의 초기 진단이 가능하고, 인간의 질병을 유발하는 유전자를 알아내어 질병의 예후를 예측할 수 있을 것이며, 개개인의 유전자의 차이를 통하여 적절한 치료 방법을 적용할 수 있을 것이다. 특히 알츠하이머병 등과 같은 유전자 연관 질환의 치료에 큰 이점을 얻을 것으로 기대된다.

한편 인간 게놈을 밝혀낸 선진국들은 '포스트 게놈 시대'를 위해 국가별 전략 과제 선정에 집중 투자하고 있다. 2002년부터 미국, 영국, 일본, 독일, 한국 등 10개국이 국제 공동 연구를 위해 새로 '*인간단백질프로젝트*[121]' 기구(HUPO; Human Proteome Organisation)'를 구성하여 10년간 110억 달러 투자, 연구 중이며 연구를 진행하면서 매년 학술 대회를 개최하고 있다.

인간 단백질이란 몸에 존재하는 단백질 중 게놈들이 상호 작용해 만들어내는 최종 산물로 인슐린. 담즙. 등 호르몬이나 효소 등을 의미한다. 이 들의 해독 결과는 의약품 개발에 결정적 역할을 할 것으로 예상하고 있다. 인간 단백질 수는 약 3~4만종으로 추정되고 있으며 이 중 약 1만종이 병에 관계된 것으로 알려지고 있다. 2002년부터 가동되는 이 프로젝트는 첫 5년간은 1만종의 단백질 기능을 집중적으로 연구할 예정이며 각국은 국제 공동연구 외에 자체 기술 개발에도 전력하고 있다. 2005년 HUPO의 '인간 뇌 단백질 프로젝트'의 하나로 진행되는 '인간 신경줄기세포 단백질 프로젝트'를 우리나라에서 총괄하고 있는데 이는 치매, 뇌졸중, 파킨슨병 등과 관련이 있다.

10.3 생명의 본질

10.3.1 생명현상의 원리

생명현상은 우리가 알지 못하는 신비의 힘에 의한 것이 아니라, 생명체를 구성하고 있는 물질의 변화에 의하여 이루어지는 현상이나. 이는 생명체의 구조적 특성을 가진 물질을 열역학

121) 인간의 유전자들의 상호작용에 의해서 생산되는 단백질들의 각각을 식별하고 단백질들의 인체에서의 역할을 알기위한 것을 목표로 2002년부터 시작된 연구 계획. 너무도 방대한 작업이기 때문에 프로젝트의 수행 기한이 정해지지 않았다.

적인 붕괴현상으로부터 보호하기 위해 끊임없이 에너지와 물질을 이동시키는 현상이다.

생명체의 단위구조는 세포이며, 세포를 구성하고 있는 물질은 무생물체나 마찬가지로 자연적으로 분해되어 없어진다. 세포를 구성하고 있는 물질을 보충하기 위해서는 그와 똑 같은 형태의 물질을 복제하거나 합성해야 한다. 이러한 물질을 체내에서 복제해 내기 위해 외부로부터 끊임없이 에너지와 기본 합성원료가 되는 이산화탄소, 물, 암모니아 등을 공급 받아야 한다. 이는 생명력 유지의 기본원리가 된다.

독립 영양형인 식물체는 필요한 에너지를 태양에너지와 자연에서 얻으며 자체 내에서 필요한 유기물을 합성하지만 동물체는 식물체가 합성해 놓은 유기물질 의존하고 있다.
이러한 생명현상의 이치와 원리를 밝히는 것은 향 후 인간 삶의 질을 높이는데 매우 유용할 것이다.

10.3.2 유전체의 실체

유전이란 부모의 특징을 자손이 닮는 것을 말한다. 예를 들어 곱슬거리는 머리카락은 머리카락을 만드는 단백질의 특성이 아버지와 아들이 같기 때문에 나타나는 현상이다. 하지만 아버지는 아이에게 머리카락 단백질을 물려주지는 않는다. 대신 아버지는 정자라는 생식세포에 유전 물질을 담아 건네줄 뿐이다. 정자가 난자와 결합하여 수정난이 되어 어머니 자궁 속에서 자라다 아기로 태어났을 때 아들의 세포 속에는 그 유전 물질이 있어 아들의 풍성한 곱슬머리를 만들 수 있는 정보를 주기 때문이다.

1) 유전물질 DNA

핵산(Nucleic acid)의 구성 성분은 1929년 미국의 과학자 ***레빈(P. Levene)***에 의해 밝혀졌다. 그는 2개의 핵산인 DNA와 RNA를 분석하여 5탄당인 탄수화물과 질소를 포함하는 염기, 그리고 인을 포함하는 뉴클레오티드라는 핵산의 단위 물질임을 알아냈다. 그 후 1953년 왓슨과 크릭은 DNA(디옥시리보핵산)이 이중 나선 구조로 이루어져 있음을 확인하고 DNA의 기능을 해명하여 생물의 유전문제에 대해 명확한 개념으로 '분자생물학' 확립하였다.

DNA는 단위 물질인 4가지 뉴클레오티드가 랜덤하게 연결되어 있는 형태로 존재하는데 뉴클레오티드가 4가지인 이유는 DNA의 뉴클레오티드를 구성하는 염기가 아데닌(Adenine), 구아닌(Guanine), 사이민(Thymine), 시토신(Cytosine) 등 4가지이기 때문이다.

앞에서 언급했듯이 이 DNA는 2개의 짝을 이룬 나선형의 구조를 갖는데 유전자 정보를 구성하고 있어 생체구조와 기능의 주역인 단백질 합성의 설계도 역할을 한다. 즉, DNA는 붕괴된 생체물질을 복제할 수 있는 암호와도 같은 생체 정보를 포함하고 잇는 것이다. 이 DNA 유전정보가 mRNA로 전사되고 이로 부터 세포가 필요로 하는 단백질이 만들어진다.

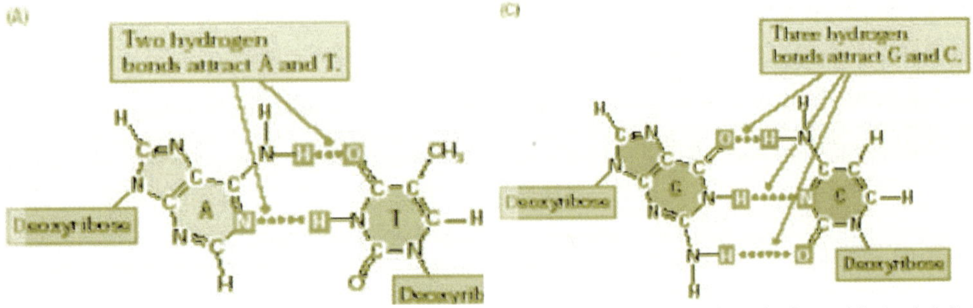

출처: 21C 생명과학 p 131(방재욱 외 저, 도서출판 인터비젼)

<그림 10.1 뉴클레오티드를 구성하는 4가지 염의 구조>

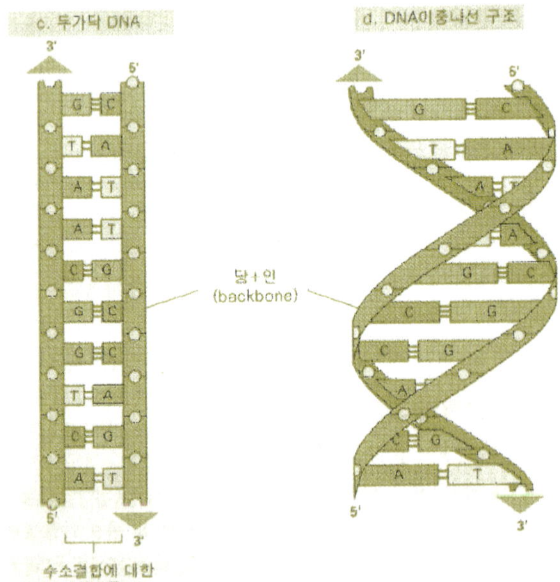

출처: 21C 생명과학 p 131(방재욱 외 저, 도서출판 인터비젼)

<그림 10.2 DNA의 이중나선구조>

◈ DNA의 자기복제

DNA는 DNA 중합효소에 의해 자기복제를 한다. 자기복제는 이미 존재하고 있는 DNA의 이중 나선 구조가 복제 지점으로 부터 여러 가지 *효소 복합체(replication complex)*[122]에 의해 갈라지면서 시작된다. 각 가닥을 원형으로 *DNA 중합효소*[123]가 서로 상보적인 염기를 갖는 뉴클레오티드를 가져다 연결함으로써 새로운 가닥 형성하고 이중나선모양을 구성한다. 원래 가닥은 새로 만들어진 가닥과 다시 이중나선구조를 형성한다.(그림 10.2 참조)

DNA복제 과정은 효소 복합체 중 헬리카아제(helicase)에 의해 시작되는데 이들은 DNA에 결합하여 염기간의 수소결합을 끊어냄으로써 두 가닥을 분리시킨다. DNA가 가장 먼저 열리는 위치를 복제기점(replication)이라 하며 이들은 특정 뉴클레오티드 서열로 구성된다. 이들은 개시단백질에 친화적인 염기서열로 구성되어 있어 쉽게 분리되는 DNA 부위이다. 인간의 게놈은 매우 커서 약 10,000개의 복제기점을 가지고 있으며 여러 군데에서 동시에 DNA 복제를 개시한다.

각 복제기점에는 두 개의 복제분기점이 형성되는데, 이들은 복제기점에서 서로 반대방향으로 진행하면서 DNA를 풀어 나간다. 효소 복합체의 중앙에는 DNA 중합효소(DNA polymerase)가 있다. 이들은 DNA를 원형으로 하여 새로운 DNA를 합성한다. 이 효소는 첨가될 뉴클레오티드를 이미 새로 합성한 DNA의 말단에 연결시키는 일을 한다. 그런데 DNA 중합효소는 이 기능 외에 자체수정 기능을 갖고 있다. 즉, DNA 중합효소는 중합반응을 촉진할 뿐만 아니라 틀린 염기쌍을 교정함으로써 세포의 문제점을 피할 수 있는 교정 기능을 한다. 중합효소는 한 개의 뉴클레오티드를 합성 중인 DNA 사슬에 첨가하기 전에 방금 첨가된 뉴클레오티드가 주형의 염기와 상보적인지 점검한 후 맞으면 다음 뉴클레오티드를 첨가하고 맞지 않는다면 이를 잘라낸다.

효소 복합체가 풀린 DNA의 복제기점으로 부터 움직여 나가는 데 따라 한쪽 사슬은 5'에서 3' 방향으로 계속 합성해 나가면서 선도가닥(leading strand)을 형성하지만 다른 가닥의 사슬에서는 일정한 간격을 두고 연결되지 않은 오카자키 절편(Okaxaki fragment)에

122) DNA의 자기복제에 관여하는 여러 가지 효소가 복합된 형태로 DNA 중합효소, 프리마제(primase;개시단백질 만드는 효소),, 헬리카아제(helicase), 기라아제(gyrase;풀어진 가닥의 재결합을 막는 효소), 라가아제(ligase;연결효소) 등으로 이루어져 있다.

123) DNA 이중나선 중 한 개의 사슬을 주형으로 하여 새로운 DNA 사슬 형성을 촉매하는 효소로 DNA의 복제 및 손상회복 때 작용한다. 1956년 A.콘버그((Arthur Kornberg)가 미생물에서 발견했다.

의해 지체가닥((lagging strand))이 늘어나게 된다. 이 절편들은 리가아제(ligase)에 의해 연결되게 된다.(그림 10.3 참조)

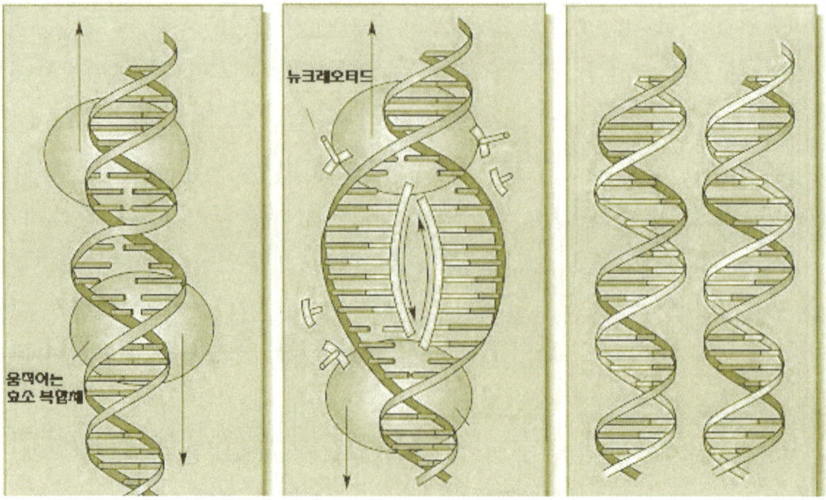

그림에서 청색이 원래의 DNA이고 흰색 부분이 복제된 새 DNA이다.

<그림 10.3 DNA 자기복제>

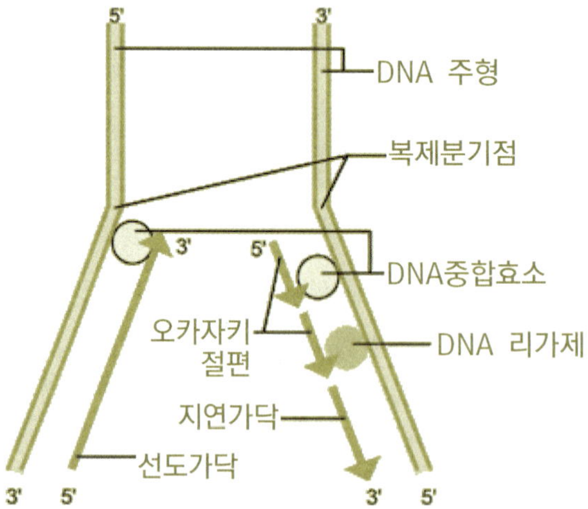

(출처: http://cafe.naver.com/shbiocafe.cafe?iframe_url=/ArticleRead.nhn%3Farticleid=87

<그림 10.4 DNA 자기복제 과정>

◈ RNA 전사

사람들 세포 속에 있는 DNA 중 유전인자를 포함하고 있는 유전자 DNA는 전체의 약 15%로 알려져 있다. 유전자 DNA는 조절유전자와 구조유전자로 되어있는데 조절유전자는 프로모터(promoter) 뉴클레오티드와 그 외 뉴클레오티드로 이루어져 있다.

DNA로 부터 RNA 사슬을 합성하는 과정을 전사(transcription)라 하며 RNA 중합효소(polymerase)에 의해 진행된다. 이 효소는 이중나선 DNA 중의 한 사슬을 원형으로 전사를 하게 되는데 전사반응은 세포핵에서 일어난다. 세포핵에서 rRNA 합성은 핵인에서 일어나고 mRNA나 tRNA는 핵질에서 합성된다.

RNA 전사는 4종류의 뉴클레오티드(ribonucleoside triphosphate; ATP, GTP, CTP, UTP)를 필요로 하며 개시단백질(primer)은 필요로 하지 않는다. RNA 중합효소에 의한 RNA 합성과정은 유선사의 전사 개시점 인식(recognition), RNA 합성이 시작되는 개시(initiation), 새로운 염기들이 중합되어 길어지는 신장(elongation), RNA 사슬 합성이 끝나 방출되는 종료(termination)의 4단계로 구분할 수 있다.(그림 10.5 참조)

RNA 복사를 하는 과정은 먼저 상보적인 RNA를 합성하는 RNA 중합효소가 조절유전자의 프로모터에 결합하게 된다. 이 때 전사단백질은 DNA의 이중나선구조를 부분적으로 풀어서 원형으로 작용할 수 있게 한다. 그런 후 전사단백질은 중합효소로부터 떨어져 나가게 된다.

그리고 나머지 중합효소가 단백질을 만드는 데 필요한 유전 정보를 가지고 있는 구조유전자 시작 부분부터 RNA 중합효소에 있는 전사단백질에 의해 4종류의 RNA 뉴클레오티드를 이용, 구조유전자 끝 부분까지 RNA를 순차적으로 합성하게 된다. 이 때 RNA 중합효소는 DNA 이중나선 중 3'→5' 방향의 사슬만을 원형으로 하므로 이 방향으로 이동한다. 따라서 새로 합성된 상보성 RNA 가닥은 DNA 사슬과 마찬가지로 5'→3' 방향으로 합성된다.

RNA 중합효소가 DNA 사슬을 따라 이동하면 나선이 풀려지고 원형가닥이 노출된다. 새롭게 합성된 RNA 가닥은 DNA 나선의 측면으로 이탈되면서 신장된다. RNA 중합효소가 특정부위를 전사하고 지나가면 DNA 나선은 원래 상태로 돌아간다. 원형이 되는 DNA 사슬에는 종료부위(termination site)라는 특이한 공통배열이 있으며 RNA 중합효소는 이 부위를 인식하여 RNA 사슬 합성을 종료하게 된다.

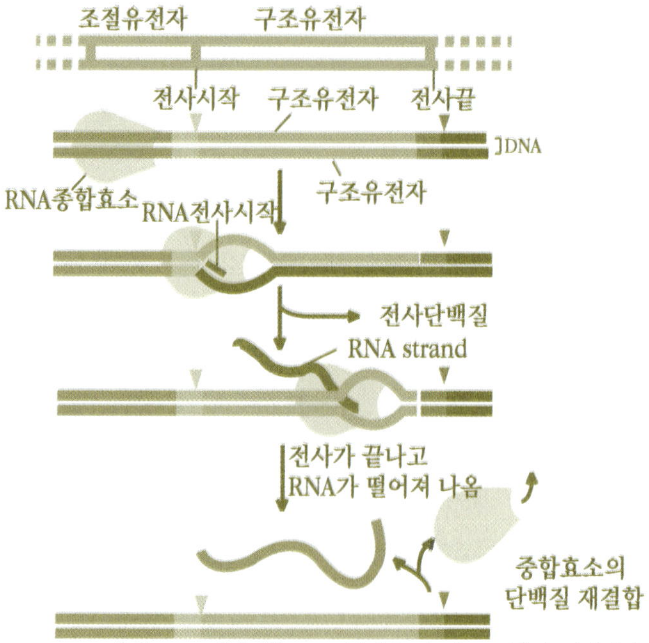

출처: 21C 생명과학 p135(방재욱 외 저, 도서출판 인터비젼)

<그림 10.5 유전자 DNA에서 RNA의 전사 과정>

RNA 전사에서 특이한 것은 전사된 RNA에 사용된 4가지 뉴클레오티드 중 3가지는 DNA를 이루고 있는 뉴클레오티드와 같지만 사이민(Thymine) 대신 우라실이 사용된다. 이렇게 전사된 RNA는 몇 가지 과정을 거쳐 단백질을 합성할 수 있는 완전 RNA로 된다.

◈ 단백질 합성

살아있는 세포 안에서 여러 가지 아미노산이 결합하여 생물에게 필요한 모든 단백질을 만들어지는 과정을 말하는데 mRNA의 정보에 맞춰 아미노산을 결합하는 과정은 리보솜에서 행해진다. 단백질의 1차 구조, 즉 아미노산의 배열은 DNA의 염기배열에 의해 규정되는데 이 정보는 mRNA를 중개로 하여 리보솜에 전달된다. 즉 이웃하는 3개의 염기배열(코돈)에 의하여 1개의 아미노산이 결정된다. 단백질을 구성하는 아미노산은 tRNA에 의해 활성화되는데 tRNA는 활성아미노산의 운반체가 되는 역할과 유전정보를 해독하기 위한 연결자(어댑터)로서의 기능도 함께 가지고 있다. t-RNA는 코돈과 상보적인 결합을 갖는 3개의 염기배열의 안티코돈을 갖고 있다.

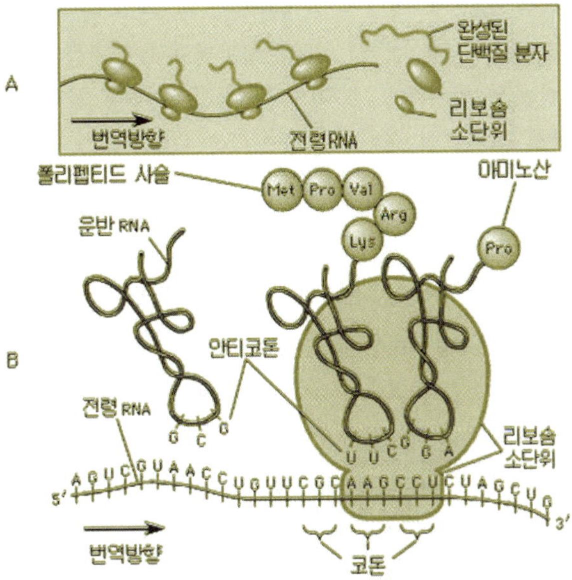

©1998 Encyclopaedia Britannica, Inc.

<그림 10.6 RNA에 의한 단백질 합성>

단백질 합성과정은 리보솜에서 유전정보를 해독하면서 진행되는데 DNA의 유전 정보를 전사받은 mRNA는 핵공을 통해 세포질로 빠져 나오면 여기에 리보솜의 소단위체가 붙는다. 소단위체가 mRNA를 지나가면서 개시 코돈 AUG가 있으면 메티오닌과 결합한 tRNA의 안티코돈이 mRNA의 코돈과 상보적으로 결합한다. 리보솜의 대단위체가 소단위체와 결합하여 완전한 리보솜이 형성되고 번역이 본격적으로 시작된다. 이때 개시 tRNA는 리보솜의 앞자리에 위치하게 된다.

두 번째 tRNA가 아미노산을 달고 리보솜의 다음 자리에 들어와서 mRNA의 코돈과 안티코돈이 상보적으로 결합한다. 개시 코돈에 결합되어 있는 첫 번째 tRNA가 운반해 온 메티오닌과 두 번째 tRNA가 운반해 온 아미노산 사이에 펩티드 결합이 일어난다. 개시 tRNA는 메티오닌과 분리되고 처음 자리를 떠나며 리보솜이 mRNA를 따라 하나의 코돈만큼 이동한다. 그러면 자연적으로 다음 자리에 있던 tRNA가 처음 자리로 이동하고, 다음 자리는 비게 된다. 비어있는 이 자리에 세 번째 tRNA가 들어와 코돈과 안티코돈의 결합이 일어나고, 두 번째 아미노산과 세 번째 아미노산 사이에 펩티드 결합이 일어난다. 이런 과정이 계속 반복되면서 펩티드 결합이 진행되고 폴리펩티드의 길이는 점차 길어진다.

리보솜이 종결 코돈에 이르면 종결 코돈과 상보적으로 결합할 수 있는 안티코돈을 가진 tRNA가 없으므로 단백질 합성은 종결되며 단백질 합성이 끝나면 리보솜에서 mRNA가 분리되고, 이어서 새로 만들어진 폴리펩티드 사슬도 리보솜에서 분리된다.

2) 인간 유전자

인간의 유전자는 약 60~100조개의 세포로 구성되어 있으며 1개 세포는 남, 녀 모두 2개의 *게놈*[124)]으로 구성되어 있다. 보통 1쌍의 염색체는 수천 개의 유전자로 이루어져 있고 인간에게는 약 8~10만여 개의 유전자가 있다고 알려져 있다. 또한 유전자 1개는 약 6000쌍의 염기로 구성되어 있으며 23쌍의 염색체는 총 약 30억 쌍의 염기로 이루어져 있는 것으로 알려져 있다.

자손에게 유전자의 전달은 생식세포 분열 시 정자, 난자 속으로 각각 23개의 염색체가 독립적으로 나누어지며 정자와 난자의 수정 시 유전자가 섞여 다양한 유전자가 자손에게 전해진다. 이에 따라 같은 형제들 사이에도 염색체 배열이 달라 외모, 성격, 지능 등이 다르게 된다.

10.4 생명공학기술

10.4.1 생명과학과 생명공학

생명과학은 생명공학에 응용을 위해 필요한 모든 생명현상의 원리를 밝히기 위한 기초 생물학, 기초 의학, 기초 농학, 생화학 분야 등 전반적인 학문을 총칭하며 생명공학은 미생물, 동·식물 및 인간을 포함한 모든 생명체의 기능이나 특성을 밝히는 생명과학적 지식과 이를 이용, 화학적 공정을 거쳐 산업적 제품을 만들거나 서비스를 제공하는 일련의 모든 기술들을 포괄하는 광범위한 개념이다. 즉, 생명과학의 지식과 그 지식을 바탕으로 산업에 이용하기 위해

124) 인간 게놈은 23개의 염색체 한 세트를 말하며 따라서 46개(23쌍)의 염색체가 있다. 이중 22쌍은 일반 염색체이며 1쌍은 남,녀를 구분하는 성염색체이다.

필요한 기술을 포괄하는 학문이다. 일반적으로 BT(Biotechnology)라고 한다.

그러나 생물공학의 정의와 대상 내용은 시대에 따라 크게 변화되어 왔다. 현재는 생명과학의 전체 분야를 학제간의 구별 없이 연구하는 기초적 학문과 이를 기반으로 새로운 기술의 개발을 목적으로 삼은 응용분야를 모두 내포하고 있다.

따라서 생명과학 또는 생명공학이라는 단어를 사용하는데 여기서는 생명공학으로 통일하기로 한다.

10.4.2 생명공학의 분류

생명공학이란 말 또는 학문이 처음부터 나온 것은 아니고 1970년대에는 유전공학(Genetic Engineering)이라는 말을 사용했다. 유전공학이 대두되면서 바이오테크놀로지란 용어가 이를 지칭하기 시작했지만 유전자 공학의 공업적 응용에 국한되지 않고 단백질공학, 효소·발효공학 및 동식물의 형질전환을 다루는 농업공학 등 광범위한 분야를 포용하면서 생명공학이란 용어를 사용하기 시작하였다.

앞에서 언급했듯이 생물공학의 정의와 대상 내용은 시대에 따라 크게 변화되어 왔기 때문에 생명공학의 분류를 어떻게 하는 가는 매우 어렵다.

서언에서 처럼 의료생명공학, 농업생명공학 그리고 산업생명공학으로 나눌 수도 있지만 크게 순수 유전체와 관계있는 것을 다루는 유전공학과 기타 생명현상과 관계되는 것을 다루는 생명화학공학으로 나눠 본다.

1) 유전공학

유전공학이란 생물 세포내의 핵 속에 있는 유전자를 실험실에서 인공적으로 조작하여 우리가 의도하는 새롭고 유용한 생명체를 개조 또는 창조하는 공학기술을 뜻한다. 즉, 유전자 조작기술과 관련된 분야를 말한다.

생명체의 유전적 특성은 자기보전을 위한 본능을 가지고 있어서 다른 종의 유전자를 받아들이지 않고 배타적이므로 자연적으로는 이종(異種) 간의 교잡에 의한 잡종을 만들지 못한다. 그러나 유전공학에 의해 이러한 잡종 생물인 키메라(Chimera)[125] 생물을 만들 수 있

125) 하나의 생물체 속에 있는 유전자를 분리하여 다른 생물체의 유전자와 접촉, 조작하여 나타나는 현상

다. 이 분야는 세포 융합, 핵치환 기술, 유전자(DNA) 재조합 기술 등과 관련된 생명공학이다. 유전자를 조작해서 생명체의 기능을 보강하거나, 전혀 새로운 생명체를 만드는 기술로 식량 증산을 위한 농작물과 가축의 개량 및 증식, 암, 면역성 질환, 유전병 등 난치병의 병리적 원인을 이해하고 질병을 근원적으로 치유하는 기술들이다.

*세포 융합기술*은 두 종류의 생물체의 세포를 용해 효소 등에 의해 세포막을 제거한 후 융합시켜 새로운 생물체를 만들어내는 기술이며 이를 통해 형질이 다른 두 가지 세포를 융합하여 잡종세포를 만들어 낼 수 있다. 체세포 배양법으로 분화, 증식시켜 무성적으로 번식한다.

*유전자 재 조합기술*은 한 생물의 유전자를 다른 생물의 유전자에 접합시켜 새로운 생물을 만들어 내는 접합 조작 기술로 유전자를 체외로 분리해서 다른 유전자와 재조합하여 chimera 유전자를 만들어 낼 수 있다. 감자와 토마토의 유전자를 포마토를 만들며 같은 방법으로 해바라기 콩, 염소양 등을 만들며 사람의 성장호르몬을 생쥐에 넣어서 수퍼 생쥐를 만들거나 흰 생쥐와 갈색 생쥐의 분할란을 융합하여 얼룩 생쥐를 만든다.

*핵 치환기술*은 기술은 한 생물체의 세포 내 핵을 추출, 다른 생물의 세포핵과 바꾸어 새로운 생물체를 만들어 낸다. 즉, 세포의 핵을 다른 세포의 핵과 치환, 이식시키는 방법으로 클론을 만들 수 있다.

2) 생명화학공학

이 분야는 의약품 제조 기술과 관련 있는 생물의학, 바이오식품과 관련 있는 단백질공학, 효소공학 및 발효공학, 세포배양, 수정란 이식, 생물공정 기술 등과 관련 있는 생물농업, 그리고 생체 에너지나 물질의 전이현상 등을 연구하는 생명화학 등이 포함되며 그 밖에 생명전자, 생명환경공학, 생물학 측정 시스템 등도 포함된다.

이나 만들어진 생명체

10.4.3 생명공학기술의 응용

생명공학기술의 응용은 크게 3가지 분야로 나눌 수 있는데 의학 및 의약품 분야, 식량 및 농업분야, 그리고 식품분야이다.

첫 번째로 *식량이나 농업분야*에서 가장 많이 응용되었는데 유전공학이 발전할 초기부터 세포융합을 통해 배추, 무 등 채소류와 과수 등 여러 가지 원예작물의 신품종을 개발하였고 개발육종기술을 통한 품종개량으로 벼, 밀, 옥수수 등의 우수품종을 개발했으며 인공수정, 수정란 이식기술 등 잡종강세의 원리에 의해 우량 가축의 증식시켰으며 최근에 와서는 유전자조작(변형)을 통해 포마토(Pomato), 귤과 탱자, 벼와 피, 배추와 양배추의 키메라 농산물 및 해바라기 콩, 코끼리 돼지(수퍼 돼지), 수퍼 생선, 질소 벼, 고단백 쌀, 사막에서 자랄 수 있는 한발 옥수수 등과 신품종의 감자, 유채 씨, 콩, 옥수수, 면화 등을 생산할 수 있다.

의학 및 의약품 분야는 생명공학을 통해 전통적 의약 기술로는 양산하기 어려운 여러 가지 호르몬, 백신, 면역 조절제 등 희귀 의약물질의 생산할 수 있으며 일반적으로 인체에서만 분비되는 당뇨병 치료약인 인슐린, 노인증 특효약인 성장호르몬, 암치료제인 인터페론, 선천적 이상 치료제, 혈청 알부민 등을 인공적으로 생산할 수 있으며 줄기세포를 이용하여서도 난치병 치료나 쓸 수 없는 장기를 대체할 수 있다.

또 식품분야로는 효율 높은 효모 개발 및 조미료, 감미료, 아미노산, 주류의 효율적인 생산 및 사료용 단백질 및 인간에 유익한 단백질들을 생산할 수 있다.

10.4.4 유전자 조작기술

유전자 조작 또는 변형이란 앞에서 언급했듯이 다른 생물종의 유전자 일부를 인위적으로 삽입하는 기술을 말한다.

바이러스나 대장균들에게 발견되는 바이러스 크기의 염기서열인 플라스미드(plasmid)는 종의 울타리를 뛰어 넘어 숙주의 면역을 피해 숙주 유전자 사이에서 숙주의 유전자처럼 공존공생하는 능력이 있는데 대부분의 유전자조작기술은 이러한 바이러스와 플라스미드의 특징을 이용한 것이다. 원하는 다른 종의 탐나는 외래 유전자를 효소로 잘라 붙인 바이러스나 플라스미드를 운반체, 즉 벡터로 활용하여 숙주 유전자 사이에 삽입하는 기술이 유전자 조작이다.

삽입한 외래 유전자가 숙주 유전자 사이에서 원래의 형질을 발현하게 하려면 숙주유전자를 저해하지 않는 위치에 정확히 삽입해야 하는데 이는 확률적으로만 가능한 일이므로 엄청난 반복실험과 막대한 시간과 돈을 필요로 한다.

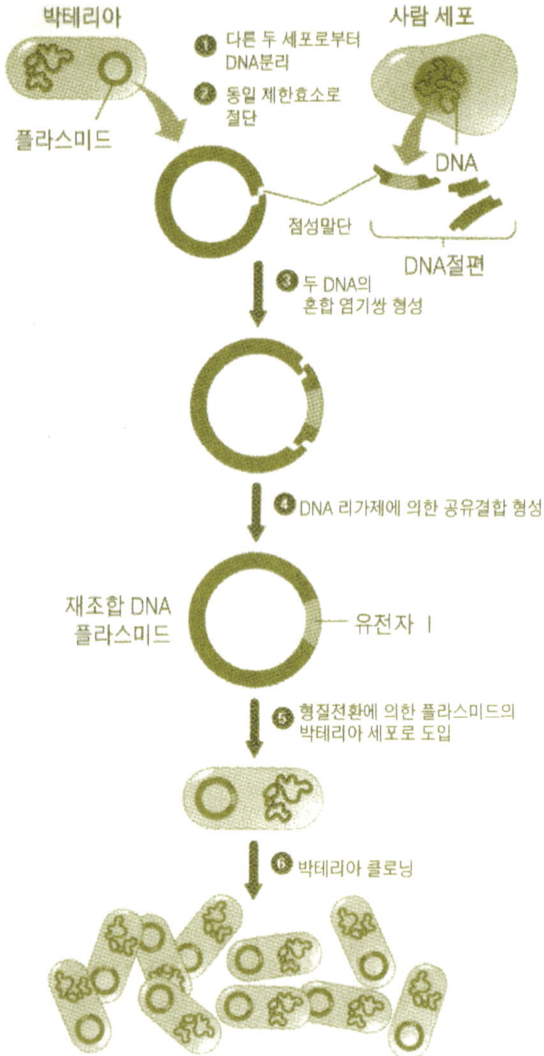

<그림 10.7 유전자 조작에 의한 새로운 DNA의 생성>

1) 유전자조작(변형)작물 (GMO, genetically modified organism)

유전자조작작물은 특정 생물로부터 유용한 유전자를 취해 이를 기존의 작물에 도입함으로써 동일한 유전자 기능을 발휘하도록 조작된 농산물을 의미한다. 이는 작물의 생산량의 증대, 품질 개선 또는 유전 가공의 편의를 위하여 유전공학기술을 이용하여 기존의 번식 방법으로는 나타날 수 없는 형질이나 유전자를 지니도록 개발한 작물이다.

제초제에 대한 내성, 병충해에 대한 저항력 등을 가지게 하거나, 영양 가치와 보존성 등의 특성을 갖추게 하기 위하여 일반적으로 해당 작물의 유전자가 아닌 다른 동식물이나 미생물 같은 외래 유전자를 주입하는 방법으로 유전자를 변형시키는 방법을 사용한다. 이 때 유전자조작의 넓은 의미로는 계(界), 문(門), 강(綱), 목(目), 과(科), 속(屬), 종(種)간의 선택적 증식, 이종교배, 성전환, 염색체변형, 유전자 이전 등도 포함한다.

유전자 조작 작물은 현재까지는 치명적인 폐해는 없으나 사람에게도 어떤 피해를 입힐지 모르고, 많은 전문가들은 환경 재앙 우려가 있다고 걱정한다. 즉, 생태계 파괴 및 교란 가능성이 있다고 우려된다. 이를 위해서는 유전자조작작물의 관리, 유지가 철저히 이루어져야 하며 온도, 습도, 광도가 일정하게 조절된 환경변화가 없는 공간에서 충분한 영양분이 공급되어야 하고 다른 품종과 수정되지 않도록 주의해야 한다.

◆ 유전자조작작물의 현황

세계 최초의 유전자조작 농산물은 1994년 미국의 칼진사(Calgene)와 영국의 제네카사(Zeneca)가 개발한 '무르지 않는 토마토'였다. 미국에서는 대표적으로 특성 바이러스에 내성을 가진 애스그로우사(Asgrow)의 호박, 특정 곤충에 저항성을 가진 몬산토사(Monsanto)의 감자, 특정 제초제에 내성을 가진 칼진사의 목화, 특정 제초제에 내성을 가진 몬산토사의 콩 등이 재배되고 있다.

2009년 현재 세계 유전자조작작물의 재배면적은 주요 작물의 상업재배가 시작된 1996년 170만 ha이었으나 우리나라 경지면적의 약 76배에 달하는 1억3400억 ha로 늘어났다. 또한 품종은 15개 작물 70여개의 품종이 개발, 시판되고 있으며 이 중 40여 종의 유전자조작 농산물은 미국 FDA가 그 안정성을 승인했다. 이들 중 가장 많이 유통되는 품목인 콩과 옥수수는 우리나라 수입 농산물의 대부분을 차지하고 있다.

유전자조작작물 중 4개 주요 품목을 살펴보면, 대두(콩)가 6920 ha(전체에서 차지하는 비율 52%), 옥수수가 4170만 ha(전체에 서 차지하는 비율 31%), 면실이 1610만 ha(전체에서 차지하는 비율 12%), 유채가 640만 ha(전체에서 차지하는 비율 5%)로 나타났다. 주요 4개 품목의 재배면적은 1억 3340만 ha로 전체의 99.6%를 차지하며 그 양도 대두가 77%, 면실은 49%, 옥수수는 26%, 유채는 21%를 차지한다. 이는 전 세계의 콩 56%, 면화는 28%, 옥수수는 14% 수준인 것으로 알려져 있다.

2009년 식용과 사료용으로 유전자조작작물을 상업재배하고 있는 나라는 25개국에 달한다. 미국의 유전자조작작물 재배면적은 6400만 ha로 전체의 약 절반을 차지한다. 브라질과 아르헨티나를 비롯하여 중남미 국가들이 25개국 중 10개국 차지하고 있다. 인도, 중국, 이란 등 아시아와 독일, 프랑스, 루마니아, 체코 등 유럽의 일부 국가에서도 유전자조작작물이 상업적으로 재배되고 있다. 2008년 부르키나파소와 이집트에서 상업재배가 시작되는 등 아프리카 국가들에서도 관심이 높아지고 있다.

그림 10.8은 세계 유전자조작작물 재배면적 증가 추이를 나타낸 그림이다.

미국을 비롯한 서구사회의 유전자조작 농산물이 주로 농업 자본에 의해 개발된다면, 우리나라는 주로 농촌진흥청 산하 국립농업과학원 같은 정부투자연구기관에서 연구와 개발을 독점하고 있다.

우리나라에서도 국내에서는 아직 상업적인 재배가 이루어지고 있지 않지만 2009년 현재 벼, 콩, 토마토, 고추 등 10여종의 농작물과 돼지와 닭 등 18개 작물 45종의 유전자

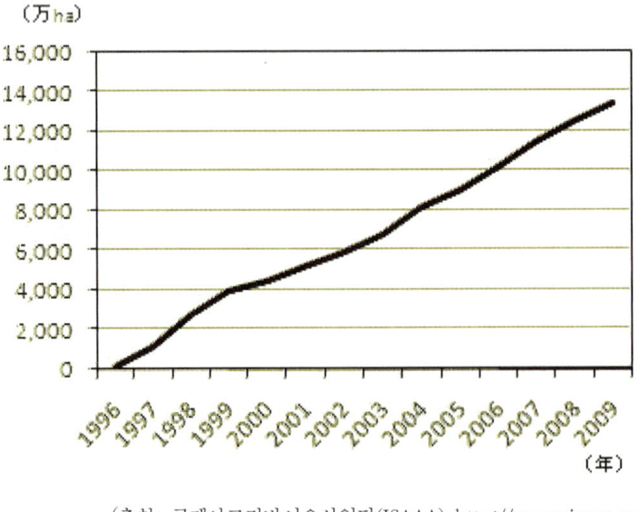

(출처: 국제아그리바이오사업단(ISAAA) http://www.isaaa.org/)

<그림 10.8 세계 유전자조작작물 재배면적 증가 추이>

조작 작물을 개발 중에 있다. 이 중 비타민 A강화 벼(일명 황금쌀)과 혹명나방 저항성 벼(해충 저항성 벼), 특정 제초제에 내성을 지닌 벼 등 벼의 유전자조작작물이 가장 많고 특정 바이러스 저항성 감자, 특정 병원균 내성 고추, 특정 해충 저항성 배추와 노화 방지 효과가 강화된 들깨 등은 개발이 완료되어 상품단계에 있다.

현재, 유전자조작작물이나 식품의 양과 종류는 많지 않으나 앞으로 막대한 자본의 투여와 관리 및 유지의 어려움에도 불구하고 계속해서 확장될 것이며 우리의 식탁에 오르는 식품은 더욱 늘어날 것이다. 따라서 유전자조작식품이 우리의 먹거리에 엄청난 속도로 파급될 것이 분명한 이 시점에 유전자조작식품의 안전성을 따져야 할 것이다.

◆ 유전자조작작물의 안전성

유전자조작식품에 대한 가장 중요한 논점은 그것이 과연 인체에 안전한가의 문제이다.

대체로 생명공학자들과 다국적 농업자본은 유전자조작식품이 안전하며 오랜 기간에 걸쳐 그것의 안정성을 검증했다고 주장한다. 유전자조작식품은 맛, 영양, 생김새 면에서 전통적인 농산물과 비슷하며 전통적인 농산물을 섭취하고도 알레르기가 발생하는 경우가 있으므로 유전자조작식품으로 인해 발생하는 알레르기는 별 문제가 되지 않으며 문제의 발생소지는 장기간에 걸친 안전성 실험으로 대부분 완화될 것이라 주장한다. 그러나 유전자조작식품의 위험성을 우려하는 사람들은 조작된 유전자가 다른 생물체로 이동하거나 사람의 유전자에 전이되거나 삽입됨으로써 생태계나 인체에 치명적인 영향을 미칠 가능성을 배제할 수 없다고 주장한다.

1989년 일본에서는 트립토판이라는 유전자조작식품을 복용한 사람들 중 일부가 사망하거나 각종 질환을 일으켰지만 정확한 원인규명이 이루어지지 않았으며, 1998년 스코틀랜드의 한 과학자는 유전자조작감자를 먹은 쥐의 장기가 위축되고 면역기관이 비대해졌음을 발표하기도 하였다. 또 1999년 중금속 흡수율이 높은 올챙이의 유전자를 삽입한 포플러나무를 개발한 관계자는 그것이 공해를 줄이는데 일조할 수도 있지만 중금속을 잘 흡수하는 유전자가 다른 식물로 전이될 수 있는 가능성이 있음을 경고하기도 했다. 또한 유전자의 발현은 환경에 따라 전혀 다른 방식으로 이루어지기 때문에 현재 환경에서 뚜렷한 부작용이 나타나지 않는다고 해서 안전하다고 보기는 어렵다. 몬산토사에서 개발한 유전자 조작 면화씨는 안전성이 연구되었던 개발국인 미국의 환경과 다른 인도에서의 GMO 면화 볼가드 사건을 보면 알 수 있다. 인도에서 재배됐을 때 면화씨 바구니를 줄이겠다는 목적을 달성하지 못하고 오히려 증가시켰으며 면화의 성장속도 또한 엄청나게 느린 결과를 낳았으며 거기다 유전자조작면화 열매를 먹은 양들이 대량으로 죽는 사태가 일어났는데 결국 유전자조작 면화에 의한 양의 위장 손상으로 죽은 것이 밝혀졌다.

유전자조작식품의 안전성 대 위험성 논쟁은 안전성을 주장하는 농업자본가와 생명공학자들이 유전자조작식품이 야기할지도 모르는 위험성에 대한 과학적인 인간관계를 밝히려 하지 않을 뿐만 아니라, 위험성을 제기하는 사람들도 전문적인 연구와 지식을 통한 현재적 문제제기이기보다는 미래에 닥칠지도 모르는 위험에 대한 경고만을 담고 있다는 점에서 적극적인 문제제기로 보기 어렵다. 더욱이 위험요소는 유전자조작식품에서만 기인하는 것이 아니라 개인적 면역력, 오염된 환경 등 여러 가지 복합적인 요인이 작용하기 때문에 계속 논란이 될 전망이다. 또한 유전자조작식품을 개발하고 생산하는 농업자본이 주로 수출용이나 가축사료용에 중점을 두고 있으며 유전자조작식품 생산 수출국이 유전자조작식품에 대한 표기를 반대하고 있는 점을 감안한다면 위험성의 소지가 있음을 무시할 수 없다. 일상생활에서 사람들이 유기농식품이나 친환경식품을 선호하고 좀 더 비싼 가격을 치르더라도 구입하고자 하는 것을 보면 역설적으로 유전자 조작 식품의 안정성 논란은 더욱 크게 확대될 것이 예상된다. 어째든 이러한 유전자조작식품의 위험성에 대한 경고와 이를 알리기 위한 노력은 유전자조작식품표시제에 대한 요구로 나타났다. 서구 유럽과 일본에서는 이미 유전자조작식품에 대한 표시는 물론 유전자가 조작 되지 않은 농산물의 수입에 대해서도 철저한 사회적 검증과정을 거치고 있다. 현재 우리나라도 지난 2001년부터 유전자조작작물에 대한 표시 제도를 시행하기 시작하였다.

그러나 표시제 실시를 위한 준비과정과 현행 표시제도는 몇 가지 문제점을 안고 있다. 농림부와 식약청은 유전자조작식품 표시제를 시행하기 위해 1999년 말부터 위원회와 연구회를 각각 구성, 가동하였다. 그러나 위원구성 과정에서 찬·반 입장을 가진 위원들이 동등하게 참여하지 못했고 위원회 구성을 위한 충분한 회의도 이루어지지 않음으로써 민주적 의사소통절차를 밟지 않은 형식적인 수준에 머물러 있었다. 우리나라의 경우 거의 모든 유전자조작작물은 인체에 대한 안전성과 환경에 대한 위해성이 검증되지 않은 상태에서 수입 및 유통되고 있다. 왜냐하면 현행 유전자조작식품표시제는 크게 세 가지 정도의 문제점을 가지고 있기 때문이다.

먼저 표시대상이 되는 농산물이 콩과 옥수수로 한정되어 있다는 것이다. 이는 콩과 옥수수를 주원료로 하는 두부, 식용유, 사료 등 가공식품에 대해서는 유전자조작 농산물의 혼입을 용인해주고 있는데 우리나라의 비의도적 혼입율은 다른 나라에 비해 높은 편이다. 특히 단백질이 파괴되어 DNA가 검출되지 않는다는 이유로 GMO 표시제 적용 대상이 되지 않는 식용유와 간장을 포함한 가공식품과 각종 첨가물, 동물용 사료 등에서 GMO는 광범위하게 유통되고 있다. 유전자조작식품에 대한 논란이 끊임없이 제기되는 것은 이 때문이다. 두 번째로 유럽 및 일본과 달리 우리나라는 과학적 검증기술 개발과 사회적 검증제도를 도입하지 않음으로써 잘못 표기되어 있을지라도 제대로 찾아내 제재를 가할 수 없다는 문제가 있다. 세 번째로 유전자조작식품이 아니라는 검증의 책임을 상인이나 기업에 돌림으로써 소비자들이 요구했던 'non-GMO 표시'제가 유명무실하다는 것이다. 왜냐하면 식품을 생산하고 판매하는 기업이나 상인들이 그러한 표시제를 적극적으로 실시하지 않을 것이기 때문이다.

유전자조작식품 표시제의 시행은 그나마 1998년 부터 유전자조작식품 반대운동을 줄기차게 펼쳐온 시민운동이 이루어낸 성과였다. 그러나 유전공학에 대한 우리정부의 기본적 입장과 정책적 기조는 국가경쟁력향상의 중요한 기반으로써 적극적으로 육성되어야 할 분야라는 것이어서 표시제에 대한 의지도 약하다고 평가된다. 우리 식약청이 유전자조삭농산물의 안전성에 대해 홍보물을 통해 미국이 제시한 안정성 확인을 근거로 안정하다고 선전하는 것 또한 같은 맥락으로 볼 수 있다.

앞에서도 언급했지만 국내에서는 아직 상업적인 재배가 이루어지고 있지 않지만 쌀을 비롯하여 상당한 기술의 유전자조작작물 연구가 이루어지고 있으며, 허술한 표시기준, 안전성 심사의 유효성 여부, 표시제에 대한 정부의 미약한 의지 등에서 많은 논란을 빚고 있다. 따라서 유전자조작식품 표시제도가 실효성을 발휘하기 위해서는 소비의 주체인 일반 시민들의 더욱 적극적인 개입이 요구된다.

한편 GMO는 안전성에 대한 검증도 문제이지만 생물종 간의 벽을 넘어 지금까지 생태계에 존재하지 않았던 새로운 생물체를 만들어내는 것이기에 그것이 환경과 생태계에 미치는 영향을 고려하지 않을 수 없다. 이는 또한 생명윤리에 대한 문제와도 긴밀하게 연결이 되어 있다.

현재 몬산토를 비롯한 다국적 농화학기업에서는 유전자조작기술을 활용하여 많은 돈을 벌고 있지만, 현재 보고되고 있는 피해를 비롯하여 장차 일어날 수 있는 재앙은 고스란히 농민과 소비자, 그리고 다음 세대의 몫이 될 것이다. 따라서 유전자조작작물에 대해 계속해서 관심을 놓지 말아야 할 것이다.

3) 형질전환동물

인간의 질병치료제를 생산하기 위해 유전자조작기술이 적용된 동물을 '형질전환동물'이라고 한다. 그 목적은 이들 동물체의 유전인자를 활용해 난치성 질환치료제를 개발하기 위한 것이다. 1973년 발표된 유전자재조합기술의 발전으로 인슐린, 인간성장 호르몬, ***인터페론***[126] 등 수많은 바이오신약이 개발되어 사용되고 있으며 최근 항체치료제, 백신 개발 등으로 그 영역을 넓혀가고 있다.

유전자 조작에 의한 인슐린 생산

1. 인슐린 합성 유전자와 DNA 운반체인 플라스미드를 각각 제한 효소로 절단한다.
2. 우리가 필요로 하는 인슐린 합성 유전자를 플라스미드에 끼워 연결 효소(리가아제)로 결합시켜 재조합 DNA를 갖는 플라스미드를 만든다.
3. 재조합 플라스미드를 배양이 쉽고 번식력이 강한 숙주인 대장균에 이식한다.
4. 이 대장균은 인슐린 합성 기능을 갖게 되며, 계속해서 번식하여 같은 능력을 갖는 세포가 증가된다.
5. 증식된 대장균에서 인슐린이 합성된다.
6. 합성된 인슐린을 추출하여 정제한다.

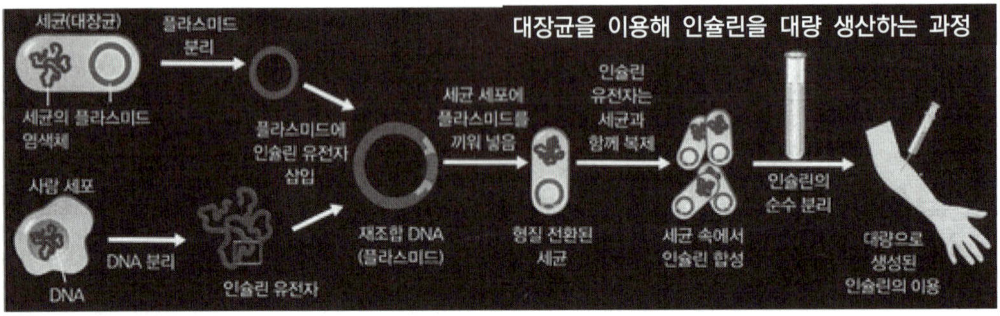

출처: http://blog.naver.com/ra7278?Redirect=Log&logNo=30085661555

인슐린, 인터페론 등 각종 치료제 개발은 환자와 그 가족들에게 질병으로부터 완전 해방될 수 있으리라는 희망을 갖게 한다. 그런데 인간의 질병 탈출을 위해 유전자조작기술을 가축들에게 적용하는 것은 동물의 희생을 전제로 하며 무엇보다도 농산물과 마찬가지로 그 안정성을 입증할 수 없다.

초기의 유전자조작기술은 주로 농업자본에 의해 주도되고 농작물에 적용되었지만 이 후에는 축산업자본과 의료자본에 의해 그 적용영역이 동물에까지 확장되어 왔다. 자본가들과

126) 바이러스에 감염된 동물의 세포에서 만들어지는 항바이러스 단백질

의료과학자, 생명공학자를 포함한 관련 연구자들은 유전자조작기술이 인간이 앓고 있는 수많은 불치병과 난치병, 퇴행성 질환들을 치료하는데 유용하며 이로 인해 인류의 수명이 연장될 것이라고 주장한다. 반면 현대사회에서 늘어나는 난치병의 주요 원인을 교란된 환경에서 찾는 사람들은 환경적 요인을 해결하지 않고 기술적 적용을 통해서만 질병을 치료하고자 하는 발상은 기술 중심적 사고라고 비판한다. 즉, 현대의 대표적 질병 중 하나인 암을 유발하는 발암물질은 수질 및 대기오염 성분, 자외선, 방사능, 농약성분, 타거나 자극이 심한 음식, 병원의 X선 등도 원인을 제공한다는 점이다. 그리고 더욱 문제가 되는 것은 자본과 지식의 연계에 의해 적용되는 의학기술은 종종 치료의 목적 보다는 경제적 이윤창출이라는 자본의 목적을 위해 행해지는 경향이 있다는 것이다.

형질전환동물의 개발 목적을 이윤 창출을 위해 하는 경우가 실제로 많은 경우에 행해졌다. 그 예로 캐나다에서 연어에 성장 유전자를 주입해 이미 만들어진 형질전환연어는 비형질전화연어에 비해 10배 이상 성장하였다. 그러나 곧 문제점이 나타났다. 연어가 너무 커지자 비정상적인 골격을 갖게 되었고 헤엄을 치지 못하게 되었으며 생명력도 줄어들었다.

우리나라의 대표적인 형질전환동물로는 지난 1997년 생명공학연구원과 ㈜두산이 공동으로 개발한 인간의 모유성분인 '락토페린'을 대량생산할 수 있는 형질전환 젖소 보람이, 1998년 한미약품, KAIST, 한국생명공학연구원과 충남대의 공동연구를 통해 개발한 인간성장 호르몬 유전자인 백혈구증식인자(G-CSF)가 다량 함유된 젖을 생산할 수 있는 흑염소 메디와 역시 1998년 농촌진흥청 산하 축산기술연구소에서 개발한 빈혈치료제가 젖으로 분비하는 돼지 새롬이 등이 있다. 그 밖에 계란에는 10여종의 단백질만이 존재해 의약용 단백질의 분리 및 정제가 용이하고 닭 1 마리당 연간 200~300개의 알을 낳을 수 있어 형질전환 자손을 대량 생산할 수 있는 장점을 이용해 2004년 한미약품과 임젠 등이 형질전환 닭의 계란에서 고가의 단백질을 생산하는 연구를 한 바 있다. 그러나 이러한 동물들은 아직 기술 수준이 안정적이지 못하기 때문에 실용화되지는 못했다.

국내외 유명 생명공학 연구소들은 장기 이식용 동물 연구에 매진하고 있는데, 이것 역시 아직 실용화되지는 않고 있지만 동물의 생명윤리를 주장하는 사람들을 제외하면 인간존엄성 침해라는 윤리적 혐의를 벗을 수 있기 때문에 과학자들의 주요 연구 분야가 되고 있다.

4) 유전자 치료

사람의 병은 대부분 유전자의 돌연변이 등에 기인하며 이러한 유전병은 대개 잘못된 한 개의 유전자로부터 기인한다. 우리가 병의 근원을 밝히면 그 잘못된 유전자를 정상적인 유전자로 대체함으로써 치료가 가능하다.

유전자 치료란 결함이 있는 유전자를 조정하기 위해 세포에 정상적인 유전자를 주입하는 것을 말하며 가까운 장래에 병 치료를 위한 처방이 될 것으로 전망된다. 이러한 유전자 치료는 유전적 질병 뿐 아니라 암, 에이즈와 같은 사망률이 높은 질환의 치료에도 이용될 것이다. 이렇게 유전자 치료는 질병의 근본 원인을 이해하여 원천적으로 병을 치료하는 방법이다. 즉, 암, 면역성 질환, 유전병 등 여러 난치병에 대한 발병 메커니즘의 이해를 통하여 질병을 사전에 예방하고, 조기에 진단하며, 근원적으로 치료할 수 있다. 그러나 궁극적으로 유전자병을 치료하려면 이상이 생긴 결함 유전자를 뽑아내고 정상 유전자를 관련된 효소를 보강한 후 정상 유전자를 환자의 세포에 이식해야 한다. 유전자 치료는 성인 뿐 아니라 태아에게도 가능하다. 태아의 경우, 양수 검사를 통해 잘 못된 유전자를 찾아내어 치료를 할 수 있다. 다만 윤리적인 문제가 따른다.

유전자 치료법

*1. 정상 유전자를 추출하여 골수의 특정 부위로 운반하는 **운반체**에 삽입시킨다.*

2. 운반체를 환자에서 추출한 골수세포에 감염시킨다.

*3. 운반체가 환자의 골수 세포에 침입하여 **정상 유전자가 비정상 유전자를 대체한다.***

4. 정상 유전자를 가진 골수 세포를 환자의 골수에 이식한다.

5. 새 골수 세포가 분열, 정상 유전자가 작동하여 질병이 치유된다.

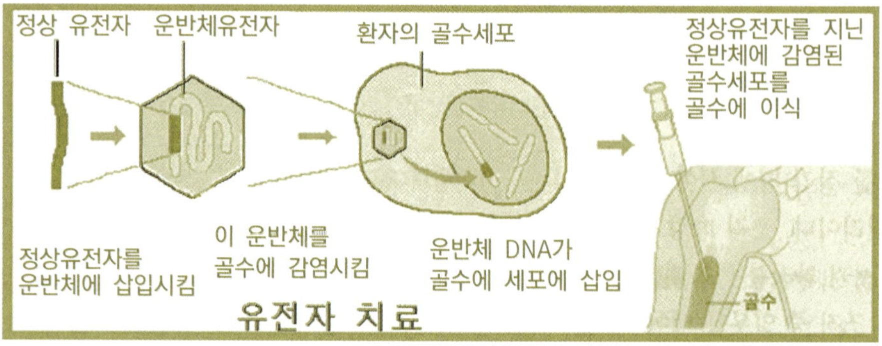

유전자 치료가 보통 성인 조직에 적용되기 때문에 '체세포 유전자 치료(sometic gene theapy)'라 한다. 그러나 체세포 유전자 치료는 이미 분열 및 분화가 끝난 조직이나 세포에 적용되기 때문에 많은 제약이 따르므로 주로 골수 등 면역과 순환과 관련된 조직에 적용된다. 그러나 골수 세포도 수명이 길지 않아 반복적인 유전자 치료가 필요하며 상업적 목적의 치료에 사용되는 유전자 운반체로 대부분 박테리아 등을 이용하므로 안전성에 문제가 있으며 대체 유전자가 반드시 잘못된 조직에 운반된다는 보장이 없기 때문에 효율이 확보되지 못한 문제점이 있다.

5) 생명체 복제

유전자조작 및 복제기술은 농작물과 동물에 뿐만 아니라 인간에게까지 기술적 개입의 개연성을 열어놓았다. 1996년 세계를 깜짝 놀라게 했던 복제양 둘리의 탄생, 뒤이어 1999년 복제 소 영롱이와 진이의 탄생, 2000년 복제원숭이 탄생은 인간복제의 가능성을 높이면서 논쟁을 촉발시켰다.

◆ 줄기세포

줄기세포란 인간의 몸을 구성하는 서로 다른 세포나 장기로 성장하는 일종의 모세포로, 간세포(幹細胞)라 불리기도 한다. 이 줄기세포에는 배아줄기세포(만능줄기세포), 성체줄기세포, 유도줄기세포가 있다.

배아줄기세포(Embryonic Stem Cell)는 수정한지 14일이 안된 배아기의 세포인데 장차 인체를 이루는 모든 세포와 조직으로 분화할 수 있지만 이때까지는 계속 세포분열만 하게 된다. 즉, 세포 분열을 거듭해서 세포 수가 많아 졌을 때의 배아를 배반포[127]라 하는데 이것의 하나의 세포를 배아줄기세포라 한다. 일명 만능세포라고도 한다.

1998년 이전까지 과학자들은 줄기세포가 "배아가 성장하는 짧은 단계에만 존재하고, 이를 몸에서 격리·배양이 불가능하다"고 믿었다. 그런데 1998년 11월 6일 존스 홉킨스 대학의 ***존 기어하트(John Gearhart)*** 박사와 위스콘신 대학의 ***제임스 토마스(James Thomas)*** 박사의 연구팀은 각각 서로 다른 방법을 이용하여 인간의 줄기세포를 분리하고 배양하는데 성공하였다.

127) 정자와 난자가 난관에서 수정 후 형성된 수정란이 세포 분열을 하게 되는데 세포 분열을 하면서 분열된 세포들이 형성하는 속이 빈 공모양의 형태로 세포가 표면에 한 층으로 배열되어 있다.

<표 10.1 줄기세포의 종류>

구분		내용
배아줄기세포	체세포복제 베어줄기세포	핵을 제거한 난자에 체세포핵을 이식해 얻은 배아로부터 줄기 세포 추출. 면역거부반응 거의 없고 분화 능력이 뛰어나다는 것이 장점. 윤리적 문제는 인간복제 가능성.
	수정란 베어줄기세포	정자, 난자의 인공수정을 통해 얻은 배아로부터 줄기세포 추출. 분화능력 뛰어남. 면역거부반응 있음. 윤리적문제는 배아 파괴
역분화 유도줄기세포		다 자란 피부세포를 분열 초기 배아 단계로 역분화시켜 모든 세포로 분화가 가능한 만능 줄기세포를 만드는 것. 윤리적 문제없고 암 유발 가능성 낮아 최근 들어 크게 주목받고 있음.
성체줄기세포		분화가 끝난 조직 속에 섞인 극소량의 줄기세포를 분리해 사용. 배아를 사용하지 않고 일부 이미 실용화돼 있으나 분화능력은 상대적으로 제한적.

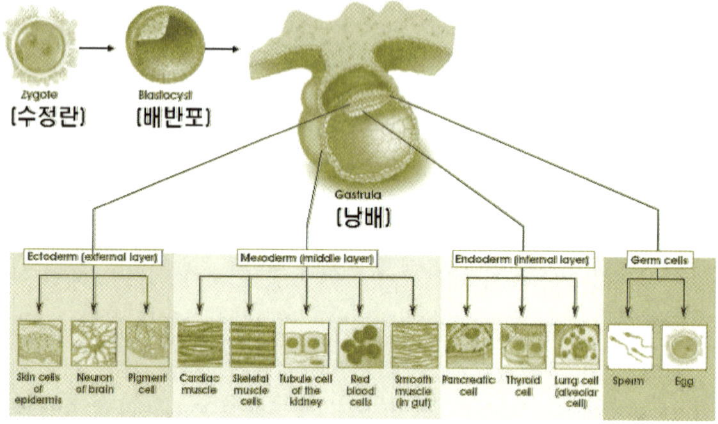

<그림 10.9 배아줄기세포로부터 인간조직의 분화>

과학자들은 배아줄기세포를 이용하여 뇌 질환에서 당뇨병, 심장병에 이르기까지 많은 병을 치료하는데 이용할 수 있을 것으로 기대하고 있다. 당뇨병을 치료하기 위해 인슐린 생산 세포를 만들어 내거나 척추부상으로 마비된 환자의 기능을 회복시킬 수 있는 신경세포를 길러내는 것이 가능하게 될 것이다.

*성체줄기세포(Adult Stem cell)*는 제대혈(탯줄 혈액)이나 다 자란 성인의 골수와 혈액 등에서 추출해낸 것으로, 뼈와 간. 심장 등 구체적 장기의 세포로 분화되기 직전의 원시세포를 말하는데 조혈모세포(Hematopoietic Stem Cell)와 재생의학의 재료로 각광 받고 있는 중간엽줄기세포(Mesenchymal Stem Cell), 신경줄기세포(Neural stem cell) 등이 여기에 포한다.

제대혈(탯줄 혈액)은 조혈모세포를 다량 함유하고 있으며, 뼛속의 골수에서 발견되는 골수세포는 혈액 및 임파구를 생산할 수 있는 조혈모세포를 비롯하여 중간엽줄기세포 등 여러 종류의 줄기세포를 가지고 있는데 조혈모세포는 혈액에 존재하는 모든 종류의 골수, 림프, 혈액세포로 분화 가능하며 중간엽줄기세포는 골세포, 연골세포 등 연결세포로 분화 가능하다.

성체 줄기세포는 증식이 어렵고 쉽게 분화되는 경향이 강한 대신에 여러 종류의 성체 줄기세포를 사용하여 실제 의학에서 필요로 하는 장기 재생을 할 수 있을 뿐 아니라 이식된 후 각 장기의 특성에 맞게 분화할 수 있는 특성을 지니고 있다. 또한 성체줄기세포는 인간 배아에서 추출한 배아줄기세포와 달리 골수나 뇌세포 등 이미 성장한 신체조직에서 추출하기 때문에 윤리 논쟁을 피할 수 있는 장점이 있다. 이러한 성체 줄기세포들은 서로 교차분화가 가능하지만 기존 세포와 융합을 하여 조직특이성을 나타내며 또한 융합과 동시에 분화가 일어나 이상한 세포로 변이할 가능성이 있는 단점이 있다.

*유도줄기세포(Induced Pluripotent Stem cell)*는 2006년 일본의 ***야마나카*** 박사팀이 세계 최초로 개발에 성공한 만능세포로 성숙된 피부세포 등을 역분화시켜 만든 줄기 세포로 분열 초기 배아 단계의 모든 분화할 수 있는 만능세포이다.

배아줄기세포처럼 인체의 다양한 세포로 자랄 수 있으면서도 기존 배아줄기세포와 달리 난자나 수정란을 파괴하지 않고도 얻을 수 있어 윤리 논란에서 자유롭다. 많은 학자들은 환자 맞춤형 세포를 제공하는 만능유도줄기세포가 배아줄기세포의 확실한 대안이며 줄기세포의학의 미래가 될 것으로 전망해왔다. 그러나 일반 성체세포를 만능유도줄기세포로 변환하는 일은 어렵고 효율성이 떨어지는 것이 난관으로 지목 돼왔다. 세포 변환 과정에서 '세포 노화(senescence)' 때문에 세포가 급속히 성장해버리거나 분열을 멈추고 죽어버리기 때문이다.

◆ 줄기세포의 최근 연구 동향

배아줄기세포에 대한 연구가 줄기세포 연구 중 가장 먼저 시작되었는데 1997년 복제양 '돌리' 이후 인간 복제가 가능한 것으로 학자들은 생각하게 되었다.

2001년 9월 미국 위스콘신 대학의 연구팀이 인간배아 줄기세포를 배양해 조혈모세포를 만들어내는데 성공하였다. 2005년 6월 벨기에 겐트 대학병원은 실험실에서 미성숙 난자를 이용해 처음으로 인간 배아 복제에 성공하였고 2006년 11월에는 영국 런던대와 미국 미시간대 공동연구팀이 미성숙 줄기세포를 쥐의 망막에 이식해 시력을 복원하는데 성공하였다. 2008년 말 미국의 생명공학기업 제론(Geron)사는 세계 처음으로 인간 배아줄기세포를 이용해 척수손상 환자를 치료하는 임상시험에 대해 식품의약품국(FDA)의 승인을 얻었으며, 2009년 10월 미국 스탠퍼드 의대 인간배아줄기세포 연구소에서 특정 유전자를 이용해 인간배아줄기세포를 생식세포로 분화하는데 성공하였다.

우리나라의 경우 1999년 서울대 황우석 연구팀이 인공 무성생식법인 체세포 복제에 의해 국내 최초의 복제포유동물인 복제소를 만들어내는데 성공하였다. 2000년 8월 황우석 교수는 36살의 한국인 남성에게서 채취한 체세포를 이용한 복제실험을 통해 배반포 단계까지 배양하는 데 성공하여 세계 15개국에 국제특허를 출원했으며 같은해 8월 마리아생명공학연구소 박세필 박사는 시험관아기 프로그램에서 이식하고 남은 잉여 배반포 배아(수정 뒤 5~6일 된 수정란)를 이용한 배아줄기세포 배양에 성공하였다. 2001년11월에는 포천중문의대 차병원 세포유전자치료연구소에서 국내 처음으로 쥐의 배아줄기세포를 살아 있는 쥐의 뇌에 이식, 손상된 뇌신경의 기능을 회복시킬 수 있는 뇌신경세포를 만드는데 성공하였다. 2002년 박세필 박사팀은 사람의 체세포에서 핵을 추출한 뒤 핵이 제거된 소의 난자에 이식하는 `이종간 핵치환' 방법을 통해 사람 유전형질을 99% 이상 가진 배반포기 배아를 만들어내는데 성공하였으며 배아줄기세포를 추출한 뒤 이를 기능성 심장근육세포로 만드는데 성공하였다. 또한 같은 해 10월 유전자 조작을 거친 인간배아줄기세포를 파킨슨병에 걸린 쥐에 이식, 정상 쥐와 같은 수준의 운동능력을 회복하는데 성공하였고 2003년 1월에는 인간배아준기세포를 생쥐의 배반포에 주입한 뒤 대리모 자궁에 착상시키는 방법으로 모두 11마리의 `키메라 쥐'를 탄생시켰다.

마침내 2004년 2월 서울대 황우석.문신용 교수팀은 미국 피츠버그대 연구진과 공동으로 16명의 여성에게서 총 242개의 난세포를 추출, 체세포를 복제한 배아를 이용, 인간배아줄기세포를 세계 최초로 만드는데 성공하여 국제특허를 출원하였으나 나중에 허위로 판명되었으며 2005년 5월에는 미국 피츠버그대 제럴드 섀튼 교수팀과 공동으로 남성과, 난치질환자와 사춘기 전 여성, 폐경기 이후 여성 등의 체세포를 이용해 배아줄기세포 11개를 만드는데 성공하였다고 발표했으나 역시 허위로 판명돼면서 우리나라의 줄기세포 기술 연구가 주춤하게 되었다. 그러다가 2009년 4월 국가생명윤리심의위원회가 차병원의 체세포복제 배아줄기세포 연구계획을 승인, 배아줄기세포 연구가 재개되었다.

성체줄기세포 연구로는 1998년 미국에서 조혈모세포가 근육세포로 바뀔 수 있다는 연구 결과를 처음으로 발표한 후 2001년 8월 독일의 뒤셀도르프 하인리히하이네대 병원에서 심장병 환자 7명을 대상으로 성체 줄기세포를 이용한 치료에 성공하였다. 2004년에는 오스트리아 의과대학 연구진이 환자의 팔 근육에서 채취한 성체 줄기세포를 6주간 시험관에서 배양한 뒤 요도의 벽에 이식 요실금 치료에 성공하였고 2005년 2월 미국 일리노이대학 연구팀이 유방성형을 원하는 환자의 골수에서 성체줄기세포를 채취해 하이드로젤(hydrogel) 특수 조형틀에 넣어 원하는 모양의 연조직으로 배양하는 데 성공하였다. 또 2005년 6월 일본 도쿄 대학 연구팀이 건강한 쥐의 신장에 있는 성체줄기세포를 채취해 1만개를 신부전 쥐에 이식한 결과 7일 후 신부전 쥐의 신장기능이 정상으로 회복하는데 성공했고 2007년 6월 미국 피츠버그 대학 의과대학팀이 근육줄기세포와 생분해되는 폴리머를 이용해 이식용 동맥혈관을 만들어내는 데 성공했다. 2008년과 2009년에는 미국 쥐의 성체줄기세포를 죽은 쥐의 심장에 이식, 심장 재생 및 인간 각막 성체줄기세포로 손상된 쥐의 각막 재생에 성공하였다.

우리나라의 경우 2001년 10월 카톨릭 의대팀과 생명공학벤처 (주)히스토스템은 출산 시 나오는 탯줄 혈액에서 줄기세포를 분리한 후, 뼈를 만드는 조골 세포로 분화시키는 데 성공했으며 2002년 2월 가톨릭의대 신경재생연구팀이 성인의 골반 뼈 안에 있는 성체줄기세포인 골수기질세포를 실험실에서 배양시켜 신경세포로 만드는 데 성공했다. 2003년 10월 국내 벤처기업 연구진이 성인의 골수에서 채취한 성체 줄기세포를 암과 뇌졸중 환자에 주입, 치료에 효과가 있다는 연구결과를 발표하고 사용된 간엽모세포와 수지상세포 배양기술에 대해 국제특허를 출원했다. 또한 2005년 8월 재미(在美) 한국인 과학자 부부가 성체줄기세포의 일종인 중간엽 줄기세포가 뼈를 만드는 조골세포로 분화되도록 유도하고 지방세포로 분화되는 것은 막는 `TAZ'란 유전자를 발견하였다. 2005년 11월 인하대병원 연구팀은 골수에서 중간엽 줄기세포를 새롭게 추출할 수 있는 기술을 개발해 최근 한국과 미국에 특허 출원하였다. 2007년 9월 고대 안산병원에서 사람의 지방에서 추출한 줄기세포로 생쥐의 두개골 손상부위를 재생하는 데 성공하였으며 2009년 1월 국내 줄기세포 전문 기업인 '알엔앨 바이오'에서 세계 최초로 지방 줄기세포를 이용한 개 복제에 성공하였다. 2009년 삼성병원과 메디포스트 공동 연구팀이 처음으로 제대혈 줄기세포를 이용해 쥐의 폐질환을 치료하는 실험에 성공하였다.

유도줄기세포 연구는 2007년 일본 교토대 ***야마나카 신야*** 교수팀이 세계 최초로 성체줄기세포(피부세포)로 부터 배아줄기세포와 유사한 유도 만능세포 기술 개발에 성공했다 이 팀은 사람의 피부세포에 네 가지의 유전자를 집어넣어 유도줄기세포를 만드는데 성공했다. 그런데 네 가지 유전자를 인체 세포에 전달하기 위해 전달체로 바이러스를 이용하는데 그 과정에서 바이러스 유전자가 인체 세포에 들어가면 암을 유발할 수도 있다는 문제점이 있었다. 그런데 영국과 캐나다 연구진은 유전자 전달체로 바이러스 대신 곤충에서 얻은 DNA를 이용했는데 바이러스를 전달체로 이용했을 때와 같은 효율로 유도줄기세포를 얻었다. 연구진들은 만능줄기세포를 얻은 다음에는 효소를 이용해 전달체로 쓰인 DNA를

<표 10.2 2009년 현재 세계 줄기세포 연구 현황 >

미 FDA 임상시험 승인 또는 임박한 배아줄기세포 연구

기업	현상	내용
제론	승인	인간배아줄기 세포에서 분화한 운동신경세포를 척수손상 환자에 주입
노보셀	승인 신청	인간 배아줄기 세포에서 분화한 췌장세포를 당뇨병 환자에 주입
어드밴스드 셀 테크놀로지	승인 신청	인간 배아줄기세포에서 분화한 망막세포를 황반변성증(망막 이상)한 자에 주입

자료 : 차병원줄기세포연구소

국제 줄기세포 연구지원 현황

미국

연방정부 줄기세포 연구 재정 지원
캘리포니아 주 재생의학연구소 3조 원
FDA 인간 배아줄기세포 임상시험 허가
하버드대 예일대 등 유명대학 줄기세포연구소 설립

유럽연합

줄기세포 공동연구 65조원
영국 줄기세포이니셔티브 프로젝트 2조원

일본

밀레니엄 프로젝트로 세포치료 선정
고베시 재생의료 클러스터조성
교토대 역분화 연구 연간 300억

호주

국립줄기세포연구소 5550억원

자료 : 차병원줄기세포연구소

없애 다시 인체 세포의 DNA에 끼어들지 못하게 했다. 또한 2009년에는 중국의 ***레이 시아오(Lei Xiao)*** 박사팀이 세계 최초로 돼지에서 세포를 유도하여 유도줄기세포로 만드는 데 성공했다. 한편 2009년에는 중국 연구진은 이번에 비타민 C가 일반 성체세포를 만능유도줄기세포로 변환하는 과정에서 생기는 세포 노화 과정을 차단하고 변환의 효율성을 더 높인다는 것을 입증했다. 기존 만능유도줄기세포 변환의 효율성이 낮은 것은 독성 산소분자인 활성산소(ROS)가 많이 생성되기 때문인데 비타민 C는 활성산소를 무력화시킨다고 주장했다. 2009년 5월 차병원 김광수 교수팀은 분화 조절 단백질을 이용해 세계 최초로 체세포를 줄기세포로 역분화시켜 유도 줄기세포를 얻는데 성공하였고 2010년 7월 서울대병원 심혈관센터 박영배 · 김효수 · 조현재 교수팀은 유전자 조작을 통하지 않고 실험용 생쥐의 피부 섬유모세포 및 심장 섬유모세포에 배아줄기세포 단백질을 처리한 결과 유도줄기세포를 배양하는 데 성공하여 기존의 방법보다 안전하다는 우월성을 과시하고 있다.

◆ 줄기세포를 이용한 난치병 치료

인류를 질병의 고통에서 해방시키는 것, 이것이 우리의 주요 과제다. 이를 위해 고대부터 동서양이 나름대로 의술을 발전시켜 왔지만 아직도 난치병, 불치병으로 많은 이들이 고통을 받고 있다. 따라서 우리의 몸을 건강하게 유지시켜줄 수 있는 기술의 개발이 계속 요구되고 있는 것이다.

지금까지의 의료기술은 환자를 치료하거나 질병을 예방하는 차원에서 다루어져 사회간접비용의 절약이라는 단순 경제논리로 이해되었으나, 미래에는 새로운 산업 발전에 따른

<표 10.3 줄기세포를 이용한 난치병 치료 비교>

	배아줄기	성체줄기
특성	• 자가 재생산 가능. • 대량 증식 가능. • 미분화세포에 의한 암 형성 가능성.	• 장기환경에 맞게 분화. • 이식 후 안정. • 쉽게 줄기세포 성질 상실.
장기치료를 위해 풀어야할 과제	• 이식 후 생체 내 안정성. • 거부 반응 가능성. • 특정 조직의 순수 분화.	• 자가 재생산 가능을 통한 증식. • 효과적인 유전자 치료. • 희귀(특이)세포 분리법 개발
필요기술	• 세포분화를 위한 배양기술. • 핵치환을 통한 거부반응 극복기술. • 초기 발생 조절기술	• 줄기세포 순수 분리법 개발. • 자가 재생산 유도 기술. • 증식 배양 기술

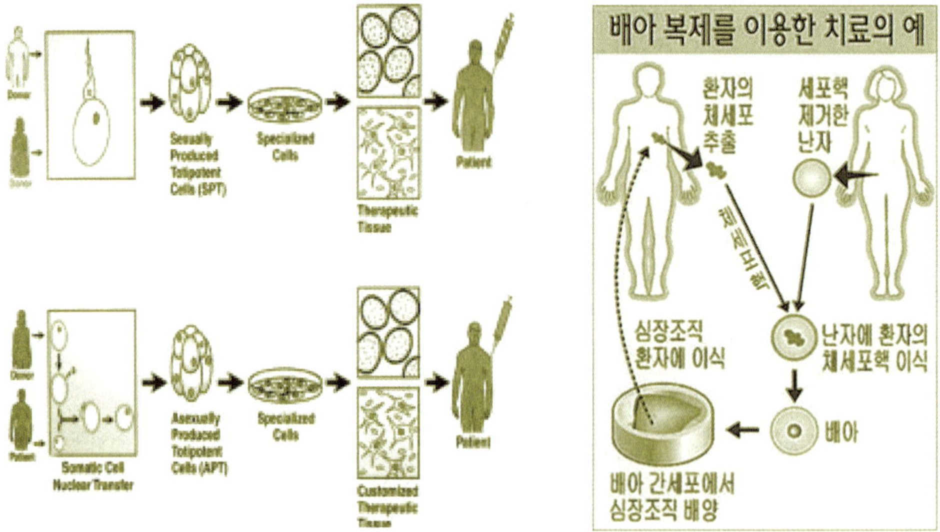

<그림 10.10 수정란을 이용한 방법과 핵치환법을 이용한 배아줄기세포의 치료>

국가의 부 창출로 연결될 수 있다는 점에서 의료산업기술의 새로운 패러다임으로 받아들여지고 있다. 새로운 산업으로 의료기술의 수출, 외국인 치료에 가치 등이 새롭게 중요시되고 있는 것이다.

6) 인공장기

지금도 간암, 당뇨병, 심장병 등으로 많은 이들이 생명을 잃고 있다. 수술이나 약으로 치료가 안 되는 경우, 장기이식을 하는 것이 대안으로 채택되고 있으나 이식할 수 있는 장기 제공자는 제한되어 있다. 이러한 문제를 해결하는 방법의 하나는 인공장기의 개발이다. 오래전부터 신장을 대신할 수 있는 인공 신장투석기가 사용되고 있으며, 인공심장, 인공간 등 인공장기의 개발에 많은 연구가 진행되고 있다.

현재 인공심장이 개발됐다고는 하나 인공심장을 신체에 이식한 뒤 반영구적으로는 사용할 수 있는 정도에 도달하기 위해서는 연구가 계속돼야 한다. 또 인공간 연구도 세외에 인공간을 연결하여 내부 장기를 한시적으로 대체할 수 있는 정도까지 진행되어, 역시 반영구적인 인공간을 개발하는 데는 앞으로 시간이 더 필요한 상황이다. 인공눈, 인공귀와 같은 기관은 전자공학의 발달로 그 실용화가 눈앞에 다가왔다. 현재 큰 물체의 윤곽이 보이고 소리가 희미하게 들리는 정도까지 연구가 진행되었으므로 곧 실용화 수준까지 도달할 것으로 예상된다. 볼 수 없는 이들을 볼 수 있게 해주고, 들을 수 없을 이들을 들을 수 있게 해주는 인공와우 기술은 공학기술의 중요성을 다시 한번 보여주는 자랑스러운 사례다.

인공장기 개발에 대한 대안으로 동물의 장기를 이식하는 연구가 진행 중이다. 이 경우 인간과 몸무게가 비슷한 돼지로부터 장기를 얻어 인체에 이식해야 하는데, 이때 인체의 면역거부반응이 나타나 치명적인 상황에 이르는 부작용이 예상된다. 따라서 면역거부 작용에 대한 이해와 이를 바탕으로 면역거부 작용을 없애기 위한 기술의 개발이 동시에 진행돼야 한다. 이러한 인공장기 또는 동물장기 이식에관한 우리나라의 연구 수준은 세계 최정상급으로, 현재 실용화를 위해 많은 선진국과 경쟁하고 있다.

7) 유비쿼터스 의료

질병 치료의 첫 단계는 병의 진단이다. 질병이 많이 진행된 다음 선고를 받는 식의 진단이 아닌, 병의 초기 단계에서 진단이 가능해야 한다. 또한 진단 과정이 간편해야 하며, 거동이 불편해 병원에 가기 힘든 이들에게도 가능한 진단방식이 필요하다. 이렇게 언제 어디서든 간편한 진단을 가능하게 해주는 것이 유비쿼터스 의료의 시작이다. 이를 위해 집 안에서 간편히 건강 상태를 체크할 수 있는 바이오센서와, 그 결과가 병원으로 전송되어 환자의 상태를 모니터링할 수 있게 하는 시스템 그리고 질병 여부 및 건강상태를 조기에 간편히 측정할 수 있는 바이오칩의 개발이 필요하다.

질병 진단은 주원인이 되는 유전자 검사로까지 연결된다. 개인의 유전자를 검사하면 언제, 어떤 질병에 걸릴지 그 가능성을 알 수 있다. 유전적 요인만 있다고 질병에 걸리는 것은 아니다. 유전적 요인에 스트레스, 면역력 저하, 식품이나 환경요인에 의한 발암물질의 유입 등으로 유전자가 발현되어 질병으로 연결될 수도 있는 것이다. 유전자 검사는 성격이나 사회적 성취도의 평가지표로 이용될 수 있다는 점에서 크게 우려된다.

이제 기초연구 결과를 하나씩 실제 상황에 응용하는 단계에 들어가고 있다. BT 발전이 가속화되면 가까운 장례에 건강한 삶을 누리는데 크게 기여할 것으로 전망된다.

10.4.5 생명공학기술에 대한 논쟁

생명공학기술에 대한 쟁점은 우선, 생명 및 인간을 유기체로 이해하는 것이 아니라, 분자론적이고 기계론적이며 공학적으로 접근하는 문제를 들 수 있다. 주지하듯이, 공학적 생명관에서 생명체에 DNA라는 화학성분으로 환원될 수 있으며 생명체의 기능에 문제가 발생할 시에는 기계적인 조작과 주입을 통한 수정이 가능하다고 본다. 이는 생명윤리의 문제뿐만 아니라 생물종 간의 분리 및 조합의 문제, 생명의 시작과 끝에 대한 사회적 합의의 문제, 나아가 인간정체성에 대한 새로운 자각을 요구한다.

다음으로, 유용성과 위험성으로 집약되는 사회적 논쟁을 들 수 있다. 생명기술의 지속적 발전을 주장하는 정부 관료와 생명공학자들은 그것이 인류의 식량난을 해결하고 불치병이나 난치병의 치료에 응용됨으로써 인류에게 불로장생의 꿈을 실현시켜 줄 것이며, 나아가 생태환경에도 이롭게 작용할 것이라고 주장한다. 반대로 생명기술의 위험성을 주장하는 종교단체, 시민단체, 윤리학자 및 사회학자들은 생명기술의 발전이 식량난· 불치병 해결, 생태환경 복원이라는 현실적인 성과를 이루지 못했을 뿐만 아니라 오히려 더 악화시키고 있으며, 무엇보다도 유전자 연구의 진행 속에서 유전자 조작 및 복제기술이 사유화, 상품화됨으로써 유전자를 근거로 한 사회적 차별을 재생산하고 강화시킬 수 있음을 우려한다.

생명공학은 단지 과학기술의 영역만이 아닌 인류의 삶 전반에 걸쳐 영향을 미치고 있다. 유전적 난치병 치료의 가능성과 새로운 생식방법의 출현이라는 측면에서 의료적인 영역과 관련되며, 발전된 기술의 혜택을 어떻게 분배할 것인가의 측면에서 복지의 문제와도 연관되어 있다. 또한 유전자 연구의 결과물이 특허를 획득할 수 있는 자원이 되고 엄청난 경제적 부가가치를 창출할 수 있다는 측면에서 경제적인 문제와도 관련되어 있다. 또한 생명공학은 인간도 동물도 기계도 아닌 제3의 생물체를 생산해 낼 수 있는 가능성을 열어놓음으로써 생태계 문제를 야기시킬 수 있다. 생명공학의 실험지침과 규제 법안을 만들어야 한다는 측면에서 법, 제도적인 문제와 관련을 맺기도 한다. 무엇보다도 인간행동의 유전적 기초를 제공하고 그것을 기반으로 사회적 차별을 재생산, 강화할 수 있다는 측면에서 사회 윤리적 문제를 야기하며 그렇기 때문에 인문· 사회학적 고찰이 시급한 시점에 있다.

1) 복제를 둘러싼 찬 · 반 논쟁

우리 사회에 인간복제 찬· 반 논쟁을 촉발시켰던 복제양 돌리와 복제소 영롱이, 그리고 얼마전 한국사회를 떠들썩하게 만들었던 황우석 박사의 배아복제 줄기세포 연구는 체세포 핵 이식기술을 이용한 것이나. 체세포 핵 이식술은 생식세포인 정자와 난자가 수정하지 않더라도 체세포 하나와 핵이 제거된 난자만 있으면 새로운 개체를 탄생시킬 수 있는 기술이다. 세포를 배양해 핵이 제거된 미수정란에 이식시킨 후, 이 난자를 대리모 자궁에 이식함으로써 복제하는 것이다. 이러한 체세포 핵 이식술을 인간을 대상으로 시행하는 것이 인간

복제이다. 여자의 자궁에 착상하여 하나의 완전한 개체를 태어나게 하는 것을 말한다.

그러나 현재의 기술로는 또한 인간의 복잡한 생리적 환경으로는 인간복제는 불가능하다는 것이 대부분의 학자들 의견이다. 따라서 현재 논쟁의 지점이 되고 있는 것은 인간배아복제에 관한 것이다. 배아복제에 대한 찬· 반 논쟁은 엄밀히 말하면 인간배아복제 연구에 대한 찬· 반 논쟁이다. 그러나 인간배아복제 연구는 개체 복제의 기술적 가능성을 여전히 열어 놓고 있다.

대부분의 우리나라의 의과학자들과 과학기술부는 배아복제 연구를 허용해야 한다고 주장한다. 의과학자들은 연구 및 학문의 자유보장과 배아복제를 통해 얻은 줄기세포(stem cell)가 각종 난치병 치료에 크게 기여할 수 있다는 것을 근거로 들고 있고, 과학기술부는 배아연구의 육성이 이 분야에 대한 국제경쟁력을 높일 수 있는 길이라고 주장한다. 난치병 치료의 가능성은 해당 질환을 앓고 있는 환자와 가족들뿐만 아니라 질병 없는 행복한 삶을 꿈꾸는 많은 사람들로 하여금 배아복제를 찬성하게 하고 있다.

그러나 황우석 박사 사태에서도 드러났듯이 줄기세포 연구가 상용화되기 까지는 그 기술적 한계를 차지하고라도 막대한 비용이 소요되므로 가난한 환자들이 이 기술을 이용하기는 어려울 것이다. 즉 기술적 해택에 대한 분배의 공정성 문제가 제기될 것이다. 또한 줄기세포를 얻기 위해서는 배아를 희생시킬 수밖에 없으므로 윤리적 문제 역시 논란이 될 것이다.

기술의 발전이 사람들의 평균 기대수명을 늘려 줄지는 몰라도 실제로 수명을 늘려준다거나 모든 사람들에게 그 혜택이 돌아간다는 것은 아니다. 그리고 여전히 남아 있는 문제는 배아의 생명체 여부와 관련된 윤리적 문제와 기술적 위험성 문제이다. 인간배아복제를 찬성하는 사람들은 착상하기 이전인 14일까지의 배아는 개체성이 없는 단순한 세포덩어리라고 주장한다. 반면 인간배아복제를 반대하는 사람들(주로 종교단체, 윤리학자, 사회학자들)은 14일까지의 인간배아도 생명체로 보아야 하며 따라서 인간배아를 이용한 어떠한 실험이나 연구도 허용되어서는 안 된다고 주장한다. 또한 인간배아복제의 허용은 인간의 존엄성에 위배되며 그것을 상업적으로 이용할 경우 사회적 문제점들을 야기할 수 있다고 경고한다. 인간배아복제를 반대하는 사람들이 가장 우려하는 것은 기술의 안정성이 입증되지 않았다는 점에 있다. 복제양 돌리도 270번이 넘는 실패 끝에 탄생되었으며 기술의 발전으로 실패율을 줄이고 복제에 성공한다 할지라도 세포조직의 특성상 주위 환경에 따라 의도하지 않은 다른 조직으로 재분화할 가능성이 있으므로 오히려 환자에게 치명적인 위험을 가져올 수도 있다는 것이다. 또한 배아연구를 위해서는 난자의 확보가 필수적인데 난자 수급 과정에서 발생할 수 있는 사회· 윤리적 문제도 제기되었다. 배아가 세포덩어리냐 생명체냐, 그리고 배아복제의 허용이 난치병 치료의 획기적 돌파구냐 아니면 인간존엄성을 해치고 사회적 불평등을 야기하는 위험한 기술이냐 라는 대립구도 속에서 절충안으로 제출된 것이 냉동배아 연구에 대한 제한적 허용이며 이는 생명윤리기본법 시안의 중심내용이기도 하다.

전 세계적 추이를 보면 배아복제를 명시적으로 허용하고 있는 국가는 영국이며, 영국을 제외한 대부분의 국가에서는 강력한 입법을 통해 배아 복제를 금지하고 있고 잔여 배아 연구에 대해서도 대체로 신중한 입장을 취하고 있는 편이다. 미국 또한 엄격하게 배아복제를 금지하고 있으며 잔여 배아 연구는 정부 출연 연구비를 지원하지 않는 방식으로 규제하는 반면, 상대적으로 윤리적 논쟁의 소지를 줄일 수 있는 성체줄기세포 연구는 적극적으로 권장하고 있다. 우리 정부도 미국과 비슷한 입장을 취하고 있다.

배아복제와 달리 인간개체복제에 대해서는 전 세계적으로 금지되어야 한다는 입장이 지배적이지만 개체복제를 할 수 있는 기술적 가능성은 열려 있는 상태이다. 많은 학자들이 인간개체복제의 가능여부에 대해 회의를 갖고 있지만, 성공과 실패를 떠나서 인류 역사상 기술적으로 가능한 일들을 자제한 적은 거의 없었으므로 개체복제가 현실화될 가능성을 우려하는 사람들은 유전적 다양성이 훼손될 위험, 질환이나 유전적 결함을 가진 먼저 태어난 아이를 위해 복제기술을 오용함으로써 기술을 통해 태어난 아기가 수단으로 전락할 가능성, 그로 인해 가족 개념의 혼란을 가져올 것 등을 염려하지만, 현재 복제기술을 반대해야 할 명백한 이유는 기술의 안전성이 입증되지 않았다는 점 때문이다.

2) 생명복제의 가이드라인

각 나라의 생명복제에 대한 가이드라인을 살펴보면, 독일은 1990년 '배아보호법'에 따라 배아의 이용을 금지하고 있으며 2002년 2월부터 연구 목적을 위한 배아의 수입을 수입 제한적 허용하고 있으며 영국은 2000년 의학적 치료방법 개선을 위한 배아복제를 허용했으며 2001년에는 연구목적을 위한 배아복제를 허용했으나 생식을 위한 복제 금지하고 있다. 일본, 중국에서는 2001년에 개체복제는 금지하고 연구를 위한 배아의 이용은 지원했으나 일본은 2009년 줄기세포 기술의 세계적 우위를 위해 개체복제를 허용하는 완화된 수정안을 발효하였다.

한편 미국은 현재 국가에서 60여종의 배아 줄기세포의 연구를 지원하고 있다. 우리나라의 경우는 2007년 '생명윤리 및 안전에 관한 법률 전부 개정법률안'을 마련 입법 예고하여 현재 통과된 상태인데 그 주요 골자는 인간복제는 물론 인간과 동물의 세포융합, 배아의 유전자 조작과 그 복제, 상업적 목적의 배아, 정자, 난자, 대리모 이용을 철저히 금지하고 있으 대신 금지되는 배아복제 행위의 예외를 인정하여 배아의 보존기간 및 이용 범위를 정했으며 줄기세포주의 등록 및 이용 등에 관해 규정하고 있다.

3) 유전자 연구에 대한 문제

유전자 연구에 의해 인간의 질병 또한 특정질환유발 유전자를 가진 사람이 그렇지 않은 사람에 비해 확률적 위험성을 가질 수는 있겠으나 질환의 발현은 오염된 환경이나 사회경제적 조건과도 관련이 있다. 즉 유전자결정론은 생물학적으로도 옳지 않은 설명이며 과학계 내부에서조차 이러한 단순한 유전자결정론을 강하게 비판하는 흐름이 존재한다. 그럼에도 불구하고 인간게놈지도의 완성과 새로운 유전자들의 발견은 일반인들에게 끊임없이 불로장생과 장수의 희망, 그리고 사회의 성장· 발전이라는 환상에 젖게 만들었다. 이는 아마도 유전자연구의 성과를 토대로 경제적 이윤을 창출하려는 자본가들의 이해, 사회체계 내에서 자신들의 영역을 확대하고자 하는 과학 전문가집단의 조직적 이해, 세계 선도국가가 되기 위한 각 나라 정부의 정치적 이해와 발전 논리를 중심으로 유전자 연구를 끊임없이 긍정적으로 선전하는 사회적 성향의 확산과 맞물리면서 형성되고 있는 듯이다.

그렇다면 유전자 연구가 가져올 사회적 문제점들은 무엇일까?

첫 번째로 동물의 세계와 마찬가지로 우생학적으로 우성인 신체를 재구성하여 그로 인해 새로운 위계서열화가 이루어질 가능성이 있다. 유전자 연구를 통해 얻어진 결과를 기술적으로 이용, 손상되거나 열성인 유전자를 정상적 유전자로 치환하거나 우성적 유전자로 개량할 수 있을 것이다. 이러한 상황은 정치적으로 이용되거나 개인적 차원에서 자신 또는 후손의 삶을 향상시키기 위해 자발적으로 이용될 수 있다. 유전자를 교정하여 후손에게 더 많은 기회를 약속해 줄 수 있다면 이를 거부할 부모는 없을 것이다. 부모들은 질병의 예방이나 치유 목적 이외에 개인의 가치 향상을 목적으로 자궁 내의 태아에 대한 유전자 검사나 조작을 하게 될 것이고 이렇게 해서 맞춤형 아기를 만들어 낼 것이다. 그렇게 되면 21세기의 사회는 사회적 불평등의 주요 변수였던 계급, 성, 인종 외에 유전자 차별이 덧붙여질 것이다.

두 번째로 유전자정보를 이용한 각종 사회적 차별이 이루어질 가능성을 들 수 있다. 유전자정보에 기반한 사회적 차별은 일반회사, 보험사, 정부기관, 학교 등 광범위한 영역에서 일상적으로 이루어질 수 있다. 회사에서 고용주가 고용을 결정할 때 개인유전자 정보를 요구한다거나, 고용인이 특정 질환 유전자를 가지고 있을 경우 고용관계를 해지하는 방식으로 차별을 가할 수 있다. 보험사에서도 계약자가 보험을 가입하고자 할 때 질병이 발생 할 가능성이 있는 유전자를 가지고 있을 경우, 보험료를 인상하거나 보험가입을 제한함으로써 차별을 가할 수 있다. 또한 국가기관의 범죄수사용 유전자은행 설립이나 미아 찾기를 위한 유전자검사가 한편으로는 사회질서의 안정이나 보호의 의미를 가지지만 다른 한편으로는 개인의 프라이버시를 침해하는 국가의 감시와 사회통제의 수단이 될 수도 있을 것이다.

10.5 생명공학기술과 미래사회

10.5.1 생명공학의 현황 및 전망

과학 및 공학기술의 중요성은 가깝게는 일상생활에서의 편리함, 품질, 가격이란 의미로서 인간 생활의 안락함과 보다 나은 건강한 삶의 질 향상 등을 위해 우리주위에 늘 있으며, 길게는 미래의 국가 경쟁력의 원천으로서 또 우리 인류의 미래를 책임질 수 있는 유일한 대안으로서 강조되고 있으며, 이러한 기술의 진보는 하루가 다르게 날로 발전하고 있다. 여러 분야의 과학기술 중에서, 최근의 생명공학기술은 나날이 발전하고 있다.

생명공학분야는 무형가치의 투입으로 고부가가치를 창출하는 대표적 지식 산업으로 조사기관마다 차이가 있지만 'Datamonitor' 2007년 자료에 의하면 세계의 생명공학시장은 1990년대 31%의 평균 신장률을 기록했고 2000년 대 들어와서는 2006년까지 연평균 13.4%의 성장률을 보여 2006년 현재 세계 생명공학시장 규모는 1,537억 달러였으며 2011년까지 연평균 12% 정도 꾸준히 발전하여 2011년경에는 2,714억 달러, 2015년에는 3,714억 달러에 이를 것으로 전망할 만큼 고도 성장산업이다. 또한 앞으로 미국 시장의 급격한 팽창이 아시아-태평양 시장의 부상 및 발전이 크게 기대된다고 전망했다.

생명공학기술은 지구상의 미생물, 식물, 동물 등의 생명체를 산업적으로 유용하게 활용하는 기술로서 생명공학의 위력은 다양한 생명체의 유전자를 목적한 형태로 수정, 조작하는 기술이기 때문에 산업, 경제, 사회, 제도 전반에 걸쳐 막대할 것으로 예상된다.

한편 최근의 생명공학기술은 다양한 학문분야의 발전에 영향을 받았다. 즉, 많은 학문분야에서 이루어진 발명, 발견이 서로 융합되거나 새로운 기술영역으로 파생되는 과정에 있는 기술이라 할 수 있겠다. 그에 따라 생명공학기술의 응용분야는 다양하다고 할 수 있다. 예를 들면, 생분해 플라스틱 등 신소재의 개발, 바이오센서, 기능성 식품, 바이오 신약, 바이오기기 등 신제품 개발 및 이러한 신제품 생산 공정 등 화학, 식품, 전자, 기계, 환경, 에너지 분야 전 산업 분야에 질 높은 사업 기회를 제공하게 될 것이다.

그러나 생명공학은 생명체를 다루므로 인류 가치관에 영향을 줄 수 있기 때문에 연구, 개발 이용 과정에서 인류에게 해로운 기능을 나타낼 위험성이 있다. 유전공학에 의한 변형 생명체는 생태계를 파괴시켜 궁극적으로 인류에 파멸을 가져 올 수도 있다. 따라서 이 분야에 관계되는 기술자의 윤리적 자세가 중요하다. 이점이 생명공학을 공부하는 학생도 올바른 자세, 신념을 가져야 할 대목이다.

위의 이런 점만 주의하면 생명공학은 인류가 고민하는 식량 문제, 에너지 문제, 질병 문제 등을 해결할 수 있으며, 인류의 거의 모든 어려운 문제들이 생명공학에 의해 해결될 것으로 예견할 수 있으며 궁극적으로 생명공학은 인류를 위한 '신산업 창출', '건강한 삶', '풍요로운 사회', '쾌적한 환경', '건전한 가치관'을 구현할 수 있는 '바이오 사회'를 만들 수 있을 것으로 기대된다.

10.5.2 우리나라 생명공학 현황 및 대책

우리나라의 생명공학 현황을 살펴보면 생명정책연구센터 자료에 의하면 시장 규모가 2000년에 9,000억 원에서 연평균 23.5%의 성장률을 보여 2015년에는 21.4조 원으로 증가할 것으로 예상했다. 또한 세계시장에서의 점유율도 높아져 2015년에는 세계시장의 6.9%를 차지할 것으로 전망했다. 그 만큼 앞으로 우리나라의 생명공학의 발전은 세계 평균 보다 훨씬 높을 것으로 전망했다.

우리나라는 선진국에 비해 짧은 역사를 갖고 있지만, 정부의 적극적인 정책에 의해 단시간 내에 괄목한 만한 경제성장을 이룩한 것으로 평가된다. 그 이면에는 1960년대의 섬유산업, 1970년대의 중화학공업, 1980년대의 가전· 조선· 자동차산업, 그리고 1990년대의 반도체와 통신으로 대표되는 IT산업이 있다.

지금까지의 정부 정책은 이미 창출된 시장의 기존 제품 기술을 도입하여 그 제품을 국산화하고, 다음 단계로 국제경쟁력을 갖추어 외국에 수출을 하는 식이었다.

그러나 21세기 생명공학산업은 과거의 산업과는 다르다. 생명공학산업은 이제 걸음마 단계이다. 따라서 세계 각국이 동시에 경쟁하고 있다. 그렇지만 우리나라는 자본력, 연구개발 투자비 면에서 미국, EU, 일본 등 주요 경쟁국에 비하여 상당히 열세하다.

예를 들어, 신약을 하나 개발하여 세계시장에서 판매하기까지는 10년 이상의 기간과 10억 달러 이상의 자금 투자가 필요한데, 이렇게 많은 연구개발비를 감당할 수 있는 국내기업이 현재는 없는 형편이다. 농업생명공학 분야에서도 역시 협소한 국토 등 선진국에 비해 많은 어려움이 있다. 게다가 최근 중국 등에서 값싼 농산물의 수입이 큰 폭으로 증가하고 있는 추세여서 우리나라의 농업경쟁력은 계속 도전에 직면하고 있다. 또한 산업생물공학에서도 바이오매스 자원이 부족하고 기술 개발 역시 아직은 소극적인 상태이다.

그렇다고 생명공학을 포기할 순 없다. 생명공학을 포기하는 것은 국민의 보건, 식량, 소재를 포기하는 것이기 때문이다. 반드시 생명공학을 발전시켜야 한다.

생명공학은 의료· 농업· 산업을 망라하는 대단히 넓은 분야의 기술이다. 그중에서 우리의 강점을 살릴 수 있는 분야를 도출하여 거기에 집중적으로 연구개발 투자를 하면 세계적인 경쟁력을 갖춘 생명공학기술을 얻을 수 있다. 한 예로 우리나라의 줄기세포기술은 세계를 선도하는 수준으로, 이것은 뛰어난 과학자의 연구에 과감하게 집중 지원했기 때문에 가능했다.

또한 다른 나라와 차별화된 산업정책도 생명공학기술 개발을 촉진시킬 수 있다. 과거 외국에서 개발된 제품을 수입 판매하여 국내시장이 커지면 뒤늦게 이를 국산화하던 방식으로는, 21세기 세계무한경쟁시대의 새로운 생명공학산업에서 승자가 될 수 없다.

먼저 정부가 국내시장을 극대화할 수 있는 정책을 제시하고 산업체는 관련 기술을 개발하여 이러한 기술 개발을 국내에서의 산업화· 실용화로 연결시켜야 한다. 그래야 세계 시장이 커질 때 우리나라가 생명공학 분야에서 강자가 될 수 있는 것이다.

즉, 우리가 생명공학 분야의 1인자가 되기 위해서는 다른 기술도 비슷하지만 시장 위주의 기술 개발정책을 추구해야 할 것이다.

한편 우리나라의 생명공학 분야의 세계적 우위와 미래에 궁극적인 인간의 삶을 윤택하기 위해 생명공학기술을 발전시키기 위해서는 몇 가지 전제가 해결되어야 한다.

첫째, 생명공학기술 연구개발에 국가가 집중 투자해야 한다. 지금까지 우리나라 주요 산업의 발전이 철강, 석유화학, 반도체 등 기술에 국가가 집중투자에 의하여 이루어진 것처럼 향후 생명공학기술 분야에 있어서도 정부의 집중투자만이 성공으로 이어질 수 있을 것이다.

둘째, 기초과학과 응용과학 분야의 긴밀한 협력연구가 필요하다. 특히 생명공학기술은 기초연구 결과를 용이하게 실용적으로 응용할 수 있기 때문에 기초연구자와 응용과학자가 협력하면 단시간 내에 실용적인 연구결과를 창출하고 이것은 국가의 경쟁력으로 연결될 수 있다. 따라서 기초 생물과학, 의학, 농학, 약학 그리고 공학 분야의 연구자들이 협력하여 융합기술을 만들 수 있는 연구 분위기를 조성하는 것이 생명공학기술 발전의 기본이다.

셋째, 글로벌 협력이 이루어져야 한다. 생명공학기술 발전은 우리나라 단독으로 할 수 있는 것이 아니다. 예를 들어 앞에서 언급했듯이 우리나라는 국토 면적이 작고 자원도 부족하며 국내시장도 협소한 편이다. 그러나 이러한 이유 때문에 기술 개발을 포기할 수는 없다. 그러기 위해서는 동남아의 풍부한 바이오 자원을 활용하거나 외국 다국적기업과의 협력으로 기술 개발하여 우리 상품의 전 세계적 마케팅을 이끌어야 할 것이다. 전 세계를 우리의 활동무대로 삼아 우리의 장점과 외국의 장점을 서로 결합시켜야 생명공학기술의 발전 및 실용화를 앞당길 수 있을 것이다.

11
CHAPTER

소재의 혁명, 나노기술

11.1 서언

21세기에 들어와 전 세계의 과학계는 나노과학과 나노기술이 가지고 있는 무한한 가능성과 응용 잠재력에 대해 많은 시간과 예산을 투자하며 새로운 문명의 도래를 기대하고 있다.

이제 우리 사회는 나노기술의 시대로 바뀌고 있다. 나노기술은 더 이상 몇몇 과학자들의 전유물이 아니라 벌써 우리의 일상생활에 필수 불가결하고 우리의 삶과 밀접한 관계를 갖는 기술이 되었다.

은나노 세탁기, 나노 화장품 등의 다양한 일상 생활용품에 나노기술이 이용되고 있으며, 수십 나노미터 공정을 이용한 메모리 반도체를 이용한 휴대전화, 디지털 카메라, 최신식 자동차 등 첨단 기술 제품들에도 나노기술이 적용되어 상품화되고 있다. 나노기술의 상용화 및 기술의 신뢰도 향상과 새로운 기술의 선점을 목적으로 새로운 재료들과 기술 확보에 Intel, IBM, Infineon Tech.와 같은 많은 선진 회사들이 경쟁 중에 있다. 특히 새로운 의약품의 개발, 대체에너지 개발, 정보 통신기술과 같은 다양한 분야에서도 많은 관심과 연구가 지속적으로 진행 되고 있다.

나노기술은 현재 우리 전 세계 인류가 직면하고 있는 선천성 질병 등 우리의 생명 문제, 에너지 및 자원 고갈, 환경오염 등의 당면 문제들을 해결해 줄 뿐 아니라 선천성 질병을 위한 새로운 의약품의 개발, 정보 및 통신 기술, 그리고 현재 존재하지 않는 새로운 재료의 개발을 가능하게 하며 우리 사회에 지속 가능한 경제 성장을 가져다 줄 것으로 기대하고 있다.

그러나 아직도 많은 일반 사람들은 나노기술이 단지 우리 눈에 보이지 않는 작은 물질을 만들어 내고 이들을 이용하는 기술 정도로 알고 있으며 나노기술에 대해 부정적인 측면을 걱정하고 있다. 사실 나노기술은 아직 초보 단계의 기술이라 우리에게 어떤 피해를 줄 지 정확히 예측하기 어렵고 현재도 여러 가지 부정적인 면들이 연구 집단에 의해 밝혀지고 잇다. 그러나 우리는 구체적으로 우리에게 어떤 혜택을 가져다주고 우리에게 무한한 가능성을 열어줄 수 있는 유익한 기술이라는 긍정적인 측면을 모르고 있다. 따라서 나노기술에 대해 정확히 이해하고 우리 사회를 위해 어떻게 유용하게 이용할 수 있을까를 냉정히 고민해 보아야 할 것이다.

하지만 7장. '21세기를 선도할 미래 기술'에서도 언급하고 앞에서도 언급했듯이 나노기술은 나노 물질을 만들어 내는 그 자체로 끝나는 것이 아니라 여러 가지 다른 기술들과 융합, 복합되어 사용되는, 실제 그 자체가 융합기술인 관계로 그 응용 범위는 가히 짐작할 수가 없어 나노기술에 대해 모든 것을 기술한다는 것은 거의 불가능하다. 현재도 나노기술에 관한 책들이 수없이 많이 단행본으로 나와 있으며 그 어느 책도 모든 것을 다루지는 못하고 있다. 따라서 하나의 주제로서 나노기술을 설명한다는 것이 불가능하기 때문에 이 장에서는 나노기술의 중요한 부분들의 개념과 원리에 대해 언급하고 나머지에 대해서는 간단히 설명하기로 한며 응용성 및 사회적 문제점에 대해 설명하기로 한다.

11.2 왜 나노기술인가?

11.2.1 나노가술에 대한 기대감과 걱정

2003년 현재까지 전 세계적으로 50억 파운드가 투자 되었으며, 이 중 20억 파운드는 상업적인 투자였다. 현재 전 세계의 가능한 시장 규모를 예측하기는 힘들지만, 나노기술과 관련된 생산품이 연간 대략적으로 2011~2015 년까지 약 1조 달러가 될 것으로 예측된다.[128] 또한 나노기술 관련 제품의 시장 규모 전망(〈표 11.1〉), 응용의 다양성, 건강, 에너지, 자원부족 대체, 물 정화, 기후 변화 등에 대한 영향으로 비추어 볼 때, 나노기술의 사회 경제적 영향은 막대하다. 그러나 이러한 영향을 가늠하기 위한 지표 통계, 나노기술의 정의, 평가 방법론은 부족한 상태이며, 이는 나노기술의 일반 목적 기술 특성과도 관계가 있다. 나노기술 제품 역시 미국이 지배적으로 많지만, 가장 응용이 많은 세부 분야는 화장품, 의류, 개인 용품, 및 운동기

<표 11.1 전 세계 나노관련 제품 시장 예측>

(단위:십억달러)

	2005	2006	2007	2008	2009	2010	2011	2012	2013	2014	2015
LuxResearch(2006,2008)	30		147							2600	3100
BCC(2008)			12	13			27				
Cientifica(2008)				167				263			1500
RNCOS(2006)											
Wintegreen(2004)						1000					750
MRI(2002)	66					148					
Evolution Capital(2001)	105					700					
NSF(2001)	54										1000

발췌; OECD 나노기술 정책연구활동과 한국의 참여활동, 이정일(http://blog.daum.net/mmanna/7453523)

128) Kosen Expert Review, 나노과학과 나노기술, 2004

구 등으로 이는 나노기술이 소비자 제품 산업에 주요 영향을 미치고 있음을 나타낸다. 나노기술은 2015년까지 200만개 일자리를 창출할 것이라고 일찍이 전망되었으며, 추가 조사에 의하면 2005~2006년에 비록 낮은 수준이긴 하지만 실제로 구인광고가 늘어난 것으로 나타났다.

이러한 배경을 바탕으로 많은 연구비와 산업계의 관심이 높아지고는 있지만, NGO(비정부단체)와 몇몇 나노과학기술자들은 현재와 미래의 나노기술 발전에 우려를 하고 있다. 이러한 불확실성은 나노기술이 인간의 건강에 미치는 영향, 바이오 기술과 정보통신기술, 인공지능 기술과 융합되어 발생할 수 있는 다양한 응용에 대한 질문, 자기 복제 로봇으로 인한 파괴 가능성 등을 포함하고 있다. 다른 사람들은 현재의 규제 틀이 새로운 발전에 적합한지의 타당성, 이러한 응용이 개발도상국에 과연 도움이 되는지, 또한 개발도상국들의 권리를 박탈하는 것은 아닌지 등에 대해 우려하고 있다.

이렇게 과거 몇 년 동안 여러 분야에서 달성한 업적은 놀라운 것으로, 현재 나노기술은 정치적, 사회적, 경제적 그리고 윤리적 측면에서 주목을 받고 있다.

11.3 나노기술

11.3.1 나노과학과 나노기술

1) 나노(nano)

나노란 그리스어인 '난장이'에서 유래된 말로 나노미터(nm) 는 10억 분의 1 m(10-9) 이며, 이는 현재 마이크로 시스템의 1,000분의 1 크기이다. 이 크기는 원자 또는 전자들이 가지고 있는 정도의 크기이다. 과거에는 nm를 밀리미크론(mμ)으로 표기한 적도 있다. 이러한 정도의 크기를 가지는 물질은 ***나노물질***이라 하는데 학술적으로는 3차원 구조로 볼 때 '적어도 한 변의 길이가 나노미터 크기'이면 나노 물질이라 한다. 즉, 어느 물질의 세 변의 길이 모두가 100 nm 이하의 크기이면 물론이고, 한 변만 이라도 100 nm 이하의 크기를 가지면 나노 물질이 된다.

그러면 나노기술은 무엇을 뜻하며 그 개념은 어디에서 나왔을까?

2) 나노기술(Nanotechnology)

나노기술이란 사람마다 조금씩 다른 정의를 하고 있지만 가장 보편적으로 받아들여지고 있는 미국 '국가나노기술개발계획'의 정의에 따르면, 1~100나노미터 길이의 영역에서 원자, 분자를 조작하여 이들의 미세구조로부터 이제까지 보지 못했던 특성과 기능을 갖는 새로운 재료, 소자, 시스템을 만드는 기술이라 할 수 있다. 특히 나노기술을 이용한 새로운 재료 즉 나노소재는 기존의 재료와는 전혀 다른 새로운 기능이나 기존 기능의 괄목한 만한 향상이 있게 되므로 재료 그 자체로서의 의미도 있다. 그러나 더 나아가 그것을 이용한 소자 및 여러 가지 융합시스템은 국가경쟁력에 크게 기여할 것으로 기대된다. 따라서 정리해 나노기술을 정의하면 *나노기술*은 '***나노크기의 물질(나노입자나 장치)의 모양과 크기 제어에 의한 디자인, 특성 분석, 생산 그리고 구조들, 소자 및 시스템의 응용을 하는 기술***'을 말한다.

그런데 이 나노기술은 큰 입자 재료와는 특이하게 다른 특성을 가지는 원자, 분자 그리고 거대분자 크기 재료의 현상과 제어를 연구하는 학문인 *나노과학(Nanoscience)*에서 얻어진 결과를 응용하면서 시작되었다.

3) 나노과학(NanoScience)

나노과학의 개념적 기초는 1959년 미국 캘리포니아 공과대학의 *리차드 파인만* 교수가 미국 물리학회 연례회의에서 행한 특별 강연인 'There is plenty of room at the bottom'에 기초를 하고 있으며 미국 물리학회 연례 회의에서 처음으로 제시한 개념이다. 나노기술이라는 용어는 1974년까지는 쓰이지 않았으며, 일본 동경대학의 *노리오 카니구치*가 나노크기까지의 정밀한 재료를 제어할 수 있는 능력을 언급한 이후부터 사용되기 시작하였다. 따라서 나노과학은 재료의 특성 및 영향을 이해하는 분야이며, 나노 기술은 크기에 기인한 특이한 특성과 기능을 가지는 구조, 소자 그리고 시스템을 만들어내고 제조하는 것을 목표로 하고 있다. 근래에 있어 나노크기 단위로 물질을 제어하고 연구하는 미세 정밀 장비가 연구되고 있으며, 이러한 장비가 나노크기의 세계를 이해하는데 큰 영향을 주고 있다 1990년 IBM 연구소의 *Eong Eigler* 와 *Erhard Schweizer*가 니켈 금속 표면에 크세논 입자를 하나씩 이동하여 5 nm 높이의 IBM 회사로고를 만들었다.

4) 나노기술로의 접근

나노 재료를 제어하고 만들어 내는 방법은, 즉 나노 기술(Nanotechnology)에 접근하는 방법에는 2가지가 있는데 *Top-down(하향식)*과 *Bottom-up(상향식)* 방식으로 구분 지어진다.

Top-down 기술은 큰 물질을 이용하여 원하는 크기의 모양을 만들어내는 것으로 엣칭이나 밀링 등을 통해 만들어가는 것으로 리소그라피 방법으로 반도체 집적회로 만드는 기술(X선이나 진자빔 이용)이 여기에 속하며 *Bottom-up* 기술은 원자나 분자 크기로 부터 시작하여 큰 구조를 조립하는 것을 의미하며 자기조직화, 자기회복, 자기증식 등의 기술 및 탄소나노튜브 디스플레이, 단전자 트랜지스터, 나노약물전달시스템 등의 기술이 여기에 속한다.

나노 기술의 특징은 학문간 경계가 없는 학제간(interdisciplinary) 연구를 필요로 한다. 즉, 다양한 많은 학문과 연관 관계를 가지고 있으며, 정보와 기술과 장비를 서로 공유하며 연구자들과의 밀접한 공동협력과 연구를 필요로 한다. 기초 과학인 물리학, 화학, 생물학뿐 아니라 나노 입자 공정에 대한 이해는 공학, 의학 같은 응용과학까지 필요로 한다. 기존 인적 자원과 학문 분야 간 협력으로 시너지 효과를 유도할 수 있다. 놀랄 만큼의 작은 크기의 재료를 연구하는 이러한 다양한 분야에서의 놀라운 발전이 새로운 나노기술로 세상에 알려지게 된 것이다. 이 뿐 아니라 기존의 기술 분야(물리, 전자, 재료 등)들을 횡적으로 연결함으로써 새로운 기술 영역을 구축할 수도 있다.

또한 분석, 제어 및 합성의 전 과정이 극미세 수준(≤100 nm)에서 제어되기 때문에 높은 기술 집약도가 필요로 하며 크기와 소비 에너지 등을 최소화하면서도 최고의 성능을 구현 할 수 있으므로 높은 경제성이 실현될 수 있으며 오염 발생 방지와 오염 제거 등이 가능하여 환경 친화성이 높은 기술이며 생체 나노 구조와 활동을 본떠 인공 구조물을 만드는 것이므로 자연에 가장 근접한 기술이라고 생각할 수 있다.

5) 나노 물질의 특징

나노 물질 또는 나노 재료의 특성은 두 가지 주된 이유로 나노 크기에서 다르게 변할 수 있다. 먼저 물질은 나노 크기일 때 bulk 상태일 때와 무게는 같으나 크기에 비해 큰 **비표면적**을 갖는데 이러한 나노 재료들은 화학적으로 더욱 활성화되어 있어 강도나 전기적 특성이 변화한다. 두 번째는 **양자효과**가 나노 크기에서는 중요한 행동 변수로 작용하기 시작하므로 광학적, 전자적, 자기적 성질에 큰 영향을 주게 된다.

먼저 **광학적 특성**을 살펴보면, 나노 영역에서는 물질의 크기에 따라 색깔이 변화한다. 이것은 색깔이 물질 고유의 특성을 나타내지 않는다는 것을 의미한다. 따라서 물질의 크기에 따라 색깔을 다르게 나타내는 나노소자를 전자 방출 소자 용도로 사용할 경우, 하나의 물질로 여러 가지 색을 디스플레이(display)할 수 있다.

1993년에 미국 MIT 화학과 바웬디 교수 연구팀이 카드뮴(Cd) 와 셀렌(Se) 으로 구성 된 수nm 크기의 반도체 나노 입자가 크기에 따라 색깔이 변화하는 현상을 발견하였는데 이것은 색이 물질 고유의 특성이라는 기존의 과학 상식을 벗어나는 획기적인 사건이었다. 둥근 모양을 갖는 반도체 입자의 크기를 1.2 nm 에서 12 nm로 크기를 달리함에 따라 빨간색에서 파란색까지 무지개 색이 변화하는 순서로 색깔 변화를 보여주었다.

금(Au)은 일반적으로는 황금색을 띄지만 금의 분자 크기 20nm 이하로 작 게 되면 빨간색으로 변하며 , 금의 분자 크기에 따라 색깔이 변하게 되는데 이것은 앞에서 언급한 양자효과에 기인한 것이다.(양자점)

두 번째로 **화학적 특성**을 들 수 있다. 모든 물질은 큰 덩어리가 작게 쪼개지면 앞에서 언급했듯이 물질 전체의 표면적이 커지게 되는데 이로 인하여 나노 물질은 독특한 특성을 가지게 된다. 물질은 입자의 크기가 작아질수록 표면 원자가 차지하는 비율이 높아지는데(한 개의 원자는 100% 표면적을 갖는다), 열역학적인 관점에서 보면 물질의 표면을 구성하는 원자들은 내부에 위치한 원자들보다 에너지가 높다. 따라서 나노 결정질 재료에서는 확산에 필요한 활성화 에너지가 낮아지게 된다. 예를 들어 2~5 nm 크기의 금 입자들을 산화철(Fe_2O_3) 위에 부착시키면 상온 이하의 온도에서도 일산화탄소나 이산화탄소로 산화시키는 놀라운 촉매현상을 나타낸다.

세 번째로 **기계적 특성**이다. 다결정질 재료의 입자는 각 입자마다 기본적인 배열은 같으나 방향이 다르고, 입자와 입자 사이의 단위 면적당 임계(입자간의 계면)가 많을수록 강한 기계적 성질을 갖게 된다. 그러나 나노물질 입자의 경우 일반적인 경향과는 달리 특정 결정 입자 크기 영역에서 강도가 급격히 증가한다. 따라서 나노 물질에서는 일반 물질에서 입자의 크기가 작을수록 강하다는 일반 이론이 통하지 않는다.

마지막으로 **전자기적 특성**이다. 반도체 소자(Ge, Si 등), 자성 금속 등의 나노 입자들은 크기가 작아지면서 일반적으로 10~100 nm 정도에서 자기적인 성질이 최대가 되는 것으로 알려져 있다. 자성 재료의 결정립이 작아지면 초자성이나 거대 자기 저항을 나타낼 때가 있다. 어떤 것은 강자성 재료가 약자성 혹은 상자성 재료가 되는 경우도 있다. 또한 강자성이 아닌 재료가 나노 결정립으로 되면 강자성을 띄는 경우도 있다. 이렇게 물질에 따라 나노 크기가 되면 자기적 성질이 크게 변한다. 자성 금속의 경우 나노 입자를 규칙적으로 배열하면 하드디스크의 정보를 적는 기록 비트로 사용할 수 있다.

이와 같이 모든 물질은 나노 영역에서 기존에 알려지지 않은 에너지, 촉매 활성, 자기 특성 등 여러 가지 특성을 갖게 되는데, 이와 같은 물질을 제어 할 수 있다면 기존 물질의 변형이나 개조는 물론, 유용한 재료 또는 소자 등을 만드는 것이 가능하게 된다.

11.3.2 나노기술

1) 구조재료와 나노기술의 접합

금속, 세라믹 등으로 대변되는 전통 구조재료기술과 나노기술은 별로 상관이 없어 보인다. 그러나 내용을 들여다보면 오히려 이들 재료야말로 나노기술의 적용으로 혜택을 볼 수 있는 분야임을 알 수 있다. 종류 및 가공 방법에 따라 다르겠지만 금속재료의 경우 우리가 쓰고 있는 거의 대부분의 재료가 전자현미경으로 들여다보면 수십에서 수백 마이크론 크기의 금속 알갱이가 서로 붙어있는 구조다. 금속 알갱이의 크기는 금속재료의 기계적 성질에 큰 영향을 주며, 일반적으로 알갱이의 크기가 작아질수록 강도가 증가하는 것으로 알려져 있다. 나노기술을 이용하여 금속 알갱이의 크기를 수십~수백 나노미터 크기로 줄일 수 있다면 똑같은 재료를 갖고 더 강한 재료를 만들 수 있다. 이는 곳 일정 구조체를 제작하는데 훨씬 적은 양의 재료를 사용해도 된다는 얘기다. 만일 그 구조체가 자동차처럼 에너지를 소모하는 시스템이라면 그 시스템의 구동에는 적은 에너지가 소모된다. 강한 재료를 만들 때 금속재료에는 주로 외부에서 큰 힘을 가해서 큰 알갱이를 작은 알갱이로 부수는 방법을 사용한다. 세라믹 재료는 처음부터 세라믹 분말을 합성하고 그것을 일정한 틀로 찍어낸 다음 서로 눌어붙게 하기 위해 고온에서 열처리를 해준다. 나노미터 크기의 분말을 만들어서 같은 공정을 사용하면 우수한 기계적 성질의 세라믹 부품을 만들 수 있다. 다만 나노미터 크기의 미세한 분말의 경우 고온 열처리 중에 서로 엉겨 붙어서 큰 입자가 되면 애써 만든 나노입자의 효과가 없어지게 되므로 이를 억제하기 위한 연구가 진행되고 있다.

금속 및 세라믹 알갱이를 나노입자 크기로 줄이는 방법과 아울러 아예 입자의 크기가 없는 비정질 재료에 대한 연구도 활발히 진행 중이다. 금속 및 세라믹 재료는 구성 원자들이 일정한 규칙에 따라 배열되어 있는 데 반해, 비정질 재료는 이런 규칙성이 없다. 자연 상태에서는 얻어지지 않으나 특정한 조성의 합금을 만들거나 매우 빠른 속도로 응고를 하면 얻을 수 있다. 고체이면서도 액체와 같은 상태에 있으므로 액체금속이라고 하기도 하고 하며 기계적 성질의 우수함은 물론 녹도 잘 슬지 않는 새로운 기능을 갖게 된다. 구조재료와 나노기술이 접합은 우리나라의 철강·자동차·조선공업에 이바지할 것으로 기대된다.

2) 전자재료와 나노기술

반도체기술의 급속한 발전이야말로 나노기술을 앞당기게 한 원인이다. 무어의 법칙으로 대변되는 집적도의 향상으로 말미암아 반도체 분야에 종사하는 사람들은 머지않아 닥치게 될 기술적 한계로 심각한 고민을 하게 되었으니 아이러니가 아닐 수 없다. 기술적 한계가 예견됨에 따라 패러다임의 변화가 궁극적 해결책으로 필요했고, 현재의 톱다운(top-down) 방법이 아닌 바텀업(bottom-up) 방법이 대안으로 제시됐다.

나노미터 크기의 원자나 분자를 레고블럭 맞추듯이 하나씩 집어서 무엇인가를 만든다는 것은, 과학적 호기심을 충족시켜 줄 수는 있으나 실제 소자나 시스템을 경제적으로 만들기에는 현실성이 없다. 따라서 경제적 생산을 위해서는 하나씩 만들지 않고 병렬 프로세스로 동시에 많이 만드는 방법을 강구해야 한다.

현재는 바텀업 방법에 의한 단위 소자를 구현한 정도의 수준이며 이런 단위소자들을 수 없이 연결시키고 기능의 복잡성을 더하기 위해서는 아직도 어느 정도의 시간이 필요하다. 탄소나노튜브, 양자점, 나노막대 등의 새로운 나노구조를 이용한 나노 소자들이 보고된 바 있으나, 아직은 생산 단계에 이르지는 못하고 있다. 따라서 앞으로 상당 기간 동안 반도체 산업은 기존의 톱다운(top-down) 방법을 계속해서 사용할 것으로 예상된다. 다만, 계속되어 온 스케일 다운의 연장선상에서 중요 핵심부분의 크기나 나노미터 수준으로 지속적으로 줄어들 것이다. 또한 현재의 문제점을 극복하기 위한 새로운 소재들이 채택될 것이며, 트랜지스터의 구조도 현재의 2차원 구조에서 3차원 구조로 진화되고 있다. 지속적인 스케일다운으로 실리콘을 기반으로 한 트랜지스터의 소형화하는 궁극적으로는 한계에 봉착할 것으로 그것을 대체할 수 있는 기술이 필요하게 된다. 그러나 실험에서 발명된 실리콘 트랜지스터가 진공관을 대체했듯이 곧 난관에 봉착할 실리콘 트랜지스터를 대체할 무엇인가가 나올 것이다.

나노재료 기술에 의해 전자 제품의 필연적 요구 사항인 고집적화, 초소형화, 초고속화를 가속화시킬 수 있다. 소형화가 진행되는 LSI(대규모 집적 회로)칩을 더욱 소형화하기 위한 기술로 사용이 가능하다. 단일 또는 두 종류 이상의 나노 구조체가 결합 되어 만들어질 수 있다. 현재 집적회로를 만들 때의 빛을 사용하는 대신 원자를 배열하여 원자 탐침 현미경 등의 탐침으로 원자를 제어가 가능하도록 할 수 있다. 초기에는 탄소나노튜브 소자가 그 역할을 할 것이지만 궁극적으로는 전자소자들은 분자소자로 대체될 것으로 예상된다.

언젠가는 DNA(Deoxyrible Nucleic Acid, 유전자의 본체)가 자신이 갖고 있는 정보를 이용하여 스스로 복제를 하듯이 어떤 구동력에 의해 '자기조립'하는 것이 가능해 질 것이다.

한편, 양자점[129)]이나 나노막대를 이용한 광소자 및 전자소자는 급격한 진전을 보이고 있다. 특히 화합물반도체 소자 분야는 이미 오랫동안 나노기술을 사용해왔다. 나노구조의 일종인 양자우물구조는 이미 오래전부터 거의 모든 광전소자에서 상용되어왔다. 양자우물구조보다 더 우수한 성질을 보일 것으로 예측된 양자점은 이미 소자에 사용되어 광전소자의 성능이 급격히 향상됨을 입증하였으며, 현재 이를 상용 제품에 적용하기 위한 연구개발 경쟁이 치열하다. 양자점의 응용가능성이 큰 분야는 양자컴퓨터와 양자 정보처리장치이다. 양자컴퓨터는 종래의 컴퓨터가 수억~수십억 년 걸리는 계산을 수분 정도면 가능하다. 양자점중의 전자를 이용하는 경우 전자의 궤도준위를 사용하는 방법과 전자가 갖는 고유의 스핀을 이용하는 방법이 있다.

디스플레이 부분에서도 나노기술은 대두되고 있다. 우리나라가 기술을 주도하고 있는 LCD, PDP 분야에 사용되고 있는 고효율 인광물질의 개발에 나노기술이 적용될 수 있을 것이다. 그 밖에 전자제품의 핵심요소인 전자재료가 나노입자로 됨에 따른 전기적·자기적·광학적 성질의 비약적 향상이 기대되고 있으며 이러한 점을 활용하기 위한 연구개발이 한창이다.

디지털 가전기기의 정보 창구가 될 차세대 대표적인 디스플레이로는 현재 플라즈마 디스플레이 패널(PBP: Plasma Display Panel), 유기 전계 발광 소자(OLED), 전계방출소자(FEA; Field Emitter Array) 등이 있다. 이러한 디스플레이용 소자로 저소비 전력, 고화질 등을 목표 로 하여, 실리콘 팁 소자, 몰리브덴 팁 소자, 다이아몬드 소자, 탄소나노튜브 소자 등 나노 소자들이 전계방출소자와 관련되어 연구되고 있다.

한편 정보 및 통신 분야는 전자부품 발광 또는 표시 부품과 연계되어 연구되고 있는데

129) 입자의 크기가 10 mm 정도가 되면 에너지 레벡이 불연속이 되는 양자효과(Quantum Effect)가 나타나게 되는데 이러한 크기의 반도체 내에서 전자와 전공의 운동을 3차원적으로 제한하게 되면 전자와 전공은 모든 방향으로 양자효과를 나타내게 되고 이와 같은 상태를 "양자점(Quantum Dot)"이라고 한다.

주요한 연구로는 테라비트 통신용 집적회로 기술 개발, 멀티미디어 이동 통신 단말기용 고집적 시스템 IC 개발, 정보 통신용 고기능 반도체 나노 신소자 기술 등이 있다.

3) 나노기술을 이용한 친환경 바이오소재

현재 인류는 환경오염이라는 당면한 문제들을 해결하기 위해 난관에 봉착해 있다. 그로 인해 생긴 여러 가지 부작용을 해결하지 않으면 안 된다. 인류는 자연을 가공하여 원하는 물건을 만들기 위해 많은 에너지를 사용해 왔다. 철광석으로부터 철을 뽑아내기 위해 1,000도 이상의 고온을 가하는 과정에서 온실가스인 이산화탄소와 아황산가스 등의 유해물질이 발생된다. 자동차는 엔진에서 화석 연료를 태워 나오는 열을 기계적인 일로 바꾸는데 효율이 그리 높지 않아 일로 바뀌지 않는 부분들은 모두 낭비되며 여기서 이산화탄소는 물론이고 질소산화물 등의 공해물질이 방출된다. 심지어는 이러한 공해문제를 해결하기 위해서 또 다른 에너지를 소모하고 있는 실정이다. 온실가스의 대량 방출에 따른 지구온난화에 대비하기 위해, 교토의정서에 따라 세계적으로 온실가스 배출을 제한하고 있다. 따라서 대기의 오염을 줄이기 위해 자동차 배기가스와 공장의 폐가스 등을 처리해야만 한다. 이러한 대기오염가스들을 흡수하여 분해하는 나노촉매나 폐수를 정화하는데 기계적, 화학적 응력에 따라 푸른색에서 형광성 붉은 색깔로 바뀌는 등 주위 환경 오염 정보를 제공할 수 있는 지능형 나노 센서나 나노기술로 처리할 수 있다.

이러한 바이오센서는 기존의 센서에 나노기술을 접목시켜 미세한 변화를 감지하는 센서이다. 예를 들면 화학공정에서의 수분침투 모니터링하는 나노 습도센서, 극소량의 화학물질을 분석하는 화학 센서, 전자부품이나 광학부품 조립 시 수분의 흡탈착 판별센서, 인체 내 호르몬 변화 감지센서, 바이러스 침입 감지센서 등에 사용가능하며 그 밖에 바이오물질 조작 바이오물질 분석 등에 이용할 수 있다. 이 분야는 나노 기술의 발전에 따라 적용 범위가 무궁무진하며 현재 일부는 실용화 되어 있다. 예를 들면 대기권의 오존 파괴로 인한 강한 자외선을 차단할 수 있는 기능성 화장품에 나노 바이오 소재가 사용되고 있다.

그러나 궁극적인 방법은 자연적인 것이다. 현재 인류는 '자연'이 문제를 어떻게 해결하는가를 배우기 시작했다. '자연'은 환경 친화적이며 에너지 소모가 적은 편이다. 현재의 생신방식보다 효율적이고 오염문의 배출도 적다. 바다에서 사는 조개는 자신을 보호하기 위해 조개껍데기를 만든다. 인류는 조개껍데기와 같은 고강도 세라믹 재료를 만들기 위해 많은 에너지를 사용하는 고온 공정을 통해 세라믹 분말을 만들고, 이것을 일정한 모양의 틀에 집어넣어 찍어내고, 마지막으로 그 분말들이 서로 엉겨 붙어 그 모양을 유지하게 하기 위해 역시 섭씨 1,000도 이상의 고온에서 열처리를 한다. 원재료인 분말의 합성과 고온 열처리에도 모두 열에너지를 사용한다. 반면에 조개는 고온공정을 사용하지 않는다. 조개는 바닷물에 녹아 있는 광물질을 적절하게 조합하여 상온에서도 고강도의 조개껍데기를 만들 수 있다. 오염물을 배출하지도 않는다. 또한 조개가 만든 껍데기는 생체와 완벽하게 조화를 이룬다. 최근 MIT에서는 박테리아를 이용하여 나노입자를 합성하는 기술을 선보였다.

이런 기술을 보면 앞으로 우리가 자연을 어떻게 모방해 갈지가 확연해진다. 바이러스의 DNA를 조작하여 그 바이러스에 특정한 원소만 친화력을 갖게 하면 원하는 화합물을 선별적으로 합성할 수 있다. 마치 조개가 DNA 코드에 의해 선별된 광물만 받아서 자기가 만들고 싶은 조개껍데기를 만드는 것과 같은 원리다. 이와 같은 기술을 활용할 때 에너지를 적게 소모하고 친환경적이고 새로운 대량 생산 방법의 길이 열릴 것이며, 자연을 모방한 유무기 나노 복합재료의 개발로 이루어질 것이다.

생체모방기술은 생명체의 신비로운 물질, 행동, 구조 등을 모방하려는 새로운 과학 기술 분야로 재료공학, 분자생물학, 생화학, 수학, 컴퓨터 그래픽 등 관련 분야가 협력해 생체 모방 소자 연구가 진행 중인데 생명체가 유전 정보로 부터 필요한 조직을 만들어 내는 과정을 모방해 나노 단위의 생물전자소자를 개발하는 것이 목표로 하며 이를 위한 공학 기술로는 '생물정보처리 기술을 이용한 전염병에 내성을 갖는 동물 생산', '세포신호전달체계 기술', '유전자 정보를 이용한 단백질 합성기술', '바이오물질 대사 및 조립' 등이 있다.

4) 나노입자를 이용한 기술들

나노입자의 사용으로 인한 고성능 촉매의 개발로 자연광을 이용한 청정에너지산업이 각광받을 것으로 예상된다. 공해물질을 효과적으로 분해하는 광촉매, 태양광을 이용하여 값싼 수소를 발생하는 시스템 개발, 에너지 저장용 2차전지의 효율을 높이는 재료 등으로 이용될 것이다. 나노입자는 형광 나노입자에 특정 단백질을 붙여서 그 단백질이 생체 내에서 어떻게 이동하는가를 연구하는 데 이미 활용하고 있으며, 세포의 분화과정에 대한 이해 증진에도 크게 이바지할 것이다.

의료재료로서는 자성 나노입자를 암세포에 선별적으로 이동하게 한 후 전자기장을 걸어주어 나노입자가 국부적으로 가열되게 하여 암세포만 소멸시키는 약물전달시스템 (DDS) 연구도 한창 진행되고 있다. 기존의 유전자 치료법이나 약물 전달은 직접 유전자나 약물과 접합된 박테리아를 주입하거나 폴리머와 같은 유기 고분자와 결합시켜 주입하였기 때문에 이 방법은 면역이나 염증 및 돌연변이 등 다른 부위의 부작용과 세포내로 유전자나 약물이 제대로 흡수되지 못하여 효율이 낮은 문제점이 있었다. 그러나 나노물질에 의한 방법은 항암제, 유전자 물질 등 부작용이 심한 약물을 표적 부위에만 선택적으로 빠르게 전달할 수가 있다. 또 유전자 치료법이나 사람에 의한 수술이 어려운 경우에 나노 기술을 사용 심장병, 신장병 등 각종 유전병을 정자나 난자에서 제거할 수 있으며 나노 로봇을 만들어 50nm 두께의 혈관을 누비면서 바이러스를 제거하고 수술을 할 수 있게 될 것이다.

또한 앞에서 언급한 나노센서들, 나노 습도센서, 화학 센서, 수분 흡탈착 판별센서, 호르몬 변화 감지 센서, 바이러스 침입 감지센서 등에 사용되며 그 밖에 바이오물질 조작, 바이오물질 분석 등에도 이용될 것이다. 이렇게 여러 많은 분야에서의 나노입자의 활용이 기대된다.

5) 나노 기계기술

◈ 나노가공

MEMS(Micro electromechanical systems)는 전자회로 및 센서, 엑츄에이터 등 서로 다른 요소들을 작은 판 위에 집적화하여 소형이면서 복잡하고 고도의 작용을 하는 시스템을 말한다. 그러나 이것이 더 진보되면 NEMS(Nano electromechanical systems)를 만들 수 있는데 이 시스템은 극단으로 고감도인 센서, 공간 분해능이 뛰어난 장치 등 나노 크기의 초미세 시스템을 말한다. 이 시스템은 탐침 현미경이나 원자, 분자의 자기조직화를 이용하여 초미세 구조를 형성할 수 있다.

나노가공이란 마이크로 머시닝(machineing)과 나노 머시닝을 조합하여 MEMS나 NEMS 등 초소형 시스템을 만드는 기술을 의미한다.

최근에 FED에 사용하는 카본나노튜브 전계 방출 전자총 집합체(어레이,array)를 제작할 때 이 방법을 사용하는데 실리콘 판 위에 산화 실리콘 박막을 만들고 기존의 마이크로 머시닝으로 산화시리콘 박막을 끝이 뾰쪽한 어레이상으로 만든 후 그 위에 촉매로 사용되는 철을 퇴적 시키고 Hot Filament CVD 장치를 이용, 촉매 위에 나노카본튜브를 형성시킨다. 이 때 기판에 음의 전압을 인가하면 전계가 강한 선단 부분에만 나노튜브를 선택적으로 성장시킬 수 있다. 카본나노튜브를 사용하면 저전압에서도 전자 방출이 가능하고 전자총의 수명도 길어지는 장점이 있다.

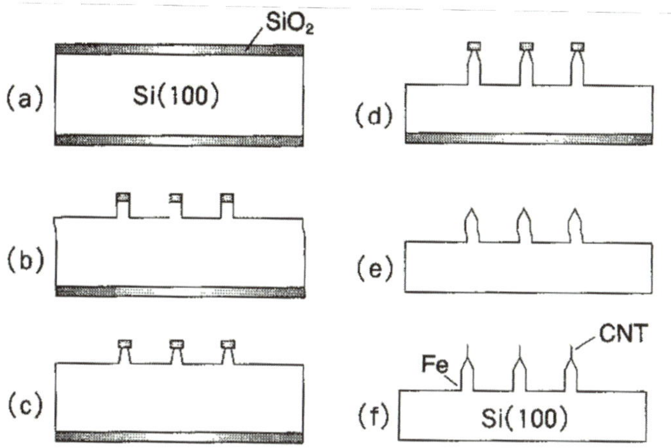

<그림 11.1 카본나노튜브 전계 방출 전자총 집합체를 만드는 과정>

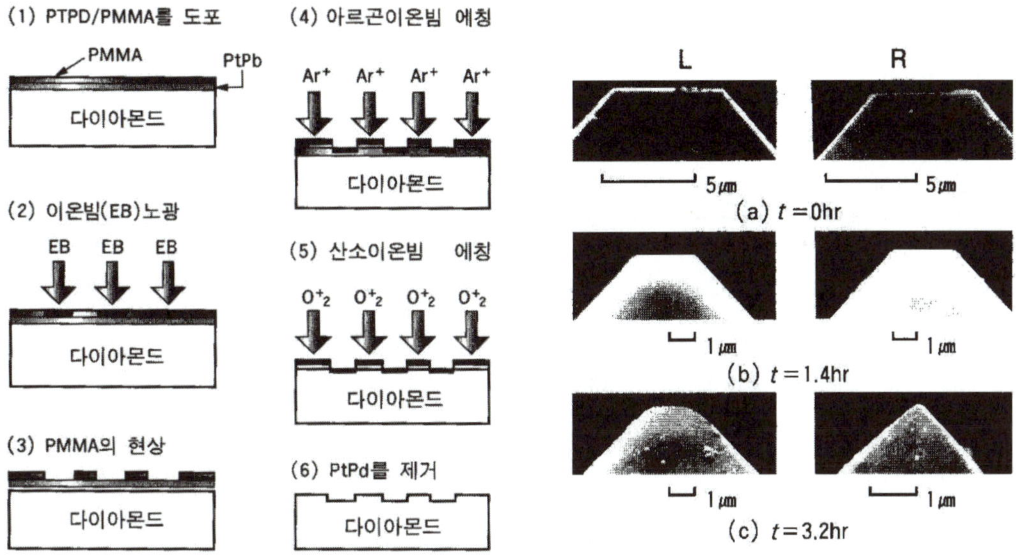

진공 장치 속에서 끝 부분이 약 5 ㎛인 다이아몬드 촉끝에 아르곤 이온을 위에서 부터 조사하면 약 3시간 후에는 끝이 0.15 ㎛인 탐침을 만들 수 있다)

<그림 11.2 다이어몬드 탐침을 만드는 과정 및 시간에 따른 탐침의 크기>

또 전자빔/이온빔에 의한 다이아몬드 가공(IBM)도 나노가공이다. 이 방법은 수백 eV~수십 keV의 운동에너지를 갖는 불활성가스(Ar 등) 이온을 고체 표면에 조사할 때 고체 시료 표면으로부터 진공으로 시료 원자가 방출되는 스퍼터링 현상을 이용, 고체 표면을 원자, 분자 단위로 제거하는 가공으로 고체 표면이 아주 미세하게 가공된다. 이러한 방법으로 원자 프로브 현미경용 다이아몬드 탐침을 만들 수 있으며 마스크를 이용, 다이아몬드 판에 미세 패턴 가공이 가능하다.

6) 나노소자 및 소재

◆ 단일 전자 소자

현재의 반도체 기술로는 2050년경에는 수 nm 정도 또는 분자 크기를 갖는 전자 소자가 출현될 것으로 예상하고 있다. 전자 소자의 크기를 줄이면 단위 면적에 집적할 수 있는 소자의 수를 증가시킬 수 있고, 소자 간에 신호가 오고 가는 데 걸리는 시간이 줄어들어서 고속으로 많은 양의 정보를 처리 하는데 매우 유리하다.

이상적인 차세대 소자로는 크기를 물질의 분자 정도로 미세하게 집적화하여 각각의 소자를 작동시키는데 열 발생이 거의 없도록 하는 것인데 이것이 앞으로 나노기술로 가능하게 될 것으로 예상된다.

◆ 차세대 기억 소자

기존의 실리콘 반도체를 대체할 차세대 반도체 칩을 만들 수 있는 대안은 은 나노와이어, 실리콘 나노튜브 등과 같은 나노 구조체들이다. 차세대 지능형 시스템 제작을 위해서는 현재의 반도체로는 효율이 낮고 비용이 많이 들어 적용되기 어렵다.

나노미터의 선폭이 생산 가능하면 현재의 기가(giga, 10^9)보다 1,000 배가 빠른 테라(tera, 10^{12})비트급 집적도의 반도체 칩을 만드는 것이 가능해진다. 이와 같은 기억 소자가 개발되면 인간처럼 인식과 추론이 가능한 포켓형 슈퍼컴퓨터, 스마트 로봇, 3차원가상 현실 등 이 현실화될 수 있다.

◆ 자기 기록 소자

현재 대부분 사용되고 있는 일반 자성 물질은 20 nm수준에 이르면 열떨림 현상으로 인해자기 기록 밀도를 더 이상 향상시키기 어려운 한계에 도달하게 된다. 이러한 물리적 한계를 극복하기 위해 제시된 방법이 나노미터 크기의 회로에서도 자성을 갖는 소자를 개발하는 것이다. 미래에는 나노드라이브 등과 같은 컴퓨터 메모리 등의 자기 기록체로 1개의 원자 기억 소자가 등장하게 될 것으로 전망된다.

◈ 탄소나노튜브

1991년 일본의 NEC사의 전자 현미경 분석가였던 ***이지마 스미오***박사가 아크 방전에 의해 생성된 음극 위의 부착물을 분석하는 과정에서 길고 가느다란 튜브 모양의 새로운 탄소 동소체(그 당시 발견된 탄소나노튜브는 다층탄소나노튜브; Multi walled carbon nanotube이었다.)를 발견하면서 탄소 나노튜브 연구가 시작되었다.

탄소나노튜브는 지름이 수 nm로 가느다란 튜브 모양의 구조를 가지고 있으며, 하나의 벽으로 구성된 단일벽 단소나노튜브(Single walled carbon nanotube;보통 지름이 1~2 nm) 와 여러 개의 벽으로 구성된 다중벽 탄소나노튜브(Multi walled carbon nanotubc; 보통 지름이 5~50 nm) 및 단일벽 탄소나노튜브가 번들(다발) 형태로 존재하는 다발형 탄소나노튜브(Rope nanotube)로 분류된다.

이 탄소나노튜브는 전기전도도가 구리정도의 수준이며, 열전도율은 자연계에서 가장 우수 한 소재인 다이아몬드와 비슷하고 철보다 10~100배 정도 견고하고 물리적 충격에도 강하며 15%가 변형되어도 견딜 수 있을 만큼 우수한 물리적 특성을 가지고 있다.

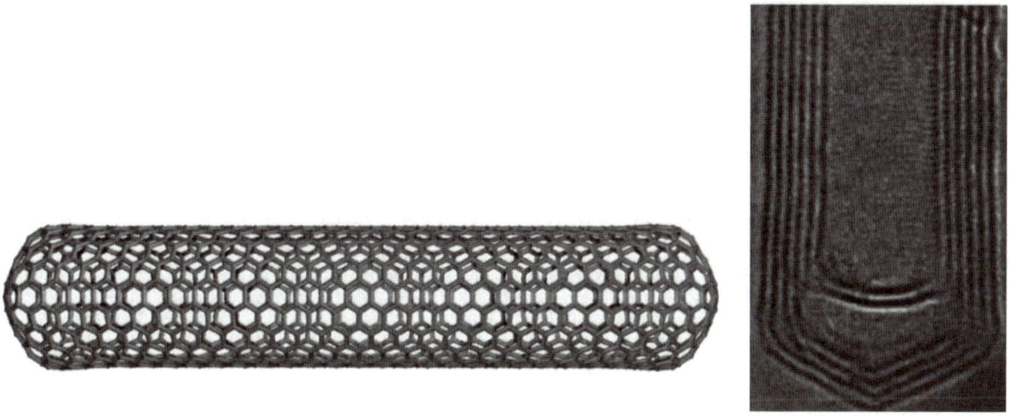

출처:논문 Carbon nanotubes: synthesis and properties, electronic devices and other emerging applications, M. Terrones

<그림11.3 단일벽 탄소나노튜브 모델[130] 및 다중벽 탄소나노튜브의 high resolution TEM 사진>

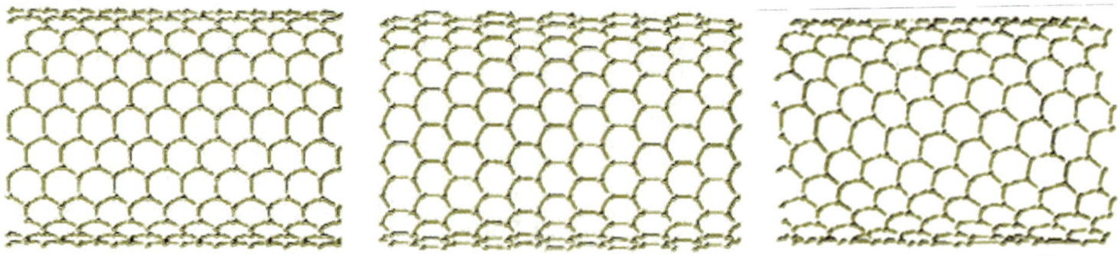

a. 암체어(arm chair)형;도체 b. 지그재그(zigzag)형;반도체 c. 나선형;반도체

<그림 11.4 탄소나노튜브 형태에 따른 상태 >

한편 탄소나노튜브는 제조될 때 3가지 형태를 가지며 그 지름과 구조에 따라 도체(금속) 또는 반도체 특성을 가진다. 탄소나노튜브는 일반적으로 합성 기술에 의해 제조되는데 크게 3가지 방법이 있다.

첫째는 이지마 교수가 탄소나노튜브를 처음 발견할 때 사용한 방법처럼 초기 탄소나노튜브 제조 시 사용되었던 ***아크방전법***[131]으로 일반적으로 합성된 탄소나노튜브는 다중벽 탄소나노튜브 구조를 가지게 되지만 양극 탄소막대에 Co, Ni. Fe 등의 금속파우더를 적절한 비율로 혼합하여 전기방전을 일으키면 단일벽 탄소나노튜브를 합성시킬 수 있다. 또 결정성이 높은 탄소나노튜브를 얻을 수 있다는 장점이 있으나 생산성이 떨어진다.

두 번째는 ***증발법***으로 고체 상태의 탄소를 기화시킨 후 냉각되는 과정에서 탄소나노튜브가 생성 될 수 있는 조건을 만들어 주는 방법이다. 이때 고체 상태의 탄소를 기화시키기 위해서는 아크 방전과 레이저광 등이 이용되고 있는데 보통 레이저광을 많이 사용한다. 보통 금속 촉매 없이 방전을 하면 다층 탄소나노튜브가 생기고 철 등 금속 촉매를 사용하면 단층 탄소나노튜브가 생긴다. 레이저 증발법으로는 순도가 높은 단일벽 탄소나노튜브를 얻을 수 있다.

세 번째 방법은 화학기상증착법(Chemical Vapor Deposition; CVD법)으로 탄화수소가스(메탄, 벤젠 등)와 같은 탄소를 포함하고 있는 기체나 액체를 분해시킨 후 기판 위나 유동 중에 촉매 금속과 반응시켜 탄소나노튜브를 합성하는 방법이다. 기체나 액체를 분해하기 위한 방법에 따라 플라즈마 화학기상증착법과 열 화학기상증착법이 있다. 전반적으로

130) 탄소 나노 튜브의 끝은 닫혀있으며 끝은 오원환이 반드시 6개 존재하는 것으로 알려져 있다.

131) 두 개의 탄소막대를 음극과 양극에 배치하고, 헬륨 분위기하에서 두 전극 사이에 직류 전원을 인가하면 전극사이에서 방전이 일어나고 발생된 다량의 전자가 양극의 탄소막대에 충돌할 때 충돌에 의해 양극의 탄소막대에서 떨어져 나온 탄소 입자들이 낮은 온도로 냉각된 음극 탄소막대 표면에 응축되어 만들어지는 방법

대량 생산이 가능하고 특히 기판 CVD 방법으로 얻은 탄소나노튜브는 직접 전자소재로 사용 가능하기 때문에 편리한 장점이 있다. 또한 유동 CVD, 기판 CVD 방법 중 어느 방법을 쓰느냐에 따라 다층 탄소나노튜브, 단층 탄소나노튜브가 생긴다.(그림 11.5 참조)

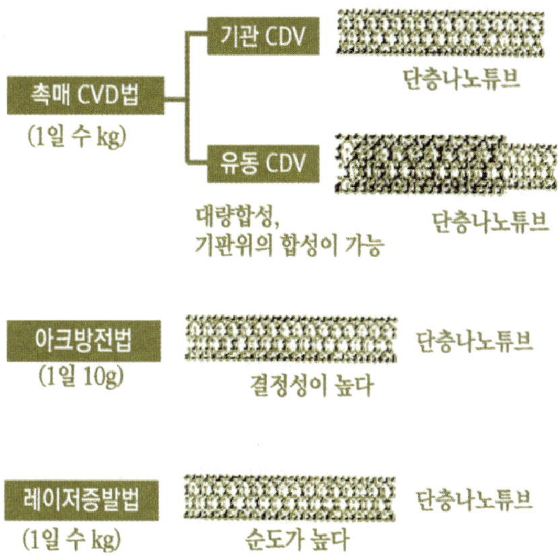

<그림 11.5 탄소나노튜브 제조법에 따른 형태>

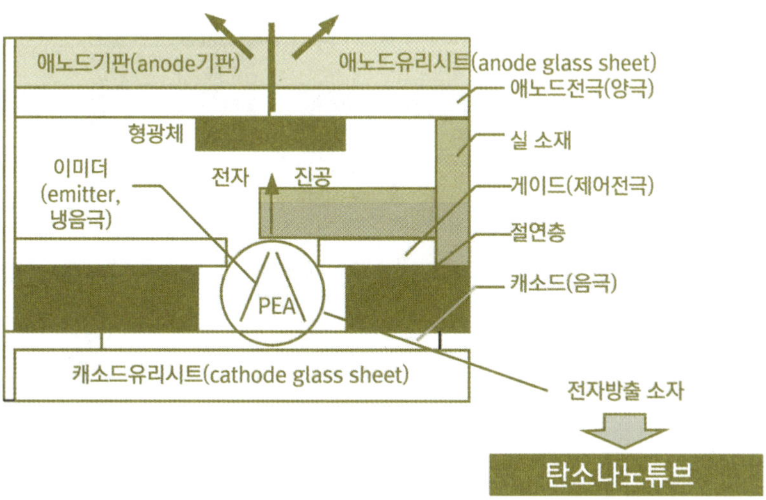

<그림 11.6 FED(Field Emission Display)에서
전자방출원으로 사용되는 탄소나노튜브>

탄소나노튜브의 응용 분야에는 FED(Field Emission Display), 백색 광원 등의 각종 장치의 전자 방출원(electron emitter), 리튬 이온 2차 전지 전극, 연료 전지의 수송 저장매체, 나노 와이어(nano wire), AFM/STM 현미경의 탐침(probe), 단전자 소자(FET:field effect transistor), 고기능 복합재(composites) 등이 있으며, 전자 방출원의 이용은 이미 상용화 단계까지 진행되고 있다. 탄소나노튜브를 전자 방출원으로 사용할 경우 끝이 매우 뾰족하여 전계가 매우 강해진다.

◆ 탄소나노섬유

탄소나노섬유는 육각의 탄소면들이 종적으로 층을 쌓아 마치 섬유모양을 이룬 것으로 탄소나노섬유를 제조하는 방법은 여러 가지가 있지만 전기방사법이 가장 많이 이용된다. 탄소나노섬유는 다른 탄소 재료에서 볼 수 없는 매우 넓은 비 표면적을 갖고 있어 우수한 열적, 물리적, 기계적, 전기적, 화학적 특성을 갖는다. 이 섬유들은 수많은 미세한 공간들을 갖고 있어 수소 저장, 연료 전지 및 복합체로 이용이 가능하며 단열재, 에너지 기억장치, 복합물, 필터, 정전기 방지용 코팅 재, 뼈세포 대체재 등 다양한 용도에 탁월한 성질을 나타낸다.

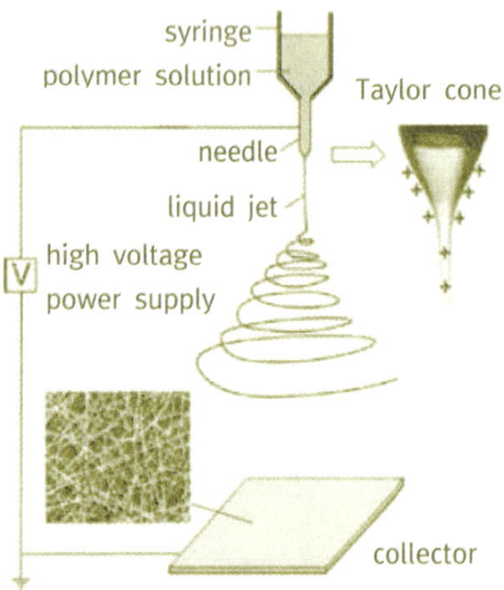

<그림 11.7 전기방사법에 의한 탄소나노섬유 제조>

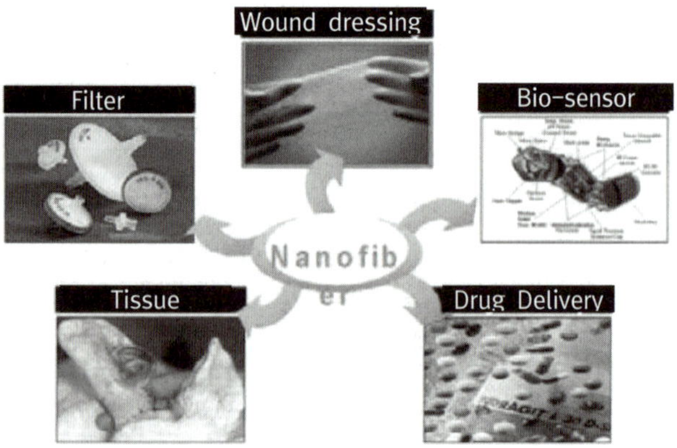

<그림 11.8 나노섬유의 유망 분야>

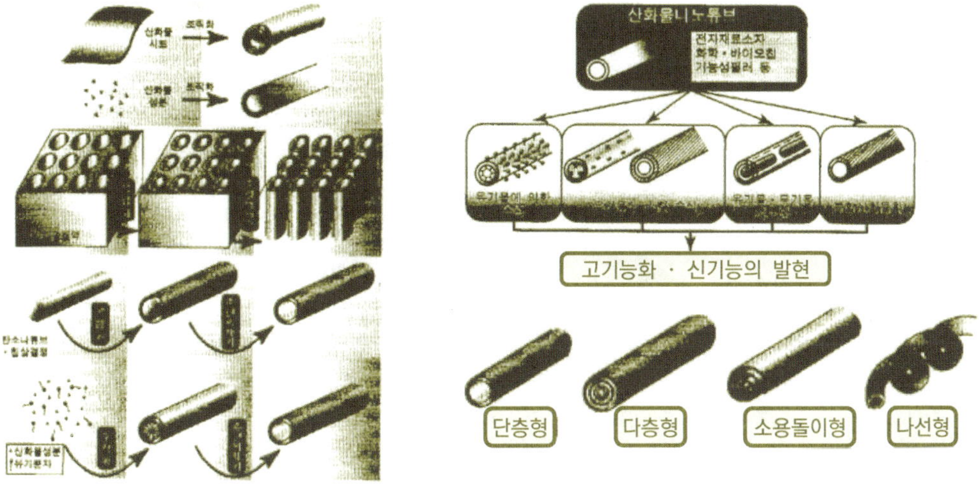

<그림 11.9 산화물나노튜브의 각종 합성방법 및 여러 가지 구조>

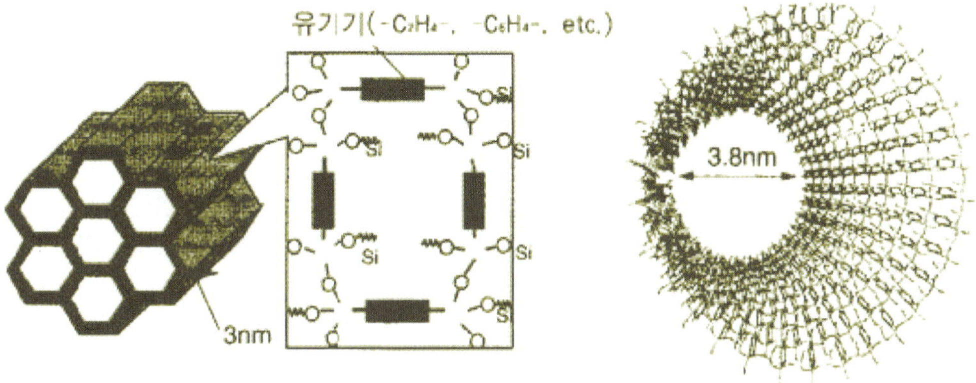

<그림 11.10 유기기를 주골격으로 도입한 메조 다공체(좌)와 결정성 메조다공체의 세공벽구조(우)>

◆ 산화물나노튜브

산화물나노튜브는 Si, Al, V, Ti, 희토류원소 등의 산화물에 의한 직경이 수 nm에서 수백 nm의 나노 튜브로 각종 합성 방법(자기조직화 , 산화 알루미나 등 다공질막 이용, 고체 주형법, 유기분자 주형법 등)으로 제조가 가능하며 그 중 유기분자 주형법은 각종 구조로 합성 가능하며 전자재료소자(배선재, 센서), 화학 · 바이오 칩 및 필터, 복합산화물 등에 응용이 가능하다.

<그림 11.11 나노다공체의 다양한 용도>

◈ 기타 나노 다공체

위 기술한 나노물질 이회에 여러 가지 나노 다공체들이 있다. 먼저나노 메조다공체로 SIO_2 를 골격으로 하고 비정형인 무기다공체와 유기기(-CH_2CH_2 , -벤젠- 등)를 주 골격으로 하는 결정형 유기 다공체가 있는데, 이것들은 농도, 온도 등 조건에 따랄 여러 가지 집합형태를 취하는 성질이 있다. 이를 이용하면, 형태제어가 가능하므로 여러 가지 용도로 유용하게 이용이 가능하다.

◈ 바이오칩

나노기술을 이용해 바이오 정보의 분석 및 방법을 개발할 목적으로 바이오칩을 개발하고 있다. 바이오칩에는 크게 3가지가 있다.

하나는 이미 상용화되어 있는 *DNA칩*으로 다량의 유전자를 빠른 시간 내에 분석하기 위한 바이오 분석 도구로서 개발하였다. 이것은 유전자 검색을 위해 다수의 DNA를 고밀도로 기판에 부착시켜 놓은 것이다. DNA칩은 미리 선정된 유전자군에서 필요한 유전자를 찾아 내 려는 목적에 사용한다. 예로, 세포가 특정 순간에 특정 단백질을 만드는데 유전자 발현 검색에 사용된다. 이것을 이용하면 특정 시간, 특정 부위에서 활성화하는 유전자 발견이 가능하며 반복적인 실험으로 인체 특정 부분, 특정 조직의 유전자 발현 차이점으로 질병이 있는 부위도 발견이 가능하다.

다음은 ***단백질칩***으로 DNA칩처럼 특정 단백질과 반응할 수 있는 수십~수백 종류의 단백질을 고체 표면에 극미세하게 배열한 것으로 이들 단백질과 특이적으로 상호 반응하는 생체 분자의 존재, 기능 및 역할 등을 형광 또는 질량분석 등의 분석 방법을 이용 대량, 신속하게 분석하기 위한 목적으로 만들어진다. 단백질의 분리, 확인, 정량, 기능 해석 등 단백질의 전체 분석 작업을 칩 상에서 수행할 수 있는 장점이 있으며 전처리, 감지, 감지 신호 처리 등을 위해 기계, 바이오, 전자 기술의 융합이 필요하다. 향 후 질병의 원인을 유전자 수준에서 단백질 수준까지 확대할 수 있다.

끝으로 ***랩온어칩(Lab on a chip)***인데 이것은 질병 진단을 위한 모든 분석이 '하나의 칩' 상에서 이루어지도록 하기 위해 필요한 칩이다. 즉 극미량 시료의 분리, 정제, 증폭 등 다양한 시료 처리 및 분석이 가능한 칩 상태의 분석시스템을 의미하는데 여기에는 펌프, 밸브, 반응기, 추출기, 분리기 등의 주요 구성 요소들과 감지 및 제어회로 등이 모두 결합되어 있어야 한다. 즉, 마이크로 전자기술과 나노 기술을 이용, 바이오 시료의 분석에 필요한 모든 과정을 칩 상에서 구현하는 것이다. 개인의 건강 상태를 병원에서가 아니라 가정에서 진단 가능을 가능하게 해준다.

현재는 시료 분석에 필요한 유체(流體)부품과 열부품을 극미세화하는데 집중하고 있는데 현재는 위의 기능 중 하나 또는 두 가지 기능 정도를 칩 상에 구현한 것이 개발되어 있다. 전체 시스템 구성을 위해서는 MEMS기술과 나노 증착기술, 나노 구조가공 등 나노 공정기술과 이를 묶을 수 있는 시스템, 소프트웨어가 다 함께 결합되어야 가능하다. 이러한 칩의 개발은 향 후 바이오 정보학과 관련된 데이타베이스와 소프트웨어 기술의 결합을 목표로 하며 궁극적으로는 환자의 진단 분석을 넘어 긴급 상황에서 일시적으로 죽음을 막아주는 약물 공급 기능까지 갖추는 것을 목표로 한다.

11.4 나노기술에 의한 미래 세상

앞의 여러 예에서 볼 수 있듯이 나노 기술은 21세기를 이끌어 갈 기술임에 틀림없고 21세기의 우리사회를 유비쿼터스시대로 이끌고 갈 핵심기술이 될 것이다.

나노기술은 전자, 의료, 재료, 환경, 에너지 기술을 포함한 거의 모든 분야에 걸쳐 기술 혁신을 가져올 것이며 나노기술을 융합한 새로운 산업기술들의 혁명이 일어날 것이다. 결국 이 기술들은 인류의 물질적인 풍요를 이끌고 삶의 질을 한층 끌어올릴 것이다.

즉, 반도체기술, 정보저장기술, 네트워크기술의 발전으로 2015년경 10 Nm 선폭의 반도체 양산이 예상되어 2.5 ㎠당 1테라비트의 정보를 기록할 수 있는 자기기억 하드디스크가 개발되고 단전자반도체 등이 개발되고 2018 년경 소비전력 10밀리와트 이하의 반도체가 개발되면(단추전지로 1년간 사용할 수 있는 개인용 컴퓨터 보급 등) 성능이 좋은 마이크로시스템을 만들 수 있어 더 싼 가격으로 여러 가지 기능을 탑재한 많은 자동시스템이 등장하여 많은 사람들이 다양한 문화생활을 즐길 수 있을 것으로 예상되고(세계의 모든 미술관, 도서관의 자료 들의 실물 그대로를 컴퓨터를 통해 안방에서 즐길 수 있을 것으로 예상; 이미 2010년 현재 메모리칩 하나에 고해상도 사진 3만장, 음악파일(mp3 파일) 1만개, 단행본 3만권, DVD급 영화 15편 저장 가능), 나노기술을 이용한 의료 혁명에 의해 바이오센서, DNA칩, 약품전달시스템(2013년경 암 치료에 응용 예상), DNA 센서(2017년경 유전자 진단 및 맞춤 치료 가능), 마이크로 로봇(2020년경 혈액의 ATP(Adenosine Triphosphate) 등을 에너지원으로 사용하면서 생체 내를 돌아다니며 진단과 치료) 등 의료 재료 및 기술의 발달로 좋은 건강을 유지할 수 있으며 나노기술을 이용한 나노소재(2017년경 재료의 맞춤 제작, 초철강 재료의 실용화, 초고강도의 알루미늄 합금의 실용화 등)의 제작, 인공광합성을 이용한 태양전지, 나노촉매에 의한 수소 제조 및 저장기술 등의 개발로 고효율 에너지 사용 및 오염가스 발생 억제로 깨끗한 환경을 유지할 수 있을 것이다.

나노기술에 대해 전 세계가 국가의 운명을 걸고 투자를 아끼지 않고 있다. 우리나라도 예외는 아니다. 그러나 모든 나노기술 분야에 대해 투자할 수 있는 인적·물적 자원이 충분하지는 않다.(현재 우리나라의 투자액은 미국이나 일본의 1/10도 안됨) 단기적으로 열매를 맺을 수 있는 나노기술과 장기적으로 열매를 맺을 수 있는 나노기술 투자에 대한 국가적 전략이 필요한 때다. 특히 나노소재는 이것을 사용해서 만드는 소자 및 시스템의 기본이 되며, 소재의 나노화로 인해서 소재 성능의 차이가 더욱 심해져 이를 이용한 소자 및 시스템의 성능 역시 더욱 차별화될 것이다. 자원이 적은 우리나라에서는 특히, 가장 유망한 연구재발 분야로 집중적으로 투자할 필요가 있다.

그러나 이렇게 각국 마다 이 기술 개발을 선점하기 위해 막대한 인력과 자금을 투입하면서 경쟁을 하고 있기 때문에 이 새로운 기술에 대해 일반인들의 올바른 이해와 지원이 필요하다.

11.4.1 각국의 나노기술 투자

우리나라가 나노기술 발전에 투자할 것인가 말 것인가는 이미 선택의 문제가 아니다. 이제 나노기술은 국가기술 발전과 생존을 위한 문제라고 할 정도로 중요하다. 다행스럽게도 우리나라는 미국이 2000년 클린턴 행정부는 정보통신, 생명공학, 나노기술을 21세기 3대 핵심기술로 분류하고 *'국가나노기술개발전략(National Nanotechology Initiative, NNI)*'을 발표하자마자 김대중 대통령이 나노기술 개발의 중요성을 강조했고 이에 과학기술부는 창의적 연구진흥사업, 국가지정연구실사업, 우수공학연구센터 및 우수과학연구센터 등을 지원하여 나노기술의 저변육성을 위한 토대를 마련했으며 2000년 프런티어 연구개발사업으로「테라급 나노소자개발사업」을 선정, 나노기술연구에 시범적으로 착수했으며 민간부문에서도 주로 대기업이 중심이 되어 나노기술을 활용한 정보소자와 주요 소재개발을 목표로 연구를 진행했다.

초기에는 투자규모, 전문 인력 및 연구시설 등에서도 상당히 미흡한 실정이었지만 그 중요성을 인식하고 본격적인 기술개발을 서두르고 전문 인력을 양성과 계속적인 연구 개발 및 연구 설비의 확보를 위해 노력해 왔다. 이에 기술 수준이 2001년에는 선진국 대비 기술수준이 25%이었으나 2005년도에는 66%에 이를 만큼 괄목한 성과를 이루었다.

2001년 처음으로 정부에서는 향후 10년간에 걸쳐 우리나라가 중점적으로 추진할 연구 분야와 추진방법, 인력양성계획 및 시설구축계획 등이 포함하는「나노기술종합발전계획(안)」을 마련하고 나노기술개발촉진법('02.12.26) 및 동법시행령('03.6.25)에 따라 국가 차원에서 단기적·장기적으로 필요한 나노기술을 지원하기로 한 후 이 계획안을 5년 주기로 수정, 보완하고 있다. 초기의 계획으로는 2002~2005년 간 4,424억 원의 투자가 계획되었으나 실제로는 범부처적으로 나노기술분야에 약 9,748억 원이 투자되었고 이 계획에 따라 2009년 한해에만 4개 중점과제 및 7대 세부과제에 약 2,458억 원이 투자되었다.

한편 경쟁국인 일본에서는 2000년 나노기술에 3억 2,000만 달러 투자와 함께 2001년 3억 9,600억 만 달러로 증액했으며 'n-plan 21계획'을 입안하여 나노기술 개발을 국가적 전략으로 추진하기 시작했으며, 정부수행 프로그램들을 정부 연구소와 대기업이 공동으로 수행하는 등 2004년도에만 총 9억 6,000만 달러의 예산을 투입했다. 미국은 2000년 국가나노기술개발계획을 발표하면서 2001년 나노기술종합발전계획을 수립하여 예산도 2000년에 비해 50%로 증액된 4억2,300만 달러를 투자한 후 2004년 8억 5,000만 달러를 투자했으며, 독일 등 유럽 각국도 개별 국가별 기술개발계획으로 각기 특색에 맞게 개별적인 투자는 물론 유럽연합(EU) 컨소시엄 등을 구성하여 기술개발에 박차를 가하고 있다. 독일은 소재, 구조, 설계나 개념에,

프랑스는 생명공학 분야와 접목 기술, 스위스는 정밀가공과 의약에 이 기술을 접목시키고 있으며 EU의 경우 2003년부터 예산을 투입하기 시작해 2006년까지 총 13억 유로를 투입하기로 했다. 2001년 전 세계 나노시장은 460억 달러에서 연평균 30%로 급격하게 성장하여, 2020년에는 20조 달러의 시장을 형성할 것으로 예측되고 있다.

우리나라가 반도체, 디스플레이, 철강, 자동차, 조선 등의 제조업에서 앞으로도 계속해서 경쟁력을 갖게 될 것이라는 보장은 없다. 나노기술이 이들 제조업에 접합되어 우리의 지속적인 성장 동력이 될 수 있다면 나노기술은 '먼 미래에 필요할지도 모를 기술'이 아닌 '우리가 바로 쓸 수 있는 기술'이 될 것이다.

나노기술이 우리나라 산업제품의 부가가치 제고에 크게 기여할 가능성은 매우 높다. 특히 나노소재기술은 앞서 언급했듯이 그것을 이용한 소자 및 시스템의 부가가치 제고에도 필수적이다. 그러나 이들 산업뿐 아니라 현재 존재하지 않는 새로운 산업(융합기술에 의한)의 창출을 위한 기초가 된다는 것을 이해하고 투자에 소홀함이 없어야 한다.

11.4.2 나노기술의 발전 장벽 및 문제점

이렇게 나노제조공정은 아직 부족한 점이 많지만 이 외에 왜 이 기술이 많은 관심을 가져오는지에 대한 경제적이고 사회적이고 환경적인 큰 이유가 있다.

1) 나노기술에 대한 이해

21세기의 핵심기술인 나노기술은 미국 나노기술 관련 전문가에 따르면 2015년까지 잠재적으로 1조 달러의 큰 시장을 형성할 것이라고 추정하고 있지만 2004년 한 조사에 의하면 미국 중 선진국에서도 일반인의 80% 정도가 나노기술에 대해 거의 아는 것이 없는 것으로 나타났다. 2004년 미국 NC 주립대학의 조사 응답자 40%가 '나노기술이 인류에 위험 보다는 혜택을 줄 것'이라 응답했으며 38%는 '혜택과 위험이 거의 같을 것' 이라고 응답했고 22%는 '위험이 혜택보다 많을 것이다' 로 응답했다. 또한 응답자 중 57%가 '의료 혜택이 가장 중요하다'로 , 환경(16%), 안보방위(12%), 인간의 심신능력 향상(11%) 순으로 혜택이 클 것으로 응답하였다.

나쁜 위험으로는 사생활 감시(32%), 군비경쟁(24%), 몸속에 나노입자 축적(19%), 실직에 따른 경제혼란(14%), 나노 로봇의 통제 불능(11%) 순으로 응답하였다.

또한 일반인 외에도 일부 환경운동가나 과학자들 중에서는 나노기술의 부정적 측면만을 내세우며 기술의 개발을 반대하는 사람들이 있다. 이미 일부 환경운동가들은 나노입자를 '차세대 석면'이라 비난하며 연구 활동 중지를 요구하면서 나노학자들이 나노기술의 잠재적 위험성을 무시한다는 비판자들도 있다. 또 스스로 복제하는 나노로봇의 통제 불능으로 지구가 생물이 살 수 없는 곳으로 될지도 모른다는 과학자도 있으며 살인 나노장치들이 지구를 지배하는 소설도 나오고 있지만 대부분의 학자는 이런 시나리오가 터무니없다고 믿고 있다.

그렇지만 나노기술이 세상에 미칠 영향에 대한 연구의 필요성을 주장하는 학자가 있고 최근 미 의회에서 '나노기술의 사회, 경제, 환경에 미칠 영향에 대한 연구 사업을 지원하는 법안'을 내놓았으며 영국 학술원에서는 '나노기술의 윤리 및 사회적 영향 검토'를 국가에 요청 한 바 있다.

어쨌든 이렇게 발전 가능성이 큰 기술의 일반인들의 잘못된 이해와 무지, 소수의 학자들의 반발로 나노기술이 발전하기 전에 좌절할 수 있으며 아주 미세하더라도 인류에 악영향을 줄 수 있는 가능성이 있다. 따라서 나노기술이 우리의 삶의 질을 높여줄 기술임이 틀림없다고 해도 나노기술의 사회, 경제, 환경에 미칠 영향에 대해 미리 조사, 연구하여 대비하는 것이 매우 중요하다.

2) 건강, 환경 안전 문제에 대한 문제점

현재 나노과학에 대한 연구는 용제 제조 시의 유해 화학물질의 사용을 줄이고, 에너지 효율, 에너지 저장 용량을 향상시키며 토양과 상수도원에서 오염물질을 제거하는 것 같은 환경에 도움이 되고, 지속성을 향상시킬 수 있는 분야의 노력을 포함하고 있다. 나노기술을 이용한 건강과 환경에의 이익은 환영하지만, 건강과 환경에 부정적인 영향을 주며, 궁극적으로는 더 큰 독성을 가져올 수 있다는 관심이 표명되었다. 이런 조사에 참여한 일반대중들은 의학의 응용에 대한 장기적인 부작용과 나노재료가 생물학적으로 분해되어 안전한가에 대해 관심을 표명하였다.

나노입자와 환경과 사람 간의 가능한 상호작용의 과학적 이해 사이에는 중요한 차이가 있으며, 이러한 불확실성을 줄이기 위한 분야의 연구 필요성을 주장하고 있다.

현재 석영과 석면이 인체에 유해하다는 것은 많이 보고되고 있으며 많은 사람들이 알고 있어 이것들의 사용을 금지하고 있다. 마이크론 크기의 석영 입자에 의해 심각한 폐혈증,

세포 손상, 암과 같은 질병이 쥐를 대상으로 한 연구를 통해 보고되었으며, 석면을 흡입한 노동자는 폐와 흉막에 다양한 병을 일으키게 된다는 것이 보고되었다. 기존의 공기오염, 광물, 먼지와 약학 제조 연구로부터 얻어진 위해성 판단으로부터 나노입자의 독성 결정 인자를 다음과 같이 결론 정리하였다.

- 해당 인체 기관의 전체 표면적
- 표면의 화학반응성과 자유라디칼을 내어 놓는 반응에 참여하는 능력
- 기관이나 세포를 통과하는 입자의 물리적 크기
- 독성반응을 시작하기 전에 퍼지는 용해성 입자의 용해도 등이다.

새롭게 제조된 나노입자들이 공기오염으로 인해 인체에 해를 미친다는 직접적인 결과는 없지만, 그럼에도 불구하고 노출로 인한 잠재적 위험을 사전에 예방하는 것이 작업장과 연구소에 필요하며 이에 주의를 기울여야 한다. 새로운 나노 파이버는 질병을 유발할 만큼 충분한 양을 흡입했을 때 석면이나 석영과 유사한 문제점을 야기할 수도 있다. 하지만. 탄소와 다른 나노튜브들이 이와 유사한 독성을 가질 수 있다는 가능성이 제시되었지만, 기초적 연구를 통해 공기를 통해 파이버 형태로 퍼져나가지는 않는 것으로 확인되었다. 나노입자와 나노튜브의 독성 영향에 대한 자료는 흡입독성 연구에서 얻어졌고, 이 영향 중에는 공기오염 성분 중의 화학적 구성성분도 일부 작용할 수 있다는 결과가 얻어졌다. 그러나 동일 물질이라도 나노입자가 되면 거대입자와는 다른 양상을 보이며, 나노입자의 경우에는 거대입자에 비해 생물학적 영향에 있어 큰 차이를 보인다.

독성에 대한 정보가 불완전한 상태에서 나노기술과 같은 새로운 과학을 탐구하는 분야의 안전성을 고려하도록 제안하며, 이러한 연구는 또한 안정성 평가와 이에 관련된 모든 자료들을 필요로 하고, 이것들을 얻기까지의 방법론에 대한 연구를 포함하고 있어야 하며, 이런 것들은 대중과의 대화의 장으로 옮겨져야 할 것이다. 또한 공장과 연구소에서는 독성을 고려하며 나노입자와 나노튜브를 조심스럽게 다루어야 하며, 쓰레기 및 폐기물 배출과정에서 이들의 발생을 최소화는 방법도 연구되어야 할 것이다.

나노입자나 나노튜브를 포함하는 제품이나 재료의 공정 디자인과 함께, 산업계는 제품사용 수명기간 동안에 발생하는 위험성을 평가해야 하며, 관계기관에 필요한 정보를 제공해야 한다. 또한 입자의 크기가 작아짐으로써 생기는 높은 비표면적으로 인해 전하를 띠기 쉬워서 인화 반응성이 강해져 폭발 위험도 존재한다. 따라서 대표적인 폭발특성을 연구하고, 현재의 폭발위험 평가장치와 방법을 바탕으로 하여 연구되어야 한다.

3) 나노기술에 대한 윤리문제

나노기술의 응용으로 발생하는 대다수의 사회적 윤리적 문제들은 새롭거나 독특한 것이 아니다. 하지만 나노기술에만 국한되는 사회적 윤리적 문제가 발생할 경우 필요한 개념들을 제시할 필요가 있다. 나노기술이 다른 기술들과 융합되면 긍정적인 면과 부정적인 측면을 모두 갖게 된다. 나노과학 그리고 공학의 응용이나 기술은 장기적으로는 삶의 질을 향상시킬 것이다. 단기적으로는 이러한 기술적 발전이 모든 인류에게 혜택으로 돌아갈 수는 없기 때문에, '승리자' 그리고 '패배자'를 정의하게 되었다. 나노기술을 개발하고 탐구하는 각 나라들 간의 상이한 능력으로 인해 부유한 나라와 가난한 나라 사이의 기술격차에 큰 관심이 모아지고 있다. 이러한 것을 *'나노분할'*이라 한다.

이런 상황에서는 각 나라와 정부는 미래의 나노기술 방향을 단기적이거나 시장 기회를 향하는 것보다 더욱 넓은 사회적 목표(예를 들면, 경제적이고 지속적인 에너지 발전과 성장)를 향해 나아가야 하며 정부는 미래의 목적, 시장, 시민사회를 포괄하는 방향으로 나노기술의 관리 통제를 수행해야 할 것이다. 그러나 각 나라 간의, 또 각 기업 간의 이해관계가 달라 쉽지 않을 것이다.

나노과학과 기술개발은 현재 공적 및 사적 재원으로부터 국가적 및 국제적으로 행해지고 있기 때문에 이러한 차이를 고려해야 하며, 윤리적 원칙, 건강관리분야, 공평과 정의 영역에서 인간의 존엄성, 자율성, 남을 해치지 않고 선을 행하는 것과 같은 윤리적인 문제에 보다 신중해야할 것으로 생각한다. 또한 나노기술과 정보통신기술, 바이오기술, 인식기술 그리고 컴퓨터기술 등의 통합 및 융합으로 인해 인간에 미치는 영향도 고려되어야 한다. 마찬가지로 기업경쟁력과 작업환경에서의 안전보건에 관한 문제 발생 가능성이 예상되므로 이러한 문제들은 나노기술의 위험성에 대한 명확한 설명과 대중과의 대화로 해결되어야 할 것이다.

나노기술은 생명현상의 모든 측면에 걸쳐 영향을 미치게 되기 때문에 어떻게 나노기술로부터의 혜택이 모든 분야에 미치는 가를 파악하는 것이 중요하다. 나노기술의 윤리적인 측면과 나노기술의 사용과 발전에 관련된 법적인 규정과 집행 등에 대한 논의도 있어야 한다. 나노기술의 발전과 사회에 미치는 영향 등은 사회의 모든 구성원들에게 접근 가능한 정보가 되어야 할 것이며, 관계자들은 언제라도 개방된 토론과 지식 공유를 통해 사회구성원들이 개혁 뒤에 있는 기본적 원리를 이해하고 위험과 혜택을 더 효과적으로 평가할 수 있도록 도와야 한다. 따라서 이러한 문제들에 대한 심도 있는 연구가 필요하며 나노기술이 가지는 사회적 윤리적인 의미를 과학자들과 학생들에게 올바르게 알리고 교육하는 것도 또한 필요하다.

4) 규제

새로운 기술과 문명은 인간에게 새로운 번영과 행복을 가져다 줄 수도 있지만, 인간의 건강과 환경, 안전성, 혹은 경제적 불평등과 같은 여러 가지 문제를 야기 할 수 있으므로, 기존의 법률을 개정하거나 새로운 법제화와 규제화를 통해 국제적 규약, 협약. 무역 협정 등의 제정이 필요하다. 이와 더불어, 다른 기술 영역으로의 확대를 통한 새로운 산업에 대한실용화와 표준화를 위한 기존에 없었던 시험 과정이 필요할 수도 있다. 현재 나노기술에 있어서는 이러한 새로운 기술에 관련된 일련의 사항들은 초기 단계에 불과하다.

이해 당사자들 간의 가장 주요한 관심 사항은 다른 기술도 마찬가지지만 어떻게 사회가 나노기술의 발전과 원하는 결과물을 극대화시키고, 불필요한 결과물을 최소화시킬 수 있느냐이다. 이를 위해서는 나노기술에 대한 규제를 어떻게 하느냐가 중요하다. 현 단계의 규제들을 나노기술에 적용하고 확대할 수는 있지만 어떠한 규제들은 나노입자 및 나노튜브 형태의 화학물의 독성에 대한 기본적 연구를 바탕으로 새롭게 변경되어야 하고 새로 제정해야 할 것이다. 나노입자의 형태의 화학물은 새로운 화학물질로 구분되어야 하고, 최종제품에 성분으로 표시해야 한다. 또한 나노입자들이 최종제품에 포함되게 될 경우, 현재의 규제의 적정성에 대한 논의가 다시 이루어져야 할 것이다. 나노기술은 나노입자 자체의 독성 및 위해성문제뿐만 아니라, 나노기술에서 사용되는 용매의 유독성 및 고온, 고전압, 나노입자의 폭발성 등의 안전 문제도 함께 존재하므로 이에 대한 준비도 필요하다.

나노재료의 쓰레기 파괴 또는 재사용 시 발생하는 문제들도 예상할 수 있기 때문에 이러한 나노재료들의 인간과 환경에 대한 노출을 최소화할 수 있는 과정을 명시하는 제품수명(end-of-life) 규제와 같은 생산자 책임을 생산업체가 져야 하는 생산자 책임제도의 제정도 필요하다고 생각된다. 또 나노기술의 미래의 응용은 또 다른 여러 분야에 영향을 줄 수 있는데, 한 예로 센서기술의 발전은 개인 사생활에 관련된 규제를 암시할 수 있다. 따라서 주어진 적절한 규제와 이에 따른 올바른 연구를 통해, 실험실이나 상업적 생산에서 주장하는 *일시제조금지(moratorium)*[132]와 같은 일은 없어야 할 것이다.

한편, 규제자들은 같은 화학물질의 거대입자와 비교하여 나노업자들의 새롭고 향상된 특성을 고려해야 하며 산업계에서도 안전 평가를 통해 나노입자와 나노튜브의 특성을 어떻게 조절할 것인지에 대한 정보를 제공해야 한다. 높은 수준의 나노기술은 많은 부분이 아직 상

132) 원래의 뜻은 전쟁 · 천재(天災) · 공황 등에 의해 경제계가 혼란하고 채무이행이 어려워지게 된 경우 국가의 공권력에 의해서 일정기간 채무의 이행을 연기 또는 유예하는 일로 일시적으로 안정을 도모하기 위한 응급조치를 의미한다.

용화되지 않았지만, 나노산업의 발달에 따라 나노기술자와 규제 조치를 취하는 입장에 있는 관계자들이 본 생산품이 본격 생산되기 전에 잠재적 위험성을 평가해야 한다. 기술 집단들이 협력 프로그램을 통해 함께 이 분야에 대한 적절한 방법과 전략을 깊이 토론한다면, 정책결정자들은 단편적인 나노물질에 대한 위해성 연구결과에 의존하여 정책을 결정하는 것이 아니라 광범위한 과학적인 합의에 따라 정책을 시행할 수 있을 것이다.

나노 기술이 다양한 분야에 걸쳐 사회에 많은 혜택을 주는 것은 분명하지만, 아직 그 잠재적 위험에 대해서는 많은 부분이 밝혀져 있지 않으며, 특히 건강과 환경에 미치는 위험에 대해서는 더욱 많은 연구가 행해져야 할 것이다. 과학자들과 정부와 민간단체들이 나노기술이 가진 이러한 문제점들을 올바로 규명하기 위해 제도적으로 다원적인 민간단체를 포함하는 공개토론 시스템을 정립하고 이에 따른 모든 필요한 법제적, 제도적 장치를 수립해야 할 것이다.

현재까지는 일시제조금지 같은 조치는 필요 없는 것으로 보이지만 강력하고 통합적인 규제를 통해 새로운 기술의 영향을 올바르게 고려하는 상황이 된다면 나노기술의 위해성이 매우 적을 것으로 생각한다. 물론 올바른 규제만으로 나노기술에 의한 환경적 또는 인류에 미치는 위험을 제거하지는 못한다. 하지만 이러한 준비로 나노기술의 상업적 발전과 개발에 있어서 존재하는 위험성을 최소화할 수 있으며, 과학기술 개발로부터 얻어지는 경제적 사회적 혜택을 정부와 사회를 통해 통제할 수 있을 것이다.

11.5 결론

나노기술은 중기와 장기적으로 보아 다양한 산업의 여러 분야에 큰 영향을 줄 것이다. 하지만 위험성이 과장되는 반면에 잠재적 이점도 과장 되어있다. 과학적 근거를 바탕으로 하지 않는 혜택과 위험에 대한 과장된 평가는 좋지 못하다. 그러나 이러한 나노재료의 위험에 대한 불확실성은 현재 생산되고 있는 제품에 대해 작업자나 소비자, 그리고 규제 제정자들에게 즉각 알려야 할 필요가 있다. 그러기 위해서는 나노재료들을 감시하고 측정할 수 있는 장비의 개발과 더불어, 독성과 나노입자의 노출경로 등의 불확실성을 연구할 필요가 있다.

현재 나노입자의 독성에 대한 기초적인 평가는 적은 독성과 적은 용해도의 화학물질을 참고로 하고 있다. 하지만 미래에 나노입자가 인체의 방어체계를 무너뜨릴 강한 독성과 강한 능력을 가지게 되는 입자로 제조될 수도 있음을 무시하지 못하므로 이에 대한 보다 철저한 연구와 준비가 필요하다.

나노기술은 생명현상의 모든 측면에 걸쳐 영향을 미치고 있고, 우리가 어떻게 나노기술로부터의 혜택을 모든 분야에 줄 것인가가 중요하다. 또한 나노기술의 발전과 사회에 미치는 영향 등은 사회의 모든 구성원들에게 접근 가능한 정보가 되어야 할 것이며, 관계자들은 언제라도 개방된 토론과 지식공유를 공유하여 사회구성원들이 새로운 기술의 기본적 원리를 이해하고 위험과 혜택을 더 효과적으로 평가할 수 있도록 도와야 할 것이다.

또한 나노물질에 대한 크기, 모양, 표면적, 화학적 조성, 생체 내 잔류 정도 등이 평가되어야 하며, 환경에 대한 나노기술 영향을 밝히기 위해서는 더 보완적인 연구가 행해져야 할 것이다. 나노기술에 대한 여론은 나노기술이 현재와 미래의 사회에 성공적으로 정착되는 데 중요한 역할을 하며, 충분한 정보의 제공은 올바른 여론 형성에 필수적이다 다른 기술과 마찬가지로 나노기술에 대해 기본적으로 옳다거나 그르다거나 하는 인식은 옳지 않으며, 중요한 것은 우리가 나노기술로 무엇을 할 수 있고 또 하느냐이다. 나노기술 뿐 아니라 21세기의 주요 과학기술인 생명공학기술, 정보기술 등은 윤리적으로 주의를 요하지만, 올바르게 적용된다면 작업능률의 향상, 개인의 감지능력 증강, 보건 복지 분야의 혁신, 새로운 통신 수단의 개발 등 인류에게 필요한 발전을 이끌 것이다.

과학적 증거로 제시되는 상대적이고 가변적인 규제는 소비자, 작업자, 산업 그리고 환경을 보호하며, 또한 새로운 과학기술에 대한 대중적 신뢰도를 높이게 된다. 현재 나노입자와 나노튜브로 부터 야기되는 위험의 불확실성이 있지만, 노출을 최소화하는 방법을 제안하며, 많은 나노입자들이 현재의 규제 안에서 적용될 수 있다고 하더라도, 자유 나노입자와 나노튜브의 위해성을 포괄하는 규제의 틀이 변경될 필요도 있다.

나노기술과 과학은 놀라운 잠재력을 가지고 있는 만큼 안전과 국제적, 사회적 분야에서 새로운 도전을 가져오게 된다. 이러한 도전은 이들이 이러한 잠재력을 충족시킬 수 있는 가에 대한 충분한 사회적 토론을 요구한다. 독립적인 그룹을 통해 사회적 토론에서 얻어진 제안들을 단기적, 장기적으로 문제가 없는가를 확인할 필요가 있으며, 이러한 발전이 가지는 윤리적, 사회적, 건강, 환경, 안전과 규제에 대한 분야에서 어떻게 나노기술과 나노과학이 발전하고 있는가를 평가하여야 할 것이다. 새로운 기술이 사회에 미치는 잠재적인 영향력에 대해, 각 나라와 정부는 안전, 건강, 환경, 사회, 윤리, 그리고 규제에 대한 문제점들을 분명히 하는 체계적인 접근방법을 마련해야 하며 잠재적인 여러 문제점들을 논의해야 할 것이다.

ꕥ 참고문헌 ꕥ

1. 21세기 키워드(이인식, 김영사)
2. 21세기를 지배하는 10대 공학기술(장호남 외, 김영사)
3. 공학기술로 21세기 앞장서자(한국공학한림원)
4. 다시 기술이 미래다; 10년 후 한국을 준비하는 10가지 공학기술(김수삼 외, 생각의나무)
5. 공학과 공학자 그리고 기술(이택식, 서울대학교출판부)
6. 2025년 글로벌 트렌드(미국 국가정보위원회 저, 유지훈 외 역, 예문)
7. 미래기술경영 대예측(차원용, 굿모닝 미디어)
8. 기술의 대융합(오세정 외, 이인식 기획, 고즈윈)
9. 나노기술(김융암, KOSEN Expert Review)외 다 수의 KOSEN 레포트

찾아보기

기술과 사회

2011년 8월 15일 초판 인쇄
2012년 7월 20일 2 쇄 발행

저　　자　홍현필, 이용환
발 행 인　송기수
발 행 처　도서출판 GS인터비전
편 집 처　도서출판 GS인터비전
인 쇄 처　제삼미디어
등록번호　제 313-2011-120호
I S B N　978-89-93668-97-1 (92500)

주　　소　서울 마포 신수동 448-6 한국출판협동조합 B동207호
전　　화　02-976-7898,3272-7898, 0707-720-7898
팩　　스　02-6468-7898
홈페이지　www.gsintervision.co.kr
E-Mail　gsinter7@gmail.com

정 가　25,000원